U0455505

本书系中国社会科学院重大创新项目"中华文明'五个突出特性'的历史维度、内在逻辑和发展脉络研究"（2023YZD036）成果

王朝科学的叩问之路

赵现海 著

社会科学文献出版社
SOCIAL SCIENCES ACADEMIC PRESS (CHINA)

目录

第二编 科学理论是一种主观假设

第三编 科学知识是一种社会建构

第四编 王朝科学的历史可能

导　言
王朝科学的世界视角

一　中国古代的"王朝国家"

在人类历史上，曾经出现过很多的国家形态。在古代世界，先后涌现了众多的庞大帝国，拥有广阔疆域、多种族群、多元文化，在世界历史进程中扮演了关键角色，发挥了全局性影响。与近代以来兴起的，由单一民族或某一民族为主体建立的，以民族主义凝聚人心、实现社会整合的"民族国家"不同，庞大帝国赖以维系的基础是王朝的政治合法性，而非近代国家的民族独特性，由此角度而言，可将庞大帝国称作"王朝国家"。

西欧在近代化过程中，产生出诸多以单一民族、单一宗教为特征的现代民族国家，借助《威斯特伐利亚和约》（The Peace Treaty of Westphalia）所形成的"威斯特伐利亚体系"，以国际法的形式，确立了近代民族国家之间主权神圣、独立平等的国际新秩序，一直影响至今。产生于近代民族国家模式的欧美国家，虽然伴随扩张的脚步，许多已不是单一的民族国家，而是朝广疆域、多民族、多文化的方向发展，在相当程度上呈现出与王朝国家耐人寻味的相似，但长期以来受到民族国家观念的影响，对于国家体制与国际秩序的讨论，都是从民族国家的内涵出发，建构相关的国家理论与国际关系结论。

这一民族国家视角对于认识近代以来的国家体制与国际秩序无疑是恰当的，但对于理解古代世界，尤其古代中国的国家体制与国际秩序，显然是以今非古的错位视角。当今西方主流学术界对于古代中国的解读，多陷入以单一性、斗争性错位地理解中国历史上的复合性、共生性的认知困境。对于国外学者而言，这属于一家之言，无可厚非；但对于中国学者而言，如果也踵其故技，不仅显示了对自身历史的无知，更会在现实层面对国家治理产生不良影响。当今我们应从中国历史发展的独特道路，揭示中国古代独特的国家模式，并建构具有中国本土特色的理论体系。具体而言，便是在中国古史的研究中，以"王朝国家"理论概念取代现在流行的"民族国家"理论概念，并在当前的国家治理中，观照这一视角，贯穿这一理念。

目前所知，"王朝国家"这一概念，最早见于李鸿宾 2004 年在"中外关系史百年学术回顾与展望国际学术研讨会"上发表的《王朝国家体系的建构与变更——以隋唐为例》一文。次年，李鸿宾发表《中国传统王朝国家（观念）在近代社会的变化》一文。[①] 2013 年，李鸿宾又发表了《唐朝胡汉关系研究中若干概（观）念问题》一文。[②] 在这三篇论文中，李鸿宾指出夏商周三代是分封性王朝，秦朝在继承、发展三代分封性王朝的基础之上，建立起大一统王朝，开创了中国古代的"王朝国家"。在李鸿宾看来，"王朝国家"具有三项特征：首先是中央集权的政治体制与"天人合一"的统治思想，其次是内外有别的民族关系，最后是疆域的不确定性与模糊状态。李鸿宾认为，近代时期"王朝国家"遭遇到

---

① 李鸿宾：《中国传统王朝国家（观念）在近代社会的变化》，中央民族大学历史系主编《民族史研究》第 6 辑，民族出版社，2005。

② 李鸿宾：《唐朝胡汉关系研究中若干概（观）念问题》，《北方民族大学学报》（哲学社会科学版）2013 年第 1 期。

了西方民族国家的冲击，为了挽救国家和民族，中国被迫对"王朝国家"进行改造，最终以中华民族对应传统国家，作为解决方案。

可见，关于"王朝国家"，学界已有一定界定。不过，对于"王朝国家"在中国历史，甚至世界上所扮演的重要角色，实有可进一步挖掘的学术空间。所谓"王朝国家"，是指在近代以前产生，普遍存在、流行于不同地区的一种虽属于前近代国家形态，但当前仍在部分国家存在与发展的国家形态。古代时期，并未有近代始才产生的泾渭分明、观念激昂的民族观念，当时普遍流行君主国家，普遍建立起了容纳多种族群的"王朝体系"，对治下不同族群实行中央集权统治，从而建立起疆域广阔、族群众多、文化多元的"王朝国家"。与民族国家以民族独立作为政治合法性，民族是政权的核心与主体，并催生出相应具有本民族特色的国家制度、文化信仰不同，"王朝国家"以王朝神圣性作为政治合法性，王朝是政权的核心与根本，并催生出整合不同族群的国家制度与文化信仰，具有较强的包容性。

在人类文明史上，虽然除了少部分一直局限于较低发展阶段的文明之外，大部分文明曾经历过"王朝国家"的历史形态，但由于不同文明具有不同的地缘环境、历史道路与价值取向，因此"王朝国家"的具体面貌也有所不同，反过来形塑了不同文明的历史取向，构成了前近代时期世界历史的重要力量，并在近代时期呈现出不同的历史命运与内在嬗变。

欧洲的陆地面积较小，其中东欧由于地处内陆，降水量较少，气候干燥，交通也不如西欧便利，因此在欧洲历史上的地位不如西欧。西欧地形以丘陵、半岛、岛屿为主，复杂的地形将周边海洋分割为众多的海湾，其中以地中海规模最大。由于地形破碎，不易形成统一局面，虽然曾经短暂地建立起来统一的、疆域庞大的罗马帝国，呈现出"王朝国家"的制度形态，但很快就分崩离析，分化为异民族统治的众多小国，长期延续了封建割据的分裂状态。可见，相对而言，西欧是"王朝国家"实行时间最短、最不典型的区域。西欧之所以能率先建立起民族国家，并借此实现民族整合与社会动员，极大地推动世界近代历史的进程，根源便在于此。但即使凭借民族国家实现崛起的西欧国家，也在兴盛时期竭力通过全球扩张，建立疆域辽阔的"王朝国家"，其中最具代表性者无疑是英国所谓的"日不落帝国"，从而形成以宗主国的现代民族国家为核心、以殖民地国家为附属的"复合国家"。但第二次世界大战以后，伴随西欧国家实力的下降与殖民地独立意识的觉醒，近代欧洲"王朝国家"最终瓦解，西欧国家再次回归到较为纯粹的现代民族国家。

阿拉伯文明产生于生存环境更为恶劣的阿拉伯半岛。阿拉伯半岛有广袤无垠的沙漠，伊斯兰教圣地麦加、麦地那位于今沙特阿拉伯，"沙特阿拉伯"语义便是"幸福的沙漠"。在这贫瘠得令人绝望的地方，信仰成为人们忘怀痛苦、生存下去的精神支柱，宗教于是在这里找到了最好的温床，一神论的基督教、伊斯兰教皆发源于此，二者甚至分享着不少共同的价值取向。由于农业经济同样先天不足，阿拉伯文明为拓展生存空间、获取生存资源，通过开展商业贸易，从海外获取经济财富；另外，同样主张一神论的伊斯兰教，起源于好战的贝都因部落，先知穆罕默德是一位具有顽强意志的军事家，伊斯兰教是在与其他宗教徒不断的战争中形成、发展、壮大起来的，《古兰经》许多教义也是在战争中形成与写作的。按照先知的说法，任何接受边界划分的做法都是违背教义的，都要被驱逐出教，哈里发要一直保持"圣战"状态，通过"圣战"方式，将"圣教"传播到全世界，在大比丘获得最终的胜利，成为穆罕默德期待的胜利王国，否则便是有罪的。因此，自6世纪以后，阿拉伯国家便不断向四面扩张。在历史上，曾经兴起过众多的阿拉伯帝国，"王朝国家"具有悠久的历史。但阿拉伯文明的"王朝国家",呈现出宗教色彩十分明显的历史特征,所统辖部分以伊斯兰信徒的身份,而非不同民族的身份,共同组成庞大的帝国。这一方面有助于形成强大的凝聚力,但另一方面却产生了两种负面后果:一是围绕政治利益的争夺与宗教经典的解读,形成了不同教派的长期分裂与相互竞争;二是宗教在政权中拥有过重的分量,影响了政权的世俗化、制度化建设,导致关系王朝稳定的最为核心与根本的问题——继承人选拔制度,一直处于一种混乱状态。两种负面后果共同促使阿拉伯文明的"王朝国家",长期性、结构性地处于不断分裂与内战的混乱局面之中,影响了"王朝国家"的内部建设与对外开拓。但无论如何,民族主义对于阿拉伯帝国是一个并不存在的事物。近代时期,阿拉伯文明在欧洲文明东进之路上首当其冲,由于这一地缘特征以及二者历史上长期的宗教战争,长期雄踞亚欧的奥斯曼帝国成为基督教国家重点进击的对象,历经磨难,最终在第一次世界大战后被基督教国家按照民族国家的原则,分化瓦解为多个小型的民族国家。

与以上两种文明不同,古代中国长时期保持了"王朝国家"的典型特征。古代中国地处东亚大陆,三面环山,一面临海,拥有欧亚大陆其他文明没有的安全地缘环境、优越生态环境与广阔生存空间。在这一具有优势的历史空间内,古代中国借助于黄淮平原、长江中下游平原的核心地带,发展起世界上最先进的农业经济,相对于周边山脉、戈壁、沙漠、海洋、丘陵等边缘地带较为原始的混合经济,形成了明显的经济优势,中国历史从而长期保持了"内聚性"特征,发展出体系庞大、机制发达的中央集权制度。中央政权利用军事、政治、经济、文化等多种方式,不断推进中国疆域的拓展,形成了体量庞大的"王朝国家",并在亚洲建立了以中国为核心与主导的"中华亚洲秩序",将周边国家纳入"天下秩序"中来,实现了"王者无外"的政治理想,推动亚洲地区提前进入"和谐秩序",维持了亚洲地区长期的区域国际秩序的稳定,不仅是世界历史上国际秩序的独特道路,而且是颇为成功的道路,是在前近代时期缺乏其他文明的实质性挑战的地缘背景下,自然而然、符合情理的一种优化选择。

二　世界史视野中的"科学"

16—17世纪,伴随"科学革命"的爆发,科学不再是少数知识分子开展的个人研究,而是推动社会变革的巨大力量。进入20世纪,在西方冲击之下面临生死存亡危机的中国人,主张引入民主与科学,拯救中国,改造文明。"科学"相应是包括中国人在内的全世界人民最为耳熟能详的一个词。

但与之形成鲜明对比的是,目前学界关于什么是"科学",却仍然存在很大的争议。有只将在欧洲诞生的近代科学称为"科学"者,也有将古往今来人们致力于推动技术革新、经济发展、社会进步的各种观念甚至技术都称为"科学"者。鉴于二者在对科学形态的界定上有狭义、广义之分,可以分别称为狭义科学、广义科学。

双方在很多时候都相安无事,但一旦涉及某些具体问题的判定,就会存在看似无法调和的争议。比如对于中国科学史研究中最受瞩目同样也是争议最大的"李约瑟问题",二者便秉持完全不同的态度。狭义科学派认为这是一个伪命题,因为在他们看来,科学是近代欧洲在追溯古希腊科学渊源的基础上形成的独特产物,其他社会根本就不存在科学,相应也就不存在中国古代长期保持了科学领先,在15世纪以后却未能产生近代科学的矛盾现象。反之,广义科学派认同李约瑟的观点,既为中国古代长期保持了科学领先而自豪,又为近代时期科学的落后充满惋惜,并努力从中发现中国体制的弊端。

虽然近代科学所赖以产生的实验精神与学术共同体仅产生于欧洲，从而使许多人认为近代科学只能在欧洲的土壤中产生，但事实上，虽然近代科学未在其他文明产生，通过对它们历史的考察，也发现产生近代科学困难重重，甚至看不到希望，在不同社会中，科学以及时常不被纳入科学的实用技术，由于所属文明的政治制度、经济形态、社会结构、价值取向存在差异，所呈现的形态、所走过的道路、所发挥的作用也都存在不小甚至巨大的差别，但所有社会的人们，都在努力向前、改进科技，寻求更美好的生活，建设更高级的社会。这是人类共同的诉求与愿望，这构成了不同社会科学发展的内在动力。

不仅如此，在漫长的历史长河中，不同社会之间存在着源远流长、规模巨大、关系密切的交流与交往，而科学与技术是其中最为重要的内容之一，从而构成了不同社会科学发展的外在影响。正是内在动力与外在影响的彼此互动、共同作用，才构成了不同社会科学发展的历史图景，描绘了世界科学发展逐渐合流、碰撞、升华的历史脉络与潮流。

欧洲之所以产生了近代科学，既与古希腊科学观念的复兴有关，也与来自东方的科技的催动密切相关。这从培根与马克思对于三大发明的崇高评价中就可以看出来。培根阐述了三大发明的世界意义：

> 我们还该注意到发现的力量、效能和后果。这几点是再明显不过地表现在古人所不知、较近才发现、而起源却还暧昧不彰的三种发明上，那就是印刷、火药和磁石。这三种发明已经在世界范围内把事物的全部面貌和情况都改变了：第一种是在学术方面，第二种是在战事方面，第三种是在航行方面；并由此又引起难以数计的变化来；竟至任何帝国、任何教派、任何星辰对人类事务的力量和影响都仿佛无过于这

些机械性的发现了。①

马克思也十分重视三大发明的历史作用：

> 火药、指南针、印刷术——这是预告资产阶级社会到来
> 的三大发明。火药把骑士阶层炸得粉碎，指南针打开了世界
> 市场并建立了殖民地，而印刷术则变成新教的工具，总的来
> 说变成科学复兴的手段，变成对精神发展创造必要前提的最
> 强大的杠杆。②

单纯地将科学视作欧洲乃至近代欧洲独特产物的观点，虽然
强调了近代科学相对于所有的古代科学的独特性质与社会影响，
但忽视了在漫长的历史长河中，其他文明的科学传统对于这一
结果持续而巨大的贡献。事实上，虽然在不同社会，科学的地
位、形态、作用存在很大差异，但人类对于改善自身的愿望却
是普遍而共同的。欧洲以外地区在经历现代洗礼后，呈现了与
欧洲人一样的对于科学的拥护。在 20 世纪初期，英国哲学家怀
特海、罗素都对此表达了坚定的信心。怀特海明确地说现代科
学的家是全世界：

> 现代科学诞生于欧洲，但它的家却是整个的世界。在最
> 近两个世纪中，西方文化方式曾长期而纷乱地影响亚洲文化。
> 东方的贤哲对自己的文化遗产极其珍视，这是毫不奇怪的。
> 在过去和现在，他们都一直百思莫解，不知道那种控制生命
> 的秘密可以从西方传播到东方，而不会胡乱破坏他们自己十

---

① 〔英〕培根：《新工具》第 1 卷，许宝骙译，商务印书馆，2005，第 112—113 页。
② 〔德〕马克思：《经济学手稿》，《马克思恩格斯全集》第 47 卷，人民出版社，
1979，第 427 页。

分正确地加以珍视的遗产。事情越来越明显，西方给予东方影响最大的是它的科学和科学观点。这种东西只要有一个理智的社会，就能从一个国家传播到另一个国家，从一个民族流传到另一个民族。[①]

1920—1921 年，罗素到中国讲学，被中国人对科学的热情深深感染。

> 虽然中国文明中一向缺少科学，但并没有仇视科学的成分，所以科学的传播不像欧洲有教会的阻碍。我相信，如果中国有一个稳定的政府和足够的资金，30 年之内科学的进步必大有可观，甚至超过我们，因为中国朝气蓬勃，复兴热情高涨。事实上，"少年中国"这种对科学的热情，令人不断回忆起 15 世纪文艺复兴时期的意大利。[②]

总之，不同文明依托各自社会，不断发展出各种科学技术，互相交流，彼此影响，最终汇成了近代科学的大潮，推动了近代科学的产生。如果站在科学家的角度，尚可以标榜欧洲近代科学如何独特，但站在历史学家的立场，如果仍然如此考虑问题，那就是株守区域乃至国家的藩篱，而未理解近代科学的产生，是早期全球一体化所催生众多世界性变革的一个支流。考察不同文明为何走上不同的科学道路，由此而塑造不同的历史道路，将有助于揭示近代时期不同文明的历史分途与世界影响。

---

① 〔英〕A. N. 怀特海：《科学与近代世界》，何钦译，商务印书馆，2009，第6—7页。
② 〔英〕罗素：《中国问题：哲学家对80年前的中国印象》，秦悦译，经济科学出版社，2012，第152页。

三 王朝科学的研究视角

不同时期、不同文明的科学，其地位、形态、作用都有所不同。最早诞生人类文明的非洲，盛极一时之后就衰落了。而美洲直到近代时期，才被"发现"而融入世界历史中。所以，古代世界长期就是欧亚大陆的世界。在俄罗斯文明崛起以前，欧亚大陆的主体文明，就是欧洲文明、阿拉伯文明、中华文明。前两者围绕地中海展开，后者独处于东亚大陆。古代的亚欧世界，于是呈现出一种"天平结构"，东西两端分别是东亚世界与地中海世界，

> 人类最伟大的文明与最高雅的文化今天终于汇集在了我们大陆的两端，即欧洲和位于地球另一端的——如同"东方欧洲"的"Tschina"（这是"中国"两字的读音）。我认为这是命运之神独一无二的决定。也许天意注定如此安排，其目的就是当这两个文明程度最高和相隔最远的民族携起手来的时候，也会把它们两者之间的所有民族都带入一种更合乎理性的生活。[1]

而连接它们的是亚欧走廊。古代世界的历史，就是在这种天平结构中，东、西各自发展，双向交流，最终一体化，走向近代世界的辽阔天空。

东方世界、西方世界的内在差异，一点儿都不比它们之间的距离小。东方、西方虽然都有蔚蓝色的海域，但在东方，却有广阔而平坦的东亚大陆，黄河、淮河、长江、珠江提供的灌溉网络，

---

[1] 《莱布尼茨致读者》，梅谦立译，〔德〕G.G.莱布尼茨：《中国近事——为了照亮我们这个时代的历史》，〔法〕梅谦立、杨保筠译，大象出版社，2005，第1页。

太平洋暖湿气流带来的丰富降水，使中华文明长期开辟出古代世界最为发达的农业经济，形成了疆域广阔、族群众多、文化多元的王朝国家，保持了文明的长期延续与不断发展，建立起"中华亚洲秩序"。周边政权只能在政治上接受藩属国的角色，在经济上通过朝贡贸易进入中华经济圈，在文化上长期受到中华文明的浸润。简而言之，古代的东亚世界，长期保持了一体多元的历史格局。但古代中国并非没有危险，内部也不是没有隐患，生态、经济、族群与内地差别很大的边疆地区，培植出经济虽然落后但武力强悍的边疆族群，尤其是北方族群。如何在保障农业经济的同时，抵御住北方族群的威胁，是中原王朝考虑的核心问题。另外，虽然中国拥有漫长的海岸线，但由于航海技术的长期落后，波涛汹涌的太平洋，扬起的不是异域的希冀，而是陌生的恐惧——虽然先人们的探索脚步从未终止。所以，古代中国一直都是面向西北陆地的内向文明。

与之不同，西方世界围绕着地中海，先后兴起多种文明，多点开花，异彩纷呈，长期保持了多元均势的局面。居于北非的埃及，虽然有尼罗河定期泛滥带来的天然沃土，但在带来"尼罗河的赠礼"的同时，也把埃及文明封闭在沙漠之中，使它逐渐停下发展的脚步。而地形破碎的西欧、降水量少的东欧、沙漠遍布的阿拉伯半岛，资源都相对匮乏，使大型政权的存在面临着巨大挑战，王朝国家的建立与发展，必须借助于跨越地中海向其他地区掠夺人口和资源。所以，古代的西方世界，长期呈现政权林立、竞争残酷、战争连绵的地缘格局。困苦的人们，只能将希望寄托于宗教之上。多元的国际环境，为宗教的发展提供了宽松空间。于是我们看到，世界上最为著名的三大一神教——犹太教、基督教、伊斯兰教，都起源并长期笼罩着这个地区。为了获取资源，古代西方的各种文明，不断跨越地中海，向异域进发，从而塑造出外向的海洋文明。

11

如此不同的地缘政治和文明特征，也促使东西方世界的科学呈现分途发展的历史脉络。中国古代的王朝科学，既不同于近代民族国家在资本主义发展过程中培育出的近代科学，也不同于古代时期地中海世界的科学，构成了具有鲜明特色的发展模式。有鉴于此，有必要界定出"王朝科学"的独特概念，并构建起"王朝科学"的理论框架与解释体系。

中国古代的王朝科学，与地中海世界的科学相比，既有相似之处，也存在根本差异。相似之处是科学都长期与政权合作，也具有实用性；差异之处是当地中海世界的科学家不想与政权合作时，他可以离开原来的政权，到周边的政权去。因此，独立性是地中海科学尤其是欧洲科学的最大特征，逐渐培育出不以政权意志为转移，完全依托于学术共同体的科学体系。这为近代科学的产生提供了内在源泉。而中国古代的王朝国家，也不断培育出各个领域的科学家，但却努力将其嵌入政权体系之中，所以无法产生独立的科学体系。与之相应的是，中国古代努力发挥技术在发展经济、管理社会、军事作战等领域的作用，促成了技术极其发达的局面，实用性是中国古代科技的最大特征。在鸦片战争之前，中国未遭遇西方实质性的挑战，整体的社会变革也就一直未曾发生，科学革命相应无法开展，近代科学也就无法在中国产生。这便是中国古代"王朝科学"的基本内涵。

1904年，马克斯·韦伯指出："对于科学真理的价值的信念是某种文化的产物而不是某种与生俱来的东西。"[①] 可见，科学虽然是具有自身内在发展逻辑的相对独立的理性活动，但仍然依赖于不同时期、不同文明的社会环境与文化取向的培育与引导。在历

[①] 〔德〕马克斯·韦伯：《社会科学方法论》，韩水法、莫茜译，中央编译出版社，2002，第67页。

史上，对于不同文明的科学形态，知识分子们进行了不同角度的评析。20世纪，伴随科学史的兴起，科学史家站在不同的立场上，从内在、外在的不同视角，对研究路径进行了二元发展：将揭示科学按照内在发展逻辑，朝向真理发展的内因研究，界定为"内史"（Internal History）；将揭示科学在外在环境即政治、经济、军事、思想、文化、宗教等因素影响下，速度与方向发生变化的外因研究，界定为"外史"（External History）。内史与外史从而共同构成了考察科学发展历程的研究路径。

从身处科学革命之中的培根开始，西方思想家审视科学的角度虽然深受各自思想体系的影响，从而呈现出内外史的不同分野，但基本都对另一视角有所吸收，并未截然分途。这种综合视野也影响到了科学史的开创者乔治·萨顿（George Sarton，1884-1956），在20世纪20年代，他倡导将科学史融入文明史，创建独立的科学史学科，开展"整体科学史"的研究。但萨顿的这种研究理念由于较为宽泛，并未形塑出后来职业科学史家的研究规范，反而是他的弟子罗伯特·默顿（Robert King Merton，1910-2003）通过在20世纪30年代创立"科学社会史"，开辟出专业性的外史研究路径。俄裔法国哲学家、科学史家亚历山大·柯瓦雷（Alexandre Koyré，1892-1964）在20世纪50年代开辟出专业性的内史研究路径。[①]两种视角下的科学史研究，长期互相攻讦。相对于外史对内史在一定程度上的尊敬与吸收，内史则长期坚守科学具有外在于其他社会因素的独立性、不容渗透性。20世纪30年代流行于世的卡尔·波普尔（Karl Popper，1902-1994）的证伪理论，也是内史观念在科学哲学领域的反映。伴随科学与社会关系越来越密切，尤其主要由政府主导的"大科学"研究致力于解决各种现实问题，

---

① 亚历山大·柯瓦雷的著作主要有：《伽利略研究》，刘胜利译，北京大学出版社，2008；《牛顿研究》，张卜天译，商务印书馆，2016；《从封闭世界到无限宇宙》，张卜天译，商务印书馆，2016。

人们对科学与社会的关系愈来愈关注，外史路径逐渐强势崛起。这反映到科学哲学领域，就是科学历史主义的崛起，尤其 60 年代托马斯·库恩（Thomas Samuel Kuhn，1922－1996）提出"范式"理论，将科学进步从波普尔的理论超越，外化为科学共同体的意志决定。伴随其《科学革命的结构》产生的广泛影响，外史研究路径的强势地位已不可撼动。爱丁堡学派发展出的"科学知识社会学"，进一步将科学知识归结为社会影响的结果，从而彻底用外史吞并了内史。

与古代世界的其他文明一样，中国古代的科学与其他众多学科都是杂糅在一起的一个整体，相应在研究中国古代科学时，应将其置于当时的思想文化背景之中。不仅如此，相对于其他文明，中国古代长期保持了稳定而发达的王朝国家形态，王朝国家对科学的影响尤其普遍而深入，相对于其他文明并不独立与成型的科学共同体，中国古代更不存在独立与成型的科学共同体，而是被国家力量完全辐射与覆盖。相应，对于中国古代科学的研究也应置于整体社会背景之下。

总之，对于中国古代科学的研究，应从包括思想文化在内的整体社会背景出发，揭示王朝国家形态下，科学发展的逻辑取向、思想观念与社会影响，从而总结中国古代王朝科学的发展道路，并将之与地中海世界的科学道路相对比，揭示中国古代王朝科学的历史特征，从而将之作为审视中国古代发展道路、历史特征的重要视角。

四　他山之石与叩问之路

在古代，不同文明的知识分子对各自科学不断展开评析。明后期即正德以后，伴随"大航海时代"的脚步，欧洲的耶稣会士开始不断进入古老的中国。耶稣会士秉持上层传教路线，教士都拥有相当的科学文化素养，他们一方面把科学革命之后最新的科学成果作为叩开中国大门的敲门砖，另一方面也因此较为关注中国的科学状况，不仅向中国的士人表达出自己的看法，而且通过书信、著作的形式源源不断地将之传入欧洲，构成了欧洲思想家、科学家心中的中国科学形象。相应，16 世纪中期东西方互动脉络中的中国科学讨论就已经开始了。伴随五百年间中西文明的历史浮沉与力量更替，这种讨论也出现了巨大变化，构成了世界科学史研究的重要内容。在这之中，我们既应该重视中国学者与后来的知识分子的不断反省，也应该重视西方教士与知识分子的异域评价，后者作为一种他山之石，实为打开中国古代王朝科学图景的一把珍贵的钥匙。

明后期以后，西方传教士、思想家、科学家对中国古代科学开展了系统的研判，共同形塑了中国古代具有悠久的科学传统，但逐渐衰落乃至失落的倒退史观。20 世纪科学史兴起之初，无论英国哲学家怀特海，还是科学史创始人萨顿，都将中国作为东方科学的重要组成部分；但又主张近代科学无法产生于中国，只能产生于欧洲。20 世纪 30 年代，英国科学家李约瑟已经开始酝酿中国古代科学长期领先于欧洲，为什么中国没有发展出近代科学的"李约瑟问题"。它继承并发展了这种思路，通过全面系统的研究，在世界科学史版图中，彰显了中国古代科学的地位与角色。伴随科学社会学、科学哲学的发展，新兴的思潮开始挑战"李约瑟问题"，从而形成至今围绕于此的长期争论。

本书尝试对明后期以后世界范围内关于中国古代科学的研判进行系统梳理，并在此基础上，充分观照科学史、科学社会学、科学哲学的发展脉络与思想观点，叩问中国古代王朝科学的发展道路与内在逻辑。

第一编

世界史视角下
"李约瑟问题"的提出

16—17 世纪，欧洲发生了"科学革命"，促进了资本主义的形成与发展，推动欧洲开启了全球扩张，促使国际格局发生了根本变化。有鉴于此，以西方为主的世界范围内的学者，开始尝试思考科学的本质与欧洲科学道路，并在此基础上，揭示其他文明的科学对于欧洲科学的影响，甚至审视其他文明的科学道路，从而提出为什么近代科学产生于西方，而未产生于其他文明的重大命题。在这一历史潮流中，伴随西方耶稣会士来到中国，西方思想界已开始对中国科学展开研究与反思。20 世纪前期，英国科学家李约瑟借鉴科学史研究的最新路径与视角，通过对中国古代科学的全面系统研究，提出了"李约瑟问题"，即 15 世纪以前，中国科学为什么长期领先于欧洲，最终却为什么未产生出近代科学的两个历史疑问。"李约瑟问题"契合了第二次世界大战以后世界范围内寻找不同文明科学主体性的潮流，更迎合了日渐崛起的中国获得现代文明的认可、重塑民族自信的时代心理，从而在世界范围内，尤其在中国内部，产生出巨大的学术乃至社会效应，乃至形成了一种"李约瑟情结"。大量学者尝试从各个角度回答"李约瑟问题"，推动了中国古代科学研究的大幅进展。

第一章
王朝科学的徘徊与反思

明后期以后即 16 世纪中期以后，伴随"大航海时代"的脚步，西方耶稣会士踏上中国这片古老的土地，中西方知识界围绕科学的相互审视便拉开了序幕。来自不同文明之间的碰撞，其中既有错位的误解，也有来自异域的清醒认知，从而推动了包括中国人在内的世界范围内对于中国古代科学的深入讨论。

第一节　耶稣会士的误解

1697 年，法国巴黎，《康熙帝传》（即《中国现任皇帝传》）出版了。在这本书里，作者白晋对于欧洲科学在中国这个古老的东方国家的前景充满了无限憧憬。他写道：

> 康熙皇帝很早以前就已经制定了一项计划，即把欧洲的科学全部移植到中国，并使之在全国各地普及。①
>
> 皇上希望把法国王家科学院发表的论文作为纯粹和杰出

---

① 〔法〕白晋：《中国现任皇帝传》，杨保筠译，〔德〕G.G. 莱布尼茨：《中国近事——为了照亮我们这个时代的历史》，第 80 页。

的科学资料来源，编纂关于西洋各种科学和艺术的汉文书籍，并使其在国内流传。①

但历史的发展证明，这只是这名来自法国的耶稣会士的一厢情愿，清朝与罗马教廷围绕教民是否遵从中国礼仪的问题，很快发生了正面碰撞，最后的结果是清朝禁止了天主教的传播。历史在这里，出现了引发后人不断猜疑的误解。

康熙年间，白晋来到中国，传播"天主的福音"。他曾以数学才能受到康熙帝的倚重。在回到法国后，他撰写了康熙帝的个人传记。在这本传记里，白晋指出康熙帝有将欧洲科学在全国推广的想法。但在这个乐观而浪漫的想法背后，他也隐约觉察到一种忐忑和不安，在他看来，这项计划给康熙帝所带来的，与其说是赞扬，还不如说是责难。

> 对于一般人来说，把热爱科学的强烈感情与专心致志的研究实践结合起来，是备受称赞的事。可是对于统治着诸如中华帝国这样一个大国的皇帝这么一个特殊人物来说，与其说这使他受到赞扬，不如说使他因此而受到了责难。②

但可能是对自己的一种安慰，他认为康熙帝这样做，是符合中国传统的。

> 在现今的中国，人们一贯把道德、哲学视为主要学问，却极端忽视哲学以外的其他学问。然而在中国古代，人们正

---

① 〔法〕白晋：《中国现任皇帝传》，杨保筠译，〔德〕G.G. 莱布尼茨：《中国近事——为了照亮我们这个时代的历史》，第97页。
② 〔法〕白晋：《中国现任皇帝传》，杨保筠译，〔德〕G.G. 莱布尼茨：《中国近事——为了照亮我们这个时代的历史》，第80页。

是由于相当全面地掌握了这些知识，才形成了人们所喜欢的仁政的基础。①

这是将中国推向太平盛世的必要举措。

> 根据同样道理可以断言，当朝皇帝渴望复兴灿烂的文化，而达到这一目的的最好方法，则是着手重视各种学问。康熙皇帝为在国内重新发展科学和艺术，从而使自己统治的时代成为太平盛世，除了以勤奋钻研学问和艺术的行动垂范于万民，并宣传这种精神之外，别无良策。②

但历史的最终结果，是康熙帝一直把欧洲的科技当作在宫廷之中提升智识的工具，而非推动社会变革的动力。科学，在这里徘徊不前。事实上，前进、徘徊、曲折，是中国古代科学变迁的常态。康熙帝的选择，不过是其中的一个环节。

第二节　中国古代科学传统概论

对于中国古代的科学传统，史籍里有很多记载。值得注意的是，这些记载印证了顾颉刚提出的"层累地造成的中国古史"的理论。"古史是层累地造成的，发生的次序和排列的系统恰是一个反背。"③

中国现存最早的史书《尚书》，记载尧帝命令羲和观测天象，

---

① 〔法〕白晋：《中国现任皇帝传》，杨保筠译，〔德〕G. G. 莱布尼茨：《中国近事——为了照亮我们这个时代的历史》，第 80 页。
② 〔法〕白晋：《中国现任皇帝传》，杨保筠译，〔德〕G. G. 莱布尼茨：《中国近事——为了照亮我们这个时代的历史》，第 80 页。
③ 《古史辨第一册自序》，《顾颉刚古史论文集》第 1 卷，中华书局，2011，第 45 页。

根据天象的变化，开展相应的活动。"乃命羲和，钦若昊天历象——日月星辰，敬授民时。"① 成书于春秋战国以前的《周易》，认为伏羲从天人合一的角度，观测天象，审视地理，治理社会。

> 古者包牺氏之王天下也，仰则观象于天，俯则观法于地，观鸟兽之文、舆地之宜，近取诸身，远取诸物。于是始作八卦，以通神明之德，以类万物之情，作结绳而为罔罟，以佃以渔，盖取诸《离》。②

而数量统计，采取的是结绳记事。"上古结绳而治，后世圣人易之以书契。"③ 战国时期成书的《世本》，记载黄帝分官设职，负责不同的专业门类。"羲和占日，常仪占月，后益作占岁，更区占星气，大挠作甲子，隶首作算数，伶伦造律吕，容成造历。"④《吕氏春秋》也记载远古圣王命令二十位官员，各司其职，负责不同的专业门类。

> 大挠作甲子，黔如作虏首，容成作历，羲和作占日，尚仪作占月，后益作占岁，胡曹作衣，夷羿作弓，祝融作市，仪狄作酒，高元作室，虞姁作舟，伯益作井，赤冀作臼，乘雅作驾，寒哀作御，王冰作服牛，史皇作图，巫彭作医，巫咸作筮。⑤

---

① 顾颉刚、刘起釪：《尚书校释译论·虞夏书·尧典》，中华书局，2005，第32页。

② 黄寿祺、张善文：《周易译注》卷九《系辞传》，上海古籍出版社，1989，第572页。

③ 黄寿祺、张善文：《周易译注》卷九《系辞传》，第573页。

④ 佚名：《世本·作篇·黄帝》，《二十五别史》第1册，周渭卿点校，齐鲁书社，2000，第65页。

⑤ 许维遹：《吕氏春秋集释》卷一七《勿躬》，梁运华整理，中华书局，2009，第449—450页。

而圣王居摄于上，综合管理。"此二十官者，圣人之所以治天下也。圣王不能二十官之事，然而使二十官尽其巧，毕其能，圣王在上故也。"① 虽然并不通晓专业知识，但仍然能够治理天下，这才是真正的无为而治。

> 圣王之所不能也，所以能之也；所不知也，所以知之也。……是故圣王之德，融乎若日之始出，极烛六合，而无所穷屈；昭乎若日之光，变化万物而无所不行。神合乎太一，生无所屈，而意不可障。精通乎鬼神，深微玄妙，而莫见其形。今日南面，百邪自正，而天下皆反其情；黔首毕乐其志，安育其性，而莫为不成。故善为君者，矜服性命之情，而百官已治矣，黔首已亲矣，名号已章矣。②

《史记》进一步记载黄帝本人制作了历法。"神农以前尚矣。盖黄帝考定星历，建立五行，起消息，正闰余。"③ 并设置专门的天文观测机构。"于是有天地神祇物类之官，是谓五官。各司其序，不相乱也。"④ 在司马迁看来，天文观测的常态化，维护并改善了社会秩序。"民是以能有信，神是以能有明德。民神异业，敬而不渎，故神降之嘉生，民以物享，灾祸不生，所求不匮。"⑤ 此后，历代王朝都在建立政权之初，改订正朔，从而上应天文，下以治世。"王者易姓受命，必慎始初，改正朔，易服色，推本天

---

① 许维遹：《吕氏春秋集释》卷一七《勿躬》，第451页。
② 许维遹：《吕氏春秋集释》卷一七《勿躬》，第451—452页。《史记·历书》的"索隐"，引用《系本》，也指出黄帝命人演算数字，观测天象。"黄帝使羲和占日，常仪占月，臾区占星气，伶伦造律吕，大桡作甲子，隶首作算数，容成综此六术而著《调历》也。"《史记》卷二六《历书》，中华书局，1959，第1256页。
③ 《史记》卷二六《历书》，第1256页。
④ 《史记》卷二六《历书》，第1256页。
⑤ 《史记》卷二六《历书》，第1256页。

元，顺承厥意。"①

　　东汉徐岳进一步认为黄帝发明了数学。"黄帝为法，数有十等，及其用也，乃有三焉。"② 班固更是追溯到了伏羲演八卦。"自伏戏画八卦，由数起，至黄帝、尧、舜而大备。"③ 唐人韩延为调和诸说，勾勒出一个逐渐发展的脉络。"算数起自伏羲，而黄帝定三数为十等，隶首因以著《九章》。"④ 宋代进一步出现了托名黄帝撰写的《黄帝九章》。

　　唐房玄龄等撰《晋书》，同样将观测天象、治理世间的源头追溯到伏羲。"昔在庖牺，观象察法，以通神明之德，以类天地之情，可以藏往知来，开物成务。故《易》曰：'天垂象，见吉凶，圣人象之。'此则观乎天文以示变者也。"⑤《晋书》从倒退史观出发，指出由于三皇道德崇高，因此天象运行正常，人类不用观测天象来调整统治举措。"然则三皇迈德，七曜顺轨，日月无薄蚀之变，星辰靡错乱之妖。"⑥ 但到了黄帝的时候，社会开始乖乱，黄帝于是观测天象，治理社会。"黄帝创受《河图》，始明休咎，故其《星传》尚有存焉。"⑦ 此后历代设置专门机构，沿而不废。

　　　　降在高阳，乃命南正重司天，北正黎司地。爰洎帝喾，亦式序三辰。唐虞则羲和继轨，有夏则昆吾绍德。年代绵邈，文籍靡传。至于殷之巫咸，周之史佚，格言遗记，于今不朽。

① 《史记》卷二六《历书》，第 1256 页。
② （汉）徐岳撰，（北周）甄鸾注《数术记遗》，《景印文渊阁四库全书》第 797 册，台湾商务印书馆，1986，第 166 页。
③ 《汉书》卷二一上《律历志第一上》，中华书局，1962，第 955 页。
④ （晋）夏侯阳撰，（北周）甄鸾注《夏侯阳算经·原序》，《景印文渊阁四库全书》第 798 册，台湾商务印书馆，1986，第 228 页。
⑤ 《晋书》卷一一《天文上》，中华书局，1974，第 277 页。
⑥ 《晋书》卷一一《天文上》，第 277 页。
⑦ 《晋书》卷一一《天文上》，第 277 页。

其诸侯之史，则鲁有梓慎，晋有卜偃，郑有裨灶，宋有子韦，齐有甘德，楚有唐昧，赵有尹皋，魏有石申夫，皆掌著天文，各论图验。其巫咸、甘、石之说，后代所宗。①

秦朝即使焚书坑儒，也没有烧毁历书，《史记》从而继承了这一传统，撰成《天官书》。"暴秦燔书，六经残灭，天官星占，存而不毁。及汉景武之际，司马谈父子继为史官，著《天官书》，以明天人之道。"②

对于这种层累现象，中国数学史家钱宝琮评价道："中国人治古史者大都好为崇古之谈，夸大而不务实证。"③

但无论如何，在中国古代，科学传统源远流长，是无可置疑的。这也可以从古人的观念中蕴含着众多科学元素看出来。《周礼》记载西周时期，作为贵族教育的"六艺"，就包含数学。"而养国子以道，乃教之六艺：一曰五礼，二曰六乐，三曰五射，四曰五驭，五曰六书，六曰九数。"④孔子将计量所用的"权量""法度"，作为国家制度比拟的形象词语。"三代稽古，法度章焉。周衰官失，孔子陈后王之法，曰：'谨权量，审法度，修废官，举逸民，四方之政行矣。'"⑤《仪礼》和《礼记》中有丈量工具的记载。"箭筹八十。长尺有握，握素。"⑥"算，长尺二寸。"⑦刘邦

---

① 《晋书》卷一一《天文上》，第 277—278 页。
② 《晋书》卷一一《天文上》，第 278 页。
③ 钱宝琮：《中国算学史（上篇）》，《李俨钱宝琮科学史全集》第 1 卷，辽宁教育出版社，1998，第 175 页。
④ （汉）郑玄注，（唐）贾公彦疏《周礼注疏》卷一四《保氏》，赵伯雄整理，王文锦审定，十三经注疏整理本，北京大学出版社，2000，第 416 页。
⑤ 《汉书》卷二一上《律历志第一上》，第 955 页。
⑥ （汉）郑玄注，（唐）贾公彦疏《仪礼注疏》卷一三《乡射礼》，彭林整理，王文锦审定，十三经注疏整理本，北京大学出版社，2000，第 282—283 页。
⑦ （汉）郑玄注，（唐）孔颖达疏《礼记正义》卷五八《投壶》，龚抗云整理，王文锦审定，十三经注疏整理本，北京大学出版社，1999，第 1836 页。

君臣讨论战胜项羽的原因时，刘邦指出："夫运筹策帷帐之中，决胜于千里之外，吾不如子房（张良）。"[1] 这里的"筹策"，是数学计算中使用的算筹，即细长的小棍。

第三节　王朝科学的徘徊与反思

在中国古代王朝国家的不断发展中，科学也不断进步，推动了国家治理、经济发展、社会繁荣。但同时，君臣关注的重点已经逐渐从自然界转移到了人文和政治。夏侯阳撰《算经》，就指出对于儒者而言，重要的是经而非艺。"夫博通九经为儒门之首，学该六艺为伎术之宗。"[2] 科学在庞大的王朝国家中，只是一条支脉，而不是主流，在蓬勃的人文主流下，科学既被吸附，又被排逐，向前的道路并不一帆风顺，而是弯弯曲曲，甚至停滞，乃至有所回流。徘徊，成为科学的常态。李约瑟指出："中国的骄傲应当是，在许多方面，在思想和实验工作方面都作了开端。"[3] 他认为中国科学的顶峰是在宋朝，[4] 但此后却停滞不前，最终被欧洲超越。以引领欧洲近代科学产生的数学为例，钱宝琮指出：

> 我国历史上，春秋、战国（前722—前247）为哲学思潮最盛之时期。当时哲学规模之广大，问题之繁杂，学派之众多，堪与古代希腊人并驾齐驱。算学在此期内，虽不如希腊之盛，亦有相当成绩。汉代以还，重儒尊经，诸子学术，问津者少。后世应用算术，虽能赓续发展，而墨家之几何学，

---

① 《史记》卷八《高祖纪》，第381页。
② （晋）夏侯阳撰，（北周）甄鸾注《夏侯阳算经·原序》，第228页。
③ 《中国与西方的科学和农业》，潘吉星主编《李约瑟文集》，辽宁科学技术出版社，1986，第93页。
④ 《中国与西方的科学和农业》，潘吉星主编《李约瑟文集》，第110页。

> 及所谓名家者流之数理哲学，则均成绝响，二千余年竟无继
> 起之人，良堪叹息！①

为什么会造成这种现象呢？

万历年间，意大利耶稣会士利玛窦漂洋过海，来到中国。他对中国与欧洲的科学进行了对比，一方面认为明代天文学、数学较为发达，"中国人不仅在道德哲学上而且也在天文学和很多数学分支方面取得了很大的进步。他们曾一度很精通算术和几何学"，② 甚至日常监测的星星比欧洲还要多，"他们把天空分成几个星座，其方式与我们所采用的有所不同。他们的星数比我们天文学家的计算整整多四百个，因为他们把很多并非经常可以看到的弱星也包括在内"。③ 但另一方面，他认为中国人对天文学的重视，是为了给政治提供启示，与欧洲的占星学道理是一致的。"他们把注意力全部集中于我们的科学家称之为占星学的那种天文学方面；他们相信我们地球上所发生的一切事情都取决于星象。"④ 因此，中国古代专门研习科学的做法是一种非主流的选择，

> 没有人会愿意费劲去钻研数学或医学。结果是几乎没有人献身于研究数学或医学，除非由于家务或才力平庸的阻挠而不能致力于那些被认为是更高级的研究。钻研数学和医学并不受人尊敬，因为它们不象哲学研究那样受到荣誉的鼓励，

---

① 钱宝琮：《中国算学史（上篇）》，《李俨钱宝琮科学史全集》第 1 卷，第 181 页。
② 〔意〕利玛窦、〔比〕金尼阁：《利玛窦中国札记》，何高济、王遵仲、李申译，中华书局，1983，第 32 页。
③ 〔意〕利玛窦、〔比〕金尼阁：《利玛窦中国札记》，第 32 页。
④ 〔意〕利玛窦、〔比〕金尼阁：《利玛窦中国札记》，第 32 页。

学生们因希望着随之而来的荣誉和报酬而被吸引。①

而研习儒学才被明人视为人生的正途。"这一点从人们对学习道德哲学深感兴趣，就可以很容易看到。在这一领域被提升到更高学位的人，都很自豪他实际上已达到了中国人幸福的顶峰。"②

与利玛窦相似，西班牙耶稣会士庞迪我对晚明中国的科学状况也持十分悲观的态度，指出明代士人只知科举而无暇理会科学。"他们不知道，也不学习任何科学，也不学习数学和哲学。除修辞学以外，他们没有任何真正的科学知识。他们学问的内容和他们作为'学者'的称谓根本不相符合。"③

与利玛窦亲密合作的徐光启，同样展开了自省和反思，指出中国古代数学，在宋元以后呈现了倒退趋势。

> 我中夏自黄帝命隶首作算，以佐容成，至周大备。周公用之，列于学官以取士，宾兴贤能，而官使之。孔门弟子身通六艺者谓之升堂入室，使数学可废，则周孔之教踬矣。而或谓载籍燔于嬴氏，三代之学多不传，则马、郑诸儒先，相授何物？《唐六典》所列《十经》，博士弟子五年而学成者，又何书也？由是言之，算数之学特废于近世数百年间尔。④

在他看来，倒退的原因有两个，即受到了儒家与宗教的影响。

---

① 〔意〕利玛窦、〔比〕金尼阁：《利玛窦中国札记》，第 34 页。
② 〔意〕利玛窦、〔比〕金尼阁：《利玛窦中国札记》，第 34 页。
③ 〔西〕庞迪我：《一些耶稣会士进入中国的纪实及他们在这一国度看到的特殊情况及该国固有的引人注目的事物》，张铠：《庞迪我与中国》，大象出版社，2009，第 370 页。
④ 李天纲编《徐光启诗文集》卷七《刻同文算指序》，朱维铮、李天纲主编《徐光启全集》第 9 册，上海古籍出版社，2010，第 283—284 页。

　　废之缘有二：其一为名理之儒土苴天下之实事；其一为妖妄之术谬言数有神理，能知来藏往，靡所不效。卒于神者无一效，而实者亡一存。往昔圣人所以制世利用之大法，曾不能得之士大夫间，而术业政事，尽逊于古初远矣。[①]

第四节　近代西方对中国科学的评判

　　伴随资本主义的发展，逐渐树立起自信的欧洲人，掀起启蒙运动的历史思潮，对其他文明从起初的仰慕，到逐渐平视乃至展开批判，而对于中国的评判，就是其中一项重要内容。启蒙思想家们一方面承认中国具有悠久的历史、灿烂的文化，社会很早就进入一个很高的发展阶段，但另一方面却认为中国由于奉行专制主义，陷入了长期停滞、封闭落后的局面，最终被欧洲超越。在科学方面的立场同样如此。1543 年，被普遍视为近代科学开端的时间。

　　这一年出版了哥白尼的《天体运行论》和维萨留斯的《人体结构》两部伟大著作，向以希腊托勒密和盖伦为代表的古希腊天文学和医学传统宣战，笼罩在天、地、人外面的中世纪面纱被完全揭开了，从此自然科学便大踏步地前进。[②]

　　此后的欧洲思想家，一方面肯定中国曾经有过辉煌的科学传统，另一方面却指出这种传统长期缓慢发展，乃至陷入停滞，最

---

①　李天纲编《徐光启诗文集》卷七《刻同文算指序》，朱维铮、李天纲主编《徐光启全集》第 9 册，第 284 页。

②　席泽宗：《关于"李约瑟难题"和近代科学源于希腊的对话》，《科学》1996年第 4 期。

终被欧洲超越。①

　　1728 年 10 月 14 日，法国皇家科学院的德梅朗（D. de Mairan）致信在中国的法国耶稣会士巴多明（D. Parrenin），表达了他对于中国科学的疑惑：中国比任何其他地方都具有发展科学的有利条件，也一直在致力于科学研究，却在思辨科学上与欧洲相差甚远。巴多明回答了阻碍中国科学发展的因素。1730 年 8 月，巴多明在回信中指出，缺乏外部竞争的中国，对科学十分轻视，导致了中国科学的停滞。

　　　　先生，正是这一点使您感到奇怪，中国人"很久以来就致力于所谓思辨科学，却无一人将之稍稍深化。"我和您一样，都认为这是难以令人置信的；但是我并不归咎于中国人的精神材质，说他们缺少格物致知的智慧及活力，因为人们可以看到他们在别的学科中所取得成就，其所需的才华及洞察力并不比天文及几何所需要的少。许多原因会合在一道起阻碍的作用，使科学至今不能得到应有的进步，而且只要这些原因存在，仍将继续成为科学进步的阻力。

　　　　首先，凡是可能在此方面取得成功的人将得不到任何补偿。从历史上来看，数学家的疏忽受到重罚，却无人见到他们的勤劳受到奖赏，也无人见到他们因观察天象就可免于贫困。在钦天监谋生的人所能企望的就只是在监内当上头面人物；但其收入也仅能糊口：因为此监不是高高在上的；它是礼部下属机构。它不在九卿之列，而九卿之魁首才能相聚一堂，共商国家大事。总而言之，它无足轻重，在那里无法有甚奢望。

---

　　① 韩琦《中国科学技术的西传及其影响》（河北人民出版社，1999）一书，系统地梳理了晚明以来欧洲对于中国科学发展的认识与评价。

钦天监监正假如是一位饱学之士，热爱科学，努力完成科研；如果有意精益求精，或超过前任，增加观测次数，或改进操作方法，在监内同僚之中就立刻引起轩然大波，大家是要坚持按部就班的。他们说："何必自找麻烦、担风险，一扣不就是一两年的薪俸吗？这岂不是自己挨饿而死为别人行好吗？"

也许就因为这样，以致北京观象台无人再使用望远镜去发现肉眼所看不见的东西，也不用座钟去计算精确的时刻。皇宫内则配备得很好，仪器都是出自欧洲的能工巧匠之手。尽管康熙皇帝让人重编了数表，又把那么些好的仪器都放在观象台内；并且他也知道这些望远镜和座钟对准确观象是多么重要，但却从没有命令他的数学家利用这些东西。当然这些人大反特反新发明，并且强调自己民族崇古的意识，但实际上他们只是从自己的利益出发。甚至担心改朝换代之时，被这个君主一声令下送往炼铜炉的中国的旧仪器都要重新恢复名誉，而今日占据有用地位的新仪器则将被送往铸造厂，一化了之，不留痕迹。

要使这些科学在中国兴旺发达，一个皇帝不够，要许多皇帝持续地优待勤学苦练有所创新之士；建立稳固的基金，以奖励有功人员并提供差旅费及必要的工具；解决数学家落魄穷困之忧，使他们不致受不学无术者之责罚：因为不学无术者不知区别失误从何而来，是来自疏忽或来自无知，还是来自指定用于计算的数表和原理本身的缺陷。

有人说，而且一点也不错，皇帝们是给钦天监化了大批金钱；然而这些钱只是用于日常运作，有功之士并未得到很好的奖励。先帝康熙，他一人所作之事就已超过了他的前任：他所开的好头本应继续进行下去；但是大家觉得万事大吉，无事可作了。《天文汇编》（指《历象考成》）是由这位伟大的君主明令编纂的，在他的继承人雍正的关怀下出版了，该书已印刷并发行，这就成了永恒的法则：在未来的年代里，天体如果不与本书相符，这可不是推步者的失误，即是天体本身的错误。最后还要说的是，人们决不会因为与天象不符就去修改这本书，除非连季节都发生了阴差阳错。

使科学停滞不前的第二个原因，就是里里外外没有刺激与竞争。假如中国邻邦有一个独立的王国，它研究科学，它的学者能够揭露中国人在天文学中的错误，中国人也许可以从他们的昏昏欲睡中醒来，皇帝变得关注推动这门科学的进步；我还不知道是否中国更有可能采取的办法是去控制这个王国，强之静默无言，迫之恭恭敬敬地接受中国的正朔；人们可以看见中国人不止一次为了黄历而作战。

内部也无竞争，或者这竞争小到看不到的地步；其原因就是我已说过的，研究天文绝不是走向富贵荣华之路。走向高官厚爵的康庄大道，就是读经、读史、学律、学礼，就是要学会怎样作文章，尤其是要对题发挥，咬文嚼字，措词得当，无懈可击。走这条路，一旦考中进士，安富尊荣，随之而来，为官进爵，指日可待。这些待选做官的人（官位一般总会给他们的），他们不得不回到本省，也被地方官所看重；他们的家庭就可以免掉各种麻烦，他们还可以享受许多特权。

……假设从建朝初期，规定就有天文学进士及其他几何学家，他们必须经过严格考试之后才能进入到钦天监，而以后如果他们有科学实践的表现及功绩，他们就可以升任外省督抚或京中各部大员，那么数学及数学家就更为尊荣：我们今日就有长期的观察记录，对我们大有用处，使我们少走许多弯路。

但是前面我说过，中国人只为自己而学；虽然他们研究天文学比所有的国家都早，但他们只是做到他们自认为需要的那一步。他们总是按照他们开始时那一套走：老是故步自封，不想腾飞，不仅是因为，就如你们所说，他们没有那种促使科学进步的远见、紧迫感，而且因为他们局限于单纯的需要；依照他们所接受关于个人幸福及国家的安定的概念，他们不认为应该着急，也不必苦心积虑地钻研纯思辨的事物，这类事物既不能使人更幸福，也不能使人更安宁。①

1741—1752 年，英国哲学家、政治学家大卫·休谟发表了关于政治的两本论文集，其中一篇《谈艺术和科学的起源与发展》，系统地阐发了科学得以产生与发展的三个观点：第一，在共和国政权中受到保护能够产生，而在君主制国家中受到压制则无法产生；第二，在小国林立的竞争环境中容易发展，而在大型国家中却趋于衰落；第三，艺术和科学"可以移植于任何国家，共和国最有利于科学的成长，而文明君主国则最适于优雅艺术的成长"。②

首先，休谟认为科学无法在专制的君主制国家产生，而可以在自由的共和国政权中产生。在休谟看来，贪欲是一种普遍存在而无法压制的原始欲望。"贪欲或获利的欲望是一种普遍的激情，它在所有的时候，所有的地方，对于所有的人都起作用。"③ 与之不同，好奇之心却是一种更高级的欲望，需要环境的保护。"而好奇之心，或对知识的热爱其作用却甚为有限；它需要青春、闲暇、教育、天才以及先例的配合，方能影响一些人。"④ 因此，在压制自由的政权下，科学是无法产生的。"任何民族，如果不享有自由

① Lettres édifiantes, T. 12, pp. 46-87, 1730 年 8 月 11 日写于北京，转引自韩琦《中国科学技术的西传及其影响》，第 180—183 页。
② 《休谟政治论文选》，张若衡译，商务印书馆，2010，第 72 页。
③ 《休谟政治论文选》，第 63 页。
④ 《休谟政治论文选》，第 63—64 页。

政府提供的幸福，艺术和科学最初是不可能从他们之中产生的。"① 君主国的这种政权体制，无法为科学的产生提供条件。"因此，期望艺术和科学最初会在君主国中产生，等于期望河水倒流。"② 正好相反，崇尚自由的共和国却能够保护人的好奇心，从而推动科学的产生。

> 这里说的是那时自由国家的优点。一个共和国即使处于野蛮状态，但由于绝对正确的行动，也必然会制定法律，甚至当人类在其他学科方面尚未取得重大进展时，也是如此。法律提供安全，安全产生好奇之心，好奇之心求得知识。③

其次，休谟认为科学产生的温床是彼此独立但又相互联系的小国林立的国际环境。"没有什么东西能比许多由商业和政策联系在一起的、相邻而又独立的小国更有利于文明和学术的发展了。"④ 因为这种环境既提供了竞争的驱动，又限制了权力的发展。"在这些相邻国家之间自然发生的竞争显然是产生进步的根源。不过我主要坚持的是，这类小国的有限领土限定了其权力和权威的发展。"⑤

在休谟看来，大型政权与专制国家、小型政权与自由国家，是分别自动转化的关系。"由个别人物拥有很大势力而扩张了的大国政府，很快就会变成专制政府，但小国政府却自然转向共和制。"⑥ 这是因为"大国政府可以逐步习惯于专制和暴虐，因为暴政最初总是在部分地区实施，由于这些地区远离大多数人民，因

---

① 《休谟政治论文选》，第66页。
② 《休谟政治论文选》，第67页。
③ 《休谟政治论文选》，第68页。
④ 《休谟政治论文选》，第69页。
⑤ 《休谟政治论文选》，第69页。
⑥ 《休谟政治论文选》，第69页。

而不被注意，也不会激起什么激烈的骚动"，"在一个小国政府中，任何压迫人民的行动立即为全民知晓，由此而发出的不满之声易于传播，愤怒很快高涨起来，因为这类小国的臣民不易认为自己与国君之间存在很大的差距"。①

休谟之所以秉持这种观点，不仅源于他认为小国能够限制国家权力，从而为学术的发展提供保障。"分成许多小国有利于学术的发展，因为它遏制了国威和国力的增长。名望和君权一样对于人们常常具有同样的魅力，而对于自由思索和考察却具有同等的危害性。"② 而且更是因为在他看来，小国林立的国际环境所造成的竞争压力，促使抛弃本国偏见、追求客观知识，成为人们的共同准则。

> 但假若许多邻邦之间经常有艺术和商业上的交往，他们相互嫉妒就会阻碍他们彼此轻易地接受对方关于艺术鉴赏和科学理论方面的规则，而是促使他们极为认真和准确地考察对方的每件艺术作品。民众的看法不易从此地传播到彼地，它在这个或那个国家遇到不相容的偏见，立即受到阻遏。只有表现人性和符合理性的创作，至少必须是与之非常近似的创作，才能克服重重障碍，夺路前进，并使最相敌对的国家一致珍视和赞美它。③

休谟分析了科学产生的原理之后，还对比了欧洲、中国截然不同的政治体制与历史后果，从而验证自己的这一观点。他指出伴随欧洲从希腊共和国林立的状态进入罗马帝国，再到近代欧洲民族国家林立的状态，科学传统相应呈现了茁壮成长、受到压制、

---

① 《休谟政治论文选》，第69—70页。
② 《休谟政治论文选》，第70页。
③ 《休谟政治论文选》，第70页。

再次恢复的历史轨迹。因此，在他看来，学术盛世的中断，只要不伴随焚毁书籍，其实有利于打破对学术权威的盲从与因袭。① 而中国的科学传统却长期受到了国家的压制，从而发展缓慢。

> 中国看来有很深厚的文化和科学传统，经过了这么多世纪的进程，自然可以期望它应已成熟，比现有的一切更为完美。然而中国是个大帝国，人民讲着同一的语言，受治于同一的法律，赞许同一的生活方式。像孔夫子这样的导师，其思想权威易于传遍全国。没有人敢于抗拒当时盛传的主张。后人也不敢辩驳其祖先一致接受了的观点。看来这就是科学为何在这个伟大的帝国中进展甚为缓慢的一个客观原因。②

1749 年，法国启蒙运动的代表人物卢梭发表了《论科学与艺术的复兴是否有助于使风俗日趋纯朴》的演讲，同样对中国重视文学而忽视科学进行了尖锐的讽刺。

> 在亚洲有一个领土广袤的国家；在这个国家里，只要文章写得好，就可以当高官。如果科学可以使风俗日趋纯朴，如果科学能教导人们为祖国流血牺牲，能鼓舞人的勇气，中国人民早就成为贤明的、自由的和不可战胜的人民了。③

1764 年，法国启蒙运动的代表人物伏尔泰在《哲学辞典》一书中指出，中国道德哲学比欧洲发达，而科学传统却远远落后于欧洲。

---

① 《休谟政治论文选》，第 70—72 页。
② 《休谟政治论文选》，第 71 页。
③ 《论科学与艺术的复兴是否有助于使风俗日趋纯朴》，《卢梭全集》第 4 卷，李平沤译，商务印书馆，2012，第 388 页。

我们相当了解中国人现在还跟我们大约三百年前那时候一样，都是一些推理的外行。最有学问的中国人也就好像我们这里十五世纪的一位熟读亚里士多德的学者。但是人们可以是一位很糟糕的物理学家而同时却是一位杰出的道德学家。所以，中国人在道德和政治经济学、农业、生活必需的技艺等等方面已臻完美境地，其余方面的知识，倒是我们传授给他们的；但是在道德、政治、经济、农业、技艺这方面，我们却应该做他们的学生了。①

在科学上中国人还处在我们二百年前的阶段：他们跟我们一样，有很多可笑的成见；就像我们曾经长期迷信过符咒星相一样，他们也迷信这些东西。②

五年后，德国著名科学家和哲学家莱布尼茨指出，中国之所以没有发展出近代科学，是因为思辨科学，尤其数学传统的欠发达。他对比了中国与欧洲，首先指出这两种文明交相辉映。

人类最伟大的文明与最高雅的文化今天终于汇集在了我们大陆的两端，即欧洲和位于地球另一端的——如同"东方欧洲"的"Tschina"（这是"中国"两字的读音）。我认为这是命运之神独一无二的决定。也许天意注定如此安排，其目的就是当这两个文明程度最高和相隔最近的民族携起手来的时候，也会把它们两者之间的所有民族都带入一种更合乎理性的生活。③

---

① 〔法〕伏尔泰：《哲学辞典》，王燕生译，商务印书馆，1997，第322页。
② 〔法〕伏尔泰：《哲学辞典》，第330页。
③ 《莱布尼茨致读者》，〔德〕G. G. 莱布尼茨：《中国近事——为了照亮我们这个时代的历史》，第1页。

但话锋一转，却指出中国在思辨科学方面远远落后于欧洲，

> 但在思维的深邃和理论学科方面，我们则明显更胜一筹。因为除了逻辑学、形而上学以及对精神事物的认识这些完全可以说属于我们的学科之外，我们在对由理智从具体事物中抽象出来的观念的理解方面，即在数学上，也远远超过他们。当把中国人的天文学与我们的进行比较时，人们确实也能看到这一点。他们到现在似乎对人类理智的伟大之光和论证艺术所知甚少，仅仅只是满足于我们这里的工匠所熟悉的那种靠实际经验而获得的几何知识。[1]

欧洲、中国呈现出思辨科学、实践哲学各领风骚的历史分途。

> 如果说我们在手工技能上与他们不分上下、在理论科学方面超过他们的话，那么，在实践哲学方面，即在人类生活及日常风俗的伦理道德和政治学说方面，我不得不汗颜地承认他们远胜于我们。[2]

中国之所以在后一领域十分发达，是由于该文明努力构建合理的社会秩序。"的确，我们很难用语言来形容，中国人是如何完美地致力于谋求社会的和平与建立人与人相处的秩序，以便人们能够尽可能地减少给对方造成的不适。"[3] 但中国之所以一直未能建立起精密的科学，也正是由于数学的缺失。

---

[1] 《莱布尼茨致读者》，〔德〕G. G. 莱布尼茨：《中国近事——为了照亮我们这个时代的历史》，第1—2页。

[2] 《莱布尼茨致读者》，〔德〕G. G. 莱布尼茨：《中国近事——为了照亮我们这个时代的历史》，第2页。

[3] 《莱布尼茨致读者》，〔德〕G. G. 莱布尼茨：《中国近事——为了照亮我们这个时代的历史》，第2页。

只有通过几何学（即数学）人们才能够揭示科学的秘密。尽管中国人几千年来致力于学问的研习，但他们并未建立起一种精密的科学，我认为其原因不是别的，只是因为他们缺少那个欧洲人的"一只眼睛"，即几何学。尽管他们认为我们是"一只眼"，但我们还有另外一只眼睛，即中国人还不够熟悉的"第一哲学"。借助它，我们能够认识非物质的事物。①

受到耶稣会士巴多明认为中国人懒惰，对理论漠不关心的影响，1777 年，法国政治家、天文学家巴伊在《关于科学起源及亚洲人起源的通信》一书中指出，中国人天性懒惰，因循守旧，缺乏科学精神，新思想不能受到鼓励，天文学家服务于宫廷，强调天体的和谐，担心新的天文现象的发生，因此中国历史上虽然曾出现过某位天文学家，但转瞬即逝，发明也未延续下来。②

18 世纪中期兴起的法国重农学派，反对重商主义，对于中国的农业经济十分推崇。该学派的代表人物魁奈著有《中国的专制制度》一书，指出中国人重视实用科学，轻视思辨科学，导致后者进步不多。

虽然中国人很好学，且很容易在所有的学问上成功，但是他们在思辨上很少进步，因为他们重视实利，所以他们在天文、地理、自然哲学、物理学及很多实用的学科上有很好的构想，他们的研究倾向应用科学、文法、伦理、历史、法律、政治等看来有益于指导人类行为及增进社会福利的学问。③

---

① 《莱布尼茨致读者》，〔德〕G. G. 莱布尼茨：《中国近事——为了照亮我们这个时代的历史》，第 5 页。
② 参见韩琦《中国科学技术的西传及其影响》，第 89 页。
③ 转引自韩琦《中国科学技术的西传及其影响》，第 188 页。

1754年，马尔西主持编纂《中国、日本、印度、波斯、土耳其和俄罗斯人现代史》一书，在这本书里，马尔西指出中国天文学、医学很发达，但抽象科学却很少受到研究，甚至直到耶稣会士来到中国之后才有了数学的研究。"中国人不大精通物理学；他们没有任何设想和推理的逻辑定律，至于形而上学，他们更是连名字都未曾听说过。一般来说，他们很少从事抽象科学的研究。"① 科学发展长期停滞。"在三个世纪中，欧洲的科学便取得了中国人在4000年里也未取得的进步。"② 之所以如此，是因为人们专注于道德哲学。"道德哲学一直是他们的主要研究对象；他们将其归纳为两个基本要素：父子之间与君臣之间的义务。"③

1793年，法国启蒙运动的代表人物之一孔多塞出版了《人类精神进步史表纲要》一书，指出在中国这样的和平定居社会里，虽然天文学、医药学、最简单的解剖学，对矿物、植物和自然现象的最初研究都得到了开展，但长期的迷信和专制主义压制了科学的进一步发展，促使其一直保持在萌芽状态。统治者们为了提升威信，通过漫长的星体运动观察，推动了天文学的高度发展，甚至达到了预言天象的地步，但"科学的进步对于他们只不过是一个次要的目标，是一种延续或扩张自己权力的手段而已"。④ 具体至中国，那便是科学只是处于一种卑微的地位，所发明的各项技术并无助于人类精神的进步，而被其他民族超越，

---

① 〔法〕艾田蒲（René Etiemble）：《中国之欧洲：西方对中国的仰慕到排斥》（修订全译本），许钧、钱林森译，广西师范大学出版社，2008，第267页。
② 〔法〕艾田蒲：《中国之欧洲：西方对中国的仰慕到排斥》（修订全译本），第268页。
③ 〔法〕艾田蒲：《中国之欧洲：西方对中国的仰慕到排斥》（修订全译本），第268页。
④ 〔法〕孔多塞：《人类精神进步史表纲要》，何兆武、何冰译，北京大学出版社，2013，第25—26页。

　　那么我们就必须暂时把目光转到中国，转到那个民族，他们似乎从不曾在科学上和技术上被别的民族所超过，但他们却又只是看到自己被所有其他的民族——相继地超赶过去。这个民族的火炮知识并没有使他们免于被那些野蛮国家所征服；科学在无数的学校里是向所有的公民都开放的，唯有它才导向一切的尊贵，然而却由于种种荒诞的偏见，科学竟致沦为一种永恒的卑微；在那里甚至于印刷术的发明，也全然无助于人类精神的进步。[①]

最终科学发展处于停滞甚至倒退的地步。"从此以后，科学中的一切进步就都停顿了；甚至于以前各个世纪所曾经验证过的科学知识，有一部分也在后世消失了。"[②]

　　同年，法国化学家拉瓦锡表达了同样的观点。"应该把中国这个大国当作我们的教训；在那里，艺术与两千年前一模一样，因为政府的形式束缚了科学的天才，给工业设置了无法跨越的障碍。"[③]

第五节　20 世纪上半叶中国学界的反思

　　进入 20 世纪，中国学者在文明危机的催动下，开始深层次探讨中国传统社会的根本弊端；西方学者在汉学研究颇有积累的情况下，也开始从整体上讨论中国传统社会的特质。二者逐渐合流，关于中国传统社会诸多重大命题开始产生，其中便有中国为什么没有发展出近代科学。这一问题的讨论往往是从检讨中国科学长期停滞乃至倒退开始的。

---

① 〔法〕孔多塞：《人类精神进步史表纲要》，第 28 页。
② 〔法〕孔多塞：《人类精神进步史表纲要》，第 29 页。
③ 转引自韩琦《中国科学技术的西传及其影响》，第 194 页。

1915 年，科学家任鸿隽发表了《说中国无科学之原因》一文。该文所指的"科学"，为近代科学。任鸿隽认为远古中国有十分悠久的科学传统。"即吾首出庶物之圣人，如神农之习草木，黄帝之创算术，以及先秦诸子墨翟公输之明物理机巧，邓析公孙龙之析异同，子思有天圆地方之疑，庄子有水中有火之说。"但中国科学的发展脉络，呈现出退化的趋向。"周秦之间，尚有曙光。继世以后，乃入长夜。"之所以如此，在他看来，一不是因为缺乏人才，二也不是由于社会限制，因为欧洲基督教对于科学的禁锢更甚，他指出造成这种困境的根源是中国学术传统缺乏归纳法。"东方学者驰于空想，渊然而思，冥然而悟，其所习为哲理。奉为教义者，纯出于先民之传授，而未尝以归纳的方法实验之以求其真也"，从而导致科学成果无法持续积累发展。"不由归纳法，则虽圣智独绝，极思想之能，成开物之务，亦不过取给于一时，未能继美于来祀。"[1]

1920 年，梁启超撰成《清代学术概论》一书，认为除了算学和天文学，中国古代科学并不发达。"除算学天文外，一切自然科学皆不发达。"[2] 为什么会如此呢？梁启超认为中国古人专注于社会方面，忽略了自然科学。"我国数千年学术，皆集中社会方面，于自然界方面素不措意，此无庸为讳也。"[3] 但在梁启超看来，这没什么值得大惊小怪的，因为欧洲的科学，也是直到近代才发展起来。"其实欧洲之科学，亦直至近代而始昌明。"[4] 蒋方震为该书作序时指出，明清耶稣会士传播西方科学，却在康熙以后夭折，有四项原因：清朝以北族入主华夏，经世之学被朴学取代；雍正帝由于党派之争，打击耶稣会士；与欧洲趋向复古而崇尚冲突性

---

① 任鸿隽：《说中国无科学之原因》，《科学》第 1 卷第 1 期，1915 年。
② 梁启超：《清代学术概论》，上海古籍出版社，2005，第 24 页。
③ 梁启超：《清代学术概论》，第 24 页。
④ 梁启超：《清代学术概论》，第 24 页。

不同，中国强调调和而崇尚继承性；民族崇尚玄学，不注重实际。①

1920—1921 年，英国哲学家罗素到中国讲学，其间发表了《中西文明的对比》的演讲，认为中国没有科学。

> 虽然中国文明中一向缺少科学，但并没有仇视科学的成分，所以科学的传播不像欧洲有教会的阻碍。我相信，如果中国有一个稳定的政府和足够的资金，30 年之内科学的进步必大有可观，甚至超过我们，因为中国朝气蓬勃，复兴热情高涨。②

1921 年，冯友兰在美国哥伦比亚大学哲学系发表以《为什么中国没有科学——对中国哲学的历史及其后果的一种解释》为主题的演讲。在开篇，冯友兰就发出了中国为什么没有产生近代科学的疑问：

> 中国落后，在于她没有科学。这个事实对于中国现实生活状况的影响，不仅在物质方面，而且在精神方面，是很明显的。中国产生她的哲学，约与雅典文化的高峰同时，或稍早一些。为什么她没有在现代欧洲开端的同时产生科学，甚或更早一些？③

冯友兰认为中国不仅没有产生近代科学，甚至一直都没有科学传统。他指出先秦诸子思想竞争的结果，是道、儒获胜，墨家失败。

---

① 蒋方震：《序》，梁启超：《清代学术概论》，第 92—93 页。
② 〔英〕罗素：《中国问题：哲学家对 80 年前的中国印象》，第 152 页。
③ 张海燕主编《中国哲学的精神：冯友兰文选》，国际文化出版公司，1998，第 175—176 页。

"在中国思想史中，道家主张自然，墨家主张人为，儒家主张中道。三者为了各自生存，斗争激烈。这场大战的结果是，可怜的墨家完全失败，不久就永远消失了"，① 导致中国的"人为"路线消失。

> 秦朝之后，中国思想的"人为"路线几乎再也没有出现了。不久来了佛教，又是属于极端"自然"型的哲学。在很长时间内，中国人的心灵徘徊于儒、释、道之间。直到公元十世纪，一批新的天才人物相继地将儒、释、道三者合一，成为新的教义，输入中华民族的心灵，至于今日。因为这种新的教义始于宋朝，所以名为"宋学"。②

"人为"路线消失之后，中国人对于幸福的追求，呈现了内向诉求的特征。中国与欧洲于是在哲学观念上，分别呈现向内与向外诉求的不同选择。

> 何谓善，中国的观念就是如此。在人类历史上，中世纪欧洲在基督教统治下力求在天上找到善和幸福，而希腊则力求，现代欧洲正在力求，在人间找到它们。圣·奥古斯丁希望实现他的"上帝城"，弗朗西士·培根希望实现他的"人国"。但是中国，自从她的民族思想中"人为"路线消亡之后，就以全部精神力量致力于另一条路线，这就是，直接地在人心之内寻求善和幸福。换言之，中世纪基督教的欧洲力求认识上帝，为得到他的帮助而祈祷，希腊则力求，现代欧洲正在力求，认识自然，征服自然，控制自然；但是中国力求认识在我们自己内部的东西，在心内寻求永久的和平。③

---

① 张海晏主编《中国哲学的精神：冯友兰文选》，第189页。
② 张海晏主编《中国哲学的精神：冯友兰文选》，第190—191页。
③ 张海晏主编《中国哲学的精神：冯友兰文选》，第192—193页。

欧洲从物出发，形成了科学传统。"柏格森在《心力》中说，欧洲发现了科学方法，是因为现代欧洲科学从物出发。正是从物的科学，欧洲才养成精确，严密，苦求证明，区分哪是只有可能的，哪是确实存在的，这样的习惯。"① 与之不同，中国由于是从心出发，因此无须证明。"我们立刻看出，如果是对付自己的心，首先就无须确实。……可见中国所以未曾发现科学方法，是因为中国思想从心出发，从各人自己的心出发。"②

梁漱溟先后出版《东西文化及其哲学》《中国文化要义》等书，并在晚年解答了"李约瑟问题"。他的观念一以贯之，就是中国没有科学。在1922年出版的《东西文化及其哲学》一书中，他指出中国、西方的文化发展方向，呈现了艺术与科学分途。这在农业、工业、医学方面，都是如此。

> 我们的制作工程都专靠那工匠心心传授的"手艺"。西方却一切要根据科学——用一种方法把许多零碎的经验，不全的知识，经营成学问，往前探讨，与"手艺"全然分开，而应付一切，解决一切的都凭科学，不在"手艺"。③

因此，与西方文化崇尚"科学的精神"不同，中国人崇尚的是"艺术的精神"。

> 这种一定要求一个客观共认的确实知识的，便是科学的精神；这种全然蔑视客观准程规矩，而专要崇尚天才的，便是艺术的精神。大约在西方便是艺术也是科学化；而在东方

---

① 张海晏主编《中国哲学的精神：冯友兰文选》，第193页。
② 张海晏主编《中国哲学的精神：冯友兰文选》，第193页。
③ 梁漱溟：《东西文化及其哲学》，中华书局，2018，第28页。

便是科学也是艺术化。①

二者拥有不同的古今观念，西方人认为今胜于古，中国人认为古胜于今。

> 科学求公例原则，要大家共认证实的；所以前人所有的，今人都有得，其所贵便在新发明，而一步一步脚踏实地，逐步前进，当然今胜于古。艺术在乎天才秘巧，是个人独得的，前人的造诣，后人每觉赶不上，其所贵便在祖传秘诀，而自然要叹今不如古。②

中西方社会的运行机制也完全不同，西方社会机制由科学塑造。

> 西方人走上了科学的道，便事事都成了科学的。起首只是自然界的东西，其后种种的人事，上自国家大政，下至社会上琐碎问题，都有许多许多专门的学问，为先事的研究。因为他总要去求客观公认的知识，因果必至的道理，多分可靠的规矩，而绝不听凭个人的聪明小慧到临时去瞎碰。所以拿着一副科学方法，一样一样地都去组织成了学问。那一门一门学问的名目，中国人从来都不曾听见说过。③

而中国由于缺乏科学的精神，权宜之术渗透到社会所有层面。

> 而在中国是无论大事小事，没有专讲他的科学，凡是读过四书五经的人，便什么理财司法都可做得，但凭你个人的

---

① 梁漱溟：《东西文化及其哲学》，第29页。
② 梁漱溟：《东西文化及其哲学》，第29页。
③ 梁漱溟：《东西文化及其哲学》，第29—30页。

心思手腕去对付就是了。虽然书史上边有许多关于某项事情——例如经济——的思想道理，但都是不成片段，没有组织的。而且这些思想道理多是为着应用而发，不谈应用的纯粹知识，简直没有。这句句都带应用意味的道理，只是术，算不得是学。凡是中国的学问大半是术非学，或说学术不分。离开园艺没有植物学，离开治病的方书没有病理学，更没有什么生理学解剖学。与西方把学独立于术之外而有学有术的，全然两个样子。①

而这种权宜之术由于缺乏科学的支撑，也无法充分发展。

西方既秉科学的精神，当然产生无数无边的学问。中国既秉艺术的精神，当然产不出一门一样的学问来。而这个结果，学固然是不会有，术也同样着不得发达。因为术都是从学产生出来的。生理学病理学固非直接去治病的方书，而内科书外科书里治病的法子都根据于他而来。单讲治病的法子不讲根本的学理，何从讲出法子来呢？就是临床经验积垒些个诀窍道理，无学为本，也是完全不中用的。中国一切的学术都是这样单讲法子的，其结果恰可借用古语是"不学无术"。既无学术可以准据，所以遇到问题只好取决自己那一时现于心上的见解罢了。②

中西社会政治机制的截然分别，也根源于此。"从寻常小事到很大的事，都是如此。中国政治的尚人治，西方政治的尚法治，虽尚有别的来路，也就可以说是从这里流演出来的。申言之还是艺术

---

① 梁漱溟：《东西文化及其哲学》，第30页。
② 梁漱溟：《东西文化及其哲学》，第30页。

化与科学化。"① 玄学与科学的差别同样溯源于此。

> 中国人讲学说理必要讲到神乎其神，诡秘不可以理论，才算能事。若与西方比看，固是论理的缺乏而实在不只是论理的缺乏，竟是"非论理的精神"太发达了。非论理的精神是玄学的精神，而论理者便是科学所由成就。②

而对于社会影响了中国古代科学发展的观点，梁漱溟并不认同。

> 他们都当人类只是被动的，人类的文化只被动于环境的反射，全不认创造的活动，意志的趋往。其实文化这样东西点点俱是天才的创作，偶然的奇想，只有前前后后的"缘"，并没有"因"的。③

他主张科学的主宰，是主观因素而非客观因素。

> 这个话在凤习于科学的人，自然不敢说。他们守着科学讲求因果的凤习，总要求因的，而其所谓因的就是客观的因，如云只有主观的因更无他因，便不合他的意思，所以其结果必定持客观的说法了。但照他们所谓的因，原是没有，岂能硬去派定，恐怕真正的科学还要慎重些，实不如此呢！我们的意思只认主观的因，其余都是缘，就是诸君所指为因的。却是因无可讲，所可讲的只在缘，所以我们求缘的心，正不

---

① 梁漱溟：《东西文化及其哲学》，第30—31页。
② 梁漱溟：《东西文化及其哲学》，第32—33页。
③ 梁漱溟：《东西文化及其哲学》，第48页。

减于诸君的留意客观，不过把诸君的观念变变罢了。①

在他看来，从社会角度出发认知科学的取向与近代科学的非功利性，构成了内在矛盾。他进一步认为中国、印度并不存在如欧洲那样不断变迁的经济现象，因此马克思主义所主张的生产力是社会发展的根本动力的观点，在他看来也是不成立的，决定经济发展的，仍然是人类的精神。②

中西方社会之所以呈现如此差别，梁漱溟指出源于中西方文化不同的发展取向与发展阶段。在他看来，西方文化、中国文化、印度文化分别呈现了向前、持中、向后的不同取向。"西方化是以意欲向前要求为其根本精神的。……中国文化是以意欲自为、调和、持中为其根本精神的。印度文化是以意欲反身向后要求为其根本精神的。"③ 向前的西方文化发展出"征服自然之异采""科学方法之异采""德谟克拉西之异采"。④ 持中的中国文化却没有发展出这三者，原因何在呢？

> 几乎就着三方面看去中国都是不济，只露出消极的面目很难寻着积极的面目。于是我们就要问：中国文化之根本路向，还是与西方化同路，而因走的慢没得西方的成绩呢？还是与西方各走一路，别有成就，非只这消极的面目而自有其积极的面目呢？⑤

多数中国学者认为这是由于中国文化进化得慢。"有人——大多数

---

① 梁漱溟：《东西文化及其哲学》，第 48 页。
② 梁漱溟：《东西文化及其哲学》，第 50—51 页。
③ 梁漱溟：《东西文化及其哲学》，第 59—60 页。
④ 梁漱溟：《东西文化及其哲学》，第 59 页。
⑤ 梁漱溟：《东西文化及其哲学》，第 69 页。

的人——就以为中国是单纯的不及西方，西方人进化的快，路走出去的远，而中国人迟钝不进化，比人家少走了一大半。"① 对此，梁漱溟并不同意，他认为这是由于中国走的是与西方不同的道路。

> 我可以断言假使西方化不同我们接触，中国是完全闭关与外间不通风的，就是再走三百年、五百年、一千年也断不会有这些轮船、火车、飞行艇、科学方法和"德谟克拉西"精神产生出来。这句话就是说：中国人不是同西方人走一条路线。因为走的慢，比人家慢了几十里路。若是同一路线而少走些路，那么，慢慢的走终究有一天赶的上；若是各自走到别的路线上去，别一方向上去，那么，无论走好久，也不会走到那西方人所达到的地点上去的！②

如果没有西方的影响，安分知足的中国文化，无法发展出征服自然、科学、民主的观念。

> 中国人的思想是安分、知足、寡欲、摄生，而绝没有提倡要求物质享乐的；却亦没有印度的禁欲思想……不论境遇如何他都可以满足安受，并不定要求改造一个局面，像我们第二章里所叙东西人士所观察，东方文化无征服自然态度而为与自然融洽游乐的，实在不差。这就是什么？即所谓人类生活的第二条路向态度是也。他持这种态度，当然不能有什么征服自然的魄力，那轮船、火车、飞行艇就无论如何不会产生。他持这种态度，对于积重的威权把持者，要容忍礼让，哪里能奋斗争持而从其中得个解放呢？那德谟克拉西实在无

---

① 梁漱溟：《东西文化及其哲学》，第69页。
② 梁漱溟：《东西文化及其哲学》，第70页。

论如何不会在中国出现！他持这种态度，对于自然，根本不为解析打碎的观察，而走入玄学直观的路，如我们第二章所说；又不为制驭自然之想，当然无论如何产生不出科学来。凡此种种都是消极的证明中国文化不是西方一路，而确是第二条路向态度。①

在 1949 年撰成的《中国文化要义》一书中，梁漱溟进一步指出中国呈现了"理性早启""文化早熟"的特征。"西洋文化是从身体出发，慢慢发展到心的，中国却有些径直从心发出来，而影响了全局。前者是循序而进，后者便是早熟。'文化早熟'之意义在此。"② 在梁漱溟看来，早熟的中国文化，将关注点集中在人事之上，于是便无科学。"科学起自人对物之间，一旦把精神移用到人事上，中国人便不再向物进攻，亦更无从而攻得入了。"③ "中国人讲学问，详于人事而忽于物理，这是世所公认。"④ 最终导致中国"由此遂无科学"。⑤

1976 年，梁漱溟在解答"李约瑟问题"时，明确指出科学与宗教同根并生，中国之所以无法产生出近代科学，是由于缺乏宗教。

近代科学发生、发达于欧洲，二三百年来传播发展到全世界，至今为学术所宗。中国文明开发绝早，如所谓四大发明者（指南针、造纸、印刷、火药）对于欧洲近代文明且曾有启导之功。顾数千年文明史停滞在实用知识技术上，卒未

---

① 梁漱溟：《东西文化及其哲学》，第 70 页。
② 梁漱溟：《中国文化要义》，学林出版社，1987，第 267 页。
③ 梁漱溟：《中国文化要义》，第 280 页。
④ 梁漱溟：《中国文化要义》，第 281 页。
⑤ 梁漱溟：《中国文化要义》，第 280 页。

能成就出纯真科学。此独何故？怀惕海以及李若瑟诸赞扬中国文明者皆未能言之明晓。我今试言之如次。

一句话点明：欧洲人信奉宗教，同时就产生科学，中国人缺乏宗教，同时亦就未能进入科学之门。世俗以为宗教与科学水火不相容，而不知其实为同根并生之二物。此同根之根，我指他们头脑心思一味地向外用去而言；正为其向外用也，从乎智力——此为头脑活动之一面——考察思索，总结经验而成知识，此即产生科学的由来。考察思索贵乎头脑冷静。盖科学的基本在数学；治数学非头脑冷静不可也。然而人类又是富于感情的动物，情感有时波动，则是头脑心思之又一面。人的生死祸福最易摇动情感，而其事恒为智力所难探索理解。智力降伏于情感，则趋归乎上帝主宰人世的信仰崇拜焉。早从人类文明生活之始，便有宗教萌芽，而相信唯一大神教，则其伟大进步的形式也。

总括言之，智则科学，情则宗教，既有外在的物质，便有外在的上帝，二者同根并生，相辅而行。欧洲人及其移住美洲的人便是这样，但中国人却有些不同。

中国人欧洲人同样是人，其不能不面向大自然界讨生活，信乎无疑。不过从古以来其发生发达的学术，流行数千年者如儒家（孔孟等）如道家（老庄等）却都是在反躬向内体认生命，其为学皆深入实践之学，社会上崇尚成风，便掩盖了向外逐物的人生。以此对照上述欧洲情况就显得迥然不相同了。①

1922 年，化学家王琎发表《中国之科学思想》一文，认为中

---

① 《科学与宗教为同根并生之二物》，中国文化书院学术委员会编《梁漱溟全集》第 7 卷，山东人民出版社，2005，第 404—405 页。

国科学不振，既由于缺乏归纳法，也由于在专制统治下，鄙视物质科学，不将科学作为研究真理的学问。[1]

1931 年，魏特夫撰成《中国为什么没有产生自然科学》一文，指出中国古代一向轻视精密科学的研究，虽然数学和天文学拥有显著的进步，但整体而言却一直停留于搜集经验法则的水准。他认为中国科学之所以长期停滞，是亚细亚生产方式造成的。"中国自然科学各部门所以只有贫弱的发达，并非由于偶然，而是那些妨碍自然科学发达的障碍所必然造成的结果。因为在中国的物质生产的特殊基础（亚细亚式基础）上，精神生产方面也必定有一种完全不同的性质的课题占着优越位置。"[2]

1935 年，竺可桢发表《中国实验科学不发达的原因》一文，该文的观点与任鸿隽的观点十分相似。竺可桢指出：

> 中国古代对于天文学、地理学、数学和生物学统有相当的供献，但是近代的实验科学，中国是没有的。实验科学在欧美亦不过近三百年来的事。意大利的伽利略可称为近代科学的鼻祖，他是和徐光启同时候的人。在徐光启时代，西洋的科学并没有比中国高明得多少。

在竺可桢看来，中国科学的不发达，并不是由于中国人观察力薄弱，事实上中国古代许多科学发现都印证了中国人观察力很敏锐；也主要不是由于科举制度，因为士人考上科举之后就可以选择自己的爱好了。他认为中国科学不发达，"一是不晓得利用科学工具，二是缺乏科学精神"，近代欧洲人所用的科学工具是归纳法与

---

[1]　王琎：《中国之科学思想》，《科学》第 7 卷第 10 期，1922 年。

[2]　参见刘钝、王扬宗编《中国科学与科学革命：李约瑟难题及其相关问题研究论著选》，辽宁教育出版社，2002，第 42 页。

演绎法，科学精神是人定胜天。[1]

　　1944年，徐模发表了《中国与现代科学》一文，开宗明义地指出中国是一个"开倒车"的国家，虽然文化程度相对于欧洲并不落后，甚至更为优越，但最终未能发展出近代科学，在他看来，还是因为外因，具体而言，第一是科举，第二是缺乏培育科学的环境，第三是实用主义。[2]

　　1944—1945年，心理学家陈立、数学家钱宝琮先后发表了《我国科学不发达原因之心理分析》《吾国自然科学不发达的原因》两篇论文，深入检讨中国古代科学不发达的根源。前者认为中国古代科学不发达的根源，是宗法思想的束缚。

　　　中国科学之不发达我曾溯源于拟人思想的泛生论，没有工具思想的直观方法，没有逻辑，没有分工，客观与主观的淆混，理智的不诚实等等。但这一切我都指出系反映着客观社会的组织，在宗法阶段的社会便只有宗法社会的思想。[3]

后者指出中国古代科学不发达的根源，是农业社会中形成的过于注重实用的观念。

　　　我国历史上亦曾提倡过科学，而科学所以不为人重视者，实因中国人太重实用。如历法之应用早已发明。对于地圆之说，亦早知之。然因不再继续研究其原理，以致自然科学不能继续发展。而外国人则注重实用之外，尚能继续研究由无用而至有用，故自然科学能大有发展。为什么我国民族太注

① 竺可桢：《中国实验科学不发达的原因》，《国风月刊》第7卷第4期，1935年。
② 徐模：《中国与现代科学》，林英编《现代中国与科学》，言行社，1944，第53—59页。
③ 陈立：《我国科学不发达原因之心理分析》，《科学与技术》第1卷第4期，1944年。

重实用呢？实由地理、社会、文化环境使然。中国为大陆文化，人多以农业为主，只希望能自给自足之经济。[1]

1946 年，竺可桢又发表了《为什么中国古代没有产生自然科学？》一文，在陈立、钱宝琮的基础上，进一步指出中国古代之所以没有产生近代的自然科学，是由于农业社会下，工商业不发达，无法产生资本主义，毁灭了近代科学的萌芽。中国农村社会的机构和封建思想下，人民一受教育，就以士大夫阶级自居，不肯再动手，利害价值放在是非价值之上。而社会上一般提倡科学的人们，也只求科学之应用。[2]

1947 年，哲学家张东荪出版了《知识与文化》一书，在该书的附录中，有一篇《科学与历史之对比及其对中西思想不同之关系》的论文。在这篇论文中，张东荪也尝试解释中国没有产生近代科学的原因。"我们现在要借用科学与历史之不同点以明中国思想之特征。不妨把有人已经提出的问题，即何以中国不产生科学，这个问题重新拿来分析一下。"[3] 但在他看来，中国古代与西方古代大同小异，都没有产生近代科学，只是学术思想在取向上有所区别。

> 须知即在西方，虽则科学的种子早在希腊最古时代已经有了，而真正的科学，其成立却依然止在于近代（即十六世纪）。在科学未发达以前，西方的各种学术与思想依然是浑括在一起的，并没有分科，这个情形和中国思想并无大异。不

---

[1] 钱宝琮：《吾国自然科学不发达的原因》，《浙大湄潭夏令讲习会日刊》第 78 号，1945 年。

[2] 竺可桢：《为什么中国古代没有产生自然科学？》，《科学》第 28 卷第 3 期，1946 年。

[3] 张东荪：《科学与历史之对比及其对中西思想不同之关系》，《知识与文化》，岳麓书社，2011，第 170 页。

过在程度仍有些分别。就是西方的情形只是浑合而未分，并不如中国那样的统一。所以中国思想不仅是浑合而不分科，且在浑合中更有统一性。①

张东荪由此将问题引向"何以中国与西洋在古代都是差不多的而反到了近代便这样不同起来呢?"② 他认为答案仍在古代就已经埋下了种子："我以为苟严格分析起来，恐怕中西所以不同之故，其种子就在于古代。并不是由近代而突然变成的。"③ 西方的科学精神，萌发于古代。

> 西方之有科学决不是偶然的。科学之成立实在只在于近代。但求其精神，则不可不远溯及近世以前。我们可以说科学未发生以前，科学的种子却早已存在了。以科学的最代表的形态而言，自然是物理化学。这种物理科学真能代表科学的特性，至于后来的社会科学却尚在疑似之间。④

这便是对"物"的重视。

> 实验方法的发明乃是真正科学的开始。我们虽完全承认此说，但却以为亦未尝不是由于"物"（thinghood）之概念之创造。在科学未真成立以前，人类对于物并没有清楚的概念。

---

① 张东荪：《科学与历史之对比及其对中西思想不同之关系》，《知识与文化》，第 170 页。
② 张东荪：《科学与历史之对比及其对中西思想不同之关系》，《知识与文化》，第 170 页。
③ 张东荪：《科学与历史之对比及其对中西思想不同之关系》，《知识与文化》，第 170 页。
④ 张东荪：《科学与历史之对比及其对中西思想不同之关系》，《知识与文化》，第 171 页。

从这一点上来讲，科学与历史可以说根本不同。科学的对象是"物"，而历史的对象是"事"。[①]

与西方不同，中国古代一直都没有清楚的"物"的概念。"中国人尤其古代，可以说对于物没有清楚的观念。关于这一层就是现在所讨论的，不仅表明科学与历史的不同，并且要说明何以中国思想只偏重于历史而不发生有科学。"[②]

虽然"在西洋古代亦并没有严格的'物'之概念。因为物的形成不是完全靠着常识。常识上对于物只是一个模糊的轮廓而已"，[③]"不过在科学的种子中我们亦可看得一些出来"。[④]具体而言：

> 以希腊哲学思想而言。至少有几点便是促进这样情形的。第一点是希腊思想大部分总是轻视时间与空间，就中尤其是对于时间认为不重要。柏拉图不必说，即亚里斯多德亦是这样的。他们以前的哲学家亦没有人特别重视时间。第二点是我屡次所说的希腊人对于"本质"的观念。"本质"这个观念在其本身上就有脱却空间与时间的关系之意在内。第三点是希腊思想注重于"类"(genus)。须知"类"的存在即为在自然界内有齐一性。每一个类是一个自封系统。我们从这几点上看，若说科学思想是从希腊思想而发出来的，这句话大概

---

① 张东荪：《科学与历史之对比及其对中西思想不同之关系》，《知识与文化》，第171页。

② 张东荪：《科学与历史之对比及其对中西思想不同之关系》，《知识与文化》，第171页。

③ 张东荪：《科学与历史之对比及其对中西思想不同之关系》，《知识与文化》，第171页。

④ 张东荪：《科学与历史之对比及其对中西思想不同之关系》，《知识与文化》，第174页。

是不错的。不过真正的科学却在十六世纪方真成立。可见西洋思想上的科学在他们原是一种天才的创制品。虽经过长期的酝酿与训练，而其成立却并不十分久远。[①]

而中国古代由于缺乏以上的系列观念，所以无法发展出近代科学。

> 中国人在历史上从古就没有这一组的观念，所以后来不会发展为科学。现代中国学者往往不明白这个道理，以为中国思想中有一部分是合乎科学精神的。殊不知真正的科学对于上述的几个观念是不可缺一的。至于在态度方面有若干的相类，本不成为问题。[②]

而之所以缺乏以上的系列观念，是因为未形成严格的"物"的观念。

> 在中国思想上尚未形成严格的"物"之观念，其故乃是由于中国只有宇宙观而没有本体论。因为对于"本质"没有清楚的观念，所以对于宇宙不求其本体，而只讲其内容的各部分互相关系之故。因此没有把物从空时中抽出来。所以我们可以说中国人始终对于物没有像西洋科学家那样的观念。[③]

而中国人对于"事"却十分注重，但由于"事"的动态性，因此

---

① 张东荪：《科学与历史之对比及其对中西思想不同之关系》，《知识与文化》，第 174 页。

② 张东荪：《科学与历史之对比及其对中西思想不同之关系》，《知识与文化》，第 174 页。

③ 张东荪：《科学与历史之对比及其对中西思想不同之关系》，《知识与文化》，第 174 页。

难以认识"事"的自身。

> 但是中国人对于事却是很注重的。须知事只是一次的；
> 倘若一次而即逝去，不复停留，好像水流一去不返的样子，
> 则我们对于事的本身必难有认识。我已经说过，人类的知识，
> 无论是知觉，抑是概念，而总是把不定的化为定；把不住的
> 化为住。因为只有固定的才能把握得住。我们对于事，如其
> 只是流去不返，则必是把握不住。因此人们对于事并不是认
> 识其事的自身，因为其事的本身是在那里逝去不停的。①

对"事"与"物"的分别关注，导致中西方呈现出分别重"辨
证"与"因果"的差异。"人类用'因果'这个范畴以发掘自然
界内'物'的秘密。……同时人类用'辨证'这个范畴以窥探人
事界内'事'的涵义。"② 中国相应便一直没有科学文化，只有史
观文化。"中国根本上没有因果观点的科学文化，但却确有辨证观
点的史观文化。"③ 这是导致中国一直没有科学的根源。"中国之所
以没有科学乃是由于中国人从历史上得来的知识甚为丰富，足以
使其应付一切，以致使其不会自动地另发起一种新的观点，用补
不足。"④

1947—1948 年，唐君毅分两期发表了《中国科学与宗教不发
达之古代历史的原因》一文，认为一切文化都从宗教分化出来，

---

① 张东荪：《科学与历史之对比及其对中西思想不同之关系》，《知识与文化》，
第 174—175 页。
② 张东荪：《科学与历史之对比及其对中西思想不同之关系》，《知识与文化》，
第 177 页。
③ 张东荪：《科学与历史之对比及其对中西思想不同之关系》，《知识与文化》，
第 177—178 页。
④ 张东荪：《科学与历史之对比及其对中西思想不同之关系》，《知识与文化》，
第 178 页。

科学精神、宗教精神共同植根于不满足的意志，相反相成；道德精神、艺术精神共同植根于满足的意志，异源合作。中国古代宗教精神、科学精神都缺乏主客之对待意识，缺乏分的意识，缺乏人与自然、自己民族部落与其他民族对待之意识，造成宗教信仰中神、人的距离不大，超越性不显，宗教的宗教性不强，同化于道德意识，进一步造成宗教道德崇尚仁礼而不尚智，数之意识不发达，历法医术融入艺术精神而缺乏独立的发展，科学精神与宗教精神于是就不像西洋那样相激相荡而相反相成，在冲突中成长。①

小　结

中国古代拥有悠久而辉煌的科学传统，与中国古代王朝国家的施政紧密结合，伴随王朝国家的不断发展，科学也不断进步，推动了国家治理、经济发展、社会繁荣。但科学在庞大的王朝国家中，只是一条支脉，而非主流，在蓬勃的人文主流下，科学既被吸附，又被排逐，向前的道路并不一帆风顺，而是弯弯曲曲，甚至停滞，乃至有所回流。徘徊，成为科学的常态。

明后期以后即 16 世纪中期以后，伴随"大航海时代"脚步而抵达中国的耶稣会士，带来了对中国古代科学的异域审视，不仅刺激了中国士人对于自身科学传统的重新审视，而且带动了欧洲对于中国古代科学的系统讨论。他们从多种视角对中国古代科学传统进行了概要式评论，基本都认为中国科学呈现了逐渐衰落甚至失落的态势，这是一种典型的倒退史观。

进入 20 世纪，伴随中国陷入时代危机，引入民主与科学的呼

---

① 唐君毅：《中国科学与宗教不发达之古代历史的原因》（上），《文化先锋》第 7 卷第 1 期，1947 年；唐君毅：《中国科学与宗教不发达之古代历史的原因》（下），《文化先锋》第 9 卷第 3 期，1948 年。

声成为时代主流。中国为什么无法发展出近代科学，这成为中国知识分子讨论的热点话题。中国科学界乃至思想界对这一问题从多种角度进行了系统评析，整体结论是中国传统社会的土壤，注定无法产生近代科学。这一讨论也吸引了欧美学者，他们也持相同的观点。

第二章
科学史研究中的内外渗透
与东西汇合观念

16—17 世纪，欧洲发生了"科学革命"，科学开始走出知识分子的书斋，推动了社会生产的巨大进步。鉴于科学在资本主义社会形成与发展中所扮演的重要角色，不仅思想家开始广泛地讨论科学与社会的关系，而且在 20 世纪最终形成了科学史的专门学科。欧洲知识界对科学史的内外史研究，推动了这一领域的巨大发展。这一时期许多思想家、科学史家对于其他文明尤其是中国文明科学贡献的重视，尤其是怀特海、萨顿、巴伯的东西方科学不断汇合，乃至共同促进科学革命发生的观念，不仅对当时欧洲普遍流行的科学是欧洲独特产物的观念形成了强烈挑战，而且对于李约瑟的中国科学研究及相关观念的形成，构成了一种熏染其中的舆论氛围。

第一节　培根的经验主义与归纳法

科学革命诞生了近代科学，催生出大量的科技成果，实现了技术和社会的普遍结合，推动了资本主义的大发展。当时的欧洲，普遍弥漫着拥抱科学，对未来充满希望与崇敬，甚至将之运用于人类社会治理的乐观情绪。当时的思想家对于近代科学乃至科学如何产生、科学的作用，从不同的视角普遍地关注与论述，这成为他们建构自己思想体系的重要内容。他们鉴于科学革命的巨大影响，一方面充分注重科学自身的内在发展逻辑，另一方面对于科学与所处环境的关系，开始给予充分关注，从而尝试结合内外史进行综合考察。但由于各自思想体系的不同，有的思想家偏重于论述思想文化对科学的影响，有的思想家偏重于论述社会经济对科学的影响，从而形成了二元分途。

英国哲学家、科学家弗朗西斯·培根被马克思称为"英国唯物主义和整个现代实验科学的真正始祖"。培根反对中世纪欧洲经院哲学的先验主义，主张通过观察与实验，归纳科学原理，从而擎起了经验主义的大旗。1620 年，他撰成《新工具》一书。在这本书中，培根不仅从思想的角度，倡导研究科学与自然哲学的关系，而且倡导从社会角度，关注制约科学发展的外部环境。

> 要推展自然哲学的界线俾把各个特定科学包收进来，也要把各个特定科学归到或带回到自然哲学上去；这样才使知识的枝叶不致从它的根干劈开和切断。没有这一点，进步的希望也是不会很好的。①

事实上，在培根看来，科学能否发展，与外在环境是否能够提供自由思想的空间，并给予应有的报酬具有密切关系。② 在他看来，拥有了正确的科学观念，具备了良好的外部环境后，近代科学才

---

① 〔英〕培根：《新工具》第 1 卷，第 90 页。
② 〔英〕培根：《新工具》第 1 卷，第 76—78 页。

真正得以开展，这就是实验科学。

在培根看来，当时社会盛行的缺乏逻辑性、呈现跳跃性的思维方式，并不是真正的科学，而由此形成的所谓真理，也是完全不足为凭的。

> 我们却又不允许理解力由特殊的东西跳到和飞到一些遥远的、接近最高普遍性的原理上（如方术和事物的所谓第一性原则），并把它们当作不可动摇的真理而立足其上，复进而以它们为依据去证明和构成中级原理。这是过去一向的做法，理解力之被引上此途，不止是由于一种自然的冲动，亦是由于用惯了习于此途和老于此道的三段论式的论证。①

科学家应该通过实验科学，寻求科学原理。实验科学分为两个阶段，首先是从经验中形成原理，其次是运用实验验证原理。"我对于解释自然的指导含有两个类别的分部：一部是指导人们怎样从经验来抽出和形成原理；另一部是指导人们怎样从原理又来演出和推出新的实验。"② 而第一个阶段又分为三个步骤，"前者又要分为三种服役：一是服役于感官，二是服役于记忆，三是服役于心或理性"③ 在第一个步骤，科学家应该去发现自然，而不是凭空想象。"我们不是要去想象或假定，而是要去发现，自然在做什么或我们可以叫它去做什么。"④ 第二步是开展整理，第三步是运用归纳法提炼出原理。

> 即使这个做到了，若把理解力置之不眤，任其自发地运

---

① 〔英〕培根：《新工具》第 1 卷，第 87—88 页。
② 〔英〕培根：《新工具》第 2 卷，第 127 页。
③ 〔英〕培根：《新工具》第 2 卷，第 127 页。
④ 〔英〕培根：《新工具》第 2 卷，第 127—128 页。

动，而不加以指导和防护，那它仍不足也不宜去形成原理。于是第三步我们还必须使用归纳法，真正的和合格的归纳法，这才是解释自然的真正钥匙。①

培根倡导的归纳法，并非当时已经存在的，仅建立在少数事例之上，可被轻易否定的原始归纳法，"那种以简单的枚举来进行的归纳法是幼稚的，其结论是不稳定的，大有从相反事例遭到攻袭的危险；其论断一般是建立在为数过少的事实上面，而且是建立在仅仅近在手边的事实上面"，② 而是建立在搜集大量事例，并充分观照反面事例基础上，能够提炼出原理的科学归纳法。

在建立公理当中，我们心〔必〕须规划一个有异于迄今所用的、另一形式的归纳法，其应用不应仅在证明和发现一些所谓第一性原则，也应用于证明和发现较低的原理、中级的原理，实在说就是一切的原理。……对于发现和论证科学方术真能得用的归纳法，必须以正当的排拒法和排除法来分析自然，有了足够数量的反面事例，然后再得出根据正面事例的结论。这种办法，除柏拉图一人而外——他是确曾在一定程度上把这种形式的归纳法应用于讨论定义和理念的——至今还不曾有人实行过或者企图尝试过。③

归纳法的原则就是严格遵循逻辑，逐级概括，从而得出具有坚实依托的原理，而非抽象的真理。

但我们实应遵循一个正当的上升阶梯，不打岔，不躐等，

---

① 〔英〕培根：《新工具》第 2 卷，第 128 页。
② 〔英〕培根：《新工具》第 1 卷，第 89 页。
③ 〔英〕培根：《新工具》第 1 卷，第 88—89 页。

一步一步，由特殊的东西进至较低的原理，然后再进至中级原理，一个比一个高，最后上升到最普遍的原理；这样，亦只有这样，我们才能对科学有好的希望。①

培根尤其注重中级原理的指导意义，

　　因为最低的原理与单纯的经验相差无几，最高的、最普遍的原理（指我们现在所有的）则又是概念的、抽象的、没有坚实性的。惟有中级公理却是真正的、坚实的和富有活力的，人们的事务和前程正是依靠着它们，也只有由它们而上，到最后才能有那真是最普遍的原理，这就不复是那种抽象的，而且被那些中间原理所切实规限出的最普遍的原理。②

因此注重界定中级原理的适用范围，既发挥其指导作用，又防范其被夸大滥用。他认为只有做到了这一点，才真正建立起来了科学研究的原则。

　　在用这样一种归纳法来建立原理时，我们还必须检查和核对一下这样建立起来的原理，是仅仅恰合于它所依据的那些特殊的东西，还是范围更大和更宽一些。若是较大和较宽，我们就还要考究，它是否能够以对我们指明新的特殊东西作为附有担保品的担保来证实那个放大和放宽。这样，我们才既不致拘执于已知的事物，也不致只是松弛地抓着空虚的影子和抽象的法式而没有抓住坚实的和有其物质体现的事物。一旦这种过程见诸应用，我们就将终于看到坚实希望的曙

---

① 〔英〕培根：《新工具》第1卷，第88页。
② 〔英〕培根：《新工具》第1卷，第88页。

光了。①

通过各项严谨的步骤之后，科学原理被最终确立，开始指导下一步的科学研究，从而使科学之路循环往复，像滚雪球一样，

> 我不是要从事功中引出事功，或从实验中引出实验（像一个经验家），而是要从事功和实验中引出原因和原理，然后再从那些原因和原理中引出新的事功和实验，像一个合格的自然解释者。②

从而最终划时代地推动了"科学革命"的到来。这一概念可能由本书首次提出。

> 在人们的记忆和学术所展延到的二十五个世纪之中，我们好不容易才能拣出六个世纪是丰产科学或利于科学的发展的。因为在时间中和在地域中一样，也有荒地和沙漠。算来只有三次学术革命也即三个学术时期是可以正经算数的：第一期是在希腊人，第二期是在罗马人，第三期就在我们也即西欧各民族了；而这三期中的每一期要算有两个世纪都还很勉强。至于介乎这三个时期中间的一些年代，就着科学的繁荣成长这一点来说，那是很不兴旺的。③

培根对于归纳法的倡导，影响和塑造了后来科学研究的基本规范，推动了科学研究的有序开展。对此，自然哲学家怀特海满怀憧憬地称之为"伟大的培根原则"。

---

① 〔英〕培根：《新工具》第 1 卷，第 89—90 页。
② 〔英〕培根：《新工具》第 1 卷，第 98 页。
③ 〔英〕培根：《新工具》第 1 卷，第 59—60 页。

毋庸丝毫的怀疑，所有的科学都建立在这一程序之上，这是科学方法的首要规则——阐明观察到的事实之间的观察到的相互关系。这就是伟大的培根原则，观察再观察，直到最后发现了一系列的规律性为止。[1]

第二节　社会主义思想家的外史取向

伴随资本主义的发展，各种社会负面现象的产生，社会主义思潮开始兴起。如何改善经济方式，实现社会公平，推动社会进步，成为社会主义者所关注的核心问题。他们从政治、经济的角度，鉴于工业革命的巨大影响，尤其偏重从经济的角度考察历史，审视现状，推动变革。在科学观念上，他们同样表现出了强烈的外史取向。

1807 年，圣西门出版了《十九世纪科学著作导论》一书。在该书的扉页上，圣西门用"致科学进步的爱好者"的标题，表达了自己拥抱科学、展望美好未来的理念。圣西门一方面注意到了科学发展的内史路径，将科学著作区分为一流、二流两种，前者追求纯粹的科学进步，后者则追求科学带来的实际利益。"我把以促进科学为直接目的的著作列入第一流著作，把后来的学者为改善他们的社会存在而付出的努力列入第二流活动。"[2] 但另一方面，圣西门从外史的角度，开宗明义地指出科学革命是政治革命的结果。"科学革命紧跟着政治革命。查理一世死后不多几年，牛顿就

---

[1] 〔英〕艾尔弗雷德·诺思·怀特海：《观念的历险》，洪伟译，上海译文出版社，2013，第 110 页。

[2] 《十九世纪科学著作导论》，《圣西门选集》第 3 卷，董果良、赵鸣远译，商务印书馆，2011，第 66 页。

发现了万有引力。我可以预言，立即就要出现一次科学大革命。"①
而在《人类科学概论》一书中，圣西门又指出政治革命、科学革命交替进行，互为因果。"历史证明，科学革命和政治革命是交替进行的，一个接着一个，彼此互为因果。"② 这显示了他偏重从政治背景的外史角度考察科学革命的设想。

作为科学社会主义的创始人，马克思与恩格斯从经济角度，全面阐述了资本主义的兴起、发展与问题。他们将近代科学产生的根源，归结为资本主义的兴起，从而展现了鲜明的外史立场。马克思指出近代科学的发展完全是顺应资本主义生产的时代潮流：

> 自然科学本身（自然科学是一切知识的基础）的发展，也象与生产过程有关的一切知识的发展一样，它本身仍然是在资本主义生产的基础上进行的，这种资本主义生产第一次在相当大的程度上为自然科学创造了进行研究、观察、实验的物质手段。由于自然科学被资本用作致富手段，从而科学本身也成为那些发展科学的人的致富手段，所以，搞科学的人为了探索科学的实际应用而互相竞争。另一方面，发明成了一种特殊的职业。因此，随着资本主义生产的扩展，科学因素第一次被有意识地和广泛地加以发展、应用并体现在生活中，其规模是以往的时代根本想象不到的。③

被誉为"科学社会学之父"的罗伯特·默顿，将马克思视作本学科最重要的先驱，认为马克思在打通科学与社会之间的关系上发挥了根本性作用。

---

① 《十九世纪科学著作导论》，《圣西门选集》第 3 卷，第 5 页。
② 《人类科学概论》，《圣西门选集》第 1 卷，王燕生等译，商务印书馆，2011，第 84 页。
③ 〔德〕马克思：《经济学手稿》，《马克思恩格斯全集》第 47 卷，第 572 页。

马克思对构造社会与科学思想之间互动的普遍方式有着根本性的影响，对于这一点，即使有争论也是寥寥无几的。因此，在这里以"理所当然的语气"谈及马克思并无不当。甚至连卡尔·波普尔，这位著名的或者说（如有的人希望的那样）声名狼藉的不喜欢马克思著作的人，在其所提出的一个观点中也承认了这种影响。①

但值得注意的是，马克思对包括科学在内的反映物质的思想领域与反映社会的思想领域进行了区分。

随着经济基础的变更，全部庞大的上层建筑也或慢或快地发生变革。在考察这些变革时，必须时刻把下面两者区别开来：一种是生产的经济条件方面所发生的物质的、可以用自然科学的精确性指明的变革，一种是人们借以意识到这个冲突并力求把它克服的那些法律的、政治的、宗教的、艺术的或哲学的，简言之，意识形态的形式。②

默顿认为马克思在这里所做的区分，意在强调科学概念上的内在性，也就为从内史理解科学提供了一个入口。

这样，在马克思主义中，就出现了一种新的倾向，即认为自然科学和经济基础的关系是与其他领域的知识及观念和经济基础的关系是不同的。在科学中，引人注目的中心内容

---

① 〔美〕罗伯特·K.默顿：《科学社会学散忆》，鲁旭东译，商务印书馆，2004，第13页。
② 〔德〕马克思：《政治经济学批判·序言》，《马克思恩格斯全集》第13卷，人民出版社，1962，第9页。

可以为社会所决定，而其概念工具却可能不为社会所决定。[①]

恩格斯认为科学的根源是社会生产，

> 必须研究自然科学各个部门的顺序的发展。首先是天文学——游牧民族和农业民族为了定季节，就已经绝对需要它。天文学只有借助于数学才能发展。因此也开始了数学的研究。——后来，在农业发展的某一阶段和在某个地区（埃及的提水灌溉），而特别是随着城市和大建筑物的产生以及手工业的发展，力学也发展起来了。不久，航海和战争也都需要它。——它也需要数学的帮助，因而又推动了数学的发展。这样，科学的发生和发展一开始就是由生产决定的。[②]

而近代科学的根源就是资本主义生产方式的出现，

> 如果说，在中世纪的黑夜之后，科学以意想不到的力量一下子重新兴起，并且以神奇的速度发展起来，那末，我们要再次把这个奇迹归功于生产。第一，从十字军远征以来，工业有了巨大的发展，并产生了很多力学上的（纺织、钟表制造、磨坊）、化学上的（染色、冶金、酿酒）、以及物理学上的（眼镜）新事实，这些事实不但提供了大量可供观察的材料，而且自身也提供了和已往完全不同的实验手段，并使新的工具的制造成为可能。可以说，真正有系统的实验科学，这时候才第一次成为可能。第二，虽然意大利由于自己的从

---

① 〔美〕罗伯特·K. 默顿：《社会理论和社会结构》，唐少杰、齐心等译，译林出版社，2006，第703页。
② 〔德〕恩格斯：《自然辩证法》，《马克思恩格斯全集》第20卷，人民出版社，1971，第523页。

古代继承下来的文明，还继续居于领导地位，但是整个西欧和中欧，包括波兰在内，这时候都在相互联系中发展起来了。第三，地理上的发见——纯粹为了营利，因而归根结底是为了生产而作出的——又在气象学、动物学、植物学、生理学（人体的）方面，展示了无数的直到那时还得不到的材料。第四，印刷机出现了。[①]

如果没有资本主义生产方式，无法想象近代科学的产生。

但是如果没有工业和商业，自然科学会成为什么样子呢？甚至这个"纯粹的"自然科学也只是由于商业和工业，由于人们的感性活动才达到自己的目的和获得材料的。[②]

近代科学还在资本主义生产方式形成过程中，充当了资产阶级反对教会的工具，

随着中等阶级的兴起，科学也大大地复兴了；天文学、机械学、物理学、解剖学和生理学的研究又重新进行起来。资产阶级为了发展它的工业生产，需要有探察自然物体的物理特性和自然力的活动方式的科学。而在此以前，科学只是教会的恭顺的婢女，它不得超越宗教信仰所规定的界限，因此根本不是科学。现在科学起来反叛教会了；资产阶级没有科学是不行的，所以也不得不参加这一反叛。[③]

---

① 〔德〕恩格斯：《自然辩证法》，《马克思恩格斯全集》第20卷，第524页。
② 〔德〕马克思、恩格斯：《德意志意识形态》，《马克思恩格斯全集》第3卷，人民出版社，1960，第49—50页。
③ 〔德〕恩格斯：《"社会主义从空想到科学的发展"英文版导言》，《马克思恩格斯全集》第22卷，人民出版社，1965，第347—348页。

从而具有鲜明的时代烙印。

> 现代自然科学——它同希腊人的天才的直觉和阿拉伯人的零散的无联系的研究比较起来，可以说得上是唯一的科学——是和封建主义被市民阶级所粉碎的那个伟大时代一起开始的，……这是地球从来没有经历过的最伟大的一次革命。自然科学也就在这一场革命中诞生和形成起来，它是彻底革命的，它和意大利伟大人物的觉醒的现代哲学携手并进，并把自己的殉道者送到了火刑场和牢狱。[1]

总之，科学也正是适应了时代的需要才得以大力发展。

> 技术在很大程度上依赖于科学状况，那末科学却在更大的程度上依赖于技术的状况和需要。社会一旦有技术上的需要，则这种需要就会比十所大学更能把科学推向前进。整个流体静力学（托里拆利等）是由于十六和十七世纪调节意大利山洪的需要而产生的。关于电，只是在发现它能应用于技术上以后，我们才知道一些理性的东西。在德国，可惜人们写科学史时已惯于把科学看做是从天上掉下来的。[2]

但同时，在恩格斯看来，自然科学产生之后，逐渐拥有自身的独立性，

> 正是由于自然科学正在学会掌握二千五百年来的哲学发展所达到的成果，它才可以摆脱任何与它分离的、处在它之

---

① 〔德〕恩格斯：《自然辩证法》，《马克思恩格斯全集》第20卷，第533页。
② 〔德〕恩格斯：《致瓦·博尔吉乌斯》，《马克思恩格斯全集》第39卷，人民出版社，1974，第198—199页。

外和之上的自然哲学，而同时也可以摆脱它本身的、从英国经验主义沿袭下来的、狭隘的思维方法。①

并拥有自身内在的发展轨迹，这表现在自然科学定律的形成经历了提出假说，加以证实，再被超越，最后达到目标的过程。

> 只要自然科学在思维着，它的发展形式就是假说。一个新的事实被观察到了，它使得过去用来说明和它同类的事实的方式不中用了。从这一瞬间起，就需要新的说明方式了——它最初仅仅以有限数量的事实和观察为基础。进一步的观察材料会使这些假说纯化，取消一些，修正一些，直到最后纯粹地构成定律。如果要等待构成定律的材料纯粹化起来，那末这就是在此以前要把运用思维的研究停下来，而定律也就永远不会出现。②

但与之前的和之后的部分哲学家所持真理不可知论相比，恩格斯对于科学定律的获得持笃定的立场。

> 对缺乏逻辑和辩证法修养的自然科学家来说，互相排挤的假说的数目之多和替换之快，很容易引起这样一种观念：我们不可能认识事物的本质（哈勒和歌德）。这并不是自然科学所特有的，因为人的全部认识是沿着一条错综复杂的曲线发展的，而且，在历史学科中（哲学也包括在内）理论也是互相排挤的，可是没有人从这里得出结论说，例如，形式逻辑是没有意思的东西。③

---

① 〔德〕恩格斯：《反杜林论》，《马克思恩格斯全集》第 20 卷，第 17 页。
② 〔德〕恩格斯：《自然证法》，《马克思恩格斯全集》第 20 卷，第 583—584 页。
③ 〔德〕恩格斯：《自然辩证法》，《马克思恩格斯全集》第 20 卷，第 584 页。

第三节　社会学家的内史取向

资本主义推动欧洲社会发生了急剧变迁，在这种时代背景下，以研究社会结构、群体、观念为内涵的社会学应运而生。早期的社会学家研究理念各有不同。与马克思偏重于社会经济的研究立场不同，其他社会学家偏重于从精神观念的视角，审视人类社会的历史变迁。如孔德、涂尔干、韦伯，便更为关注精神观念在资本主义形成与发展中的内在驱动。受到这种立场影响，他们在科学领域，一方面看到了火热的社会现实对于科学的巨大推动，但另一方面又认为欧洲人独特的精神观念发挥了关键作用，从而形成了从思想角度审视科学的外史视角。

被称为"社会学之父"的社会学开创者孔德，主张在科学研究中，在归纳的基础上，进一步开展演绎推理，从而提出了实证主义。孔德曾担任圣西门的秘书，他关注的核心问题，是人类思维的发展过程，将之分为三个阶段。"我们所有的思辨，无论是个人的或是群体的，都不可避免地先后经历三个不同的理论阶段，通常称之为神学阶段、形而上学阶段和实证阶段。"[1] 孔德一方面强调思维因素的社会背景，指出不同思维或者观念的形成，与其不同的社会背景密切相关，

> 如果说我们的任何观念都应视作是人类现象，那么此类现象就不纯粹是个人的，而主要是社会的，因为它实际上从集体的持续演变而来，演变的一切因素和所有阶段基本上是互相关联的。因此，如果说，一方面人们承认，我们的思辨

---

[1] 〔法〕奥古斯特·孔德：《论实证精神》，黄建华译，商务印书馆，2001，第1页。

不得不一贯依赖我们个人存在的各种基本条件，那么，另一方面也应该承认，它也服从于整个社会进步情况，而绝不可能具有形而上学者所设想的绝对稳定性。[1]

实证精神自然也是如此。

尽管理性实证观念的这种无可置疑的优越地位最初看来似乎纯然是思辨性的，但真正的哲学家不久将会认识到，这是最终赋予新哲学以有效的社会影响的必然的第一源泉。[2]

甚至强调观念或思维与社会之间的联系，正是实证精神所秉持的学说内涵。

因其富于特色的现实性，实证精神最大可能地而且毫不费劲地拥有直接的社会性。实证精神认为，单纯的人是不存在的，而存在的只可能是人类，因为无论从何种关系来看，我们整个发展都归功于社会。社会的观念之所以在我们的认识中似乎还是个抽象之物，这主要是由于旧哲学体系左右之故；因为实在说来，那种性质乃属个体观念，起码在我们群体来说是如此。整个新哲学无论在实际生活或思辨生活中始终倾向于突出个人与全体各个方面的联系，从而令人不知不觉地熟悉社会联系的亲密感；社会联系相应地延伸至一切时代、一切地方。[3]

但另一方面孔德实证主义学说的核心逻辑，是人类精神的不

---

① 〔法〕奥古斯特·孔德：《论实证精神》，第11页。
② 〔法〕奥古斯特·孔德：《论实证精神》，第44页。
③ 〔法〕奥古斯特·孔德：《论实证精神》，第52—53页。

断超越，而非外在条件的不断改善，后者只是他学说阐述中的外在支撑。孔德认为伴随社会的不断发展、科学的不断进步，人类思维逐渐发达，最终走向崇尚实证精神的最高社会思想。

> 人们由此便逐渐发现六门基本学科不变的序列：既是历史的和学理的，同时又是科学的和逻辑的。这六门学科是：数学、天文学、物理学、化学、生物学和社会学；第一门必然作为独一无二的出发点，最后一门是整个实证哲学的唯一基本目标；按其性质来说，实证哲学从此被视为构成不可分割的体系；在此体系中，任何分解都是人为所致，而且不无随意性；最终一切都和人类相关，这是唯一具有充分普遍性的概念。这种百科全书式公式的整体，正是顺从各门相应学科的真正亲缘关系形成的，而且也明显包含我们实际思辨的一切成分；它最终能够令每个有识之士以几乎是不知不觉的方式从微末的数学观念过渡到最高的社会思想，从而按自己的意愿重新提出实证精神的普通历史。①

可见，孔德在审视科学史时，虽关注外在因素，但核心却是审视科学与人类精神的内在关联。

埃米尔·涂尔干（Émile Durkheim，1858-1917，又译为杜尔干、杜尔凯姆、迪尔凯姆等），法国犹太裔社会学家，与马克思、马克斯·韦伯一起被誉为社会学的三大奠基人。涂尔干指出现实的需要催生了科学的思考：

> 因为科学的思考只是为了满足生活上的需要而产生的，所以它一旦产生，自然要面向实践。科学的思考负责解决问

_____

① 〔法〕奥古斯特·孔德：《论实证精神》，第70—71页。

题的需要总是迫切的，所以立即要求科学的思考去满足，但是它要求满足的不是让科学的思考作出解释，而是让科学的思考提供解决办法。①

早在古希腊时期，科学就为了满足时代需要而产生了。

当实用主义提出科学为何存在、有何功能等问题的时候，他们应该回到历史中去寻找答案。历史告诉我们，科学早在希腊就已经形成了，就能满足某些需要了。对苏格拉底和柏拉图来说，科学的作用就是统一个体的判断。证据乃是：用来建构科学的方法是"辩证法"，或者说是一门将相互矛盾的人类判断与能够发现其中一致之处的观点进行比较的艺术。如果辩证法是最早的科学方法，那么它的目的就是要消除矛盾。这是因为，科学的作用就是将各种心灵转变为非人格的真理，消除矛盾和特殊主义的倾向。②

但最终伴随社会的发展，满足于应用的科学，逐渐向纯粹的科学思考发展，科学的发展便逐渐转向内在的积累。

科学也属于这种情况。当然，在最早阶段里，思辨与实践是混合在一起的。例如，炼金术所关心的就不是物体的真正性质，而是制造金子的方法。在这个意义上，我们可以说科学本来就是实用主义的。然而，随着历史的进步，更多的科学研究逐渐排除了原来那种混合特征。科学不再去处理纯

---

① 〔法〕E. 迪尔凯姆：《社会学方法的准则》，狄玉明译，商务印书馆，2009，第37页。

② 〔法〕爱弥尔·涂尔干：《实用主义与社会学》，渠东译，梅非校，上海人民出版社，2005，第153页。

粹技术的问题了。科学家思考着实在，越来越不关心他的发明所带来的实践结果。[①]

1904—1905 年，马克斯·韦伯在他的经典名著《新教伦理与资本主义精神》中，尝试回答近代科学起源于欧洲的问题，

> 初看上去，资本主义的独特的近代西方形态一直受到各种技术可能性的发展的强烈影响。其理智性在今天从根本上依赖于最为重要的技术因素的可靠性。然而，这在根本上意味着它依赖于现代科学，特别是以数学和精确的理性实验为基础的自然科学的特点。另一方面，这些科学的和以这些科学为基础的技术的发展又在其实际经济应用中从资本主义利益那里获得重要的刺激。西方科学的起源确实不能归结于这些利益。计算，甚至十进位制的计算，以及代数在印度一直被使用着（十进位制就是在那里发明的）。但是，只有西方资本主义在其发展中利用了它，而在印度它却没有导致现代算术和簿记法。数学和机械学的起源也不是取决于资本主义利益的。但是，对人民大众生活条件至关重要的科学知识的技术应用，确实曾经受到经济考虑的鼓励，这些考虑在西方曾对科学知识的技术应用甚为有利。但是，这一鼓励是从西方的社会结构的特性中衍生出来的。[②]

甚至将之纳入资本主义兴起的整体过程之中进行考察。

> 在西方文明中而且仅仅在西方文明中才显现出来的那些

---

① 〔法〕爱弥尔·涂尔干：《实用主义与社会学》，第 137 页。
② 〔德〕马克斯·韦伯：《新教伦理与资本主义精神》，于晓等译，生活·读书·新知三联书店，1987，第 13—14 页。

文化现象——这些现象（正如我们常爱认为的那样）存在于一系列具有普遍意义和普遍价值的发展中，——究竟应归结为哪些事件的合成作用呢?①

但他最终将包括近代科学在内的欧洲资本主义的兴起，归结为欧洲走上了一条理性主义或者理性化的道路。他继而追问：

那么，为什么资本主义利益没有在印度、在中国也做出同样的事情呢?为什么科学的、艺术的、政治的或经济的发展没有在印度、在中国也走上西方现今所特有的这条理性化道路呢?②

他所给出的结论，是包括催生资本主义一系列变化的根源的理性主义，是由欧洲经过宗教改革之后所产生的清教伦理精神；而未经过宗教改革的其他文明的宗教伦理，却对资本主义的发展产生了严重的阻碍作用。相应，近代科学是属于欧洲的独特知识。

唯有在西方，科学才处于这样一个发展阶段：人们今日一致公认它是合法有效的。经验的知识、对宇宙及生命问题的沉思，以及高深莫测的那类哲学与神学的洞见，都不在科学的范围之内（虽然一种成系统的神学之充分发展说到底仍须归到受希腊文化影响的基督教之名下，因为在伊斯兰教和几个印度教派中仅只有不成系统的神学）。简单地说，具有高度精确性的知识与观测在其它地方也都存在，尤其是在印

---

① 〔德〕马克斯·韦伯：《新教伦理与资本主义精神》，第4页。
② 〔德〕马克斯·韦伯：《新教伦理与资本主义精神》，第15页。

度、中国、巴比伦和埃及；但是，在埃及以及其它地方，天文学缺乏古希腊人最早获得的那种数学基础（这当然使得这些地方天文学的发达更为令人赞叹）；印度的几何学则根本没有推理的证明，而这恰是希腊才智的另一产物，也是力学和物理学之母；印度的自然科学尽管在观察方面非常发达，却缺乏实验的方法，而这种实验方法，若撇开其远古的起始不谈，那就象近代的实验室一样，基本上是文艺复兴时期的产物；因此医学（尤其是在印度）尽管在经验的技术方面高度发达，却没有生物学特别是生化学的基础。一切理性的化学，除了在西方以外，在其它任何文化地域都一直付诸阙如。①

可见，韦伯虽然倡导从内外结合的角度审视近代科学的产生，但他最终的归宿与落脚点，却是清教禁欲主义所带来的理性主义。

1917 年，韦伯又发表了《科学作为天职》的学术演讲，他在开头就重点讲述了科学的外在影响，"你们希望我来讲一讲'科学作为天职'。可我们国民经济学家有种学究习惯，总要从外部条件入手，我也不打算免俗。那么就从这个问题开始吧"，② 并列举了德国、美国翔实而生动的科学教学个案。

但话锋一转，韦伯重点讨论了科学的"内在天职"，指出学者应该在科学研究中充满"激情"，这样才能产生"灵感"。"激情是'灵感'的先决条件，而'灵感'又起着决定性的作用。"③ 在韦伯看来，拥有"天赋"的人才能产生"灵感"。"一个人是否有

① 〔德〕马克斯·韦伯：《新教伦理与资本主义精神》，第4—5页。
② 〔德〕马克斯·韦伯：《科学作为天职》，〔德〕马克斯·韦伯等著，李猛编《科学作为天职：韦伯与我们时代的命运》，生活·读书·新知三联书店，2018，第3页。
③ 〔德〕马克斯·韦伯：《科学作为天职》，〔德〕马克斯·韦伯等著，李猛编《科学作为天职：韦伯与我们时代的命运》，第13页。

科学上的灵感，取决于我们所未知的命运，也取决于'天赋'。"①
与完美的艺术永不过时不同，仁智互见不同，科学是不断进步的。
"但科学另有一种命运，完全不同于艺术。科学工作注定处于进步
的过程。而在艺术的领域里，并不存在相同意义上的进步"，② 存
在一个不断超越的历史过程。"事实上，这就是科学工作的意义。
文化的所有其他要素大体上也这样，但科学在非常特别的意义上
受制于这一命运，并致力于这一超越。每一项科学的'成果'，都
意味着新的'问题'，意在被'超越'，成为过时。"③ 而这构成了
人类理智化进程最重要的部分。"千百年来，我们一直在经历着理
智化的进程，科学的进步是其中的一部分，而且是最重要的一
部分。"④

第四节　东西方科学汇合观念

与当时欧洲普遍流行的科学是属于欧洲的独特产物的观点不
同，英国哲学家怀特海对科学的渊源与近代科学的产生提出了自
己的看法。他认为科学的源头是由东西方共同构成，而非欧洲
一支。

希腊和巴勒斯坦是最早系统阐述有关人类自然本性观念
的地区。当我们审视科学史时，我们要在这两个国家之外加

---

① 〔德〕马克斯·韦伯：《科学作为天职》，〔德〕马克斯·韦伯等著，李猛编
　《科学作为天职：韦伯与我们时代的命运》，第15页。
② 〔德〕马克斯·韦伯：《科学作为天职》，〔德〕马克斯·韦伯等著，李猛编
　《科学作为天职：韦伯与我们时代的命运》，第17页。
③ 〔德〕马克斯·韦伯：《科学作为天职》，〔德〕马克斯·韦伯等著，李猛编
　《科学作为天职：韦伯与我们时代的命运》，第17—18页。
④ 〔德〕马克斯·韦伯：《科学作为天职》，〔德〕马克斯·韦伯等著，李猛编
　《科学作为天职：韦伯与我们时代的命运》，第18—19页。

入埃及，这三个国家是我们近代文明的直接鼻祖。当然这些背后还有一段文明的漫长故事。美索不达米亚、克里特、腓尼基、印度和中国也为此作出了贡献。但无论科学的或宗教的任何有价值的东西进入近代生活，最终总是通过这三个国家作为中介传导给我们，即埃及、希腊和巴勒斯坦。在这些国家中，埃及提供了成熟的技术，它来自三千年可靠的文明；巴勒斯坦提供了最终的宗教宇宙观；希腊提供了通向哲学和科学的简明的归纳法。希腊遗产的风格、它的艺术和虚构文学带有这种逻辑的清晰性。每一尊希腊雕塑显示，它将美表现在几何形体的规则中，每一出希腊戏剧都探究了源自自然秩序的物理环境和源自道德秩序的心智状态的交织关系。①

但他又认为近代科学是欧洲的独特产物，包括中国在内的其他文明是注定不会产生近代科学的，

  在某些伟大的文明中，科学事业所需要的奇特的心理均衡只是偶尔出现，而且产生的效果极微。例如，我们对中国的艺术、文学和人生哲学知道得愈多，就会愈加羡慕这个文化所达到的高度。几千年来，中国不断出现聪明好学的人，毕生献身于学术研究。从文明的历史和影响的广泛来看，中国的文明是世界上自古以来最伟大的文明。中国人就个人的情况来说，从事研究的禀赋是无可置疑的，然而中国的科学毕竟是微不足道的。如果中国如此任其自生自灭的话，我们没有任何理由认为它能在科学上取得任何成就。印度的情形也是这样。同时，如果波斯人奴役了希腊的话，我们就没有

---

① 〔英〕艾尔弗雷德·诺思·怀特海：《观念的历险》，第97—98页。

充分理由可以相信科学会在欧洲繁荣起来。①

近代科学是古希腊罗马文明的遗产。"现代科学导源于希腊，同时也导源于罗马。现代科学和实际世界保持密切联系，因而在思想上增加了动力，这一点就是从罗马这一派源流得来的。"②

但近代科学的产生仍然根植于近代欧洲的社会变革，"罗马人在这方面并没有表现什么创造性。纵使就已然的情形来说，希腊人虽然掀起了这个运动，但却没有用现代欧洲所表现的那种热情来支持这个运动"，③ 具有很大的偶然性。

科学兴起的过程中有许多偶然因素是无须细谈的，诸如财富和闲暇时间的增加、大学的扩展、印刷术的发明、君士坦丁堡的陷落、哥白尼、瓦斯哥·达·珈玛、哥伦布、望远镜等等都属于这一类。只要有适当的土壤、种子和气候，树林就可以生长起来。④

近代科学的出现相应呈现出很大的突然性。"文明的进展并不完全像是一股奔腾直前日趋佳境的巨流。……假如我们从绵延几万年的全部人类历史来看，新时代的出现往往是相当突然的。"⑤

近代科学的兴起，借助了数学方法。"科学所缺少的推理能力从数学方面借来了，这是希腊理性主义的遗迹，它所根据的是演绎法。"⑥ 运用数学公式表达自然规律成为近代科学的基本方法。

---

① 〔英〕A. N. 怀特海：《科学与近代世界》，第10页。
② 〔英〕A. N. 怀特海：《科学与近代世界》，第21页。
③ 〔英〕A. N. 怀特海：《科学与近代世界》，第10页。
④ 〔英〕A. N. 怀特海：《科学与近代世界》，第21页。
⑤ 〔英〕A. N. 怀特海：《科学与近代世界》，第4页。
⑥ 〔英〕A. N. 怀特海：《科学与近代世界》，第22页。

　　函变数观念在数学的抽象领域中这样流行，反映在自然秩序中便是用数学表达出来的自然规律。要是没有这种数学的进步，17世纪的科学发展便是不可能的。数学为科学家对自然的观察提供了想象力的背景。伽利略、笛卡儿、惠根斯和牛顿等人都创造了许多公式。①

近代科学在本质上是一种实证科学，通过不断观察事物获得规律。

　　这是伟大的实证主义原则，它主要在19世纪上半阶段发展，自此以后影响力不断增长。它告诉我们执着于观察到的事物，尽我们所能简单地描述这些事物，这就是所有我们能知道的。规律是对观察到的事实的陈述。②

　　虽然以科学变迁的历史作为研究对象的科学史，在古希腊时期就已经萌芽，但现在一般意义上的科学史，始于近代科学的诞生。而对这一学科贡献最大的是该学科的创始人萨顿③。萨顿在科学史的立场上，与怀特海相映成趣。萨顿总结了前人的科学史研究思路，并进一步大力阐释与发扬，从而创建了"科学史"这门学科，并长期影响、塑造了这一学科的基本取向。

　　萨顿认为不同文明的科学发展并不同步，埃及、美索不达米亚、伊朗、印度、中国在内的东方文明，是世界科学的源头，

　　科学的黎明是历时几万年的全部进化过程准备起来的。

---

① 〔英〕A. N. 怀特海：《科学与近代世界》，第38—39页。

② 〔英〕艾尔弗雷德·诺思·怀特海：《观念的历险》，第109页。

③ 萨顿出生于比利时的根特，后移居美国，长期在哈佛大学执教。萨顿是科学史研究的奠基人，是世界上最著名的科学史家，被誉为"科学史之父"，出版了15种著作，发表了300余篇论文，并创办了科学史研究的第一本杂志《伊希斯》（*Isis*）。

在纪元前三千年的开端，这个过程至少在两个国家：埃及和美索不达米亚已经完成，在另外两个国家印度和中国也可能已经完成。美索不达米亚人和埃及人的文化，包括书写的使用，那时已达到了一个较高的阶段，并且积累了许多数学、天文学、医学的知识。①

我们现已知道西方科学（不仅是宗教和艺术）是起源于东方——埃及人、美索不达米亚人、伊朗人，而且，人们已经充分证明……阿拉伯人和其他东方人的成就，在中世纪是至关重要的。希腊的科学（它本身部分是东方的），如果没有东方译员的帮助，就不会那样迅速地为我们所知。②

其科学传统比欧洲更为悠久。

光明从东方来！毫无疑问，我们最早的科学知识是起源于东方。如果说，科学起源可能在中国和印度，还不能十分肯定，那么，谈到美索不达米亚和埃及就正相反了，我们是立足于非常可靠的论据的。③

欧洲则在接纳东方文明的基础上进一步加以发展，

看来可以证明文明始自东方。光明从东方来，法则从西方来！这句格言包含了许多真理……直截了当地说，我的目

---

① 〔美〕乔治·萨顿：《科学的生命——文明史论集》，刘珺珺译，商务印书馆，1987，第116页。
② 〔美〕乔治·萨顿：《科学的历史研究》，陈恒六、刘兵、仲维光编译，上海交通大学出版社，2007，第6页。
③ 〔美〕乔治·萨顿：《科学的生命——文明史论集》，第116—117页。

的就是要证明东方人民对于我们的文明作出了巨大的贡献，
即使我们文明概念的核心是科学也是一样。①

其中就包括近代科学的诞生的重大事件。欧洲经历了中世纪的长
期黑暗与科学曲折，

　　　希腊精神是对于真理的无私的爱，是知识的源泉，这种
精神最后终于被罗马功利主义和基督教感伤情调的混合窒息
了。让我们再梦想片刻，并设想如果希腊人和基督徒看到他
们彼此的好的一面，而不只看到坏的那面，将会怎样呢？如
果属于另一世界的两种思想方式能够和谐一致，该是多么美
好啊！人类又可免除多少灾难啊！但事与愿违。进步的道路
不是笔直的，而是非常曲折的。共同的方向是很清楚的，但
只能在远离它们的很长历史年代考虑时才是如此。②

最终走上了近代科学之路，

　　　……过去的科学进步和现在的进步相比，是很不确定
的，而且相当多的精力浪费在徒劳无功的努力和没有希望的
途径上。因此，中世纪的人摸索真理多少有些象盲人骑瞎
马，同时在几个方向上闯，结果在原地兜圈子。是存在着一
个共同的方向，但是必须从很远的距离去看，还必须撇开所
有无关的运动、所有的停顿、错误、迂回曲折和倒退才能看
得清。③

─────────────

① 〔美〕乔治·萨顿：《科学的生命——文明史论集》，第116页。
② 〔美〕乔治·萨顿：《科学的生命——文明史论集》，第124页。
③ 〔美〕乔治·萨顿：《科学的生命——文明史论集》，第114页。

与东方科学呈现了历史分途。

> 直到 14 世纪末，东方人和西方人是在企图解决同样性质的问题时工作的。从 16 世纪开始，他们走上不同的道路。分歧的基本原因，虽然不是唯一的原因，是西方科学家领悟了实验的方法并加以应用，而东方的科学家却未能领悟它。到 19 世纪末，这种分歧达到了顶点。我们看到一边是工程师和技工同医生和传教士，另一边却还是"愚昧的土著"。[1]

萨顿明确指出欧洲之所以能够发展出近代科学，一方面是由于复兴了希腊的科学传统。"在五百年间完成了这样巨大奇迹的希腊科学，其精神本质上是西方精神，它的胜利是现代科学家的骄傲资本。"[2] 但另一方面也吸纳了东方的科学传统，这不仅包括具体的科学成果，

> 希腊科学的基础完全是东方的，无论希腊人的天才多么深刻，如果没有这些基础就不一定能够形成与实际成就相等的任何成果。讨论一个天才人物命运的时候，我们可以做各种各样的设想，但是如果设想他的父母是另样的将会怎样，就是荒谬的了，因为那样他就不会存在了。因此，我们同样没有权利轻视希腊天才的埃及父亲和美索不达米亚母亲。[3]

还包括受到了伊斯兰科学精神的启示，

> 当希腊天才创造了（既与埃及科学相对立，又与中世纪

---

① 〔美〕乔治·萨顿：《科学的历史研究》，第 8 页。
② 〔美〕乔治·萨顿：《科学的生命——文明史论集》，第 121 页。
③ 〔美〕乔治·萨顿：《科学的生命——文明史论集》，第 121 页。

科学相对立）所谓现代科学开端的时候，完全是另一种类型的，但同样可以称为奇迹的另一种发展，在靠近地中海最东端的一个东方国家中发生了。当希腊哲学家努力以理性说明世界，并且大胆提出世界的物理统一性的时候，希伯来先知在一神教教义中确立了人类道德的统一。这两种发展并不相同，但互相补充；它们同时，但完全独立地产生；尽管它们在地理空间上是接近的，但是在几乎彼此完全不了解的情况下持续发展了几百年。直到古代社会的末期，它们确实没有汇流到一起，它们的联合最终接合在给予它们生命的两种文明的衰败了的身体上。①

具体至欧洲人一直标榜的实验精神也是如此。

中世纪主要的、至少是最明显的成就也许是实验精神的创造，或更准确地说是这种精神的缓慢孕育。直到十二世纪末，这种精神首先归功于穆斯林，然后归功于基督徒。就这个重要的方面说，东方西方亲如手足。无论人们多么景仰希腊科学，但必须认识到，从这个（实验的）观点来看，希腊科学实不足以转变为现代科学的基本精神。虽然希腊的伟大医学家本能地遵循着实验的方法，但是他们的哲学家或者研究自然的学者从来没有恰当地评价过这些方法。医学史以外的希腊实验科学历史是非常短促的。在阿拉伯炼金术士和光学家的影响之下，以后在基督教的力学家和物理学家的影响下，实验精神非常缓慢地增长着。几百年之内，它仍然是很软弱的，像一株幼小柔嫩的植物，由于独断教条主义的神学

---

① 〔美〕乔治·萨顿：《科学的生命——文明史论集》，第121—122页。

家和狂妄自负的哲学家的粗暴践踏而经常处于危险之中。①

因此，实验科学不是西方的独特创造，而是东西方科学的共同产物。

> 科学的种子，包括实验方法和数学，实际上科学全部形式的种子是来自东方的。在中世纪，这些方法又被东方人民大大发展了。因此，在很大程度上，实验科学不只是西方的子孙，也是东方的后代，东方是母亲，西方是父亲。②

而来自东方的印刷术在近代科学形成中，同样发挥了十分关键的作用。

> 巨大的觉醒是因为西方世界重新发现了印刷术，是由于新世界的开发，这就加速了实验精神的发展。到了十六世纪初，这种精神已经抬头，我们可以把列奥纳多·达·芬奇看作它的第一个自觉的拥护者。在此以后，它的发展越来越迅速了，到了十七世纪初，另一个塔斯康人伽利略，现代科学的先驱，令人钦佩地阐明了实验的哲学。③

如果从人类历史的整体角度来看，不同时期科学发展的重心地区是不断游移的。萨顿将历史上的科学发展，划分为四个阶段，东西方大体而言是平分秋色的。

> 如果我们从非常广泛的观点来考察科学史，可以把它分

---

① 〔美〕乔治·萨顿：《科学的生命——文明史论集》，第 137 页。
② 〔美〕乔治·萨顿：《科学的生命——文明史论集》，第 140 页。
③ 〔美〕乔治·萨顿：《科学的生命——文明史论集》，第 137 页。

为四个阶段。第一个是埃及和美索不达米亚知识的经验发展阶段。第二个阶段是希腊人所建立的理性基础，这种基础具有惊人的美和力量。第三阶段是直到现在人们还不大了解的中世纪——许多世纪的摸索徘徊。大量的努力用于解决虚假的问题，主要是把希腊哲学的成果与各种宗教教条调和起来。就这种努力的主要目标来说，这当然是徒劳无益的，但它们带来了许多意外的结果。主要成果，像我刚才说明过的，是实验精神的孕育。这种精神的最后涌现，标志着从第三个阶段转变为第四个阶段，也就是现代科学阶段。应该注意，在四个时期中，第一个时期全然是东方的；第三个时期主要是东方的，但不完全是；第二个与第四个时期则全部都是西方的。①

故而他认为不应将东西方科学乃至社会进行割裂与对立，更不应将包括近代科学在内的近代文明视作欧洲独立发展的产物。

　　我们习惯于把现代文明视为西方文明，一直把西方方式和东方方式对立起来，有些时候甚至以为这种对立是不可消除的。"噢，东是东，西是西，两相背离永不聚。"②

在萨顿看来，东西方文明是统一的，只是呈现的面貌有所不同。

　　人类的统一包括东方与西方。东方和西方正像一个人的不同神态，代表着人类经验的基本和互相补充的两个方面。东方和西方的科学真理是一样的，美丽和博爱也是如此。人，

---

① 〔美〕乔治·萨顿：《科学的生命——文明史论集》，第138页。
② 〔美〕乔治·萨顿：《科学的生命——文明史论集》，第116页。

到处都是一样的，只不过是这种特点稍稍显著一些或是那种特点多少突出一些罢了。①

东西方文明的追求也是相同的，只是方式有所区别。

> 虽然按照物质利益和其他小事可以把人类分开，但就主要目的来说，人类本质上是统一的。东方和西方彼此经常对立，但并非必须如此，把它们看作同一个人的两种面貌，或者说同一个人的两种姿势更为聪明些。②

他甚至批驳欧洲科学是进步的，伊斯兰科学、中国科学是停滞的固有观念，指出欧洲中世纪的科学也一样陷入了停滞，其原因与希腊科学的早慧而衰有关。

> 但是我必须首先说明希腊精神的衰落和灭亡。以那样雄伟壮丽的方式完成了那样多的成果之后，为什么无声无息了？我们不禁想到，如果这种精神再把它的锐气保持几百年，人类的进步就会大大加快，而文明的历程也将大不相同。它碰到了什么呢？回答这样一个问题是不可能的，我们只能猜测，甚至我们的猜测也必然是怯生生的。一个人在廿岁时作出了他最好的成果，其余年代都无所作为，我们怎样说明这种情况呢？我们简单地说，他的天才毁灭了他。这是不完全的说明，但可以使我们满意。那么这样一个说法能够适用于一整个民族吗？为什么不能？我们既然谈到希腊的天才，如果作为自然的总和，我们可以想象它的逐渐衰退和消失。如果它

---

① 〔美〕乔治·萨顿：《科学的生命——文明史论集》，第 142 页。
② 〔美〕乔治·萨顿：《科学的生命——文明史论集》，第 116 页。

能够涌现，为什么不能够再一次沉沦和完全消失呢？①

在萨顿看来，东西方终将再次汇合。西方人应该放弃原有的傲慢，从科学精神出发，秉持"新人文主义"的立场，和东方人共同成长为更为高尚的人。

> 东方和西方，谁说二者永不碰头？它们在伟大艺术家的灵魂中相聚，伟大的艺术家不仅是艺术家，他们所热爱的不局限于美；它们在伟大科学家的头脑中相会，伟大的科学家已经认识到真理，不论是多么珍贵的真理，也不是生活的全部内容，它应该以美和博爱来补充。……光明从东方来，法则从西方来。让我们训练我们的灵魂，忠于客观真理，并处处留心现实生活的每一个侧面，不论是否可以具体感知。那不太骄傲的、那不采取盛气凌人的"西方"态度而记得自己最高思想的东方来源的、那无愧于自己的理想的，这样的科学家——不一定会更有能力，但他将更富有人性、更好地为真理服务，更完满地实现人类使命，也将是一个更高尚的人。②

美国科学社会学家伯纳德·巴伯在 1952 年出版了《科学与社会秩序》一书。在该书中，巴伯指出科学起源于人类社会普遍存在的理性，相应科学并非只属于欧洲，在世界其他地区同样很早就已经产生科学。

> 对于所有想在人类对经验理性的一般态度中寻找科学之

---

① 〔美〕乔治·萨顿：《科学的生命——文明史论集》，第 122 页。
② 〔美〕乔治·萨顿：《科学的生命——文明史论集》，第 142—143 页。

来源的人，它是基础。对于这一点，我们将自然地注意到这个事实，即科学出现在史前的和古老的社会之中，出现在世界所有部分的所谓"原始的"或无文字的群体之中，出现在古希腊—罗马的、中世纪的和近代的世界之中。①

巴伯同样批评科学只有在近代的欧洲才不断进化的观点，

科学进化的连续性，它存在于近代世界之中。部分是因为直到最近才可避免的历史的无知，部分是因为对于更早期的和其他的社会有一种理性主义的偏见，我们中的许多人觉得，经验的理性和科学都独一无二地是近代的。②

指出在所有时期所有文明中都是如此。

但是，这些方面，如同其他方面一样，在历史上一直没有过彻底的间断。不仅是某种形式的科学已经存在于所有的社会之中，而且几种形式的科学已经各自在历史的前提上得到了建立。至少在近三四千年，甚至超出这个范围，科学进化的记录十分连续地扩展而没有不可逾越的断裂。现在，记录的扩展有时很缓慢，有时又稍微快一些，通过其持续不断的和积累的过程，我们可以追溯科学的源流。③

针对近代科学是突然产生于欧洲的观点，巴伯认为近代科学是古希腊科学、阿拉伯科学彼此互动的结果。

---

① 〔美〕伯纳德·巴伯：《科学与社会秩序》，顾昕、郏斌祥、赵雷进译，生活·读书·新知三联书店，1991，第28页。
② 〔美〕伯纳德·巴伯：《科学与社会秩序》，第28页。
③ 〔美〕伯纳德·巴伯：《科学与社会秩序》，第28—29页。

　　我们所有关于历史记录的过于琐碎的知识，过多地组织在关于科学之宏观历史"时期"的描绘之中：古希腊科学、阿拉伯科学、近代科学；我们没有看到这些时期是怎样相联并彼此融合的。我们常常看不到古代近东的科学怎样是古希腊科学的部分基础；看不到古希腊的遗产是怎样由古希腊式的亚历山大人（the Hellenistic Alexandrians）传送到阿拉伯地区，并因此转送到中世纪的欧洲，中世纪欧洲也通过教会直接接受了古代科学；最后，我们也不知道中世纪教会和文艺复兴对古希腊科学的再发现是怎样对近代科学的建立做出了基本的贡献。我们也没有看到，在进化过程中的各个时期对整体所做的附加贡献。①

因此，在巴伯看来，科学发展的基本图景是点滴积累而非突然飞跃。"科学的成长更多地是通过许多小步骤而不是少数大飞跃进行的，它更多地是像一种缓缓扩大的珊瑚礁，而不是像帕里库廷火山（Paricutin）那样由剧烈的火山喷发而产生的。"② 但这并非意味着所有文明的科学之路，走的都是完全同样的道路，而是各有相对独立的脉络，宛如一条条小溪，最终汇聚到同一条大渠。

　　然而，对科学进化之总体的统一性如此强调，并不是要否认在此过程的细微之处存在某些多样性。在科学历史进程中，并非任何一步都是不可避免地、直接地在前人基础上迈出的。在前进的细节上，一直存在着独立的发展路线，但是在更大的洪流中，这些涓涓细流都汇入一条单独的大渠之中。③

---

① 〔美〕伯纳德·巴伯：《科学与社会秩序》，第 29 页。
② 〔美〕伯纳德·巴伯：《科学与社会秩序》，第 29 页。
③ 〔美〕伯纳德·巴伯：《科学与社会秩序》，第 30 页。

因此，一方面不同文明在不同时期做出了一些重复的发明，另一方面伴随人类社会彼此之间交流的加强，科学发展的统一性也逐渐增强，最终在近代世界汇聚成一个统一体。

> 在科学中，一直存在着重复的独立发现，我们将在以后的讨论中，在一个更适当的地方给出一个重复独立发现的长长的清单，但是从更大的眼界来看，所有这些只是连续的和统一的科学进化的组成部分。当然，随着在人类社会之间交流程度的提高，科学成长的统一性大概也提高了。随着过去的许多社会已经通过交流联系更加紧密地与现在的世界相结合，科学在细微之处以及大的方面都几乎变成了一个统一体。①

不过，巴伯同时提醒道："我们对科学之总体的进化统一体的理解不应该使我们犯这样一个错误，即认为科学的发展是一件轻而易举的和不可避免的事情。"② 任何科学进步都经历了极为艰难的历程。

> 科学总是艰难的，其进化总是"蹒跚的、复杂的、几乎是非理性的"。当我们在以后讨论发现的社会过程时，我们将看到在科学中每迈出新的一步是多么困难，多少新的发现虽然是不可避免的但却需要个人创造性的发挥。总的说来，大的进化连续性依然是存在的。③

---

① 〔美〕伯纳德·巴伯：《科学与社会秩序》，第30页。
② 〔美〕伯纳德·巴伯：《科学与社会秩序》，第30页。
③ 〔美〕伯纳德·巴伯：《科学与社会秩序》，第31页。

第五节　整体科学史的研究

　　萨顿所倡导的科学史研究，并不是狭隘的分科介绍，而是尝试勾勒包括众多自然科学在内的科学史的整体图景，可以称之为"整体科学史"。"我的目的不是要说明任何一门科学的发展，而是要说明古代科学的整体发展"，① 并打通科学史与其他学科的关系。萨顿对《伊希斯》的定位是："既是科学家的哲学杂志，又是哲学家的科学杂志，既是科学家的史学杂志，又是史学家的科学杂志，既是科学家的社会学杂志，又是社会学家的科学杂志。"② 从而将科学史纳入文明史之中，审视科学史的发展脉络，

　　　　简言之，按照我的理解，科学史的目的是，考虑到精神的全部变化和文明进步所产生的全部影响，说明科学事实和科学思想的发生和发展。从最高的意义上说，它实际上是人类文明的历史。其中，科学的进步是注意的中心，而一般历史经常作为背景而存在。③

并将科学上升到科学哲学的高度，开展对人类文明的整体思考。"科学的历史，如果从一种真正哲学的角度去理解，将会开拓我们的眼界，增加我们的同情心；将会提高我们的智力水平和道德水准；将会加深我们对于人类和自然的理解。"④ 揭示出科学与人类的统一性，即伴随科学的不断进步，人类智力不断成长。

---

① 〔美〕乔治·萨顿：《希腊黄金时代的古代科学》，鲁旭东译，大象出版社，2010，前言，第5页。
② 〔美〕罗伯特·K. 默顿：《科学社会学散忆》，第84页。
③ 〔美〕乔治·萨顿：《科学的生命——文明史论集》，第29—30页。
④ 〔美〕乔治·萨顿：《科学的生命——文明史论集》，第49页。

因为知识的积累性和进步性，科学史和集中于此的文明史会使我们有这样一个印象，我们正在与之打交道的不是一个混乱的人群，而是一位在智慧和经验方面不断增长着的单独的个人。这种感觉由于对两个相互关系的想法——科学的统一性和人类的统一性——的沉思而加强了。[1]

从这种研究思路出发，萨顿对于从事科学史的人才培养，也要求综合型，而这在伯纳德·科恩（I. Bernard Cohen）身上获得了完美体现。

幸运的是，在他大学毕业后，科恩只用了 10 年就满足了一系列超常的严厉要求——在科学、语言学、史学和哲学方面的必要训练，萨顿认为，这些对于获得令人满意的科学史方面的学位来说是必不可少的。这样，科恩就成了美国历史上第二个获得科学史博士学位的人。[2]

可见，萨顿主张开展整体科学史的研究，努力揭示科学与文明的整体关系，这种研究理念相应是一种打通内外史的做法。但值得注意的是，在萨顿看来，科学发展一方面与社会背景密切相关：

这部以科学为中心的关于古代文化的历史，必然是某种形式的社会史，因为"文化"除了是一种社会现象外，还能是什么呢？我们试图从其社会背景来了解科学和智慧的发展，因为脱离了这个背景，我们就无法获得真相。科学不可能在

---

① 〔美〕乔治·萨顿：《科学史和新人文主义》，陈恒六、刘兵、仲维光译，华夏出版社，1989，第 32 页。

② 〔美〕罗伯特·K. 默顿：《科学社会学散忆》，第 102 页。

社会真空中发展，因此，每一种科学的历史，甚至包括最抽象的数学的历史，都包含许多社会事件。数学家也是人，他们也有空想和弱点；他们的工作可能而且往往是受各种心理偏差和社会变迁支配的。①

他笃定地说："每一个优秀的科学史家……都必须是一个社会的历史学家，即一个社会史家。除此之外还能有别的情况吗？"②

但另一方面，萨顿继承了社会学家的科学史立场，仍然坚持科学知识的独立性、不受干涉性，所以坚决反对马克思所主张的从社会和经济因素去诠释科学史。"在辩证唯物主义的影响下，有一种信念广为流传，即认为对科学史的解释，即使不是唯一的，那么主要的也是以社会和经济因素为依据的。在我看来这是完全错误的。"③ 他认为这种观念只适用于被他戏称为"公务人员"的从事受委托工作的人，却不适用于热衷追求所渴望的工作的"热衷追求者"。"诗人、艺术家、贤哲、科学工作者、发明家和发现者大体上都是热衷追求者，他们是变迁和进步的主要工具；他们是真正的创造者和麻烦制造者。"④ 甚至死亡的恐吓也不能改变他们部分人的选择。⑤ 他以数学为例，指出科学与外在因素的关系难以捉摸。

无疑，科学发现受各种外部事件，即政治、经济、科学、军事事件的制约，受战争与和平的技术的持续不断的需求的制约。数学从来不是在政治与经济的真空中发展的。可是，

---

① 〔美〕乔治·萨顿：《希腊黄金时代的古代科学》，前言，第7页。
② 〔美〕乔治·萨顿：《希腊黄金时代的古代科学》，前言，第9页。
③ 〔美〕乔治·萨顿：《希腊黄金时代的古代科学》，前言，第7—8页。
④ 〔美〕乔治·萨顿：《希腊黄金时代的古代科学》，前言，第8页。
⑤ 〔美〕乔治·萨顿：《希腊黄金时代的古代科学》，前言，第8页。

我们想到那些事件只是各种因素中的某些因素，这些因素的力量是会改变的，而且确实时时在改变。它在某一个场合几乎可以是决定性的，而在另一个场合却无关紧要。①

因此，萨顿所要揭示的科学与社会的关系，其实不是科学与社会经济的关系，而是从摄取了人类社会众多因素而形成的人类精神出发，审视科学家们长期以来所塑造的科学传统。

本书试图说明人类精神在其自然背景中的发展。这种精神总是受到这一背景的影响，但它有自己的首创性和完整性。……不过，人的思想从来就不是完全独立的，也不是完全独创的；它们结合在一起并且形成了链条，我们把那些宝贵的链条称之为传统。这些链条是极为宝贵的，但有时候，它们也会变成有阻碍甚至有危险的东西。当它们处于最佳状态时，它们就像是轻巧的黄金链，人们会为持有它们而感到高兴和自豪；有时候，它们会变得像铁镣一样沉重，除了打破它们外，没有别的方法可以摆脱它们。这种情况时有发生，每当出现这种情况时，我们就会讲述这段（必须要讲述的）史实。这些史实是思想史的一部分，但也是社会史的基本组成部分。②

萨顿认为科学史研究的根本宗旨，就是发掘科学精神，推动

① George Sarton, *The Study of the History of Mathematics*, Cambridge: Harvard University Press, 1936, pp. 15-16, 转引自〔美〕罗伯特·金·默顿《十七世纪英格兰的科学、技术与社会》，范岱年等译，商务印书馆，2009，第259页。

② 〔美〕乔治·萨顿：《希腊黄金时代的古代科学》，前言，第8—9页。而萨顿的科学史研究著作，也都集中在对于科学传统本身的梳理，参见〔美〕乔治·萨顿《科学史导论》，上海三联书店，2021；《希腊黄金时代的古代科学》；《希腊化时代的科学与文化》，鲁旭东译，大象出版社，2012；《文艺复兴时期的科学观》，郑诚等译，上海交通大学出版社，2007。

人们不再像以往的人文主义者那样排斥科学，

　　　一个人文主义者的职责不单是用一种被动羞怯的方式去研究过去，并使自己沉醉在崇敬的心情之中，而是他对过去的沉思必须从现代科学的顶点出发，运用全部人类的经验和一颗充满希望的心。[①]

洞察深邃的人性，

　　　无论科学可能会变得多么抽象，它的起源和发展的本质却是人性的。每一个科学的结果都是人性的果实，都是对它的价值的一次证实。科学家的努力所揭示出来的宇宙的那种难以想象的无限性不仅在纯物质方面没有使人变得渺小些，反而给人的生命和思想以一种更深邃的意义。[②]

彰显科学发展中所体现的人性对真理的追求，[③] 推动科学的人文主义化，

　　　我们必须使科学人文主义化，最好是说明科学与人类其他活动的多种多样关系——科学与我们人类本性的关系。这不是贬低科学；相反地，科学仍然是人类进化的中心及其最高目标；使科学人文主义化不是使它不重要，而是使它更有意义，更为动人，更为亲切。[④]

---

① 〔美〕乔治·萨顿：《科学史和新人文主义》，第10页。
② 〔美〕乔治·萨顿：《科学史和新人文主义》，第49页。
③ 〔美〕乔治·萨顿：《科学的历史研究》，第4—5页。
④ 〔美〕乔治·萨顿：《科学的生命——文明史论集》，第51页。

由排斥科学的旧人文主义者，转变为"一个真正的人文主义者"，也就是"新人文主义者"。① 这样才能真正了解过去，形成宽容和仁爱的心理，② 消除那普遍存在的偏见，

> 它将消除许多地方和民族的偏见，也将消除许多这个时代共同的偏见。每一个时代当然具有自己的偏见。正像消除地域偏见的最好方法是去旅行一样，要想摆脱我们时代的局限同样必须到各个时代去漫游。我们的时代并不一定是最好的和最聪明的时期，并且无论如何不是最后的时代！我们必须为下一个时代做准备，我所希望的是一个比现在更好的时代。③

宣扬理性，弘扬真理，

> 他往往不得不与他自己的感情和偏见作斗争，同时还要与他周围那些会把新生事物扼杀的有威胁的迷信进行战斗。否认那些迷信的存在就像无视传染病一样是愚蠢的；我们必须揭示它们，描述它们并且战胜它们。……科学史不应当被用来当做捍卫任何一种社会或哲学理论的工具；应当只为了它自身的目的，用它来无偏见地说明理性反对非理性的活动，说明真理以各种形式渐进地发展，无论真理令我们愉快还是不愉快、有用还是无用、受欢迎还是不受欢迎。④

---

① 〔美〕乔治·萨顿：《科学史和新人文主义》，第12页。
② 〔美〕乔治·萨顿：《科学史和新人文主义》，第48页；〔美〕乔治·萨顿：《科学的历史研究》，第9—13页。
③ 〔美〕乔治·萨顿：《科学的生命——文明史论集》，第51—52页。
④ 〔美〕乔治·萨顿：《希腊黄金时代的古代科学》，前言，第9页。

维护世界的和平，

> 在世界上，科学比任何其他事物都更有利于和平。它是把所有国家、所有民族、奉行各种纲领的最有智慧、最广博的头脑接连起来的粘合剂。每一个国家和民族都从其他国家和民族所做出的发现中得到利益。[①]

推动社会的变革，

> 科学的精神从来不是安静的。它从不盲目地满足于已经存在的事物，只要可能它就想改善它，或者用更美好的某些事物来取代它。它时刻准备着把新的实验引入未知领域；它本质上就是冒险的。[②]

用光明驱散黑暗。

> 保守的人们对科学的猜疑和敌视无疑是有道理的，因为科学的精神正是一种革新和冒险的精神，是指向未知世界的最鲁莽的探险。而它的进攻性力量是如此之大，它的革命性的活动是既不可能被制止，也不可能被限制在它自己的领域内的。它迟早要去征服其它领域，并把光明照耀到迷信和不公正仍在泛滥的一切黑暗地方。就建设性而论，科学的精神是最强的力量，就破坏性而论，它也是最强的力量。[③]

在萨顿看来，科学是联结全人类的真正纽带。"科学这个精神

---

① 〔美〕乔治·萨顿：《科学的生命——文明史论集》，第50页。
② 〔美〕乔治·萨顿：《科学史和新人文主义》，第42页。
③ 〔美〕乔治·萨顿：《科学史和新人文主义》，第44—45页。

领域是享有特权的，因为它是仅有的一个对于全人类都是完全共同的事业。科学不只是最有力的联系，它是唯一真正有力和无争议的联系。"① 科学是推动人类社会不断进步的真正动力，"科学活动是这些活动中唯一具有一种显而易见和无可怀疑的积累性和进步性"，② 带动着其他领域的进步。

> 无论在什么地方存在着进步或进步的可能性，几乎都是由于科学的应用。我从来没有宣称科学比艺术、道德或宗教更为重要，但是它更为基本，因为在任何一个方向上的进步总是从属于科学进步的这种形式或那种形式的。③

萨顿一方面认为科学是高度个人化的，

> 人们在某种意义上可能会说，科学史是高度个人化的，因为伟大的发现一般都是由单独的个人做出的，而且往往是由意想不到的人在意想不到的地方做出的。不可能解释这样一些问题：一个发现为什么是由这个人而不是由那个人做出的，为什么是在丹麦而不是在意大利做出的，而最令人不可思议的是为什么在这一时刻而不在更早一些或更晚一些做出的。④

另一方面又认为所有的发现都是人类逐渐积累而最终创造的。

> 然而，科学史并不只是伟大的科学家们的历史。当人们仔细考察任何一个发现的起源时，会发现它总是由许多较小

---

① 〔美〕乔治·萨顿：《科学的生命——文明史论集》，第49—50页。
② 〔美〕乔治·萨顿：《科学史和新人文主义》，第18页。
③ 〔美〕乔治·萨顿：《科学史和新人文主义》，第25页。
④ 〔美〕乔治·萨顿：《科学史和新人文主义》，第25页。

的发现逐渐预备好的，考察得越深入，就越能发现更多的中间步骤。①

相应，科学进步的根源，并不只是天才的发明，更是人类共同的积累，在考察科学进步时，应该结合抽象的科学知识与普遍的科学精神。

> 这样两个互补的思想又使人想起提到过的二元论，并且可能导致科学史的两种不同观点。一种观点强调知识本身因而是非常抽象的，而写出了一部实际上是思想史的历史。另一种观点强调人的方面，强调发现的变化莫测的起源和发展，强调一切细小的偶然事件，正是这些偶然事件引发我们各方面的好奇心并使我们不得不围绕在我们的目标的那些越来越小的圈子上团团转，直到我们达到这个目标或清楚地意识到它。一个全面的历史学家应该将这两种倾向结合起来。他应该记住，作为他的指导而使用的那些纯概念的集合体是在所犯的错误都已被纠正过来后再重建起来的，而且他决不应忘记，我们那些最大胆的理论有着非常平凡的血统并有非常多的变化。从技术或哲学的观点来看，抽象型的历史是很有启发性的，但是它却是使人误入歧途的，因为它给了我们一个很不真实的既简单又直接了当的印象。人类的科学历程从来不是轻而易举的，也从来不是简单的，而科学产生出的美好的抽象概念总是和大量的具体事实和非理性的思想混杂在一起，因而不得不历尽艰辛地从中提取出来。②

---

① 〔美〕乔治·萨顿：《科学史和新人文主义》，第 26 页。
② 〔美〕乔治·萨顿：《科学史和新人文主义》，第 34—35 页。

但在萨顿看来，科学进步所走的道路，并不是直线，而是一种历史的徘徊。

> 当我们说科学本质上是进步性的时候，并不意味着说在追求真理的途中人总是走在最短的捷径上。根本不是这样，他常常弯来绕去，没有发现他要找的东西，却发现了别的东西，他多次在弯曲迂回的路上迷途重返，经过许多徘徊之后最终才到达目的地。[1]

他用登山进行了比拟：

> 只有科学活动是累积和渐进的。因而阅读科学史使我们产生一种犹如登山般的振奋之情；有时我们也可能跑一小段下坡路，或是绕过斜坡：但总的方向还是向上的，山的顶峰隐没在云海之上。每个科学家都可以从前人达到的最高水平上起步，而且如果他成功的话，还可爬得更高。[2]

小　结

16—17 世纪在欧洲产生的"科学革命"，推动科学与社会充分结合，促进了资本主义生产的快速发展，推进了资本主义社会的快速变革。当时的思想家对于近代科学乃至科学产生的根源、作用普遍开展了讨论，将之作为构建自身思想体系的重要内容。他们一方面重视科学的内在发展逻辑，另一方面充分关注科学与社

---

[1] 〔美〕乔治·萨顿：《科学史和新人文主义》，第33页。
[2] 〔美〕乔治·萨顿：《科学的生命——文明史论集》，第22页。

会的关系，从而推动了内外史的互相渗透。由于各自思想体系的不同，这些思想家形成了分别从思想文化、社会经济考察外在环境对科学发展影响的二元分途。

进入 20 世纪 20 年代，萨顿在总结前人关于科学史研究的基础上，创建了科学史学科，主张将科学史纳入文明史中，开展整体科学史的研究，并借此培育出容纳科学精神的新人文主义，构建和平社会；但他又认为科学知识具有独立性，反对马克思主义者从社会经济的角度去审视科学。萨顿的这一研究取向一方面延续了社会学家的科学史研究取向，另一方面深刻影响了后来科学社会学的外史观念，呈现出承前启后的定位与特征。

针对科学革命以后欧洲普遍流行的科学是欧洲独特产物的观念，无论英国哲学家怀特海，还是科学史创始人萨顿，以及科学社会学家巴伯，都主张科学传统是由东西方共同构成；萨顿尤其强调了在古代世界，东西方科学大体是平分秋色的，与东方科学一样，西方科学也经历了曲折与黑暗，科学进步的根源，并不只是天才的发明，更是人类共同的积累与汇合。这种做法不仅对当时的观念形成了强烈挑战，而且对于李约瑟的中国科学研究及相关观念的形成，构成了一种熏染其中的舆论氛围。但同时他们都认为东西方科学仍然产生了历史分途，近代科学是在复兴古希腊科学传统基础上，借助欧洲的社会变革而产生出独特的实验科学。

第三章
科学外史研究的内在差异

20 世纪的欧洲，长期处于战争之中，两次世界大战的爆发，更是对人类社会造成了深远影响。战争推动了科技的大规模研发，越来越多的科学史家开始关注科学与社会的关系，这尤其体现在科学社会学与马克思主义科学史研究之中。虽然二者都属于科学外史的研究，但分别继承社会学、社会主义不同的科学史研究立场，从而呈现出分别从思想文化、社会经济的视角开展科学外史研究的不同取向。

第一节　思想文化视角下科学社会学的
向外用力

作为萨顿的弟子，默顿一方面坚定地继承了萨顿从精神观念的角度审视科学发展的研究立场，另一方面致力于揭示科学共同体的运行机制问题，从而将研究视角进一步向外推衍，形成了科学社会学学科。

1910 年，默顿出生于美国的费城，1931 年进入哈佛大学读书，正是在这里，他跟随萨顿学习科学史，后来自成一派，创立了科学社会学。1938 年，在萨顿主编的刊物《奥西里斯》（*Osiris*）上，默顿发表了《十七世纪英格兰的科学、技术与社会》一文，开创了科学社会学这一学科。而他的《科学社会学——理论与经验研究》一书，收录了他多年研究的论文，更是塑造了这一领域的研究范式。默顿也在科学社会学中，拥有与他的老师在科学史中同等重要的地位，被誉为"科学社会学之父"。默顿在社会学领域的阐述，集中在《社会理论和社会结构》一书中。

1935 年，默顿发表了《科学与军事的相互作用》一文，开宗明义地指出科学受到内部、外部因素的共同影响。"科学的兴趣中心除了受科学的内在发展力量所决定外，还受社会力量的决定。"[1]他认为军事需要能够推动科学发展，二者之间有着直接的关系。但一旦军事需求获得解决，科学研究就会演变成一个相对自主的领域，与外部因素关联逐渐减弱，甚至不复存在。

> 这就是说，最初的问题一旦明确之后，科学研究常常极大地独立于社会力量而自主发展，这样，多数研究可能只是以极小的程度与军事或经济发展相关联。所以科学形成了一种自主的研究体系，它关注于严格的科学问题，而不是功利性问题。正是由于这些发展（它们可能构成了科学的主体部分）产生于相对自主的科学研究，才使得它们看起来与社会力量只有很少的关联，甚至毫无关联。[2]

1937 年，默顿发表了《科学与社会秩序》一文，指出不同文明的文化取向存在差异，并非都适合科学发展。

> 科学的持续发展只能发生在具有某种特定秩序的社会里，

---

[1]　〔美〕R. K. 默顿：《科学社会学——理论与经验研究》，鲁旭东、林聚任译，商务印书馆，2009，第 295 页。

[2]　〔美〕R. K. 默顿：《科学社会学——理论与经验研究》，第 301 页。

这种社会秩序服从一系列复杂的潜在前提和制度约束。对我们来讲无需解释的并获得了众多不言而喻的文化价值的某种平常现象，在别的时间和地点却是反常的、少见的。科学发展的连续性需要一批对科学事业既有兴趣又有才能的人的积极参与，我们确信科学的这种需要只有在特定的文化条件下才能被满足。于是，重要的问题在于考察那些推动科学飞速发展的机制，这种机制能够选择某些科学学科并予之声誉，而对另一些学科则加以拒斥或贬低。有一点将变得愈来愈明了：制度结构的变迁可以削弱、限制甚至可妨碍科学事业。①

默顿以纳粹德国为例，批评了极权主义国家将政治强加给科学的做法，指出科学家们应致力于维护科学的合法性和精神气质。②

在《十七世纪英格兰的科学、技术与社会》中，默顿认为不同时代的文化重心呈现了转移趋势，欧洲就经历了古希腊的哲学艺术，中世纪的宗教神学，文艺复兴时期的文学、伦理学和艺术，近代以后的科学技术交替兴起的历史脉络。在默顿看来，这种重心转移，不仅有内部原因，还有外部原因。"有什么理由来说明这一类重点转移呢？显然，每个文化领域的内部史在某种程度上为我们提供了某种解释。但是，有一点至少也是合乎情理的，即其他的社会条件和文化条件也发挥了它们的作用。"③ 于是对科学史研究中单纯的内外史路径都进行了批评：

关于内部和外部因素在决定科学兴趣的焦点中的相对重要性问题，已经进行了长期的争论。一派理论家坚信科学实际上没有自主性。他们认为科学进展的方向几乎全是外部压

---

① 〔美〕罗伯特·K. 默顿：《社会理论和社会结构》，第800页。
② 〔美〕罗伯特·K. 默顿：《社会理论和社会结构》，第800—817页。
③ 〔美〕罗伯特·金·默顿：《十七世纪英格兰的科学、技术与社会》，第30页。

力，特别是经济压力的结果。与这些极端分子进行辩论的那些人认为，纯科学家与他生活的社会世界是隔绝的，他的研究课题是从每一个逻辑上紧密联系的科学部门中固有的严格必然性决定的。持这些观点的各方都寻求一些仔细挑选的案例来为自己辩护，这些案例按计划地证实这些对立意见的这一方或那一方。①

默顿主张科学一方面具有自身不断发展的内在动力，但另一方面外在环境具有明显的影响，

　　　　我们应当再次强调，这种作为社会兴趣的汇集点的社会对科学的评价并不直接决定着各种具体的科学发展，不过很显然，任何活动领域，特别是像科学这样具有其自身的不断前进的动力这样的领域，受到了鼓励，其发展就会比受到贬损时迅速得多。②

其中便包含经济因素。"无论十七世纪的科学家如何全神贯注于个人的工作，他在当时那种巨大的经济增长面前都不可能无动于衷。"③

　　但默顿重点考察的外在环境，并非经济因素，而是文化因素，他认为不同文明的科学体系，都根植于所在社会的文化土壤。"有一点已经变得颇为明显，这就是，每个时代都存在一种科学体系，它赖以建立的基础是一组通常含而不露、极少（如果有的话）受到该时代大多数科学工作者质疑的假设。"④ 只有欧洲的文化土壤，为科学的持续发展提供了社会机制。这种文化土壤就是加尔文宣

---

① 〔美〕罗伯特·金·默顿：《十七世纪英格兰的科学、技术与社会》，第259页。
② 〔美〕罗伯特·金·默顿：《十七世纪英格兰的科学、技术与社会》，第118页。
③ 〔美〕罗伯特·金·默顿：《十七世纪英格兰的科学、技术与社会》，第189页。
④ 〔美〕罗伯特·金·默顿：《十七世纪英格兰的科学、技术与社会》，第153页。

扬的清教。与中世纪神学不同，清教宣传积极入世，改造这个邪恶的世界。

> 中世纪天主教和加尔文教派都认为，这个世界是邪恶的，可是，一个救世良方是从尘世隐退，遁入修道院的精神恬静之中，而另一个则认为，通过永不停息、坚持不懈的劳作改造尘世而去征服尘世的诱惑，乃是责无旁贷的义务。[1]

对于韦伯所主张的清教推动了资本主义产生的观点，默顿欣然表示同意，并进一步指出科学技术既然在资本主义发展中发挥着重大作用，那么清教与近代科学之间也应存在着密切联系。[2] 在默顿看来，与其他教派不同，清教摒弃了上帝的绝对之善，转而面向个人，秉持着强烈的"颂扬上帝"是存在的目的和存在的一切的思想，这种思想在 17 世纪演化出"公益服务是对上帝最伟大的服务"的观念，从而推动社会功利主义成为一项道德标准。[3] 这就是一种清教的精神气质。在清教精神气质的熏陶下，选择最能有效地为上帝服务又对公共福利最有贡献的职业，即学识型职业，成为人们的目标，而理性主义成为人们的价值追求。这种理性主义与中世纪经院哲学崇尚的以逻辑为核心的理性主义不同，新型的理性主义注重效验性和功利性。科学由于能够增强人类支配自然的能力，从而被清教当作强有力的技术工具。数学代表着理性，物理学代表着经验，尤其获得了关注。从事科学研究的自然科学家们，认为科学是对上帝作品的研究，从而激发出巨大的热情与能量。在此之前，虽然科学一直保持着连续性，但只是一根细线，直至 17 世纪清教兴起之后才推动了科

---

① 〔美〕罗伯特·金·默顿：《十七世纪英格兰的科学、技术与社会》，第 94 页。
② 〔美〕罗伯特·金·默顿：《十七世纪英格兰的科学、技术与社会》，第 95 页。
③ 〔美〕罗伯特·金·默顿：《十七世纪英格兰的科学、技术与社会》，第 96—98 页。

学的持续发展。不仅如此，作为清教气质的重要内涵，行善的价值追求，推动科学家从事虽无直接收益的实验科学的研究。[1] 可见，清教成为近代科学产生的根源。"恰恰就是清教主义在超验的信仰和人类的行为之间架起了一座新的桥梁，从而为新科学提供了一种动力。"[2] 而清教也为近代科学带来了精神实质。"在清教伦理中居十分显著位置的理性论和经验论的结合，也构成了近代科学的精神实质。"[3]

因此，虽然在中世纪的神学里，"即认为自然界构成一种可以理解的秩序，或者打个比方说，如果提出一些合适的问题，自然界将会作出回答"。[4] 这构成了实验科学的前提性建设。

> 在伽利略、牛顿及其后继者们的科学体系中，实验的检验是真理的最高标准。不过，如前所示，如果没有那个前提性的假设，那么，实验的概念本身就会被一笔勾销了。因而这个假设是决定性、具有绝对意义的。[5]

但这种前提性建设只是"无意识地导源于中世纪神学"，推动近代科学产生的，仍然是清教带给人们的对于科学的持续兴趣。

> 虽然这个信念是近代科学的前提条件，它却并不足以引出近代科学的发展。所需要的是一种持续的兴趣，寻求以经验和理性的方式去找出这种自然秩序，亦即一种对现世及其

---

① 〔美〕罗伯特·金·默顿：《十七世纪英格兰的科学、技术与社会》，第129—132 页。
② 〔美〕罗伯特·金·默顿：《十七世纪英格兰的科学、技术与社会》，第121 页。
③ 〔美〕罗伯特·金·默顿：《十七世纪英格兰的科学、技术与社会》，第135 页。
④ 〔美〕罗伯特·金·默顿：《十七世纪英格兰的科学、技术与社会》，第153 页。
⑤ 〔美〕罗伯特·金·默顿：《十七世纪英格兰的科学、技术与社会》，第153 页。

发生的事物的积极主动的兴趣再加上一种特定的经验探讨方法。①

但同时，默顿认为清教虽然催生了近代科学，推动了近代科学的快速发展，但并未解决科学技术研究为何集中于特定的问题。在他看来，这是由于"这种选择明显地受到各种社会力量的限制和引导"。② 他认为社会经济对于科学发展有着强有力的影响。

> 在这种理性化的社会及经济结构的环境中，经济发展所提出的工业技术要求对于科学活动的方向具有虽不是唯一的，却是强有力的影响。这种影响可能是通过特别为此目的而建立的社会机构而直接施加的。③

1957年，默顿发表了《科学发现的优先权》一文，指出科学制度与其他的社会制度一样，也具有自身特有的价值观、规范和组织。科学制度应致力于维护科学的精神特质：独创性、无私利性、普遍主义、有组织的怀疑、精神财产的公有性以及谦恭。其中独创性在推进科学发展中发挥了重大作用。科学共同体应建立起来一种科学规范，维护科学的精神特质，如维护科学知识渊源的共同记忆，防止科学知识陷入作者不明的状态。在此基础上，建立起科学的奖励系统，不仅要尊崇优先权，奖励独创性，既包括物质奖励，还包括名誉奖励，尤其要重视重大创新的冠名权，每个学科都应该建立起独特的命名模式，从而保障科学家的个人利益，引领科学创新的取向；而且要奖励谦恭的价值观，促使科学家对自身成果保持谦虚态度。当科学制度能够有效运行时，知

① 〔美〕罗伯特·金·默顿：《十七世纪英格兰的科学、技术与社会》，第154页。
② 〔美〕罗伯特·金·默顿：《十七世纪英格兰的科学、技术与社会》，第188页。
③ 〔美〕罗伯特·金·默顿：《十七世纪英格兰的科学、技术与社会》，第211页。

识的增加与个人名望的增加并驾齐驱，制度性目标与对个人的奖励结合在一起。但对独创性的强调和对其承认的强调拔高时，会造成科学家越来越把无限价值归于独创性，越来越专注于成功的探索结果，而感情也就会越来越容易受到伤害，导致科学家对承认产生一种极度的关心，喜爱争论、坚持己见、怕别人占先而保密、只报告支持某一假说的数据、毫无根据地指控别人剽窃，甚至偶尔偷窃别人的思想以及在极少数情况下编造数据。因此，对于独创性的没有限制的信奉，将会导致一种异想天开的狂热，这是十分危险的。[①]

1968 年，默顿发表了《科学界的马太效应》一文，指出科学家同行对科学成就的承认本身就是一种奖励，这种承认会转变为有用的财富，能够更大地促进有名望的科学家的进一步研究。但在科学界，同样存在奖励系统的不平等分配的现象，从而导致强者愈强、弱者愈弱的"马太效应"。[②] "非常有名望的科学家更有可能被认定取得了特定的科学贡献，并且这种可能性会不断增加，而对于那些尚未成名的科学家，这种承认就会受到抑制。"[③] 马太效应一方面在奖励系统中会对处于事业早期阶段的科学家产生反功能，但另一方面又能够推动交流系统的开展。

　　就对奖励系统的意义而言，马太效应对那些处于事业发展早期阶段这种不利地位的科学家个人的事业具有反功能，但就其对交流系统的意义而言，马太效应在合作研究和多重发现情况中，可能会提高新的科学交流结果的知名度。对某些社会系统具有社会正功能，而对系统之中的某些个人却有反功能，这种情况并非没有先例。的确，这是经典悲剧的一

① 〔美〕R. K. 默顿：《科学社会学——理论与经验研究》，第 406—466 页。
② 〔美〕R. K. 默顿：《科学社会学——理论与经验研究》，第 641、644 页。
③ 〔美〕R. K. 默顿：《科学社会学——理论与经验研究》，第 645 页。

个主题。[①]

马太效应一方面影响了不知名科学家受到科学共同体的关注，会阻碍知识的进步；[②] 但另一方面能够使杰出科学家的成果更容易受到读者的关注，从而"产生更大的激发效应"。[③]

默顿于是将研究的重点放在科学共同体的培育、发展的运行机制上面。在长期的研究生涯中，他发表了一系列学术论文，从多个方面阐述了这一核心问题。

科学社会学创立之后，在相当长的一段时间内都十分沉寂，当时的学者大多在致力于从内史的角度审视近代科学的产生，很少有学者加入科学社会学的队伍。

> 从20世纪30年代到50年代，在这个新生的领域中工作的社会学家中，没有几个人把自己的注意力主要集中在科学发展与周围的社会和经济的联系上，并且比较关注科学的价值关系域和其他文化环境（例如宗教信仰体系，关于进步的观念，等等）。[④]

而从事自然科学研究的科学家群体，就更是如此了。默顿在1949年出版的《社会理论和社会结构》一书中对这一现象进行了透彻的批评。

> 但是，如果说科学对社会的影响早已被人们所了解的话，那么各种社会结构对科学的影响还未被人们认识。到目前为

---

① 〔美〕R. K. 默顿：《科学社会学——理论与经验研究》，第648页。
② 〔美〕R. K. 默顿：《科学社会学——理论与经验研究》，第661—662页。
③ 〔美〕R. K. 默顿：《科学社会学——理论与经验研究》，第660页。
④ 〔美〕罗伯特·K. 默顿：《科学社会学散忆》，第30页。

止，自然科学家中极少有人注意过社会结构对科学发展的速度、兴趣中心以及内容的影响。社会科学家中关注这些问题的人也不多。很难说清为什么人们不愿意去探索社会环境对科学的影响这个问题。也许是因为这样一种错误观点，即认为如果承认社会学的事实，就会危及科学的自主性。或许这种见解认为，如果承认科学是一种组织化的社会活动、承认它以社会的支持为前提、承认科学被社会支持的程度以及科学研究的类型在不同的社会结构中不同（比如说科学人才的招募就是如此），那么像"客观性"这种在科学精神中处于核心地位的价值准则就会受到威胁。这里也许存在着这样一种观点，即设想科学若是在社会的真空中发展起来的，它就会保持其自身更加清白纯正。就像今天"政治"一词意味着众多的卑鄙腐败一样，在某些自然科学家看来，"科学的社会环境"一词意味着一些与科学的特性格格不入的事物对科学的干扰。

或许这种不情愿源于另一种同样错误的观点，这种观点认为，如果承认科学与社会的种种联系则无异于对科学家的无私动机的怀疑，似乎承认这种联系就意味着科学家首先追求的是自我地位的提高而非知识的进步。在本书的许多地方我们对这类并不陌生的错误观点进行了评论：这种错误在于误将动机分析的层面当作制度分析的层面了。正如我们在后面几章所指出的，科学家可以受各种各样动机的支配——抱着一种无私的愿望去学习，或者希望获得经济利益，或者受主动的好奇心（或如维布伦所称，"懒惰的"好奇心）的支配，或者是因为侵略与竞争的需要，或者是出于利己主义或利他主义的目的。但是，同样的动机在不同的制度背景中会有不同的社会表现，正如在特定的制度背景中不同的动机可以采取近乎相同的社会表现一样。在某种制度环境里，利己

117

主义会使一个科学家去推进某一门学科用于军事技术；而在另一种制度环境里，利己主义则可能使他进行显然是用于非军事目的的研究。为了讨论社会结构如何以及在多大程度上引导着科学研究的方向这个问题，我们不应该因为动机问题而去责难科学家。①

他重申科学与社会结构之间存在着密切关系，这是事实而非马克思主义者的虚构。

晚近历史的进程使这个问题变得日益困难，即使那些终日将自己关在实验室里而极少接触更广泛的世俗生活和政治社会的科学家也不再忽视这样一个事实：科学本身是多方面地依赖于社会结构的。……随着这些事件的接踵而至（以至于看起来就像一个连续的事件），许多从前把科学与社会结构之间的联系视为马克思主义社会学的虚构的人终于认识到了这种联系。②

默顿后来又发表了《科学的社会与文化环境》一文，1970 年《十七世纪英格兰的科学、技术与社会》再版时，默顿将之作为再版的前言。在这篇文章中，默顿再次重申既"避免认为要么科学的发展是完全自主的，要么就是完全受外在力量所决定"，又"拒绝在一种庸俗的马克思主义和一种同样庸俗的纯粹主义之间做出徒劳无益的选择。今天人们已广泛承认，有必要不偏不倚地抛弃这两种简单化观点"。③

美国学者伯纳德·巴伯是默顿的学生，在《科学与社会秩序》

① 〔美〕罗伯特·K. 默顿：《社会理论和社会结构》，第 794—795 页。
② 〔美〕罗伯特·K. 默顿：《社会理论和社会结构》，第 795 页。
③ 〔美〕罗伯特·金·默顿：《十七世纪英格兰的科学、技术与社会》，第 8—9 页。

一书中，正像书名所揭示的，巴伯沿着默顿向外推衍的科学社会学立场进一步向前，致力于揭示科学与社会的关系。他指出研究科学史，需要厘清六个相互关联的基本问题：

> 1. 人类理性的普遍性。2. 科学演化的连续性。3. 科学在整个历史上活动与成就水平的变化性。4. 各种不同的社会影响对科学发展的重要性。5. 被视为社会要素之一的科学的相对自主性。6. 科学与其他社会要素之间影响的相互性。①

巴伯虽然注重社会对科学的影响，但与萨顿、默顿一样，他也反对马克思主义的经济决定论，

> 马克思主义关于这些事物的观点，重点在于科学完全依赖于社会的其他部分，基本上是由经济因素所决定；因此，在科学与社会的其他部分之间也就没有什么相互的影响。做为对这些问题的一种恰当理解，这种观点是不能接受的。②

而是认为内外因素共同影响着科学发展。

> ……许多不同的社会因素曾经并且一直具有重要的影响，而且在所有条件下，这些因素比其他因素更重要。例如，理智的、宗教的以及政治的因素，与经济因素相比，其影响一般并不差，当然也不强。时而是这一个，时而是另一个，有

---

① 〔美〕伯纳德·巴伯：《科学与社会秩序》，第28页。
② 〔美〕伯纳德·巴伯：《科学与社会秩序》，第34页。

时是其中的几个因素联合起来，可以被视为对科学的发展产生了一种影响。的确，最艰难的分析工作也许就是几个因素联合起来发挥作用，并且经常是同来自科学本身之内部条件的一种影响一起发挥作用的那种情况。①

不仅如此，不同因素对于不同的科学事物具有不同的影响，甚至有时产生截然相反的影响。"时而是这个，时而是另一个社会因素对科学有影响，有时是相对有利于科学的成长，有时是相对妨碍之。"② 此外，社会对科学的影响，并非一直保持同样的程度，而是不断变化甚至难以捉摸。"社会对科学的影响还有一个重要的特征。这就是这些影响不仅是多种多样的，而且时而较强，时而较弱，从未连续均一过。社会对科学影响的程度是一个难于捉摸的过程。"③

虽然社会对科学有着普遍的影响，但在巴伯看来，科学与其他领域一样，也具有相对独立性。"尽管所有的社会影响都决定着科学的进化，但科学总是保持一定范围的独立性，就像社会的其他部分一样，这只不过是因为科学有它自己的内部结构和行动过程。"④ 巴伯认为科学相对独立性的大小，与概念框架的概括性程度密切相关。这是因为概念框架具有自身发展的逻辑，并不会完全按照社会需要来塑造自己。"随着它们的发展，概念框架决定着它们自身的某种发展路线；因此，概念框架并不是简单地根据某种'社会需要'来塑造自己。"⑤ 概念框架概括性越高，独立性越大，反之亦然。

---

① 〔美〕伯纳德·巴伯：《科学与社会秩序》，第34—35页。
② 〔美〕伯纳德·巴伯：《科学与社会秩序》，第36页。
③ 〔美〕伯纳德·巴伯：《科学与社会秩序》，第37页。
④ 〔美〕伯纳德·巴伯：《科学与社会秩序》，第37—38页。
⑤ 〔美〕伯纳德·巴伯：《科学与社会秩序》，第38页。

在科学具有的相对自主性中，一个重要的因素是它发展了高度概括化的概念框架。我们可以看到，科学之核心的概念框架越高度发达，科学具有的独立性范围就越大，当然，无论发展的程度如何，社会影响仍然会起作用。由于这种原因，社会对社会科学发展的影响强度现在大概要比对物理科学的影响强度更大，因为社会科学的概念框架较弱。①

巴伯梳理了自古以来科学发展的历程，指出科学自诞生之日起，就和社会存在密切互动，近东地区稳定的社会组织与发达的社会分工推动了科学的进步。

这样，在关于早期科学革命的简要小结中，我们可以说在整体上它是连续的，但却是非常缓慢的，尽管有一段时期出现了比其他时期更加伟大得多的成就。经验理性如果达不到在概念框架上高水平的概括性和系统性，就会相当多地保持着专业化，囿于技术和手工艺之中。社会影响确实是特殊的，但是在像埃及和美索不达米亚这样的社会中，稳定的社会组织和复杂的劳动分工可能是特别有利于科学的进步。对于早期社会，经验理性的进步具有社会影响，这或许比在其他任何情况下都更加显著。科学与社会之其余的组成部分，从它们最早的发展起就一直处在连续的互动之中。②

第二节　社会经济视角下马克思主义的科学外史研究

在科学的外史研究中，尤其以奉行马克思主义的苏联科学史

---

① 〔美〕伯纳德·巴伯：《科学与社会秩序》，第38页。
② 〔美〕伯纳德·巴伯：《科学与社会秩序》，第41—42页。

家对外史观念倡导甚力，深刻影响了欧美的科学史研究。

1931 年，苏联物理学家、科学史家鲍里斯·赫森（Boris Hessen）在伦敦召开的第二届国际科学技术史大会上，宣读了他那篇影响深远的《牛顿〈原理〉的社会经济根源》（The Social and Economic Roots of Newton's Principia），后来这篇文章被收录在特约论文集《十字路口的科学》（Science at Crossroad）中。该文挑战了牛顿力学只是伽利略和第谷以来地面和天体力学研究的集大成或牛顿站在巨人肩膀上的天才创造的流行观点，运用辩证唯物主义和历史唯物主义，揭示了水陆交通、工业生产、军事活动等经济和社会需要，对牛顿力学诞生所起到的关键作用，引发了当时整个西方科学界乃至思想界的强烈反响，开辟了科学外史研究的新纪元，提高了马克思主义在西方学术界的地位。[1] 在这篇经典论文里，赫森公开宣扬：

> 科学的发展源于生产，而那些成为生产力羁绊的社会形式同样也会阻碍科学的进步。社会的真正变革不能通过聪明的灵感或猜测而实现，也不能通过对"美好旧时代"的回归来实现，以长远的历史视角来审视，它看起来像一首安逸的田园诗，但实际上却反映了激烈的阶级斗争，以及一个阶级对另一个阶级的残酷镇压。……在任何时代，对社会关系重建的同时，我们也重建着科学。培根、笛卡尔和牛顿所创造的新研究方法战胜了经院哲学，并导致了新科学的产生，而这正是新生产方式战胜封建主义的结果。[2]

---

[1] 参见《牛顿〈原理〉的社会经济根源》的编者按语。〔苏〕B. 赫森：《牛顿〈原理〉的社会经济根源（一）》，池田译，《山东科技大学学报》（社会科学版）2008 年第 1 期。

[2] 〔苏〕B. 赫森：《牛顿〈原理〉的社会经济根源（三）》，王彦雨译，《山东科技大学学报》（社会科学版）2008 年第 3 期。

在赫森的影响下，英国剑桥大学成为马克思主义科学史家的大本营。默顿如此说道：

当然，欧洲还有其他一些重要的科学家和学者，他们早在 20 世纪 30 年代初就十分关注涉及科学的社会学研究方面的问题。有一些是我们美国人最熟悉的英国物理学家和生物学家，很典型的是，从他们所从事的学科来看，他们是一流的科学家，从他们的社会观点看，他们则是马克思主义者，例如：贝尔纳（Bernal）、P. M. S. 布莱克特（Blacker）、J. B. S. 霍尔丹（Haldane）、兰斯洛特·霍格本（Lancelot Hogben）、朱利安·赫胥黎（Julian Huxley）、H. 利维（Levy）、弗雷德里克·索迪（Frederick Soddy）以及同时也是科学记者的 J. G. 克劳瑟（Growther），还有个生物学家，在那时以及后来，他在我心中一直都排在第一位，这就是现在以其不朽之作——《中国科学技术史》（Science and Civilization in China）而闻名世界的李约瑟（Joseph Needham）。[①]

作为马克思主义科学史家的代表性人物，1939 年，英国物理学家约翰·德斯蒙德·贝尔纳（John Desmond Bernal，1901-1971）出版了《科学的社会功能》，1953 年出版了《十九世纪的科学与工业》，1954 年出版了《历史上的科学》，是"科学学"的创始人。

在《科学的社会功能》一书中，贝尔纳全面考察了科学的历史及其与社会的关系、所发挥的作用。[②] 在《历史上的科学》的序文中，贝尔纳从马克思主义的立场出发，指出科学理论的指导思想源于社会，从而明确了自己从外史角度审视科学史的基本观点。

---

① 〔美〕罗伯特·K. 默顿：《科学社会学散忆》，第 27—28 页。
② 〔英〕J. D. 贝尔纳：《科学的社会功能》，陈体芳译，商务印书馆，1982。

在最近三十年里，主要由于马克思主义思想的冲击，才长成了这个观念：非但自然科学家们在其研究工作中所用的那些方式方法，而且连他们在理论性研究途径上的那些指导思想也是社会事件和社会压力所决定的。[1]

由此角度出发，贝尔纳指出欧洲不同时代的科学发展，根源于当时的社会经济。

现在明明看得出，科学上这些大时期的每一个时期都相当于一次社会和经济变化。希腊科学反映了受着钱财支配和拥有奴隶的铁器时代社会之兴起以及衰落。中古时代这个悠长的中间时期，则标志着还不曾用到科学的、封建式的自给经济之生长以及不稳情况。直到封建秩序的束缚被资产阶级的兴起所突破，科学才能进展。资本主义和现代科学是同一运动中所产生。现代科学进化的各阶段标志着资本主义经济中相继发生的各个危机。[2]

他这本书所要解决的核心问题之一，就是社会发展如何影响到了科学发展。

所列的社会发展和科学发展间的这些粗糙方程式，引起了一个中心问题。每一次社会变革影响了科学的详细情形是怎样的呢？古代雅典的科学、文艺复兴时代佛罗稜萨的科学以及十八世纪伯明翰和格拉斯哥的科学，此三者各自的促进

---

[1] 〔英〕贝尔纳：《历史上的科学》，伍况甫等译，科学出版社，1959，序，第1页。

[2] 〔英〕贝尔纳：《历史上的科学》，序，第4页。

动力和花样翻新是什么东西所赋予的呢?①

因此，贝尔纳所要努力揭示的，就是科学与社会发展的整体关系。
"科学和工艺方面的主要和次要创作时期，都是附属于历次伟大的
社会、经济和政治运动而在历史上出现。"②

对于内史角度的研究，贝尔纳将之讥讽为"大发见家的事
迹"，"许多科学史事实上不过是大发见家的事迹而已。对于这些
大发见家，大自然的种种秘密划时代般地宣泄出来，好象神降使
徒们时代承续那样"，③以及"理想的真理大结构"。但在贝尔纳
看来，如果不结合社会环境，根本无法真正理解科学的发展历程。

> 大人物对于科学进步诚然有决定性作用，但如不结合当
> 时他们所处在的社会环境，就无法研究他们的成就。正由于
> 看不到这一点，因而解释他们的发现时，就不得不来用"不
> 知所云"的"灵感"或"天才"一类字眼。有一般人在对大
> 人物的了解上过于鼠目寸光或者过分懒于思考，以致大人物
> 的身分被降低了，估价被贬值了。事实上他们是当时和常人
> 一样的人物，受到同样那些形成的影响，也遭到同样那些社
> 会驱策，这个事实只有增加他们重要性。愈是一个大人物，
> 愈是在当时的气氛里浸得透了的；只有如此，他才能有够广
> 泛的把握，来切实地改变知识和行动的典范。④

因此，贝尔纳反对内史将科学史写成"理想的真理大结构"，认为
其应包含社会和物质。"在过去，甚至在今日常把科学史写成仅是

---

① 〔英〕贝尔纳:《历史上的科学》，序，第4页。
② 〔英〕贝尔纳:《历史上的科学》，第678页。
③ 〔英〕贝尔纳:《历史上的科学》，第17页。
④ 〔英〕贝尔纳:《历史上的科学》，第17—18页。

这样一个理想的真理大结构而已。如此写法，就必然忽略科学里全部社会的和物质的成分，而降为经过授意别有用心的胡说。"[1]

与萨顿一样，贝尔纳也认为科学是所有领域中唯一具有"累积性"的。"因具有累积性，科学就不同于人类的其他大建制，如宗教、法律、哲学和艺术等。"[2] 科学不断进步的根源是其有用性。"科学能供实际应用这一事实是科学进步的永久根源，又是科学生效的确实保证。"[3] 贝尔纳对科学起源的考察，追溯到原始社会最早的工具发明，从而指出技术源于社会经济需要而产生、发展。"大多数技术进展都是响应社会经济的一些需要，而这些进展在早期全然是，甚至今天有时还是由于手艺工人们一再运用并改进他们的传统技能。"[4] 在贝尔纳看来，技术和科学是不同的，科学是在技术的基础上逐渐萌发而分化、独立出来。"在最初时候，象我们今日所谓的科学是没有地位的。只是从城市生活开始时起，也就是从文明开始时起，科学才由诸般手艺的普通社会传统里，显露出它的可辨识的形态。"[5] 虽然科学与技术一样都是由于社会经济的需要而产生，"首次有一种界划分明的科学露面，是为了经济和控制目的：即寺院账目需要计数，而从这方面，经过不断的传统就有了我们的一切数学和书写"，[6] 但技术与社会经济的结合更为密切，而科学则较为狭隘。"比起资力较狭隘的科学来，技术正相反，一直必须在一个同当时全部生活范型一样广大的阵线上进展。"[7] 在漫长的历史中，技术适应社会发展的需要而不断进步。

---

① 〔英〕贝尔纳：《历史上的科学》，第 22 页。
② 〔英〕贝尔纳：《历史上的科学》，第 15 页。
③ 〔英〕贝尔纳：《历史上的科学》，第 22 页。
④ 〔英〕贝尔纳：《历史上的科学》，第 678 页。
⑤ 〔英〕贝尔纳：《历史上的科学》，第 678 页。
⑥ 〔英〕贝尔纳：《历史上的科学》，第 678 页。
⑦ 〔英〕贝尔纳：《历史上的科学》，第 682 页。

在大部分时间里，这样的进展总是比较慢，而只是当一种新物质或新装置开辟了一向所不能达到的境地时，才往前迈进一步。人们从远古起，已认识到石、青铜和铁标出了人类文化里的各个时代；这些却都是技术成就，并不该归功于科学。火、陶器、纺织、轮子和船这些革命性的创制，也都可以这么说。①

这种技术占据主流，科学只是附属的状态，一直持续到 16 世纪。

科学从文明肇始就已存在，但是一直要到十六世纪，当它在航海术上已不可缺少时，它才成为任何技术意图的本质部分；并且一直要到十九世纪，当它成为化学和工程所必需之时，才广泛地用在许多意图上。②

贝尔纳在科学史研究中，明确指出应贯彻马克思主义的阶级分析方法，"注意阶级区分在科学的生长和特征上，起过什么作用"。③ 他指出在技术与科学的分化中，阶级划分就发挥了重要作用。"在大部分历史里，技术传统和科学传统这两股潮流曾彼此分开推进。早期文明的条件引致了一种阶级区分，把科学家归入了站在统治者方面的书记之列，至于手工艺人只比贫农高一级，而且常常本身就是奴隶。"④ 虽然技术与科学被剥削社会的统治阶级人为地区分开来，但二者之间仍存在长期的互动。"在一方面，注进到技术里去的科学理论成为传统的手艺学问了，例如制眼镜师的技艺，或者，在另一方面，实践事物的接触也嵌入了科学理论，

---

① 〔英〕贝尔纳：《历史上的科学》，第 682 页。
② 〔英〕贝尔纳：《历史上的科学》，第 683 页。
③ 〔英〕贝尔纳：《历史上的科学》，第 677 页。
④ 〔英〕贝尔纳：《历史上的科学》，第 678 页。

象晚期希腊人的力学和气学那样。"① 但二者的最终汇合，只有在消除了阶级的社会主义社会才能实现。"只是在我们这个时代中，我们才看到科学家、工程师和手艺工人朝着完全和永久相熔合的方向走去，而这桩事只能在一个完全无阶级的社会里才能完成。"②

对于李约瑟提出的中国为什么没有产生近代科学的疑问，贝尔纳深表认可，并认为应该从社会经济的角度寻求解答。

> 在西方文艺复兴时期——明代初期——从希腊的抽象数理科学转变为近代机械的、物理的科学的过程中，中国在技术上的贡献——指南针、火药、纸和印刷术——曾起了作用，而且也许是有决定意义的作用。要了解这在中国本身为什么没有起相同的作用，仍然是历史上的大问题。去发见这个滞缓现象的根本性的社会上和经济上的原因，将是中国将来的科学史家的任务。③

小　结

两次世界大战促进了科学与社会的密切结合，促使从外史角度审视科学发展的研究发展起来，尤其体现在科学社会学与马克思主义科学史研究之中，但由于二者分别继承了社会学、社会主义的研究立场，从而呈现出分别从思想文化、社会经济的视角开展科学外史研究的不同路径。

作为萨顿弟子的默顿开创了科学社会学，一方面坚定地继承了萨顿从精神观念的角度审视科学发展的研究立场，另一方面致

---

① 〔英〕贝尔纳：《历史上的科学》，第 680 页。
② 〔英〕贝尔纳：《历史上的科学》，第 680 页。
③ 《为中文译本写的序》，〔英〕贝尔纳：《历史上的科学》，第 1 页。

力于揭示科学共同体的运行机制问题，从而将研究视角进一步向外推衍。而默顿的弟子巴伯则在这条道路上继续向前，一方面指出科学具有相对独立性，概念框架概括性越高，独立性也就越大；另一方面致力于揭示科学与社会的关系，指出科学自诞生之日起，就与社会存在密切的互动。但同时，巴伯与萨顿、默顿一样，都反对马克思主义从经济角度考察科学发展的观点，认为科学进步与社会所有因素都密切相关。

奉行马克思主义的苏联科学史家，对外史观念倡导甚力，深刻影响了欧美的科学史研究。英国物理学家贝尔纳主张从外史角度审视科学发展与社会经济的关系，并在其中贯彻马克思主义的阶级分析方法。

虽然萨顿、巴伯与贝尔纳之间在研究立场上存在差异乃至针锋相对，但三人都主张科学是所有领域中唯一具有累积性的不断进步的学科，推动了社会的整体进步，这也显示出在科学史研究中，科学呈现渐进式发展，被长期奉为一种主流认识观念。

第四章
"李约瑟问题"与中西科学的
历史分途

　　20 世纪 30 年代，在生物胚胎学领域已经卓有成就的李约瑟，在剑桥大学认识了来自中国的年轻人，为他打开了认识中国科学与文明的一扇窗户，从此他将研究领域转向了中国古代的科学与文明。赫森发表的那篇著名论文，引发了 20 世纪 30 年代以后西方学界围绕科学史研究的内、外视角的激烈论争。"从 20 世纪 30 年代到 20 世纪 70 年代，世界各地的学者都卷入了这场论争。这场论争是围绕以下问题展开的：应将科学变化和技术变化的基本原因归之于科学思想和实践的内在发展，还是归之于更为宽泛的社会变化。"① 而李约瑟明显受到了赫森的马克思主义视角下外史研究理念的影响。

　　尽管他早期的胚胎学史著述有某种"内在论"倾向，他在 20 世纪 30 年代却坚定拥护这场辩论中的"外在论"的一方。他拥护外在论解说是基于这样一种信念：理解科

---

　　① 〔英〕卜鲁：《科学、文明与历史：与李约瑟的后续对话》，刘钝、王扬宗编《中国科学与科学革命：李约瑟难题及其相关问题研究论著选》，第 520 页。

学和技术发展的动力学，既需要详细考察具体的发现和发明，也需要分析社会中影响科学兴趣、观念和实践的广泛变化。李约瑟在科学和技术史方面的学术著作，将对相关的技术资料的认真解读、对文献的鉴别力和对文化差异以及变动不居的社会-经济环境的敏锐感觉，结合在一起。它们因此具有综合的特色，这种综合生动地展现了一种相当特殊的马克思主义视角，并试图说明影响着知识进展的基本的社会决定因素，同时，这种综合还照应了非马克思主义作者的"内在论"关注，并从大量专业文献中寻找证据和论据。[①]

李约瑟的巨大贡献集中体现在多卷本《中国科学技术史》之中，该书集中体现了李约瑟很早之前就提出的著名的"李约瑟问题"。虽然关于"李约瑟问题"，至今仍存在很大争议，但李约瑟借助其独特的身份，无论在具体研究还是体系构建上，都成为推动中国古代科学技术研究的最重要学者，促使世界其他地区开始关注中国古代科技的卓越贡献。

第一节 "李约瑟问题"的欧洲视角

20 世纪前半期科学史研究的潮流，显然影响到了李约瑟。李约瑟关于中国科学系列巨著，直译是《中国的科学与文明》，他在这部巨著中全面系统地考察了中国古代科技与政治、经济、思想、社会、文化全方位的关系。但值得注意的是，他将中西科学的历史分途，归结为不同的社会体制，呈现出外史取向。马克思主义

---

① 〔英〕卜鲁：《科学、文明与历史：与李约瑟的后续对话》，刘钝、王扬宗编《中国科学与科学革命：李约瑟难题及其相关问题研究论著选》，第 521 页。

对他的深刻影响，也获得了包括他本人在内的普遍承认。耐人寻味的是，对于当时影响甚大的马克斯·韦伯，李约瑟却一直采取漠视的态度。由此可见，李约瑟虽然承认内史研究的必要性，但最终坚定地站在了外史立场，是从广义外史的角度，对中国古代科技开展全面研究的典型。

李约瑟在世界科学研究领域中引发巨大争议的一项研究，就是提出了所谓的"李约瑟问题"。王国忠认为在20世纪30年代中期，李约瑟已经萌生出"李约瑟问题"。

> 14世纪前的中国，科学技术一直领先于西方。为什么中国后来没能自发地产生近代科学？而近代科学为何仅仅在西方兴起？30年代中期，李约瑟就这个问题向著名经济学家王亚南请教，王后来虽以他那册《中国官僚政治的研究》作答，剖析了中国官僚政治这一为害甚烈的"九头蛇"，但这仅是"难题"的一个侧面，问题远未得以全面解释。①

李约瑟提出为什么中国没有像欧洲那样产生近代科学，虽然关注的重心是中国，但视角却来自和欧洲的对比，因此仍然是一种反映"欧洲中心论"的欧洲视角。

据李约瑟在《东西方的科学与社会》一文中的说法，他早在1938年时就已经开始思考"李约瑟问题"。

> 一九三八年左右，当我动念想写一部有系统的、客观的以及权威性的论文，以讨论中国文化区的科学史、科学思想史与技术史时，我就注意到一个重要的问题：为什么现代科

---

① 王国忠：《"李约瑟难题"面面观》，《中国史研究动态》1991年第1期。

学只能在欧洲发展,而无法在中国(或印度)文明中成长?①

1942 年,李约瑟在英国文化委员会和英国生产部的支持下来到中国,建立起中英科学合作馆(Sino-British Science Cooperation Office)。那年,在重庆的一次主题为"现代科学何以不在中国发展"的演讲中,"李约瑟问题"已经开始浮现。

> 李约瑟宣称:在中世纪,中国的科学和技术比欧洲远远领先。我本人,如同其他听众一样,都是第一次听到这样的话,都感到大吃一惊。他接着发问:那末,为什么现代科学在欧洲发展而不在中国发展呢?在此后的十多个月里,当然,我多次听到他重复这一问题。接下来经常会有热烈的讨论。有时,他也表露过,他打算在战争结束以后化费一点时间进行这方面的研究——我相信,如果那时有人对他说,他以后在这方面将要承担多么漫长、广博、精深的钻研任务,即使是他自己,听了也会吓坏的。②

1944 年 2 月,李约瑟应邀在重庆的中国农学会会议上做了题为《中国与西方的科学与农业》的演讲,明确提出了"李约瑟问题"。

> 作为一个整体的现代科学没有发生在中国,它发生于西方——欧美,欧洲文明的广大范围。这是什么原因呢?我以

---

① 《东西方的科学与社会》,〔英〕李约瑟:《大滴定:东西方的科学与社会》,范庭育译,帕米尔书店,1984,第 187 页。

② 黄兴宗:《李约瑟博士 1943—44 旅华随行记》,李国豪等主编《中国科技史探索》,上海古籍出版社,1986,第 51—52 页。

为必须找出这个原因，因为如果我们不了解它，我们关于科学技术史的观点就处于混乱之中。如果我们不了解过去，也就没有多少希望掌握未来。[①]

同年9月，时任英国驻华使馆科学参赞、中英科学合作馆馆长的李约瑟在云南的瓦窑写了《论科学与社会变迁》一文，深思熟虑后再次提出"李约瑟问题"。李约瑟首先指出冯友兰《为什么中国没有科学》一文是不成立的，中国人思索自然现象的能力绝不在希腊人之下，道家、墨家、名家有关自然的观念和希腊人一样深奥。在实用技术方面，道家是炼金术之祖。从中古时期的技术成就可以看出，中国人遵循着经验主义去开展实验。[②] 中国人发明的造纸术、印刷术、指南针、火药，推动西方由封建制度过渡到资本主义制度。但另一方面中国技术进步非常缓慢，最终西方超越了中国。因此，在李约瑟看来，问题应该转向"何以现代科学不兴起于中国？"这就是"李约瑟问题"。而在这篇文章中，李约瑟朦胧地认为解决这一问题，应该从外史的角度，从"地理的、水文的、社会的与经济的因素"四个方面入手。[③] 可见，李约瑟既然认为中国古代拥有科学精神，于是便从社会背景也即外史角度，寻找中国未发展出近代科学的根源。

10月，李约瑟在贵州湄潭的浙江大学，在竺可桢校长的主持下，为中国科学社湄潭校友会第12届年会暨30周年纪念大会做了

① 侯样祥编著《传统与超越——科学与中国传统文化的对话》，江苏人民出版社，2000，第60—61页。

② 1964年，李约瑟发表了《中国科学对世界的影响》一文，再次重申中国古代不只有技术，也有科学，在上古、中古时期就产生了一大套自然主义理论与系统的实验测量。《中国科学对世界的影响》，〔英〕李约瑟：《大滴定：东西方的科学与社会》，第63页。

③ 《论科学与社会变迁》，〔英〕李约瑟：《大滴定：东西方的科学与社会》，第147—149页。

题为《中国之科学与文化》的演讲。该演讲的主旨与上述文章一致，公开提出了"李约瑟问题"。李约瑟首先再次质疑了"中国自来无科学"的观点，指出中国古代哲学拥有科学的逻辑，发展出众多的技术，产生了深远的影响。

> 泰西学者常谓中国自来无科学，中国学人之承袭前修，侧重人文科学与哲学之讨究者亦辄据以立言。顾事实则与此说抵牾。古代之中国哲学颇合科学之理解，而后世继续发扬之技术上发明与创获，亦予举世文化以深切有力之影响。问题之症结乃为也。[①]

对此，李约瑟还进行了颇为系统的证明：

> 执此以论中国发展之阶段，可得而言者。其一，中国之古代哲学，道墨之徒为甚，法家次之，其对自然界之理解，固无逊于希腊学人，而希腊学人实奠现代科学之始基。儒家固尽力以致人事，然其倡导学以致用，则与今日主张科学之社会功能者，义出一辙。而坚持理性主义与任性乐天之自然主义，尤历世天，宋之朱熹，明之王夫之（船山），皆服膺斯义者也。
>
> 次则中国之科学，无论为前古或中世，显示实验与理论互为用之效，以及归纳法之运用。天文学与数学之成就，尤灿然可观。且不乏旅行高山大川之人与地理学家，解剖学在宋代大有进步。最初问世之图解本草，出于中国人之手，而非自现人。汉武帝之道家炼丹术，实为近代化学蜕自炼丹术之权舆。

---

① 〔英〕李约瑟：《中国之科学与文化》，《科学》第 28 卷第 1 期，1945 年。

三则远古中古中国之技术发展与其经验的发明，予世界历史以甚深大之影响。此就中国人之能成就精巧宏严之实验工作，且借以改进贸易与畜牧事业可见，而其所凭借者皆为简陋之初步学说而已。此等学说至今越世长存，实为中古科学与现代科学之分界。蚕丝工业无釉瓷工业之美备与磁针及火药之发明，举世所通知。此二者与印刷术之发明，为治世者所矜夸，以为欧洲文艺复兴时代之所以优越胜于前古者也，然而何一非中国人之创获乎？史家于此，乃茫然无所见。更次，可得而言者犹有汉代之地震仪，唐代之种痘术，元代之营养缺乏症之认识，以及远古之盐井深浚法。[①]

于是，李约瑟重申问题的症结不在于中国古代是否有科学，而在于近代科学为什么没有产生在中国，于是公开提出应将关于中国古代科学的讨论，放到"现代实验科学与科学之理论体系，何以发生于西方而不于中国"的问题。而在这里，李约瑟开始给予这一问题更为具体的回答。

然则何以举世通行之近代科学（不乏基于经验者），不起于中国而起于西欧耶？此当于坚实物质因素中求其答案。治经济史者谓中国之经济制度，迥不同于欧洲。继封建制度之后者为亚洲之官僚制度或官僚封建制度，而不为资本主义。正缘资本主义之翼覆，欧洲十六七世纪乃有近代科学之伟大发展。大富人之未尝产生，此科学之所以不发展也。于此，吾人已进而追溯于欧洲古代城市邦国（City State）之发达与中国古代之灌溉、蓄水、防河工作之发展者异辙。以后者设

---

① 〔英〕李约瑟：《中国之科学与文化》，《科学》第 28 卷第 1 期，1945 年。

官求治，因而演变而有官僚施治政府之产生也。①

值得注意的是，他上面的观点其实与同时代的中西学者所持观点大体一致，那就是中国、欧洲在政治体制上存在根本的差异，只不过魏特夫彰明"东方专制主义"，李约瑟持更为中立的"官僚施治政府"而已，但都认为中国无法发展出资本主义，也就无法发展出近代科学。在这种政治体制下，科技人员的社会地位十分低下。天文学家虽然隶属于官方，但只是低级的文职，而技师和工匠地位更低。②

李约瑟在中国科学社 30 周年纪念大会湄潭分会的前一日，即 10 月 24 日，出席了为他举办的座谈会，他在演讲中再次提出中国拥有辉煌的悠久传统，之所以未能发展出近代科学，是因为农业社会与儒家思想。"所讲为中国科学史，意谓中国古代哲人不乏科学思想，吾人均知化学原于炼金术，而炼金术即仿于中国。然科学在中国卒以不振者，原因甚多。中国为大陆国，重农不重商，而儒家思想重在应付人事，并不利于对自然之研讨。"③ 他的这一观点引发了热烈讨论。"继之而讨论或发问者有竺可桢、郑宗海、王琎、胡刚复等，兴会甚高，以为时已迟，宣告散会。"④

1946 年 10 月，李约瑟在巴黎联合国教科文组织发表题为《中国对科学和技术的贡献》的讲演，再次提出"李约瑟问题"，并主张从外史的角度寻求答案。

---

① 〔英〕李约瑟：《中国之科学与文化》，《科学》第 28 卷第 1 期，1945 年。
② 《中国与西方的科学与社会》，潘吉星主编《李约瑟文集》，第 72—76 页。
③ 郑宗海等：《中国科学社 30 周年纪念大会》，王钱国忠编《李约瑟文献 50 年（1942—1992）》，贵州人民出版社，1999，第 15 页。
④ 郑宗海等：《中国科学社 30 周年纪念大会》，王钱国忠编《李约瑟文献 50 年（1942—1992）》，第 15 页。

　　为什么中国没有产生出近代技术？为什么没有产生出近代科学？这是由多种因素造成的。我将尽量围绕那些具体的物质因素进行分析，因为仅仅强调精神因素很容易将人引入歧途。精神因素固然很重要，但决不比中国人必须与之作斗争的那些具体的物质条件更为重要。①

他认为中国是一个农业文明，阻止了商人权力的扩大，从而无法进入近代科学技术行列。

　　我们触及到了中国文明没有产生出近代技术的主要原因，因为正如人们普遍承认的那样，在欧洲，技术的发展与商人阶级权力的增大有密切的关系。这也许是一个谁来提供科学发展的资金的问题。这既不是皇帝也不是封建领主，因为他们不是欢迎而是害怕发生变化。但这件事如果落在商人身上，他们会为了发展新的贸易方式而资助科学研究。中国社会已被称为"官僚封建主义"社会，这大大有助于解释为什么中国人虽然对科学和技术作出了光辉的贡献，却没有能象他们的欧洲同伴那样冲破中世纪的思想束缚，进入我们所谓的近代科学技术行列。我认为其中的一个重要原因是，中国基本上是一种水利农业文明，其结果是阻止商人权力的扩大，这与欧洲的畜牧航海文明形成了对比。②

1947 年 5 月 12 日，李约瑟在伦敦发表题为《古代中国的科学与社会》的演讲，再次重申了"李约瑟问题"，

---

① 《中国对科学和技术的贡献》，潘吉星主编《李约瑟文集》，第 121 页。
② 《中国对科学和技术的贡献》，潘吉星主编《李约瑟文集》，第 122—123 页。

我一直想研究文化和文明史上的最大问题之一，即为什么现代科学与技术只能在欧洲发展，而不能在亚洲发展。你对中古时代中国的技术知道得愈多，便愈能了解到，不仅那些众所周知的发明，像火药、纸、印刷术与指南针，甚至许多其他的发明及技术上的发现，都能够改变西方文明以及整个世界的进步方向。我相信只要大家对中国文明认识愈深，就愈对现代科技之不在中国发展，感觉诧异。[①]

并再次给出了类似的解答。

假如要我用一句话来给现代科技之兴起作个结论，我想我会这样说：我没有时间证明，但我相信，尽管上古时代的中国哲学有卓越的成就，尽管后来中国人的技术发现非常重要，根本上现代科技无法在中国诞生，因为在封建时代以后发展出来的中国社会不适合现代科技的成长。[②]

他指出中国与欧洲奉行完全不同的制度，欧洲呈现了从封建制度到资本主义的发展，而中国却一直保持了所谓的"亚细亚官僚制度"。现代科学之所以未在中国发展，就是因为这种政治体制阻止了商人阶级掌握政权。

官僚制度的确产生了一个大效用——阻止商人阶级得势掌权。现代科技何以只在我们的社会发展，不在中国？假如你问这样的问题，那么你也就是在问：为什么资本主

① 《古代中国的科学与社会》，〔英〕李约瑟：《大滴定：东西方的科学与社会》，第153页。
② 《古代中国的科学与社会》，〔英〕李约瑟：《大滴定：东西方的科学与社会》，第173页。

义不出现于中国？为什么从十五到十八世纪这段过渡时间，中国没有宗教改革，没有文艺复兴，没有划时代的社会现象发生？①

1953 年，李约瑟发表《论中国科技与社会的关系》一文，再次指出："在作科学史的比较研究时，最吸引人的问题之一，便是有关中国与印度这两大亚洲文明，未能自然的发展'现代'科技的问题。"② 并得出了与上面相似的结论。"我们相信（现在也可看出），由于中国商人阶级未能形成气候，所以就抑制了现代科学在中国社会中发生。"③ 在李约瑟看来，商人之所以与现代科学的产生具有密切关系，是由于只有商人才能推进科学与实践相结合。

假如情形确是如此，那么我们得说，中国之所以未能发展现代科技，乃是政府抑制了商人势力的发展。另外，贯穿各时代、各文明之劳力与劳心互相对立之老问题，也可用来说明现代科技未能在中国发展的原因。中国的学与术相当于希腊的 theoria（理论）与 praxis（实践）。在进行科学工作时，绝对需要手脑并用。但除了商人阶级外，好像没有人可以打破传统，既劳心又劳力，因为只有商人有办法将其心力用在周围的社会上。而这在中国简直是不可能的。④

---

① 《古代中国的科学与社会》，〔英〕李约瑟：《大滴定：东西方的科学与社会》，第 173—174 页。
② 《论中国科技与社会的关系》，〔英〕李约瑟：《大滴定：东西方的科学与社会》，第 175 页。
③ 《论中国科技与社会的关系》，〔英〕李约瑟：《大滴定：东西方的科学与社会》，第 183 页。
④ 《论中国科技与社会的关系》，〔英〕李约瑟：《大滴定：东西方的科学与社会》，第 184 页。

1961 年，李约瑟发表了《中国科学传统的优点与缺点》一文，重申中国之所以未产生近代科学，是因为未产生包括资本主义在内的连锁变化。

> 坦白地说，任何人若想说明中国社会无法发展现代科学的原因，最好先说明何以中国人无法发展商业及工业的资本主义。不管西方科学史家个人的见解如何，他们都得承认十五世纪以来西方发生了复杂的变化。一想到文艺复兴就使人想起宗教改革；一想到宗教改革就使人想到现代科学的兴起；而这一切又使人想到资本主义的兴起，资本主义社会，与封建制度的式微。我们似乎遇到一种有机的整体现象，一种连锁的变化。①

在 1964 年发表的《中国科学对世界的影响》一文中，李约瑟认为这种连锁变化是"最不寻常的现象"。"只有欧洲才经历文艺复兴、科学革命、宗教改革与资本主义勃兴之联合变化。而这一切也是社会主义社会与原子时代以前不安定的西方所发生的最不寻常的现象。"②

值得注意的是，在《论中国科技与社会的关系》一文中，李约瑟提出了一个在他看来十分奇怪的现象。"虽然在技术性的发明方面，古代的中国官僚社会的确比不上文艺复兴时代的欧洲社会，但却远胜过欧洲封建社会，以及较早的希腊式蓄奴社会。"③ 这一想法在后面不断被引向深入，从而引发出广义的"李约瑟问题"。

---

① 《中国科学传统的优点与缺点》，〔英〕李约瑟：《大滴定：东西方的科学与社会》，第 41 页。
② 《中国科学对世界的影响》，〔英〕李约瑟：《大滴定：东西方的科学与社会》，第 58—59 页。
③ 《论中国科技与社会的关系》，〔英〕李约瑟：《大滴定：东西方的科学与社会》，第 184 页。

第二节 "李约瑟问题"的中国视角

1954 年起，李约瑟陆续出版了鸿篇巨制《中国科学技术史》，通过全面对照中西科学成就，进一步坚定了他的这一观点，并采用设问的形式，构成了"李约瑟问题"的完整版本。

中国的科学为什么持续停留在经验阶段，并且只有原始型的或中古型的理论？如果事情确实是这样，那末在科学技术发明的许多重要方面，中国人又怎样成功地走在那些创造出著名"希腊奇迹"的传奇式人物的前面，和拥有古代西方世界全部文化财富的阿拉伯人并驾齐驱，并在 3 到 13 世纪之间保持一个西方所望尘莫及的科学知识水平？中国在理论和几何学方法体系方面所存在的弱点，为什么并没有妨碍各种科学发现和技术发明的涌现？中国的这些发明和发现往往超过同时代的欧洲，特别是在 15 世纪之前更是如此（关于这一点可以毫不费力地加以证明）。欧洲在 16 世纪以后就诞生了近代科学，这种科学已被证明是形成近代世界秩序的基本因素之一，而中国文明却未能在亚洲产生与此相似的近代科学，其阻碍因素是什么？另一方面，又是什么因素使得科学在中国早期社会中比在希腊或欧洲中古社会中更容易得到应用？最后，为什么中国在科学理论方面虽然比较落后，但却能产生出有机的自然观？这种自然观虽然在不同的学派那里有不同形式的解释，但它和近代科学经过机械唯物论统治三个世纪之后被迫采纳的自然观非常相似。[1]

---

[1] 《李约瑟中国科学技术史》第 1 卷《导论》，袁翰青等译，科学出版社、上海古籍出版社，2018，第 1—2 页。

由此可见，到《中国科学技术史》写作的阶段，李约瑟对于科技与中国的关系问题思考得更为成熟，不仅包括"为什么近代科学产生于欧洲，却没有产生于中国"的欧洲视角，还包括"为什么在文艺复兴以前，中国科技比欧洲更为先进"的中国视角。1976 年，美国经济学家肯尼思·艾瓦特·博尔丁（Kenneth Ewart Boulding）把李约瑟的疑问开始称作"李约瑟问题"（The Needham Question 或 Needham's Grand Question）。

伴随研究的逐渐深入，李约瑟对后一问题越来越重视，在他看来，后一问题甚至更为重要。1963 年，李约瑟又发表了《东西方的科学与社会》一文，他开宗明义地指出：

> 一九三八年左右，当我动念想写一部有系统的、客观的、以及权威性的论文，以讨论中国文化区的科学史、科学思想史与技术史时，我就注意到一个重要的问题：为什么现代科学只能在欧洲发展，而无法在中国（或印度）文明中成长？随着年岁之增长，我了解到有第二个至少同样重要的问题值得注意：为什么在公元前第一世纪与公元第十五世纪之间，在应用自然知识于人类实际需要方面，中国文明显得比西方文明更有效率？[1]

李约瑟同样认为解决后一问题，也应该从外史的角度去追索。"我现在相信，如果要解答一切诸如此类的问题，则首先要了解不同文明的社会、智力及经济结构情形。"[2] 具体结论便是中西社会的封建制度存在根本差异。"孕育出商业及工业资本主义制度、文艺

---

① 《东西方的科学与社会》，〔英〕李约瑟：《大滴定：东西方的科学与社会》，第187 页。
② 《东西方的科学与社会》，〔英〕李约瑟：《大滴定：东西方的科学与社会》，第187 页。

复兴、宗教改革的欧洲贵族武士封建制度，与中古亚洲所特有的其他形式的封建制度（假如那确是封建制度的话）之间的某些根本差异"，① 这种差异在经济方式上，具体表现为中国以农业为主，而不从事畜牧或海上活动，从而无法像后两者那样，"鼓舞命令与服从的情操"。② 农业社会奉行无为原则，导致科学实验所需要的干涉主义无法普遍实行。

> 无为原则与典型西方的"干涉主义"极不相称，但后者对牧羊及航海的民族而言乃是极自然之事。因为无为不能允许重商心理在文明中居领导地位，不可能将高级匠人之技术与学者的数学逻辑推理方法融为一体，因此中国没有将现代自然科学从达文奇阶段发展到伽利略阶段。中古时代的中国人比希腊人或中古欧洲人做过更有系统的实验，但只要"官僚封建制度"依旧，数学就无法与经验性的自然观察及实验合作，以产生新知识。原因是做实验需要很多主动的干涉。虽然中国人在技术上、手艺上主张多做，也确实做得比欧洲人多，但在思想上却不容易让大家瞧得起这种行为。③

但同时，传统中国的高度组织力，同样能够推动科学的长足发展，虽然这种发展无法突破到实验阶段。

> 另有一项原因，极有利于中古时代的中国社会发展自然

---

① 《东西方的科学与社会》，〔英〕李约瑟：《大滴定：东西方的科学与社会》，第188页。
② 《东西方的科学与社会》，〔英〕李约瑟：《大滴定：东西方的科学与社会》，第198页。
③ 《东西方的科学与社会》，〔英〕李约瑟：《大滴定：东西方的科学与社会》，第207页。

科学，虽然只停留在文艺复兴以前之水准上。传统的中国社会有高度的组织力，非常团结。政府要负责整个社会的正常机能，虽然要用最小的干涉来负此责任。……相形之下，欧洲的科学大抵是私人企业，因此几百年来一直裹足不前。然而，中国的国营科学与医学却未能像十六世纪及十七世纪初的西方科学那样，一跃千里。①

在同年的另一文章《中国与西方的科学与社会》中，李约瑟表达了同样的观点。"中央集权的封建官僚社会秩序的形成是有助于早期应用科学的发展的。"② 1969 年，李约瑟在《大滴定：东西方的科学与社会》一书中再次指出："中国的官僚封建制度在开始时曾促进科学进步，但终于阻碍了科学的发展。"③

在 1974 年发表的《中国社会的特征——一种技术性解释》中，李约瑟再次具体阐述了科技发明对于古代政权具有某种特定用途，但无法转变为革新。

中国最伟大的发明，包括造纸和印刷术、水力机械钟、地震仪和先进的天文、气象仪器（如雨量计），以及弓形拱桥和悬索桥，对一个中央集权的官僚国家来说，它们都有某一方面的特定用途。……然而，虽然中国社会本身生来就是发明创造的沃土，它也确实存在着技术发展的某种障碍。齿轮、曲柄、活塞连杆、鼓风炉以及旋转运动和直线运动相互转换

① 《东西方的科学与社会》，〔英〕李约瑟：《大滴定：东西方的科学与社会》，第207—208 页。
② 《中国与西方的科学与社会》，潘吉星主编《李约瑟文集》，第 77 页。李约瑟认为中国的纯粹科学与应用科学具有相当的"官方"性格，天文学家都是居住于皇宫的公务员。《中国科学传统的优点与缺点》，〔英〕李约瑟：《大滴定：东西方的科学与社会》，第 27 页。
③ 《中译本序》，〔英〕李约瑟：《大滴定：东西方的科学与社会》，第 13 页。

的标准方法——所有这些的出现，中国比欧洲要早，有些还要早得多——它们的利用却比应该得到的要少，这是因为在一个官僚们决心要保护和稳定的农业社会里缺乏这种需要。换句话说，中国社会在把发明转变为"革新"方面往往并不成功，甚至有许多让发现和发明自生自灭的事例，如在地震学、钟表术以及医疗化学上的一些发现。[1]

之所以如此，就是因为中国官僚封建制度的制约。以火炮在中西社会发挥的作用为例，火炮的发明，敲响了欧洲贵族武士封建制度的丧钟。与之不同，由于中国没有重盔甲武士，也没有贵族或领主的封建城堡，火器只是充当了旧武器的补充，没有对政治军事官僚制度产生很大影响，中国官僚封建制度的基本构造依然存在。[2] 与之相似，指南针的发明对中西社会也产生了完全不同的影响。

十五世纪欧洲航海者手中有了罗盘以后，自十三世纪开始的航海科学便发展到高峰，不仅环航了非洲，而且还发现美洲大陆。这对欧洲人的生活影响是多么深刻！大量白银的流进，大量新商品的输出，开拓了殖民地。……然而，世界的另一端却有不同的景象。中国社会并没有被磁现象的知识所撼动，风水家仍在指导各个家庭定房屋、墓穴的最佳方位，只是他们的无事实根据的技巧一直在精益求精，中国航海者仍到东印度或波斯湾去经商，不过贸易这一行业毕竟在中国的主要经济生活中，占无足轻重的地位。[3]

① 《中国社会的特征——一种技术性解释》，潘吉星主编《李约瑟文集》，第292—293页。
② 《中国科学对世界的影响》，〔英〕李约瑟：《大滴定：东西方的科学与社会》，第72—73页。
③ 《中国科学对世界的影响》，〔英〕李约瑟：《大滴定：东西方的科学与社会》，第77页。

这与欧洲形成了长期的对比。"中国社会就有某种自然趋于稳定平衡的倾向，而欧洲则具有与生俱来的不稳定性格。……中国是一个能自己调节的，保持缓慢的变动之平衡的有机体，一个恒温器。"①

所以，在李约瑟看来，中国古代的官僚封建主义，对于科学的发展而言，在不同时期发挥了正反两方面完全不同的作用。

> 中国的封建主义长期以来被十分确切地说成官僚封建主义，与欧洲的确实大不相同。从秦始皇（公元前3世纪）起，古老的世袭制的封建制度就逐渐遭到攻击和破坏，皇帝依仗庞大的官僚机构进行统治，这个文官机构规模之大、层次之多，是欧洲的小王国所难以比拟的。当代的研究成果证明，中国的官僚机构在其早期有力地促进了科学的发展，只是到了后期才严重阻碍了科学的进一步发展。特别是阻碍了中国的科学取得欧洲那样的突破。②

但中国、欧洲的这种根本差异，在李约瑟看来，归根结底是由于地理因素。

> 欧洲是多岛地带，一直有独立城邦的传统。这个传统是以海上贸易，以及统治小块土地之贵族武士为基础，欧洲又特别缺乏贵金属，对不能自制的商品（特别像丝、棉、香料、茶、瓷器、漆器）有持续的需要，而表音文字又使欧洲趋于分裂。于是产生出许多战国，方言歧异，蛮语缺舌。相形之

---

① 《中国科学对世界的影响》，〔英〕李约瑟：《大滴定：东西方的科学与社会》，第119页。
② 《现代科学的先驱——〈中国：发现与发明的摇篮〉导言》，王钱国忠编《李约瑟文献50年（1942—1992）》，第732—733页。

下，中国为一紧密相连的农业大陆，自公元前第三世纪以来就是统一的帝国，其行政传统在古代无与之匹敌者，又极富于矿物、植物、动物，而由适合于单音节语言的表意文字系统将之凝结起来。欧洲是浪人文化、海贼文化，在其疆域之内总觉得不自在，而神经兮兮的向外四处探求，看看能找到什么东西——像亚历山大到大夏，维京人到文兰地（Vinland），葡萄牙人到印度洋。中国有较多的人口，自给自足，几乎对外界无所需求，大体上只作偶然的探险，而根本不关心未受王化的远方土地。欧洲人永远在天主与"原子真空"之间动摇不定，陷于精神分裂；而聪明中国人则想出一种有机的宇宙观，将天与人，宗教与国家，及过去、现在、未来之一切事物皆包括在里面。也许由于这种精神紧张，使欧洲人在时机成熟时得以发挥其特殊创造力。无论如何，此创造力所产生的现代科学与工业之洪流在冲毁中国海上长城时，中国才觉得有加入科学力与工业力所形成的世界共同体之必要，而中国遗产也就和其他文化的遗产联合起来，坦然的形成一种互助合作的世界联邦。①

科学技术对于中国的意义，就是推动而非革命。"虽然许多，甚至大多数的中国发明都震动了西方社会，但中国社会却以奇特的包容性将之吸收下来，并保持了相当的稳定性。"②

因此，李约瑟反对中国停滞论，也同样反对亚洲学者为了反对停滞论，而将自身社会的发展轨迹比附于欧洲模式。

有些亚洲的学者曾怀疑"亚细亚生产方式"或"官僚封

---

① 《中国科学对世界的影响》，〔英〕李约瑟：《大滴定：东西方的科学与社会》，第121—122页。
② 《中国科学对世界的影响》，〔英〕李约瑟：《大滴定：东西方的科学与社会》，第63页。

建制度"的观念，因为他们将之当成一种"停滞"现象。他们以为在他们自己的社会历史中看到了这种现象。既然亚非各民族都有进步的权利，他们以为过去也该如此，因此希望能替先人要求与西方本身经历过的阶段相当的阶段。[①]

对于这两种立场截然不同，但都以欧洲为模板的"欧洲中心论"，李约瑟认为都应该批判，

> 我想非澄清此项误解不可，因为我们似乎没有理由预先假定中国及其他古代文明非得走西欧社会进化的旧路不可。事实上，"停滞"一词根本不能用于中国，那纯是西方人的一个错误观念。[②]

从而从中国本位出发，提出了一个富有新意也十分客观的观点，那就是中国一直在持续进步。

> 传统的中国社会有一种持续的普遍进步与科学进步，只是在欧洲文艺复兴后被现代科学迅雷般的成长狠狠的追过去而已。中国是趋于稳定平衡的，也可说是传达控制的，但绝非停滞。[③]

1961 年，李约瑟在《中国科学传统的优点与缺点》一文中再次指出中国社会的发展呈现一种"慢慢上升的曲线"。

---

① 《东西方的科学与社会》，〔英〕李约瑟：《大滴定：东西方的科学与社会》，第208 页。
② 《东西方的科学与社会》，〔英〕李约瑟：《大滴定：东西方的科学与社会》，第208 页。
③ 《东西方的科学与社会》，〔英〕李约瑟：《大滴定：东西方的科学与社会》，第208 页。

事实上，传统的中国社会之自然发展中，并没有经历过像西方文艺复兴及"科学革命"那种剧变。我常喜欢把中国社会的进化情形绘成一条慢慢上升的曲线，在公元第二世纪与第十五世纪之间，此曲线有相当的高度，比同期的欧洲要高得多。但自从伽利略革命，发现研究科学的基本技术而产生科学复兴后，欧洲的科技线开始急骤上升，几成乘幂性的上扬，赶过亚洲社会的水准，而达到近二三百年来所见的情形。[1]

1963年，李约瑟发表了《中国与西方的科学与社会》一文，再次指出中国的演变是一种缓慢上升的发展轨迹。

实际上，在中国社会那种自发的、只限于本国范围的发展中，根本没有出现类似于西方的文艺复兴和"科学革命"那样激烈的变化。我常喜欢用一种相对来说缓慢上升的曲线来说明中国的演变，显然这曲线比欧洲同一时期，譬如说公元二世纪至十五世纪的演变过程的曲线上升得高，有时高得多。但是，在科学复兴以伽利略革命、以几乎可称为科学发现本身的基本技术的发现开始于西方之后，欧洲科学技术的曲线开始大幅度地、成倍地上升，超过了亚洲各个社会的水平，导致了我们看到的在过去二三百年内的事态。这种平衡的极度失调现象，现在正开始自行矫正。[2]

1964年，李约瑟发表了《时间与东方人》一文，再次重申了中国持续进步的观点。

---

[1] 《中国科学传统的优点与缺点》，〔英〕李约瑟：《大滴定：东西方的科学与社会》，第41页。

[2] 《中国与西方的科学与社会》，潘吉星主编《李约瑟文集》，第84—85页。

事实上，中国科技进步的速度慢而稳定，所以在文艺复兴时代现代科学诞生后，被西方那种非常非常快的速度完全赶过了。我们应当明白的是，尽管中国社会能自我调节、保持稳定，但他们也知道科学与社会是在进步的，且在时间中作真正的改变。因此，不管保守主义的势力有多大，当时间成熟时，诸如此类的任何意识形态障碍都无法阻止中国发展现代的自然科学与技术。①

李约瑟在同年发表的另一论文《中国科学对世界的影响》，仍然坚持同样的立场。

"停滞"这种陈腔滥调，系生于西方人的误会，而永远不能适用于中国。中国是慢而稳定的进步着，在文艺复兴以后，才被现代科学的快速成长及其成果所赶上。对中国人而言，如果他们能够知道欧洲的转变，那么他们会以为欧洲就好像是永远在作剧烈变化的文明。②

对于中国之所以保持这种稳定状态，李约瑟也有所分析：

中国社会的相当"稳定状态"也没有什么特别神秘的地方。社会构造的分析将肯定的指出中国的农业性质，早期需要大量的水利工程、中央集权政府、非世袭的文官制度，等等。③

---

① 《时间与东方人》，〔英〕李约瑟：《大滴定：东西方的科学与社会》，第284页。
② 《中国科学对世界的影响》，〔英〕李约瑟：《大滴定：东西方的科学与社会》，第118页。
③ 《中国科学对世界的影响》，〔英〕李约瑟：《大滴定：东西方的科学与社会》，第120—121页。

从李约瑟出版《中国科学技术史》第 1 卷开始，西方学术界就指出他的研究具有浓厚的马克思主义色彩。李约瑟虽然因此而遭受了很大压力，但一直坦承无遗，甚至在演讲中公开表白，以之为荣。

> 西方现代科学的崛起是和两件事联系在一起的：第一件是改革运动，第二件是资本主义的兴起。很难把它们再分开，确定何者为主；它们肯定是相辅相成的。资产阶级取得国家领导权，近代科学也就同时崛起。这一点，就连纯粹的主因论史学家也否认不了，他们也得面对这样的事实。当然，大家一定注意到这和历史唯物主义是很相似的；愿意的话，尽可将其称之为马克思主义研究科学史的方法。我们不接受任何先人〔入？〕之见，然而我们承认：马克思和恩格斯一贯坚持社会经济结构和生产关系的重要性。这种方法已经普遍为西方史学家所接受。即使他们发誓自己不是马克思主义者，他们也不得不承认这一点。他们一开头也总要问生产关系如何，可见他们都接受了这种方法。[1]

通过上面的引述，我们可以发现，在李约瑟之前，其实国内外学者已经在探寻中国为什么没有发展出近代科学的问题。但不同之处在于，以往学者都是在坚持中国科学长期停滞乃至不断倒退的前提下提出这一问题，而李约瑟却指出直到 15 世纪，中国都在世界范围内保持了科学的领先，在近代时期才开始落后。

众多西方学者乃至西方以外的学者，从"欧洲中心论"的立场出发，认为近代科学是欧洲的独特创造，科学是一条产生

---

[1] 这是 1981 年 9 月 23 日李约瑟在上海发表的演讲，题目是《〈中国科学技术史〉编写计划的缘起、进展与现状》，初刊于《中华文史论丛》1982 年第 1 期，后收入潘吉星主编《李约瑟文集》，第 7—8 页。

于欧洲的河流。"西欧人很自然地从近代的科学和技术回溯过去，认为科学思想的发展起源于古代地中海地区各民族的经验和成就。"① 与之不同，李约瑟认为古代世界各文明都发展出了各自的科学支流，逐渐汇聚在一起，共同推动了近代科学的产生。而在这之中，中国科学就扮演了十分重要的角色。早在《中国科学对世界的影响》一文中，李约瑟就已经提出了"昔日的科技大河汇流入现代自然知识的大洋中"的观点。

> 虽然现代科学起源于欧洲，且只起源于欧洲，但是现代科学的基础，却是中古时代的科学技术打下来的。而中古时代的科学与技术，又大多是来自于非欧洲文明区。……事实上，用继承作比喻并不能表达我们的意思，因为这种继承是指延续二千年以上的交互传递过程。我们宁可将之想为昔日的科技大河汇流入现代自然知识的大洋中，于是一切民族，各在某些方面，既曾经是立遗嘱人，现在也都成了遗产的继承人。②

1967 年 8 月 31 日，李约瑟在英国科学促进会利兹年会上发表了题为《世界科学的演进——欧洲与中国的作用》的讲演，再次做了更为丰富而生动的比喻——"朝宗于海"。

> 该用什么来比喻西方和东方中世纪的科学汇入现代科学的进程呢？从事这方面工作的人会自然而然地想到江河和海洋。中国有句古话，"朝宗于海"。的确，完全可以认为，不同文明的古老的科学细流，正象江河一样奔向现代科学的汪

---

① 《李约瑟中国科学技术史》第 1 卷《导论》，第 1 页。
② 《中国科学对世界的影响》，〔英〕李约瑟：《大滴定：东西方的科学与社会》，第 58—59 页。

洋大海。①

1981 年，在一次学术对谈中，李约瑟表达了同样的意思。

> 我认为近代科学是所有古代人类传统遗产的结晶。当然，它最初是在欧洲被统合的，但是它并不只基于欧洲传统之上，在此之前的所有文明都是有贡献的。这与中国的"百川归海"的思想方法是同样的，即古代、中世纪的科学之河汇入到 16、17 世纪近代科学这个大海之中。近代科学是带有普遍性的，而且是平等的，是所有人类的共同财富。②

所谓"百川归海"，和"朝宗于海"的意思一样，只是不同的翻译。

按照李约瑟的计划，对"李约瑟问题"的最终解答，将在《中国科学技术史》第 7 卷《总结与反思》中呈现，但他生前对此问题的多次诠释，其实已经给出了基本的答案。从曾任剑桥大学李约瑟研究所所长、李约瑟研究团队的重要成员何丙郁所透露的《总结与反思》的目录来看，《东西方的科学与社会》《欧洲和中国在世界性的科学演变上所扮演的角色》《中国传统社会的性质：一种技术性的解答》都已经发表。③

而这一答案所遵循的路径，也应和以上的论述一致，都是从外史角度出发。何丙郁通过梳理李约瑟长期发表与私下讨论的观点，指出李约瑟的这一立场是一以贯之的。"李约瑟认为导致中国

---

① 《世界科学的演进——欧洲与中国的作用》，潘吉星主编《李约瑟文集》，第 195 页。
② 〔英〕李约瑟、〔日〕伊东俊太郎、〔日〕村上阳一郎：《超越近代西欧科学》，刘钝、王扬宗编《中国科学与科学革命：李约瑟难题及其相关问题研究论著选》，第 105 页。
③ 部分文章标题翻译不同。

科技后来落后的主要因素……在他心中留下最深刻印象的是传统中国的社会制度。"① 对于自己从外史角度回答"李约瑟问题"的合理性，李约瑟还在《东西方的科学与社会》一文中进行了专门的辩护，并严厉批评了内史传统。

> 大多数的史学家容易看到科学影响社会，却不承认社会影响科学。而他们也喜欢把科学进步的原因归之于观念、理论、思考方法、数学技巧、实际发现之内在的或自动的联系作用，像火炬般由一伟人传至另一伟人。他们都是"内在论者"（internalists）或"自动论者"（autonomists）。换言之，"上帝派来一个人，其名为……"刻卜勒。②

但如果到此为止，"李约瑟问题"仍然是一种欧洲中心论，只不过是用"百川归海"的多元一体，超越以往的"欧洲之河"的单一脉络。但事实上李约瑟的视野更为开阔，他所要寻找的，是每种文明科学发展的独特道路与历史潜景。

> 我要强调，光是要求每一种科学或技术活动都得对欧洲文化区之进步有所贡献，是不合理的。我们也不需要每一种科学或技术都成为人类公有的现代科学之构成材料。科学史并不只是用一条连续的线，把有关的因素都贯穿起来，才可以写成的。世界上难道没有一种普遍的人类思想史与自然科学史，使人类的每一种成果都有其价值地位，而不管其渊源

---

① 何丙郁：《李约瑟与"李约瑟之谜"：即将面世的〈中国科学技术史〉"结束篇"》，刘钝、王扬宗编《中国科学与科学革命：李约瑟难题及其相关问题研究论著选》，第126页。

② 《东西方的科学与社会》，〔英〕李约瑟：《大滴定：东西方的科学与社会》，第210页。

与影响？全人类努力成果的唯一真正的继承人，难道不是人类公有的科学之历史与哲学吗？①

第二次世界大战以后，包括西方在内的整个世界，在对西方文明开展整体反思乃至批判的思潮之下，各个领域都展现出寻求不同文明主体性的时代诉求。崛起的第三世界对"欧洲中心论"视角下的"东方学"的批判潮流，就是表征之一。李约瑟借助其西方科学家的身份，从中国视角出发，挖掘中国古代科学的辉煌成就，既契合了二战以后的国际思潮，更迎合了日渐崛起的中国获得现代文明的认可、重塑民族自信的时代心理，从而在世界范围内，尤其中国内部，产生出巨大的学术乃至社会效应。20世纪后半期的中国，一方面要通过对传统中国的批判从而确立在中国历史中的政治合法性，另一方面又要通过激发民族自豪感从而确立对抗西方的政治独立性，对于传统文化的"扬弃"态度就反映了这种两维视角下的艰难整合努力。而"李约瑟问题"恰与这种政治诉求与时代背景高度契合。"李约瑟问题"的影响，于是远远超出之前所有探讨相似问题的学者，乃至形成了一种"李约瑟情结"。②

第三节 "李约瑟问题"的解答

虽然李约瑟本人对"李约瑟问题"已经做出了解答，但问题一旦提出，就不再只属于提问者本人，而是属于整个学术共同体。

① 〔英〕李约瑟：《大滴定：东西方的科学与社会》，第62页。
② 刘钝《李约瑟的世界和世界的李约瑟》一文系统梳理了"李约瑟问题"的来龙去脉、学术背景、历史影响，并辨析了围绕于此而形成的学术争议。刘钝：《李约瑟的世界和世界的李约瑟》，刘钝、王扬宗编《中国科学与科学革命：李约瑟难题及其相关问题研究论著选》，第1—25页。

自"李约瑟问题"提出以来，国内外学者从不同角度，尝试对这一历史之谜给出自己的答案。

1983 年，美国历史学家伊懋可（Mark Elvin）发表了《个人的运气——为什么前近代中国可能没有发展概率思想》一文，指出中国古代一方面尚未发现任何明确的与概率有关的概念，但另一方面却有赌博、赌博性购买以及象数占卜等具体实践，甚至呈现出职业化性质。之所以如此，虽与外部因素有关，但阻碍抽象的总结与分析方面的内部因素，却发挥着更为重要的作用。而与此类似的现象，很可能并不限于没有发展概率思想。[①] 可见，伊懋可尝试从内史路径回应李约瑟问题。与之相应，他将阳明心学发展而来的形而上学思想，视为中国无法产生近代科学的根源。与他相似，列文森（Joseph Levenson）将中国科学传统的缺失归结于中国人将科学视作"业余"的观念。阿尔弗莱德·布鲁姆（Alfred Bloom）认为汉语抑制了中国人理论思维的能力。罗伯特·哈特韦尔（Robert Hartwell）则认为主要的障碍是中国缺乏欧几里得几何学的形式逻辑体系。与以上学者不同，留美华人钱文元却从外史路径出发，指出根源是政治意识形态。[②]

1982 年，杜石然等六位学者合作编著了《中国科学技术史稿》一书，在"中国科学技术在近代落后的原因"一节中，从外史的角度，系统阐述了对中国科技在近代落后的理解。该书质疑了内史角度的研究存在很大偏颇：

> 很多人以为近代科学之所以未能在中国产生，是因为中

①〔美〕伊懋可：《个人的运气——为什么前近代中国可能没有发展概率思想》，刘钝、王扬宗编《中国科学与科学革命：李约瑟难题及其相关问题研究论著选》，第 480—481 页。

②〔澳〕罗杰（Roger Hart）：《超越科学与文明：一个后李约瑟的批评》，刘钝、王扬宗编《中国科学与科学革命：李约瑟难题及其相关问题研究论著选》，第 610 页。

国缺乏象古希腊哲学中的那种形式逻辑体系，如著名的欧几里得几何学那样的体系；还因为中国也缺乏文艺复兴以来所提倡的那种经过系统实验以找出自然现象得以发生的因果关系的精神。这个论断当然是有一定道理的，但却不很全面。因为它并不能解释更多的问题。[①]

其指出阿拉伯国家的欧几里得几何学和科学方法论，与欧洲存在很多共同点，明末清初的中国也引入过欧几里得几何学，却都没有产生出近代科学。

例如，众所周知，欧几里得几何学在本世纪的阿拉伯国家很受重视，阿拉伯数学家曾作过不少研究和注释，包括欧氏几何在内的许多古希腊的各种著作，大多是经过阿拉伯国家再转入欧洲的。阿拉伯人也努力在天文学、化学等方面作过不少工作。即就方法论而言，阿拉伯人与欧洲有许多的共同点，但是为什么近代科学也并没有诞生在阿拉伯国家？又如，明末清初，欧几里得几何已部分译成中文，特别是到鸦片战争以后以及进入 20 世纪以来，不能说中国人仍然没有掌握这两种思想武器，但是中国科学却在落后了 400 年之后，仍然需要大力追赶。[②]

因此，方法论只是近代科学的必要条件。"由此可见，这些方法论上的武器似乎只能是近代科学产生的必要条件，而不一定同时也是充分条件。"[③] 充分条件是社会整体的变迁。

---

① 杜石然等编著《中国科学技术史稿》，科学出版社，1982，第 330 页。
② 杜石然等编著《中国科学技术史稿》，第 330 页。
③ 杜石然等编著《中国科学技术史稿》，第 330 页。

　　我们认为象这样涉及到数百年之久，而且是在科学技术相当广的范围内发生的社会现象，有必要从社会整体，即从社会的经济、政治、文化、思想等各方面进行综合的考虑。在本书的一些章节中，我们已经反复阐述过我们的观点，即近代中国科学技术长期落后的根本原因是由中国长期的封建制度束缚所造成的，而近代科学之所以能在欧洲产生，其根本原因也是由于新兴的资本主义社会制度首先在欧洲兴起的结果。[①]

重农抑商的经济政策，封建专制的思想统治，科学技术的官办性质，封建统治阶级的历史局限，天朝大国故步自封的思想，中国古代科学技术体系的独立性、保守性与排他性，都构成了近代科学未在中国产生的因素。[②] 作为最后的结论，该书认为外因才是根本的决定性因素。

　　科学技术发展的迅速和滞缓，从长远的时间和整个社会的范围来观察，起决定性作用的，依然是社会的经济基础和社会的政治制度。这是古往今来世界各国科学技术发展的历史所反复证明了的，中国科学技术发展的历史也充分证明了这一点。[③]

1982 年 10 月，中国科学院《自然辩证法通讯》杂志社在成都召开了"中国近代科学技术落后原因"学术研讨会，会后结集出版了《科学传统与文化——中国近代科学落后的原因》一书。在为该书作序时，范岱年拓展了"李约瑟问题"，倡导全面审视 16—

---

① 杜石然等编著《中国科学技术史稿》，第 330 页。
② 杜石然等编著《中国科学技术史稿》，第 331—335 页。
③ 杜石然等编著《中国科学技术史稿》，第 335 页。

20 世纪中国科学曲折发展的根源。

　　古代的自然科学（包括中国的和希腊的）与自然哲学交织在一起，带有直观、思辨、零散的特性。中国在 16、17 世纪以前的漫长的封建社会历史时期中，科学技术水平领先于中世纪的欧洲。到了 16、17 世纪（在我国是明末清初），近代科学开始在西欧诞生了。这种科学运用严密的逻辑方法进行科学推理，运用系统的实验方法检验假说，探索自然现象之间的因果关系，并力图运用数学对自然现象及其规律进行定量的描述。这样，近代科学就开始从直观、思辨的自然哲学中分化出来，走上了独立、系统和全面的发展道路。但是，这种近代科学并没有在当时的中国出现，从此以后，中国的科学开始落后于西方。18、19 世纪，与近代科学相结合的近代技术诞生了，开展了工业革命。从此以后，中国的技术也开始落后于西方。所以，关于中国近代科学技术落后的原因，有必要开展分阶段的研究。首先是，在 16、17 世纪，为什么近代科学能在西欧产生，却没有在中国产生？第二是，在我国明末清初直至民国初年，我国已接触到西方科学技术，但为什么却始终未能很好地予以吸收？第三是，在"五四"运动以后到解放前夕，我国虽然已有了一批传授西方近代科学技术的学校和从事近代科技研究的研究机构，培养出了一批科学家和工程师，但为什么科学技术仍远远落后于西方？第四是，在解放以来，我国逐步建立了独立的、比较完整的工业体系，教育与科学事业有了很大的发展，缩短了与世界现代科学技术先进水平的差距，但是，解放后我国科学技术的发展也不稳定，走过了曲折的道路，一度甚至出现倒退，科学技术在国家经济与文化建设中的促进作用也还没有得到充分的发挥。这又是为什么？今天，我们开展中国近代科学技术落后原因的讨论，有必要根据上述四个阶段的不同特点进行深入的研究和具体的分析。同时，在这几个阶段之中，在某些方面是否存在着某种共性，存在着某种历史的继承性，也就是说存在着某些始终起作用的原因，也是值得进一步加以研究的。[①]

金观涛、樊洪业、刘青峰《文化背景与科学技术结构的演变》一文，受到库恩研究的启发，对比了中国、欧洲不同的科学结构及其范式转换的不同命运，深入分析了中西科学的不同命运。该文指出科学史研究可以分为内部论和外部论两大派，内部论强调科学发展的认识论逻辑，研究科学知识体系本身发展的必然道路，而外部论则强调科学发展的社会条件。该文从整体上分析了科学技术发展中的内在认识论规律以及它们与社会结构的相互作用，把内部论与外部论综合起来，对 6 世纪至 19 世纪中国和西方的科学技术成果做了统计分析，得到了两组呈现不同特点的发展曲线。历史上，中国科学技术始终持续缓慢发展，并曾长期居领先地位。16 世纪以后，西方逐步确立了由构造性自然观、受控实验和开放性技术体系组成的近代科学技术结构。这种结构具有科学理论、实验和技术三者之间互相推动的循环加速机制，促进了科学技术革命。

在中国古代科学技术成果中，以四大发明为最高成就的中国古代技术成果，积分占总分的 80%，其中为大一统国家形态和地主经济服务的技术（通信、交通、历法、土地丈量、军事和官营手工业等）又占技术积分的 80% 左右。但中国封建社会的大一统政治形态和地主经济使与其相适应的"大一统"型技

---

① 范岱年：《序》，中国科学院《自然辩证法通讯》杂志社编《科学传统与文化——中国近代科学落后的原因》，陕西科学技术出版社，1983，第1—2页。

术结构不是开放性的，技术转移很困难，长期被封闭在一个具体的行业中，很难对其他部门产生革命性的影响。不仅如此，中国古代技术发展和大一统封建王朝的盛衰紧密相关。统计表明，中国古代技术发展水平随着王朝的周期性崩溃而呈现周期性振荡。中国儒道互补的文化体系决定了其科学理论结构是基于伦理中心主义做的合理外推的有机自然观，理论成果积分占科学技术成果总分的13%。而实验结构是非受控的，实验成果只占7%。在这种科学技术结构中，理论、实验、技术三者互相割裂，它们只能在封建社会为它们规定的框架内发展，不能形成互相促进的循环加速机制。

所以，中世纪西方科学技术水平虽然比同时代的中国古代科学技术的总体水平低得多，但在西方建立近代科学技术结构之后，就把中国远远抛在后面了。近代科学结构是古希腊原始科学结构通过示范作用社会化而建立的。这里的示范作用，指的是确立一个样板，根据已有的一个模式去构造一个模式相同的体系，类似于库恩所说的"范式"演变。原始科学结构所起的作用正是这种广义的结构上的示范作用，换句话说，它就是近代科学结构的模板。古希腊罗马的科学成就，都是在欧几里得几何体系的示范作用下取得的，它们共同形成了原始科学结构对后世科学家的示范。

但古代中国原始科学结构不完备，一直缺乏原始科学结构的示范作用。儒家思想"述而不作"模式的示范作用，突出表现在中国古代科学家大多是用"注经"的方式写著作，而不像古希腊科学家以欧式几何为模板构造自己的理论。于是，近代科学结构不能在中国最早产生。示范发挥作用的前提，是科学对社会的影响。古代科学体系（包括原始科学结构）的示范作用十分微弱，这是由于其遭遇了三大障碍：科学本身的专门性和复杂性、科学理论和直观相冲突、缺乏必要的通信交流手段。不同的社会结构所允许的响应的科学社会化规模是不同的。两千年来，中国社会结构和文化背景没有出现过从古希腊罗马到基督教文明这样大起大落的变化，所以科学的发展一直是连续的，但也逐渐趋于极限，天文学和数学发展日益趋于停滞。

而在西方，基督教的经院哲学和中国的"大一统"技术相结合，推动了原始科学结构向近代科学结构的转变。基督教把古希腊科学结构纳入教义不仅有助于克服专业性的障碍，而且伴随科学的成长，宗教与科学的斗争，造成了否定性放大，人们发现了科学的价值和力量，科学革命席卷了整个欧洲。而中国的"大一统"技术传到西方，则赋予了原始科学结构社会化所必需的通信交流工作。

与西方不同，中国古代儒家和道家之间形成了一种奇特的互补关系或互补陷阱，使否定性放大作用的结果只能在它们之间发生转移和振荡，有效地遏制了科学的示范。中国科学史上一个可能成为转折点的时期是明末清初。当时西方近代科学结构已在形成之中，并开始影响中国。如果说在这以前中国科学中原始科学结构没有成熟并不能发挥作用的话，那么到了明末，则已有原始科学结构的种子传到中国了。一方面明末对中国古代科学技术开展了大总结，出现了《本草纲目》《天工开物》《农政全书》等；另一方面耶稣会士开始把西方科学传播到中国。前者标志着中国古代封建社会结构包容科学技术所达到的饱和极限，后者表明了西方原始科学结构的种子和正在形成之中的近代科学结构对中国构成了一次冲击。但文化背景的冲突使很多儒生在否定基督教时，也拒绝了其中渗入的科学种子，西方科学只在一个很狭窄的上层官僚圈子中引起兴趣，官方科学也仅仅局限于天文历算、军械制造部门。徐光启等一小部分意识到近代科学意义的进步知识分子，所导致的否定性放大效应的结果，伴随着清代中国文化的再次稳定而遭到再次遏制。可见，即使近代科学结构在外部形成并对中国构成冲击，但是没有扎根的土壤，示范作用就不可能发挥，社会化会因不可抗拒的壁垒而中断。

该文认为近代科学结构形成中，中国文化所孕育的以四大发明为标志的"大一统"技术充当了必要条件。这一历史表明，近代科学技术不是属于哪一个民族哪一种文明的，它是融合了全人类创造的文化精华而产生和发展的。但适合科学结构成长的条件却是因文化不同而不同的。近代科学结构之所以出现于西欧封建社会向资本主义社会转化之交，这只是当时全人类所创造的科学精华在那里汇聚的结果。近代科学并不是资本主义所独有的，而且随着近代科学进一步发展，它在资本主义文明中也会趋于极限。如果伟大的中华民族终于在痛苦的历史反省中认识了历史，在科学的研究中认识了科学，那么她就将可能接过现代科学的火炬走向繁荣发达的新起点。①

林文照《近代科学为什么没有在中国产生？》一文，分析了中国科学技术内外部存在众多缺陷。内在缺陷包括：满足于实际上的应用，忽视了理论上的探讨；思辨性的思维排斥了严密的科学理论；缺乏科学实验的精神；背离实践方向的格物学说；在数字测量上或计算上出现相当大的差错（并非误差）；对科学原理的阐述并非对科学本身体系的阐述，而是对政治伦理的论述。外在缺陷包括：中国封建主义的教育体制和科学制度大大地束缚了人们的思想，排斥了科学技术的内容；中国封建统治者时时禁锢和鄙弃科学技术，限制科学技术的发展。而最根本的是中国科学技术缺乏资本主义生产的强大推动，这表现在中国自给自足的自然经济起着阻碍作用，严禁人民开矿，官局工业对于科学技术的阻碍。总之，阻碍近代科学在中国的产生有中国传统科学内部的原因，也有中国封建社会的政治、经济等方面的原因，但是社会的原因

---

① 金观涛、樊洪业、刘青峰：《文化背景与科学技术结构的演变》，中国科学院《自然辩证法通讯》杂志社编《科学传统与文化——中国近代科学落后的原因》，第1—81页。

更为根本。①

该论文集有两篇论文，从内史的角度展开了探讨。叶晓青《中国传统自然观与近代科学》一文，指出中国古代对自然界有许多真知灼见，但这些见解由于缺乏科学依据而只能算是朦胧意识，是中国传统自然观造成的结果。有机自然观使古人观察自然时猜出了符合事物内在联系的结论，使中国在许多学科的"史前时期"遥遥领先，但在有机自然观支配下不可能产生近代科学的方法——经验归纳法。有机自然观的模糊使理论具有几乎是无限的涵容性与左右逢源的能力，使它不致被否定，从而无法产生于近代科学。② 刘吉《民族性格：一个可供思索的因素》一文，从内史的角度认为中华民族长于综合、短于分析的民族性格，是近代中国科学技术落后的根本原因。③

该论文集有两篇论文，从思想文化的角度展开了探讨。何新《中西学术差异：一个比较文化史研究的尝试》一文，指出导致中国近代科技落后的原因固然是多方面的，比如经济的、政治的、自然和社会环境，以及地理因素等，但相当重要甚至具有决定性意义的一个原因，即中国形成了与欧洲极不相同的一种特殊学术类型，即库恩所说的学术范式。由于这种学术文化体系非常适应封建社会结构，从而一直未被冲破，吸引了中国历史上最优秀的学者投入其中，而具有真正科学认识价值的知识，却只被当作附属品。④ 刘戟锋《宋代早期哲学对科学发展的影响》一文，指出以邵雍、

---

① 林文照：《近代科学为什么没有在中国产生?》，中国科学院《自然辩证法通讯》杂志社编《科学传统与文化——中国近代科学落后的原因》，第82—105页。

② 叶晓青：《中国传统自然观与近代科学》，中国科学院《自然辩证法通讯》杂志社编《科学传统与文化——中国近代科学落后的原因》，第154—166页。

③ 刘吉：《民族性格：一个可供思索的因素》，中国科学院《自然辩证法通讯》杂志社编《科学传统与文化——中国近代科学落后的原因》，第189—208页。

④ 何新：《中西学术差异：一个比较文化史研究的尝试》，中国科学院《自然辩证法通讯》杂志社编《科学传统与文化——中国近代科学落后的原因》，第129—153页。

周敦颐、张载、王安石、二程兄弟等为代表的宋代早期哲学，汲取了汉唐以来的哲学思想与认识成果，将中国哲学的发展推向了一个以抽象、思辨为特点的全盛时代，推动中国封建社会科学技术发展至最高峰。但早期哲学中包含的大量唯心主义成分对这一时期以及以后的科学技术发展也产生了严重的消极影响，尤其是朱熹集理学之大成以后，这种消极作用就日益占据主导地位，促使宋朝成为中国古代科学技术发展由盛而衰的一个转折点。[1]

　　该论文集有多篇论文，从政治、经济的角度展开了探讨。戴念祖《中国近代科学落后的三大原因》一文从外史的角度，指出社会发展的停滞性、封建经济结构与"强本抑末"的政策、专制的官僚政治是中国近代科学落后的三大原因。[2] 郭永芳《八股取士与中国近代科学落后》一文从外史角度，指出明清时期推行八股文，造成自然科学不能继承与发展。[3] 闻人军《试论明末限制科技发展的因素》一文，指出明朝末年，中国封建专制主义更加显示了它的反动腐朽性，压迫和摧残资本主义萌芽，变本加厉地禁锢知识分子的思想，加上一贯重技术、轻科学的科技结构，使中国古代科技向近代科学的发展和转变迟迟不能发生。尽管西洋传教士带来了欧洲近代科学兴起的信息，以徐光启为代表的一些进步知识分子做出了可贵的努力，但中国封建社会积重难返，收效甚微。及至内外矛盾激化、明清交替，社会的长期动乱打断了科技发展的进程，中国从而坐失了与西方并驾齐驱的良机。[4] 陈亚兰

---

① 刘戟锋：《宋代早期哲学对科学发展的影响》，中国科学院《自然辩证法通讯》杂志社编《科学传统与文化——中国近代科学落后的原因》，第356—369页。

② 戴念祖：《中国近代科学落后的三大原因》，中国科学院《自然辩证法通讯》杂志社编《科学传统与文化——中国近代科学落后的原因》，第106—128页。

③ 郭永芳：《八股取士与中国近代科学落后》，中国科学院《自然辩证法通讯》杂志社编《科学传统与文化——中国近代科学落后的原因》，第209—220页。

④ 闻人军：《试论明末限制科技发展的因素》，中国科学院《自然辩证法通讯》杂志社编《科学传统与文化——中国近代科学落后的原因》，第370—380页。

《试论清前期封建社会需要与科学技术发展的关系》一文，指出以小农经济和家庭手工业相结合的封建自然经济不需要科学与技术，是造成科学技术发展迟缓的根本原因；封建统治阶级需要科学技术为封建统治服务，在一定程度上可以促进某些科学技术的发展，但却阻碍了科学技术的进一步发展；封建统治阶级对儒家经典的尊奉造成了对科学技术的束缚和压制。① 白尚恕、李迪《17、18世纪西方科学对中国的影响》一文，谈论了清代阻碍近代科学产生的具体因素。②

　　数学在近代科学的产生中，被认为扮演了基础而关键的角色，被视为一切自然科学的源头，近代科学的特征之一是运用数学进行定量表述。对于中国古代数学的由盛而衰及未发展出近代数学，该论文集中也有集中讨论。乐秀成《数学中的范式与结构》一文，指出数学作为一种社会化的视野，积累效应的有效发挥是在西方文化模式中首先完成的。与之相比，中国古代的数学一直处于"术"而非"学"的附庸地位，主要是一种工匠式的研究，无法获得迅速持久的进展，而且已经取得的成果还会失去或长期被埋没。③ 郭金彬《为什么14世纪后我国数学停滞了？》一文，指出不注重用"证"把"算"推向更高的阶段，过分注重对"类"的研究而轻视演绎法，未制定和采用较先进的数学符号等，是14世纪以后中国数学停滞的重要原因。④ 梁宗巨《从数学史看中国近代科

① 陈亚兰：《试论清前期封建社会需要与科学技术发展的关系》，中国科学院《自然辩证法通讯》杂志社编《科学传统与文化——中国近代科学落后的原因》，第167—188页。

② 白尚恕、李迪：《17、18世纪西方科学对中国的影响》，中国科学院《自然辩证法通讯》杂志社编《科学传统与文化——中国近代科学落后的原因》，第381—395页。

③ 乐秀成：《数学中的范式与结构》，中国科学院《自然辩证法通讯》杂志社编《科学传统与文化——中国近代科学落后的原因》，第221—238页。

④ 郭金彬：《为什么14世纪后我国数学停滞了？》，中国科学院《自然辩证法通讯》杂志社编《科学传统与文化——中国近代科学落后的原因》，第239—249页。

学落后的原因》一文，指出中国自古就形成了一套以算法为中心的筹算制度，在数值计算方面远远走在西方前面，但没有形成一个严密的演绎体系。筹算数学发展到 13 世纪，已经达到顶峰，但由于明朝实行八股取士、错误的知识分子政策、盲目排外与文化专制、封建主义、重农抑商等政策，导致其向前迈进，向符号代数转化没有发生，从而造成了近代科学的落后。[1] 梅荣照、王渝生《解析几何能在中国产生吗？——李善兰尖锥术中的解析几何思想》一文，指出中国传统数学的弱点及落后的封建社会制度，使在中国古代产生解析几何是比较困难的。但在 1859 年解析几何传入中国以前，李善兰创造的尖锥术就有了解析几何的思想，表明中国数学也可能以自己特殊的方式走上近代数学的道路。[2] 秦会斌《中国的符号体系与中国近代科学落后原因》一文，指出当有一套适合于表达和推理的符号体系时，数学就在社会、方法论诸方面的作用下迅速或缓慢地向前推进，而当缺乏一套适于表达和推理的符号体系时，数学的发展就会受到阻碍。用数学表示自然规律和关系的自然科学是从欧洲伽利略时代发展起来的，而中国的数学早在 14 世纪的元朝中期就开始衰落了。中国古代数学体制很难导致近代数学在中国产生，而在一个数学尚未得到充分发展和应用的国家里，物理学、化学、天文学等不可能达到成熟的地步。再加上长期以来程朱理学轻技艺的影响，近代科学很难在中国出现。在此基础上，该文质疑了李约瑟的外史角度，指出只有搞清楚决定科学、技术发展的各个原因及其相互关系、作用地位，从

---

[1] 梁宗巨：《从数学史看中国近代科学落后的原因》，中国科学院《自然辩证法通讯》杂志社编《科学传统与文化——中国近代科学落后的原因》，第 250—266 页。

[2] 梅荣照、王渝生：《解析几何能在中国产生吗？——李善兰尖锥术中的解析几何思想》，中国科学院《自然辩证法通讯》杂志社编《科学传统与文化——中国近代科学落后的原因》，第 267—278 页。

科学、技术内部所具有的结构去探讨，才有可能得出有益的结论。①

对于图书信息与近代科学未在中国产生的关系，也有两篇论文开展了讨论。朱熹豪《信息的生命在于流通》一文认为，"中国的图书馆不讲流通的传统，使中国学者不可能得到文艺复兴时期那种用大量古代书籍重新考察和批判当时的思想体系的便利，影响了中国近代科学思想的产生"。② 樊松林《中国历代情报工作与科学技术》一文指出，在14世纪之前，中国古代领先的情报工作对科学技术起着促进作用。中国情报工作之所以由盛变衰，主要是由于资本主义（萌芽）迟迟没有得到发展，使本来已兴起的情报文献工作失去有力的支柱。16世纪至19世纪末叶中国科学技术之所以落后于西方，情报工作不力是一个十分重要的原因。明末问世的中国近代情报工作衰退的根源，就在于封建经济体系的腐朽、国家政治权力的专横和封建意识形态的束缚、正常国际交流的长期中断，从而阻碍了某些近代科学分支在中国的诞生。③

1983年，美国中国问题研究专家费正清出版了《美国与中国》第4版，他虽然指出中国科学不发达主要是由于儒学发达导致对物质技术的冷漠、完整体系的缺乏、象形文字等内因，但仍将根本原因归结为外因。

> 一般说来，中国人之所以落后似乎是由于缺乏动机而非缺乏能力，是由于社会条件而并非由于其天生才智。总之，

---

① 秦会斌：《中国的符号体系与中国近代科学落后原因》，中国科学院《自然辩证法通讯》杂志社编《科学传统与文化——中国近代科学落后的原因》，第424—439页。

② 朱熹豪：《信息的生命在于流通》，中国科学院《自然辩证法通讯》杂志社编《科学传统与文化——中国近代科学落后的原因》，第410页。

③ 樊松林：《中国历代情报工作与科学技术》，中国科学院《自然辩证法通讯》杂志社编《科学传统与文化——中国近代科学落后的原因》，第413页。

科学不发达是工业经济和军事经济不发达的一个方面。而这又归因于儒家思想支配下国家基本上属于农业性质和官僚政治性质，以及统治阶级传统的力量强大。[1]

1985 年，毕剑横编著《中国科学技术史概述》一书，也辟出"中央集权的封建专制制度及一系列错误的基本国策"的专节，从外史的角度探讨这一问题。

十六世纪以来我国明清两代，在政治上强化中央集权制的封建专制制度，推行"重农抑商"的经济政策、"重文轻技"的文化政策和科技政策、八股文取士的教育制度以及"闭关锁国"的对外政策，影响了社会经济和科学文化的发展，埋没和摧残了人才，阻碍了国际科学技术的交流。这是近代我国科学技术落后的重要原因。[2]

1986 年，查有梁发表了《从耗散结构理论看中国近代科学技术落后的原因》一文，指出依据耗散结构理论，社会作为一个复杂系统，社会发展并非直线式的因果模式，而是诸因素相互联系、交互作用的因果模式。相比于西方，中国近代科学技术之所以落后，封建的经济关系与政治制度是根本原因；八股取士的教育制度，既未认真发掘传统科学遗产，又未真正消化西方科技的科学本身是直接原因。[3]

1988 年，仓孝和出版了《自然科学史简编——科学在历史上

---

[1] 〔美〕费正清：《美国与中国》（第 4 版），张理京译，世界知识出版社，2006，第 75 页。

[2] 毕剑横编著《中国科学技术史概述》，四川省社会科学院出版社，1985，第 162—163 页。

[3] 查有梁：《从耗散结构理论看中国近代科学技术落后的原因》，《社会科学研究》1986 年第 2 期。

的作用及历史对科学的影响》一书，同样辟出专节"历史对科学的影响——试论近代科学没有在中国诞生的原因"，讨论了这一问题。该书通过对比古希腊、欧洲与中国，指出欧洲的封建制缺乏中国封建制的生命力，被资本主义取代，而本来富于生命力和高度发展的中国封建制，仍能在末世之际，阻碍新的生产关系的诞生，从而严重阻碍了近代科学在中国的诞生。具体而言，"重农抑商"的经济政策、封建思想的禁锢、注重解决实际问题的传统限制了向理论科学的发展，阻碍了近代科学的诞生。[1] 而最终发挥决定作用的，仍然是外因而非内因。

> 归根到底，起着决定作用的是社会制度。曾经是有生命力的中国封建制度，严重地阻碍一个新的生产关系在它内部成长并发展为一个新的社会制度；而并没有得到长足发展的欧洲封建制度，却阻止不了在它内部的新的生产关系的生长，随着它的成长终于导致新生的资本主义制度取代了旧的封建制度（虽然经历了五六百年之久，在不同的国家其取代的形式也各不相同），近代科学就在这个过程中诞生、成长起来，并在历史上日益显示了它的革命作用。[2]

1989 年，宋子良主编的《理论科技史》一书认为，中国科学技术落后的原因是小农经济的长期存在使科学发展失去了强大动力，民族习惯的影响使经验科学无法上升到更高阶段，官学合一制度使科学难以分化独立出来。[3]

---

[1] 仓孝和：《自然科学史简编——科学在历史上的作用及历史对科学的影响》，北京出版社，1988，第277—303页。

[2] 仓孝和：《自然科学史简编——科学在历史上的作用及历史对科学的影响》，第303页。

[3] 宋子良主编《理论科技史》，湖北科学技术出版社，1989，第97—107页。

1990 年，吾敬东发表《影响古代中国发生期科学技术的若干因素》一文，认为中国进入科学技术期后，有四项因素发挥了重要作用：经济层面，科学技术受农业的影响，导致了实用性特点；政治层面，受权力的影响，导致了集约性特点；思维层面，受巫术的影响，导致了神秘性特点；心理层面，受工匠的影响，导致了经验性特点。[①]

1997 年，吴彤发表《从自组织观看"李约瑟问题"》一文，指出近代科学之所以未能发生于中国，主要原因是社会为科学性知识的演化提供了一个被组织环境，科学成了皇室和政府的玩物与工具，游离于有竞争性和利润驱动的社会发展之外。[②]

2000 年，李申在访谈中指出，中国古代缺乏产生近代科学的动力，根源于以下因素：首先，中国传统社会不断轮回，导致科学发展较慢；其次，中国社会没有特殊的物质需要，科学技术完全能够满足社会需要；最后，军队对科学技术也无过高的要求。[③]

小　结

在 20 世纪前半期剑桥大学浓厚的马克思主义氛围中，李约瑟将马克思主义作为开展科学史研究的指导思想，吸收并发展了怀特海、萨顿关于东西方科学汇聚、积累，共同催生了近代科学的观点，进一步深入讨论了中国在古代科技中的领先地位及对近代科学的影响。在此基础上，他受到 20 世纪二三十年代中国学者关于中国为什么没有产生近代科学的讨论的影响，分别从中国视角

---

① 吾敬东：《影响古代中国发生期科学技术的若干因素》，《中国社会科学》1990年第 4 期。
② 吴彤：《从自组织观看"李约瑟问题"》，《自然辩证法通讯》1997 年第 3 期。
③ 侯样祥编著《传统与超越——科学与中国传统文化的对话》，江苏人民出版社，2000，第 101—103 页。

与欧洲视角提出中国为什么长期在古代世界保持了科技领先、为什么没有发展出近代科学这两个问题，构成了著名的"李约瑟问题"。李约瑟对中国古代科技的研究，虽然结合了内史路径，但坚定地站在外史立场，这体现在他对"李约瑟问题"解答的过程中，主张从中国的社会体制寻找答案。

李约瑟既反对中国科学停滞论，也反对将中国比附于欧洲，在他看来，中国与欧洲发展道路截然不同，与欧洲与生俱来的不稳定不同，中国具有自然趋于稳定的倾向。受此影响，中国古代科学也呈现了与欧洲截然不同的发展模式。传统中国的高度组织力，同样能够推动科学的长足发展，但这种发展无法突破到实验阶段。这是由于中国是一个农业国家，在此基础上形成的官僚封建制度，压制了商人权力的扩大，阻碍了商人将科学与实践相结合的历史可能，无法形成具有竞争性的持续改革，相应无法转化为社会革新。因此，中国古代的科学推动了中国社会的持续进步，呈现出一种慢慢上升的曲线。在李约瑟看来，不能因此而否定中国科学的历史贡献，包括中国科学在内的世界科学，"百川归海"，最终汇聚而成近代科学的大潮。

李约瑟从中国视角出发，挖掘中国古代科学的辉煌成就，契合了二战以后世界范围内寻找不同文明科学主体性的潮流，更迎合了日渐崛起的中国获得现代文明的认可、重塑民族自信的时代心理，从而在世界范围内，尤其中国内部，产生出巨大的学术乃至社会效应。"李约瑟问题"的影响，于是远远超出之前所有探讨相似问题的学者，乃至形成了一种"李约瑟情结"。大量学者尝试从各个角度回答"李约瑟问题"，推动了中国古代科学研究的大幅进展。

第二编

科学理论是一种主观假设

在 19 世纪末 20 世纪初，科学革命以后十分流行的机械唯物主义所描绘出的整齐有序的宇宙秩序，随着物理学、化学等经验科学的发展，尤其是相对论的提出与证实，被彻底打破。简单的决定论已不能反映复杂的物质世界。这反映在思考科学本质的科学哲学领域，便是质疑科学确定性的思潮汹涌澎湃。科学不再被视为亘古不变的真理，而是不仅通过归纳、演绎，甚至依赖于直觉，所得出的尚待证实甚至永远也无法被证实，乃至可能被证伪，只是解释效力存在差异的假设、概率乃至猜测。相应，科学不再是所有领域中唯一不断累积而进步者，而只是一种暂时有效，可能会被突然证伪，被科学共同体不断抛弃的试错对象。科学并非由纯粹的客观知识构成，而是由既受到文化传统，又受到个人意志影响的科学家的感情、直觉与知识构成。科学发展的历程，并非理论自身的证实或证伪，而是科学共同体的集体、主观决定的结果。这一历程并不是短暂的，而是受到各种现实因素影响的漫长过程。

第五章
约定的假设与精确的概念

科学革命以后机械唯物主义，尤其牛顿经典力学，描绘出一幅简单而有序的宇宙图景，物质世界相互决定的逻辑链条脉络清晰。但这种美好的图景，随着 19 世纪末 20 世纪初物理学、化学等经验科学的发展，尤其是相对论的提出与证实，被彻底打破。不断涌现的科学成果，揭示出物质世界十分复杂，简单的决定论并不成立。

在这种时代背景下，传统的实证主义或经验主义呈现出与时俱进的学说推衍。一方面对科学理论秉持更为谨慎的立场，不再将之视为亘古长存的科学真理，而是一种尚待证实，可能被证伪的理论假设；另一方面主张引入数学、物理学与逻辑分析，在科学观察、归纳总结的基础上，系统分析与演绎，从而构建起精确的科学概念与知识体系，进入"逻辑实证主义"（Logical positivism）或"逻辑经验主义"阶段。为区别于孔德以来的旧实证主义，又被称为"新实证主义"（Neopositivismus）。"新实证主义以崭新的数理逻辑作为其分析工具和秩序原则，而正是这一点在极大程度上促使人们将其称为逻辑实证主义或逻辑经验主义。"[1]

---

[1] 〔奥〕鲁道夫·哈勒：《新实证主义——维也纳学圈哲学史导论》，韩林合译，商务印书馆，1998，第 20 页。

逻辑实证主义滥觞于 19 世纪末。奥地利科学家、哲学家马赫，法国科学家、哲学家彭加勒已开其先声，英国奥地利裔犹太哲学家维特根斯坦（Ludwig Josef Johann Wittgenstein，1889–1951）的证实主义（Verificationism）对其有深刻影响。1918 年，石里克（M. Schlick）出版了《普通认识论》一书，提出了许多关于逻辑实证主义的独特观点。20 世纪 20 年代，石里克在奥地利的维也纳大学团结了一批志同道合之士，形成了"维也纳学派"，标志着逻辑实证主义的正式形成。

受到时代思潮的影响，维也纳学派的成员拥有共同的学科立场，那就是完全用科学取代形而上学，

> 有一个共同的信条是：哲学应当科学化。对科学思维的那种严格要求被用来作为哲学的先决条件。毫不含糊的明晰、逻辑上的严密和无可反驳的论证对于哲学就像对于其他科学一样都是不可缺少的。那种仍然充斥于今日之哲学中的独断的断言和无从检验的思辨，在哲学中是没有地位的。这些先决条件隐含着对一切独断——思辨形而上学的反对。应当完全取消形而上学。维也纳学派就这样和实证主义联在一起了。[1]

克服旧实证主义哲学术语的模糊性，代替以逻辑、数学和经验科学的术语，构建精确的概念体系。该学派的集大成人物卡尔纳普（Paul Rudolf Carnap，1891–1970）指出：

> 多方面卓有成效的协作工作，这在哲学家中往往是相当

---

[1] 〔奥〕克拉夫特：《维也纳学派——新实证主义的起源》，李步楼、陈维杭译，商务印书馆，1998，第 20 页。

困难的。然而在我们小组中却由于下述事实而显得容易些，即所有的成员都对某门科学学有专长。例如数学、物理学或社会科学。这就使我们在明确性和可靠性方面的标准高于通常的哲学派别，特别是高于德国的哲学派别所遵循的标准。而且，这个小组的成员都熟悉现代逻辑。这就有可能在讨论时用符号来表述对概念或命题的分析，因而也使论证更加精确。此外，这个小组的绝大多数成员都一致反对传统的形而上学。但我们几乎没有花多少时间去进行关于反形而上学问题的辩论。这种反形而上学的态度主要在讨论时对所使用的语言的选择上显示出来。我们都力图避免使用传统哲学的术语，而代之以逻辑、数学和经验科学的术语，或使用普通语言中虽然显得含混不清，但原则上可翻译成科学语言的那些术语。①

该学派在英国的代表人物艾耶尔也指出：

维也纳学派所持的立场，就其主要特征来看，是物理学家马赫及其信徒的十九世纪的维也纳实证主义与弗雷格和罗素的逻辑相结合的产物。从他们的实证主义方面来看，他们是继承了一种老的哲学传统——人们可以注意到，他们的许多最根本的理论观点在休谟那里可以找到。他们的独创性在于他们试图使这种哲学传统具有逻辑的严密性并为此而运用已经发展起来的复杂的逻辑技术。②

---

① 〔美〕鲁道夫·卡尔纳普：《卡尔纳普思想自述》，陈晓山、涂敏译，上海译文出版社，1985，第31—32页。
② 〔英〕A. 艾耶尔：《维也纳学派》，〔英〕艾耶尔等：《哲学中的革命》，李步楼译，黎锐校，商务印书馆，1986，第57页。

但同时，由于维也纳学派成员来自不同国家，拥有不同的学科背景，内部观念存在众多歧异。比如关于理论的性质，就分别承袭了公理与假说两种完全不同的判断。

> 维也纳学派在这个问题上的看法是接受了两种不同因素的影响：其中一个是希尔伯特及其合作者们对公理方法的明确的阐发；另一个是彭加勒和杜恒等人对假说在科学中，特别是在物理学中的重要性及其作用的强调。[1]

对于维也纳学派的质疑与批评，其实率先在学派内部开始出现。由此角度而言，逻辑实证主义引领了 20 世纪哲学的潮流。作为一种从哲学层面对科学理论本身的讨论，逻辑实证主义推动科学研究内史层面的精细思考，无论对其继承还是持续批判，都沿着这条道路不断地深入推进。

> 原本应该指向据称是维也纳学圈之观点的那些攻击点实际上在该学圈内部早已尽人皆知了，并且皆被详加讨论过了。更有甚者，反实证主义者们所坚持的论题中的很大一部分恰恰就是该学圈内的个别成员自己所曾坚持过并发表过的论题。[2]

第一节　感觉的经验

恩斯特·马赫（Ernst Mach，1838-1916）是著名科学家、哲学家，奥地利人，曾任维也纳大学等高校的物理学教授。1895 年，

---

[1]　〔美〕鲁道夫·卡尔纳普：《卡尔纳普思想自述》，第 125 页。
[2]　〔奥〕鲁道夫·哈勒：《新实证主义——维也纳学圈哲学史导论》，第 13—14 页。

维也纳大学为马赫专门开设了"归纳科学的哲学"讲座，马赫才转任哲学教授。马赫在晚年将在该讲座中的演讲汇编为《认识与谬误》一书。而在更早的 1885 年，他还出版了《感觉的分析》一书。

19 世纪 70 年代至 20 世纪初，在德国、奥地利与其他欧洲国家流行以马赫的名字命名的"马赫主义"（Machism）。受到这一时期经验科学长足发展的影响，马赫主义将经验作为研究的唯一对象，把人们能够感觉到的经验，看作认识的界限和世界的基础，作为世界第一性的东西既不是物质也不是精神，而是感觉经验，而不能被感觉的形而上学的内容，则需要被彻底清除出科学研究的行列。

马赫指出组成世界的并非物质，而是所谓的"要素"。"连我们在日常生活中称为物质的东西，也是一定种类的要素联系。"①要素既包括物质经验，也包括心理经验，二者的共同特征是都能被感觉。相应，马赫重申组成世界者又可称作是感觉。"世界仅仅由我们的感觉构成，这是正确的。这样一来，我们的知识也就仅仅是关于感觉的知识。"②形而上学的内容由于无法被感觉，相应并非经验，因此被马赫坚决地排除出去。"一切形而上学的东西必须排除掉，它们是多余的，并且会破坏科学的经济性。"③

由此立场出发，马赫主张科学研究的对象是经验，不仅将物质也即所谓的"物理经验"作为研究对象，而且将心理经验也作为研究对象。由于构成二者共同要素的是感觉，因此所有经验不过是感觉中的要素形成的相互依存关系。

---

① 〔奥〕马赫：《感觉的分析》，洪谦、唐钺、梁志学译，商务印书馆，2009，第199 页。维也纳学派成员之一、中国著名哲学家洪谦由此将马赫视为"要素一元论"者。洪谦：《论逻辑经验主义》，商务印书馆，1999，第 213—219 页。

② 〔奥〕马赫：《感觉的分析》，第 10 页。

③ 〔奥〕马赫：《感觉的分析》，第 3 页。

如果在最广泛的、包括了物理的东西和心理的东西的研究范围里，人们坚持这种观点，就会将"感觉"看作一切可能的物理经验和心理经验的共同"要素"，并把这种看法作为我们的最基本的和最明白的步骤，而这两种经验不过是这些要素的不同形式的结合，是这些要素之间的相互依存关系。这样一来，一系列妨碍科学研究前进的假问题便会立即销声匿迹了。①

在马赫看来，心理经验与物理经验完全一致，并无区别。"生理学研究会具有绝对的物理学性质。我能研究通过感觉神经一直到中枢神经的物理过程，并从此出发再去寻求它到达肌肉的种种不同道路。"② "一切心理事实都有物理的根据，为物理现象所决定。"③ 二者之间所谓的"鸿沟"，不过是一种凭空想象。"我们的基本观点不承认这两个领域（心理的和物理的）之间有任何鸿沟"，④ 也无所谓内与外。

心理的东西和物理的东西之间绝不存在不可逾越的鸿沟，也不存在内部和外部；也不存在这样一种感觉，它和不同于感觉的外界事物是相应的。仅有一类要素，它们构成所谓内部和外部。至于要素本身，则是按照临时的考察方式来区分内外的。⑤

形而上学者十分注重的所谓"意志"，也不过是一种物理力量，

---

① 〔奥〕马赫：《感觉的分析》，第7页。
② 〔奥〕马赫：《感觉的分析》，第34页。
③ 〔奥〕马赫：《感觉的分析》，第41页。
④ 〔奥〕马赫：《感觉的分析》，第51页。
⑤ 〔奥〕马赫：《感觉的分析》，第251页。

　　我并不把意志理解为什么特殊的心理动因或形而上学动因，也不假定什么固有的心理因果性。倒不如说，我与绝大多数生理学家和现代心理学家一起，相信意志现象就像我们打算用言简意赅而又可以普遍理解的方式所说的那样，必须唯独用有机体的物理力量来解释。[1]

是一种与过去经验有关的运动形式，

　　我们所谓的意志不是别的，仅是部分自觉的、与预见结果相结合的运动条件的总体。我们分析这些条件，就它们是自觉的东西而论，我们见到的仅是过去的经验的记忆痕迹和它们之间的联系（联想）。[2]

是一种与记忆有关的反射过程。

　　我们称之为意志的东西，只是临时获得的联想对以前形成的固定的身体机体参与的一种特殊形式。……通过在意识中出现的记忆痕迹决定的反射过程的变化，我们称之为意志。没有反射和本能也就没有反射和本能的调节，就没有意志。[3]

科学研究的目的，便是致力于揭示物理经验、心理经验的精确性。

　　物理的东西和心理的东西如果不存在本质的差异，则可推测这两种东西的关系中也有人们在一切物理的东西中所探求的那种精确关系。我们希望，在心理学对感觉的分析所发

---

[1]　〔奥〕马赫：《感觉的分析》，第 141 页。
[2]　〔奥〕马赫：《感觉的分析》，第 83 页。
[3]　〔奥〕恩斯特·马赫：《认识与谬误》，洪佩郁译，译林出版社，2011，第 47 页。

现的一切细节上，能找到同样多的、对应的神经过程的细节。①

对于心理经验的研究，要像对物理经验的研究一样，追求精确性。"我确实在一切可能的地方，都力求达到物理学的理解，达到对于直接（因果）联系的认识。"②

第二节　演绎的根本性与思维经济原则

与旧实证主义重归纳轻演绎不同，出于对物理经验、心理经验的同等重视，马赫也同等重视物质实验与思想实验。

　　除了物质的实验以外，还有其他更高智力阶段的实验——即思想实验。社会幻想或技术幻想的设计者、构思者、作家、诗人等在思想中实验。但是诚实的商人、严肃的发明者或研究者也这样做。所有这些人的表象状况都不同，并且以各种表象为出发点，期待、猜测到一定的结果，并得出思想经验。③

思想实验倚重于语言体系，形成了思想家开展物质实验的思路与程序。

　　思想实验远远先于物质实验，并且为物质实验作了准备。因此，亚里士多德的物理研究大部分是思想实验，在这些思想实验中利用了回忆中、特别是语言中贮存的经验财富。但

---

① 〔奥〕马赫：《感觉的分析》，第7—8页。
② 〔奥〕马赫：《感觉的分析》，第197页。
③ 〔奥〕恩斯特·马赫：《认识与谬误》，第146页。

是思想实验也是物质实验的必要的先决条件。每个实验者，每个发明者，在实际行动中贯彻一种程序以前，必须在头脑中先具有这种程序。[①]

物质实验在思想实验无效的前提下，才有开展的必要。"我们已认识到物质实验是思想实验的自然继续，一旦难于或不能抑或完全不能通过思想实验进行决定时，就会进行物质实验。"[②] 并在物质实验之后，进行相应的总结。"每个着手进行试验的人都有这样的体会，事先没做充分准备，事后又没总结错误的根源等，都会使自己啼笑皆非，狼狈不堪。实际生活中也有这样的谚语：'三思而行。'"[③] 思想实验在所有的物质实验领域，甚至数学领域，都扮演着十分重要的角色。"毋庸置疑，思想实验不仅在物理学领域，而且在所有领域都是很重要的，甚至最不能猜测的远处的东西，在数学中也是重要的。"[④]

在思想实验中，感性因素扮演了十分重要的角色。"如果生理的经验很丰富，而这些感性因素获得了无数的、纷繁复杂的因而是软弱的心理联想，那么幻想的活动就会开始。一时的决定性的情绪、环境和思想活动将决定真正出现的联想。"[⑤] 而其中甚至包括本能与习惯。"通过思维所进行的实验论证了科学，借助意识和意图扩大了经验。但是人们不应该因此低估本能和习惯在实验中的作用。"[⑥]

如果科学家能够充分吸收以前的科学经验，将之融入自身的思想实验之中，那么便能最为经济与便捷地进行思考，指导物质

---

① 〔奥〕恩斯特·马赫：《认识与谬误》，第 147 页。
② 〔奥〕恩斯特·马赫：《认识与谬误》，第 158 页。
③ 〔奥〕恩斯特·马赫：《认识与谬误》，第 147 页。
④ 〔奥〕恩斯特·马赫：《认识与谬误》，第 155 页。
⑤ 〔奥〕恩斯特·马赫：《认识与谬误》，第 147 页。
⑥ 〔奥〕恩斯特·马赫：《认识与谬误》，第 146 页。

实验。这就是马赫所主张的思维经济原则。"谁要是继承了丰富的遗产，谁就处于有利得多的境地。他可以越过他已研究和熟悉的个别知识财富进行比较、加以整顿，并迅速取得成就。"①

可见，所谓的思想实验，实际上是指科学家充分利用自身的理论、语言，甚至直觉，在实验之前进行预判，在实验之中进行指导，在实验之后进行总结。而这种实验方式其实就是传统的演绎法。在马赫看来，演绎与归纳并非旧实证主义者所想象的截然分途。"事实上，在实验与演绎之间并不存在着看上去巨大的鸿沟。在思想与事实以及思想相互之间总是存在着一致的状况的。"②演绎产生的思想与归纳产生的经验之间，是相互依存并互相转化的。"思维紧密联结经验从而建立了现代自然科学；经验产生思想；思想得到继续，并且重复用经验来进行比较和修改，从而产生一种新的见解，从而过程就在此基础上重复着。"③由此出发，马赫批评了将科学研究完全定位为"归纳科学"的错误看法，指出归纳法并不能提供新的认识，

> 三段论和归纳没有提供新的认识，而只是巩固了认识过程各环节之间的无矛盾性，明晰了认识过程相互之间的联系，从而使我们注意到了一种见解的不同方面，并且使我们有可能重新认识不同形式下的这种见解。④

科学认识的源泉其实在于对事物特征及相互联系的逻辑演绎。

> 因此很清楚，研究者的真正认识源泉必定在另外的地方。

---

① 〔奥〕恩斯特·马赫：《认识与谬误》，第175页。
② 〔奥〕恩斯特·马赫：《认识与谬误》，第156页。
③ 〔奥〕恩斯特·马赫：《认识与谬误》，第156页。
④ 〔奥〕恩斯特·马赫：《认识与谬误》，第241页。

但是与此相反，令人非常惊奇的是，许多研究这种研究方法的自然科学家，把归纳看成研究的主要手段，认为自然科学的主要任务就在于把公开存在的个别事实直接安排到类中。当然不能否定这种工作的重要性，但是科学家的任务不能仅限于此；研究者首先要发现看到的特征及其联系，而这比安排已知道的要困难得多。因此认为整个自然科学是"归纳科学"是不正确的。[①]

第三节　追求精确的概念与待反驳的假设

在马赫看来，形而上学的因果概念充满了不确定性，与之相比，数学中的函数概念更为精确。"我认为函数概念比原因概念优越；它的优越性在于追求精确性，而不带有概念的不完整性、不确定性和片面性。原因概念实际上是一种原始的、暂时解决困难的方法。"[②] 马赫认为事物之间是相互依存的关系。"我们认为，事物（物体）就是相互联系、相互依赖的感觉的相对稳定的复合体。"[③] 为达到精确性，马赫主张引入函数概念，揭示事物之间的相互依存关系，以之取代简单的因果论，

> 那种陈旧的、传统的因果性概念是有点僵死的性质。……所以，我很久以前就企图用数学函数概念代替原因概念，即用现象的相互依存关系，严格地说，用现象特征的相互依存关系来代替原因的概念。[④]

----

① 〔奥〕恩斯特·马赫：《认识与谬误》，第241页。
② 〔奥〕马赫：《感觉的分析》，第76—77页。
③ 〔奥〕恩斯特·马赫：《认识与谬误》，第105页。
④ 〔奥〕马赫：《感觉的分析》，第74页。

从而获取更大的解释力度。"这样的函数概念能按照研究事实的需要而任意加以伸缩。这样，过去对原因概念提出的怀疑就完全可以消除了。"①

马赫一方面认为概念是运用语言进行概括的客体意识，另一方面认为概念是通过直观表象而呈现，

概念在发展的最高阶段是人们对称为客体（事实）的预期的作用与字、术语相联系的意识。但是这些作用以及经常是复杂的心理的和生理的活动只能是逐渐和相继发生的，这些作用是通过复杂的心理的和生理的活动引起的，是作为直观的表象表现出来的。②

所有的概念源于感性感觉，并最终回到感性感觉。

我们的概念是由感觉和感觉的联系形成的，而概念的目的是使我们在每一个一定情况下通过最便利和最简捷的途径导致与感性感觉完全一致的感性表象。因此一切智力活动都是从感性感觉出发的，并且又回到这种感性感觉。③

由此出发，马赫一方面追求科学研究的精确性，另一方面从感觉的角度出发，十分重视感性在科学研究中的重要作用，认为概念界定与直观表象并行不悖，共同推动了科学的发展。

有人从其他方面发现，我的观点可以从过分的重视感性和相应的不了解抽象作用和概念思维的价值得到理解。须知，

---

① 〔奥〕马赫：《感觉的分析》，第74页。
② 〔奥〕恩斯特·马赫：《认识与谬误》，第106页。
③ 〔奥〕恩斯特·马赫：《认识与谬误》，第114页。

若不重视感性，自然科学家便不会有多大成就，而重视感性，并不会妨碍他建立明晰和精确的概念。恰恰相反！近代物理学的概念在精确性和抽象程度方面可以与任何其他科学的概念相比，同时还表现出一个好处，即人们总能轻而易举地、确定无疑地追溯到建立起这些概念的感性要素。对于自然科学家，直观表象与概念思维之间的鸿沟并不是很大的、不可跨越的。①

在他看来，作为物质实验的指导与前提，思想实验中由于包含着感性因素，甚至本能与习惯，那么科学家头脑之中的最初理论，其实只是一种十分初级的假设而已。

事实上，自然科学的假设构成仅仅是一个本能的、最初的思维的进一步发展阶段，我们可以指出这种本能的、最初的思维与假设构成之间的一切过渡形式。对一个十分明显的事实领域，也只能作出非常一般的近似的猜想，人们通过这些猜想觉察不到假设的实质。②

假设是经验最终获得证实之前的一个过渡阶段。"我们把一个暂时的尝试的关于较易理解但缺乏实际证明的实际目的的假想叫做假设。"③ 通过证实或证伪猜想，推动科学研究的深入。"假设的重要职能在于导致新的观察和尝试，从而证明、反驳或改变我们的猜想，总之，扩展经验。"④ 因此猜想与假设的互动，是科学研究中长期存在的一对关系。

---

① 〔奥〕马赫：《感觉的分析》，第294页。
② 〔奥〕恩斯特·马赫：《认识与谬误》，第181页。
③ 〔奥〕恩斯特·马赫：《认识与谬误》，第183—184页。
④ 〔奥〕恩斯特·马赫：《认识与谬误》，第187页。

　　　　不能否认，科学是通过猜想和比较逐渐形成的。但是科学越接近完成，它就越过渡到单纯和直接的对事实的描述。通过对一种事实与另外的事实进行类比，我们能够发现事实的新特征，但是是否能得出与那种类似新的一致或区别就不一定了。①

在这一过程中，假设会不断地遭到否定。"假设具有不断自我否定的职能，通过这种职能在概念上表述事实。"② 这无疑是证伪主义的一种滥觞。

第四节　假设是科学共同体的约定

　　法国科学家、哲学家彭加勒（Henri Poincaré，1854-1912）的科学哲学著作有《科学与假设》（1902）、《科学的价值》（1905）、《科学与方法》（1908）、《最后的沉思》（1913）。针对理性主义、经验主义分别倡导的知识来源的先验论、经验论，彭加勒提出第三种主张，即科学共同体主观约定，从而开创了"约定论"或"约定主义"。

　　彭加勒将理论视为一种科学假设，他出版的第一本科学哲学著作是《科学与假设》，可以看出他对于假设在科学研究中作用的重视。彭加勒指出假设是研究的前提。"人们略加思索，便可以察觉假设占据着多重大的地位；数学家没有它便不能工作，更不必说实验家了。"③ "因为没有假设，科学家永远也不能前进一步。事情的实质在于从不无意识地做假设。"④ 假设分为三种：可证实的

① 〔奥〕恩斯特·马赫：《认识与谬误》，第192—193页。
② 〔奥〕恩斯特·马赫：《认识与谬误》，第193页。
③ 〔法〕昂利·彭加勒：《科学与假设》，李醒民译，商务印书馆，2009，第1页。
④ 〔法〕昂利·彭加勒：《科学的价值》，李醒民译，商务印书馆，2007，第175页。

假设、无法证实的假设、定义或约定。

> 我们也将看到，存在几类假设；一些是可证实的，它们
> 一旦被实验确认就变成富有成效的真理；另一些无能力把我
> 们导入歧途，它们对于坚定我们的观念可能是有用的；最后，
> 其余的只是外观看来是假设，它们能还原为隐蔽的定义或
> 约定。[1]

彭加勒将定义界定为"约定"，显示出他将科学理论视作科学共同体内部的一种主观产物。"最后这些假设尤其在数学和相关的科学中遇到。这些科学正是由此获得了它们的严格性；这些约定是我们心智自由活动的产物，我们的心智在这个领域内自认是无障碍的。"[2] 但约定并非完全任由心智，而必须建立在科学实验基础之上。"实验虽然把选择的自由遗赠给我们，但又通过帮助我们辨明最方便的路径而指导我们。"[3] 彭加勒运用了一个形象的比喻，对形而上学进行了讽喻，强调了科学实验的重要性。"长期以来，人们依旧梦想先发制人地排斥实验，或梦想依靠某些不成熟的假设构造整个世界。以前人们还为之自鸣得意的那一切建筑物，今天留下的只不过是它们的废墟而已。"[4] 因此，彭加勒对唯名论所持的前一立场进行了批评，

> 一些人受到某些科学基本原理中可辨认的自由约定的特
> 点的冲击。他们想过度地加以概括，同时，他们忘掉了自由
> 并非放荡不羁。他们由此走到了所谓的唯名论，他们自问道：

① 〔法〕昂利·彭加勒：《科学与假设》，第 2 页。
② 〔法〕昂利·彭加勒：《科学与假设》，第 2 页。
③ 〔法〕昂利·彭加勒：《科学与假设》，第 2 页。
④ 〔法〕昂利·彭加勒：《科学的价值》，第 89 页。

学者是否为他本人的定义所愚弄，他所思考、他所发现的世界是否只是他本人的任性所创造。在这些条件下，科学也许是确定的，但却丧失了意义。①

主张在自由心智的指导下，开展递加归纳，即所谓"递归推理"，从而由特殊到普遍，朝着精密科学前进，寻找到普遍的定理。②

但同时，与马赫相似的是，与旧实证主义重归纳轻演绎不同，彭加勒虽然重视归纳的基础作用，"我们只有借助数学归纳法才能攀登，唯有它能够告诉我们某种新东西。没有在某些方面与物理学归纳法不同的、但却同样有效的数学归纳法的帮助，则构造便无力去创造科学"，③ 但认为科学家在研究中综合运用了经验与思想，"科学家力图把许多经验和许多思想浓缩在一个小容积内"。④ 心智而非归纳，扮演了创造概念、发现定理的主导角色。"这一概念完全是由心智创造的，但是经验为它提供了机会。"⑤ 心智之中甚至包含了直觉，"心智对这种威力有一种直接的直觉，而经验只不过是为利用它、并进而变得意识到它提供机会"。⑥《科学的价值》一书的第一章"数学中的直觉和逻辑"，论述了直觉与逻辑在数学研究中各司其职、彼此配合的运作形式，而经验只是起到刺激心智的作用。"简而言之，心智具有创造符号的能力……但是，只有经验向那里给心智提供刺激物，心智才能利用这种能力。"⑦

总之，在彭加勒看来，在发现定理的过程中，心智具有相当的自由空间。"它们是约定；我们在所有可能的约定中进行选择，

① 〔法〕昂利·彭加勒：《科学与假设》，第2页。
② 〔法〕昂利·彭加勒：《科学与假设》，第14—23页。
③ 〔法〕昂利·彭加勒：《科学与假设》，第23页。
④ 〔法〕昂利·彭加勒：《科学与方法》，李醒民译，商务印书馆，2010，第12页。
⑤ 〔法〕昂利·彭加勒：《科学与假设》，第28页。
⑥ 〔法〕昂利·彭加勒：《科学与假设》，第20页。
⑦ 〔法〕昂利·彭加勒：《科学与假设》，第31页。

要受实验事实的指导；但选择依然是自由的，只是受到避免一切矛盾的必要性的限制。"①《科学的价值》一书的第十章题目是"科学是人为的吗?"，努力彰显与表达理论约定的主观性。

> 科学仅仅是由约定组成的，科学表面上的确定性只是归因于这种情况；科学事实和科学定律都是科学家人为的产物，后者更有理由如此；因此，科学不能教导我们以任何真理，它只能作为行动规则为我们所用。②

约定论无疑对后来库恩的范式理论产生了深刻影响。

第五节　概念的高度概括与精确语言

彭加勒指出从实验到定律，并非自然而来，而是需要高度精确的概括。

> 定律虽然出自实验，但是并非直接而来。实验是个别的，而由它推出的定律却是普遍的；实验仅仅是近似的，而定律则是精确的，或者至少自称是精确的。实验总是在复杂的条件下完成的，而定律的表述则消除了这些复杂性。这就是所谓的"矫正系统误差"。③

科学实验能够归纳出定律，但定律的表达由于高度的概括性，需要十分精确的语言体系。"一切定律都是从实验推出；但是要阐明这些定律，则需要有专门的语言；日常语言太贫乏了，而且太模

---

① 〔法〕昂利·彭加勒：《科学与假设》，第51页。
② 〔法〕昂利·彭加勒：《科学的价值》，第133页。
③ 〔法〕昂利·彭加勒：《科学的价值》，第89—90页。

糊了，不能表达如此微妙、如此丰富、如此精确的关系。"① 而数学是最为精确的表述媒介，"这是物理学家不能够没有数学的一个理由；数学为他提供了他能够表述的惟一语言。精妙的语言不是无关紧要的东西"。② 一个数学名词的有效拟定，能够扩大理论的解释力度，"一个精选的名词通常足以消除用旧方式陈述的法则所遭受的例外；这就是为什么我们创造了负数、虚数、无穷远点等等。我们一定不要忘记，例外是有害的，因为它掩盖着定律"，③ 增强概念的概括力度，"这种术语简洁地表达了通常解析语言用冗长的用语才能讲清的东西。而且，这种语言使我们用同一名称称谓相似的事物，使我们突出类似性，让我们永远不再忘记它"，④ 极大地推进科学研究的开展，起到马赫所说的思维经济的良好效果。"我们刚才通过一个例子已经看到名词在数学中的重要性，不过还可以引用许多其他例子。人们很难相信，正如马赫所说，一个精选的名词就能使思维有多么经济。"⑤

彭加勒尝试区分"未加工的事实"与"科学事实"。对于二者之间的区别，彭加勒一方面重申了科学家结合心智与实验，开展科学研究的观点，

> 科学家并没有凭空创造科学事实，他用未加工的事实制作科学事实。因而，科学家不能自由而随意地制作科学事实。工人不管如何有本领，他的自由度总是受到他所加工的原材料性质的限制。⑥

---

① 〔法〕昂利·彭加勒：《科学的价值》，第 89 页。
② 〔法〕昂利·彭加勒：《科学的价值》，第 89 页。
③ 〔法〕昂利·彭加勒：《科学与方法》，第 22 页。
④ 〔法〕昂利·彭加勒：《科学与方法》，第 28—29 页。
⑤ 〔法〕昂利·彭加勒：《科学与方法》，第 22 页。
⑥ 〔法〕昂利·彭加勒：《科学的价值》，第 144 页。

另一方面十分注重与强调语言表述在其中所扮演的关键作用，认为前者是完全的表象，而后者是科学家按照自身的理论，运用语言进行表述的结果。"只要语言介入其中，我就能按我的要求，仅用有限数目的词汇表达我的印象所包含的无限数目的细微差别。"[1] 鉴于语言表述的重要性，彭加勒如此区分二者的差异："科学事实无非是把未加工的事实翻译成另一种语言"；[2] "科学事实只不过是翻译成方便语言的未加工的事实而已"；[3] "科学事实不过是未加工事实的翻译而已"。[4] 甚至以此种观点作为最后的总结："科学家就事实而创造的一切不过是他用以阐述这一事实的语言。"[5] 彭加勒对于语言的重视，引领了逻辑实证主义语言学研究的潮流。

与马赫一样，彭加勒也主张科学理论存在于事物的彼此关系之中。

> 科学首先是一种分类，是把表面孤立的事实汇集到一起的方式，尽管这些事实被某些天然的和隐秘的亲缘关系约束在一起。换言之，科学是一种关系的体系。我们刚才说过，惟有在关系中才能找到客观性；在被视之为彼此孤立的存在中寻求客观性，只能是白费气力。[6]

> 总而言之，惟一的客观实在在于事物之间的关系，由此产生宇宙的和谐。毫无疑问，这些关系，这种和谐，不能设想存在于构想它们的心智之外。但是，它们仍然是客观的，因为对于所有的思维者来说，它们现在是、将来会变成、或

---

① 〔法〕昂利·彭加勒：《科学的价值》，第140页。
② 〔法〕昂利·彭加勒：《科学的价值》，第143页。
③ 〔法〕昂利·彭加勒：《科学的价值》，第144页。
④ 〔法〕昂利·彭加勒：《科学的价值》，第143页。
⑤ 〔法〕昂利·彭加勒：《科学的价值》，第145页。
⑥ 〔法〕昂利·彭加勒：《科学的价值》，第164页。

者将来永远是共同的。①

彭加勒主张科学拥有一种和谐之美，科学家研究科学，并非为了实用，而是运用理智去揭示科学之美。

> 科学家研究自然，并非因为它有用处；他研究它，是因为他喜欢它，他之所以喜欢它，是因为它是美的。……我意指那种比较深奥的美，这种美来自各部分的和谐秩序，并且纯粹的理智能够把握它。②

这种追求能够推动人类走向完善。"这种无私利的为真理本身的美而追求真理也是合情合理的，并且能使人变得更完善。"③

第六节　模糊的意象与确定的概念

马赫以后，"归纳科学的哲学"讲座长期保留了下来，这使维也纳大学一直保持着浓厚的经验主义氛围。维也纳学派的创立者石里克也曾担任这一讲座教授。1918 年，石里克出版了《普通认识论》一书。1948 年，遗著《自然哲学》获得出版。洪谦曾追随石里克学习，他认为自己导师的学术地位并不在于他是逻辑实证主义的创始人，而在于他在继承众多学术遗产的基础上完成了科学哲学的理论基础，开创了科学哲学研究的新局面。

> 石里克过去对于学术文化之最大贡献，不在于他的逻辑实证论的哲学，而在于他能综合亥姆霍兹、马赫、阿芬那留

① 〔法〕昂利·彭加勒：《科学的价值》，第 168 页。
② 〔法〕昂利·彭加勒：《科学与方法》，第 12 页。
③ 〔法〕昂利·彭加勒：《科学与方法》，第 14 页。

斯、波尔兹曼、彭加勒、弗雷格、罗素的思想，完成了一个"科学的哲学"的理论基础。所谓"科学的哲学"是溯源于孔德和穆勒，到了马赫、波尔兹曼、奥斯特瓦尔德、彭加勒、罗素才发展起来；但是使它能脱离一切传统思想而自成一个哲学体系，则不能不归功于维也纳学派领袖石里克了。[①]

与马赫、彭加勒一样，石里克虽然十分重视归纳，但对其效力持十分谨慎的态度。石里克对归纳法进行了明确的定义："因为把一个命题从已知的事例推广到未知的事例，把一个真理从少数实例转到多数实例，或者像通常所描述的那样，从特殊推出一般，用一个名称表示，就是归纳。"[②] "由于公式所包含的内容总比实际上观察到的为多，也由于公式必须对所有同类的过程都有效，因此，任何定律的构写总包括一个概括的过程，即所谓归纳。"[③] 他指出归纳法并非简单地进行统计，而是人们依托已有经验与知识形成的综合判断。

> 简言之，归纳不是仅仅依据单独一次检测，而是预设大量附加的知识，而这些知识归根到底总是相似经验积累的结果，因而是联想的产物，习惯的产物。通过这种习惯，种种预期或规则组成的巨大复合就刻印在我们的意识上，这是贯穿于我们的全部生活和全部思维的复合。[④]

石里克对于归纳法存在的从个案到普遍的跨越，同样存在着

①《维也纳学派哲学》，韩林合编《洪谦选集》，吉林人民出版社，2005，第4页。
② 〔德〕M. 石里克：《普通认识论》，李步楼译，商务印书馆，2009，第463—464页。
③ 〔德〕莫里茨·石里克：《自然哲学》，陈维杭译，商务印书馆，2009，第23页。
④ 〔德〕M. 石里克：《普通认识论》，第466页。

质疑。"从某些实例到一切实例的过渡是否合法，这就是著名的归纳问题。然而，这是一个不仅仅涉及概念之间的关系的问题，而且是涉及概念所标示的实在的问题。"① 他指出通过归纳得出的立论不过是一种概括或或然性。

> 严格地说我们从一定数目的证实中所能推出的不是绝对的真理，而只是概率。因为甚至对于错误判断来说，唯一性的检验也可能偶尔在特定的实例中产生似乎有利的结果。不管有多少次确证，我们也不可能逻辑地推出一个判断必定在任何时候都会是真的。②

> 通过归纳得到的命题不具有确实的性质；它们只具有或然的有效性。③

归纳既然存在局限，那么势必需要演绎进行弥补。与对归纳的审慎态度不同，石里克对于概念在科学认知中的作用极尽赞美之词。他认为在科学认知中，包含了直观的知觉、普遍公认的心理意象与联系二者的抽象法则，指出当人们认识到某种事物时，所获得的印象是普遍公认的角色符号，而贯穿其中的是人们遵循的法则。

> 在取自日常生活的实例中，我直接确立了两种经验，即知觉和心理意象之间的一致或相同。而在取自科学的实例中，通过认识活动联系起来的两项则把"法则"作为其共同的要素，法则是不可能被感知到而只能通过间接的方式得到的

---

① 〔德〕M. 石里克：《普通认识论》，第 140 页。
② 〔德〕M. 石里克：《普通认识论》，第 209 页。
③ 〔德〕M. 石里克：《普通认识论》，第 468 页。

东西。①

所谓的认知过程，就是从已知扩展至与之相关的未知的推衍过程，即"知识过程的核心都是再发现"。② 比如从亚里士多德的某部书稿，逐渐扩展了解亚里士多德本人的全貌。在这种推衍过程中，人们从以往的知识体系中提出概念即假设，将之应用于进一步的认知。"最初在另一事物中再次发现某种事物，然后又从那个事物中再发现另外的某种事物，如此继续，这样就使我们的理解一个阶段一个阶段地向前推进。"③ 伴随这一过程，人们实现了科学认知的个体到普遍，直观到抽象。

> 事实上只有唯一的一种方法能够产生最严格的、真正有效意义上的科学，因而能够满足这里所讨论的两个条件的科学知识，这两个条件就是：一是要完全地规定个体；二是要通过归结为最一般的东西来实现这种规定。这就是数理科学的方法。④

意象作为一种笼统的印象，较为模糊。"记忆意象事实上是一种极为模糊、变动不居、容易像云雾那样消散的结构。"⑤ 科学研究为克服意象的这一弊端，从而用更为确定的概念加以替代。

> 由于意象是模糊的而不能确切认同，所以，科学寻求某种别的东西来代替意象，这些东西要能够清楚地加以确定，

---

① 〔德〕M. 石里克：《普通认识论》，第25—26页。
② 〔德〕M. 石里克：《普通认识论》，第26页。
③ 〔德〕M. 石里克：《普通认识论》，第29页。
④ 〔德〕M. 石里克：《普通认识论》，第31页。
⑤ 〔德〕M. 石里克：《普通认识论》，第33页。

具有固定的边界，能够经常完全确定地加以认同，这种试图用来代替意象的东西就是概念。①

可见，意象与概念的区别，就在于前者具有模糊性，而后者具有确定性。

> 概念与直观意象的区别首先在于这样一个事实：概念是完全被规定了的而没有什么不确定的东西。可能有人要说（事实上许多逻辑学家已经这样说了），概念只是具有严格固定内容的意象。然而，正如我们在前所说的那样，在心理的实在中没有这种东西，因为所有意象都有一定程度的模糊性。②

石里克主张自然科学的两大特性之一是精确性，

> 自然科学在普遍性之外还具有精确性。这就使它在历史上和现实中成为进行哲学研究的最根本的基础。只有通过分析精确的知识才能有希望获得真正的洞察。也只有在这儿才有可能通过概念的阐释而获得确定的最终的结果。非精确科学中含糊的不确定的命题一定得先转化为精确知识——即它们必须被翻译成精确科学的语言——，然后，它们的意义才能得到充分的解释。③

引入概念就是为了揭示科学知识的恒定性和确定性。"我们正是通过定义力求达到在意象领域中决不会发现而对于科学知识来说必

---

① 〔德〕M. 石里克：《普通认识论》，第 37 页。
② 〔德〕M. 石里克：《普通认识论》，第 37 页。
③ 〔德〕莫里茨·石里克：《自然哲学》，第 8 页。

须具有的东西：绝对的恒定性和确定性。"[1]而精确性的获得，源自以数学所体现的逻辑原则。

> 而精确知识就是那种可以按照逻辑的原则完全清楚地表达出来的知识。"数学"只是逻辑上精确的构写方法的一个名称。因此，举例来说，即使是康德也宣称：科学包含多少数学，也就包含多少知识。科学与其他任何领域相比，其知识的材料或实体更是来源于智力活动——这种活动能使我们抵达抽象的最高峰。而一门科学所达到的抽象程度越高，它洞察实在的本质就愈深。[2]

在石里克看来，唯一能够确保确实性的科学是数学。

> 唯一能够不断地对我们的问题作出严格表述的科学是构造得在每一步上都保证绝对确实性的科学。这种科学就是数学。其他科学，不仅由于不确当的定义而且也由于别的原因而不可能提出这样高的严格性要求，因此它们不可能以如此基本的方式来表述它们的问题。[3]

第七节　简洁有力的假设约定

石里克主张科学是有机的知识体系，"科学是真理的系统而不是一种单纯的堆积"，[4]而数学同样是这种知识体系的榜样。"我们

---

① 〔德〕M. 石里克：《普通认识论》，第 37—38 页。
② 〔德〕莫里茨·石里克：《自然哲学》，第 8—9 页。
③ 〔德〕M. 石里克：《普通认识论》，第 51 页。
④ 〔德〕M. 石里克：《普通认识论》，第 132 页。

会很自然地想到的紧密联系着的科学真理系统首要的范例就是数学。在数学中，那些被我们称之为证明和运算的过程把单个的命题联系在一起。"① 从逻辑观点来看，包括数学在内的所有科学，都遵循着严格的推理逻辑，"从纯粹的逻辑观点来看，任何科学的严格推理和数学的严格推理之间并没有区别，因为在对待推理的问题上，我们所考虑的只是概念之间的相互关系，而不须顾及这些概念所标示的各种直观对象"，② 朝向不断证实的道路前进。

> 这个前提通常是"假设"，而结论则是由经验上可证实的判断所构成，如果这判断实际上被经验所确证，那么，这就被看作是对该假设的证实，因为它表示至少在所考察的实例中通过假设所寻求的关联事实上是唯一的关联。③

但在这条道路上，除了对经验进行归纳以外，更重要的是建立起简洁有力的概念体系。石里克一方面受到了马赫主义关于思维经济原则的影响，另一方面实现了自身超越。他认为减少思想的做法会导致严重的混乱。

> 简言之，促进或减轻思想过程的就是靠训练、习惯和联想——这同科学方法所依靠的逻辑联系正好相反。我们看到，思维和表达中的粗疏和不严谨是多么容易导致将彼此正好相反的东西混淆起来。④

如果马赫的思维经济原则是从减少概念的角度而立论，那么这种

① 〔德〕M. 石里克：《普通认识论》，第135页。
② 〔德〕M. 石里克：《普通认识论》，第137页。
③ 〔德〕M. 石里克：《普通认识论》，第139页。
④ 〔德〕M. 石里克：《普通认识论》，第130页。

观点是正确的。

> 马赫的名言"科学本身可以等于用最少的思维消耗尽可能完全地表现事实这样一个最起码的任务"——如果把这里所说的"最少的思维消耗"在逻辑上解释为用最少量的概念进行标示，那么这种说法就是正确的。[①]

反之，如果是从减少思想的角度而讲，则是错误的。

> 但是如果对同样这些话从心理学上加以理解，意指以尽可能最简便、最容易的方式来表现和想像事实，那么它就是不正确的。这两种说法是不同的；事实上，在一定程度上，它们是互相排斥的。[②]

他从而主张在科学认知中，要运用最少的概念，产生最大的解释效力。

> 认知就在于以最少量的概念完全地、一义地标示世界上的事物。以尽可能少的概念来达到这样的标示——这就是科学的经济学。……真正的思维经济（概念数量最少的原则）是一个逻辑的原则，它涉及概念之间的相互关系。[③]

但这种做法却需要挑战极大的难度。

> 要求我们的思维通过数量最少的概念来标示世界上的一

---

① 〔德〕M. 石里克：《普通认识论》，第130页。
② 〔德〕M. 石里克：《普通认识论》，第130页。
③ 〔德〕M. 石里克：《普通认识论》，第128—129页。

切事物，这并不是赋予思维一项容易的任务，而是一项极端困难的任务。……人类心灵的运作如果使用相对大量的观念似乎会涉及较少的麻烦，或者更容易在世界上找到出路，尽管这些观念若用概念来代替，就能够逻辑地联系起来，能够从一个推论出另一个，从而得以简单化。若以大量的观念来工作就只要求记忆，但是要以较少的基本观念达到同样的结果则需要机智。①

数学之所以最难，也根源于此。"大多数人认为哪一门科学最难呢？显然是数学科学——尽管数学科学以最充分发展了的形式显示了逻辑上的经济，因为数学科学中的概念都是用非常少的基本概念构造出来的。"②

但也正因为此，科学研究才有意义。受到彭加勒影响，石里克又将概念或定义称作"约定"。"我们把以这种方式产生的概念性定义和配列称之为约定（这是对这一术语的狭义的使用，因为在更广的意义上，所有的定义都是一致同意的约定）。"③ 石里克主张知识的本质就是在对经验进行归纳的基础上，用少而有力的概念约定完全揭示出来。"知识就在于用最少的概念来一义地标示世界，而这之所以可能，就在于能够通过在此事物中发现彼事物而使实在事物彼此互相归约这个事实。知识要求概念彼此归约的范围尽可能地扩大。"④ 世界知识体系之所以能够被完全揭示出来，源于世界秩序本身的合理性。

有人会问：怎么可能通过一个简单、明晰的、由很少要

---

① 〔德〕M. 石里克：《普通认识论》，第 129 页。
② 〔德〕M. 石里克：《普通认识论》，第 129—130 页。
③ 〔德〕M. 石里克：《普通认识论》，第 96 页。
④ 〔德〕M. 石里克：《普通认识论》，第 479—480 页。

素建构起来的概念系统，而且可以说是一个公式，来标示整个有无限丰富形式的世界呢？我们可以毫不迟疑地回答：由于世界本身是统一的整体，由于世界上到处都可以发现异中之同。在这个意义上说，实在是完全合理的，也就是说，世界在客观上就是这样构造得如此合理，因而用很少的概念就足以一义地标示它了。[1]

并非形而上学的先验知识，而是实证主义的概念约定，构成了世界的知识体系。

因此，不是我们的意识首先使世界成为可知的。我们通过把概念性记号归约到最低数量，便得以使我们与实在的真正本质和法则相一致。正是由于这个原因，这种归约就是对世界的知识。[2]

石里克一方面秉持建立概念体系，完整揭示世界知识体系的乐观心态，这可能是受到了相对论的巨大成功与轰动的影响；另一方面却出于学者的冷静，对于科学认知仍保持着十分谨慎的态度。这不仅表现在如上文所述对归纳法的审慎上，而且表现在对演绎法的警惕上。他指出在演绎过程中，所有的概念或定律都只是一种假设，

不存在逻辑上有效的从特殊到一般的演绎。对于一般，只能加以猜测而决不能从逻辑上进行推论。这样，定律的普遍有效性或真实性，必然永远是假设性的。所有自然律都具

① 〔德〕M. 石里克：《普通认识论》，第480页。
② 〔德〕M. 石里克：《普通认识论》，第480页。

有假设的性质，它们的真实性永远不能绝对地肯定。因此，自然科学是由光辉的猜测和精确的测量相结合而组成的。[①]

相应都存在随时被颠覆的危险。

> 严格地说，一切对实在的知识都是由假设构成的。任何科学的真理，不论是属于科学史的还是属于对自然的最精确的研究成果，都无例外地是假设。任何科学真理在原则上都不可能免除在某一时刻被拒斥而成为无效的危险。尽管有无数关于实在世界的真理，凡是了解它们的人都不会有所怀疑，但是这些真理的任何一个都仍然不能完全消除其假设的性质。[②]

这一观点应该对卡尔·波普尔的证伪主义有所启示。

小　结

通过审视逻辑实证主义的发展脉络，可以发现这种哲学思潮内部，一直存在内在的张力，即一方面运用数学、物理学与逻辑分析的方法，在归纳的基础上展开演绎，从而构建精确的科学概念与知识体系，另一方面对理论秉持一种十分谨慎的态度，将之视为一种尚待证实、可能证伪的假设。这反映出逻辑实证主义一方面沿袭了科学革命以后所形成的科学精神与价值观念，并伴随科学研究的逐渐推进，将之发扬光大；但另一方面鉴于科学研究揭示出越来越复杂的面相，并在社会上产生出越来越复杂甚至负

[①]〔德〕莫里茨·石里克：《自然哲学》，第23页。
[②]〔德〕M. 石里克：《普通认识论》，第468—469页。

面的社会影响，尤其世界大战的爆发，从而逐渐对科学秉持一种反思乃至警惕的态度。因此，逻辑实证主义一方面将实证主义推向了时代巅峰，但另一方面又开启了证伪主义的滥觞。由此可见，在近代以后的科学思考中，逻辑实证主义扮演了一种承前启后的角色。

第六章
无法证实的假设

维也纳学派在 20 世纪前期辉煌一时，但动荡的欧洲局势很快使其分崩离析。20 世纪 30 年代后期，伴随希特勒的上台，维也纳学派很快分崩离析。1936 年，石里克被一名学生枪杀。学派人员主体迁居美国，进一步受到美国学术氛围的影响，60 年代以后逐渐衰落。"其全盛期毫无疑问是 1926 年至 1936 年这十年时间。"① 逻辑实证主义除了维也纳学派，还有柏林学派、布拉格学派、华沙学派，② 学术主张既与维也纳学派相似，又受到本国学术氛围的影响。虽然作为一股思潮，逻辑实证主义早已消退，但其思想和主张却仍然在当今的哲学世界发挥着重要作用。

第一节　逻辑是证实的核心方法

逻辑实证主义的集大成者是卡尔纳普。鲁道夫·卡尔纳普毕业于德国耶拿大学，学习物理学与数学。在那里，卡尔纳普受到数学家弗雷格（又译作弗莱格）的深刻影响，促使他形成了采用

---

① 〔奥〕鲁道夫·哈勒：《新实证主义——维也纳学圈哲学史导论》，第 17 页。
② 《维也纳学派哲学》，韩林合编《洪谦选集》，第 4—5 页。

逻辑与语义学的方法开展研究的学术信念。[①] 1925 年，开始加入维也纳学派的学术讨论之中。1932 年，结识了卡尔·波普尔，并开始与他展开辩论。1936 年，卡尔纳普前往哈佛大学执教，1941 年加入美国籍。

卡尔纳普成果众多，出版有《世界的逻辑构造》（1928）、《哲学中的假问题》（1928）、《哲学和逻辑句法》（1935）、《语义学导论》（1942）、《逻辑的形式化》（1943）、《意义和必然》（1947）、《概率的逻辑基础》（1950）、《符号逻辑导论》（1954）、《科学哲学导论》（1966）、《物理学的哲学基础》（1966）等书，是逻辑实证主义最受关注的代表性人物。

卡尔纳普十分典型地彰显了逻辑实证主义者运用科学解决一切问题的乐观心理。他指出科学拥有对所有事物的解释效力。"科学，概念知识的系统，是没有限度的。这并不是说在科学之外没有任何东西，科学是无所不包的。生活的全部疆域除科学之外还有许多维度；但科学在其维度范围内是没有界限的。"[②] 相应，科学知识是无限的。"所谓科学知识无限度，意思是说：没有任何问题是科学在原则上不可能回答的。"[③] 与之相比，形而上学所注重的信仰和直觉带给人们的只是心理状态，而非精确知识。

> 信仰（无论是宗教的信仰还是其他种类的信仰）和直觉的现象无疑是存在的，不仅对于实际生活而且对于认识都起着重要的作用。我们也可以承认，在这些现象中，无论如何总有某种东西被人们"把握"了。但是这种形象的说法不应诱使人们假定在这些现象中获得了知识。人们得到的是

---

① 〔美〕鲁道夫·卡尔纳普：《卡尔纳普思想自述》，第 18 页。
② 〔德〕鲁道夫·卡尔纳普：《世界的逻辑构造》，陈启伟译，上海译文出版社，2008，第 329 页。
③ 〔德〕鲁道夫·卡尔纳普：《世界的逻辑构造》，第 329 页。

某种态度，某种心理状态，这在某种情况下诚然可能有利于人们去获取知识，但是知识只有在我们用符号把它表示出来、表达出来，只有用语词或其他符号给出一个命题，才可能存在。上面所说的那种状态有时当然也使我们能够断定一个命题或确定它是真的。但是只有这种可表达的因而是概念性的确定才成其为知识，而这必须同那种状态本身明确地区别开来。①

受到马赫所持"感觉是一切知识要素"②的观念影响，卡尔纳普认为所有的知识都来源于初级的情感，而非思想。

人们的基本态度和兴趣当然不是由思想产生的，而是受情感、欲望、素质和生活环境的制约的。不仅哲学如此，即使如物理学和数学这样最理性化的科学也是如此。但是具有决定意义的是：物理学家不援引非理性的东西作为其论断的根据，而是给以纯粹经验的和理性的论证。③

以往的经验主义与理性主义虽然立场不同，但都主张"一切概念和判断都是经验和理性合作的结果"，④科学认知不过是感觉与理性的杂糅，"感觉提供认识的材料，理性把这些材料加工改制成为一个有秩序的知识系统"。⑤因此以往经验主义与理性主义所争论的问题，其实是二者之间如何综合。"因此问题在于为旧经验主义和旧理性主义建立一种综合。"⑥

---

① 〔德〕鲁道夫·卡尔纳普：《世界的逻辑构造》，第332页。
② 〔美〕鲁道夫·卡尔纳普：《卡尔纳普思想自述》，第90页。
③ 〔德〕鲁道夫·卡尔纳普：《世界的逻辑构造》，第一版序，第3页。
④ 〔德〕鲁道夫·卡尔纳普：《世界的逻辑构造》，"第二版序"，第1页。
⑤ 〔德〕鲁道夫·卡尔纳普：《世界的逻辑构造》，"第二版序"，第1—2页。
⑥ 〔德〕鲁道夫·卡尔纳普：《世界的逻辑构造》，"第二版序"，第2页。

卡尔纳普指出旧实证主义与理性主义各自都存在相应的问题，其中旧实证主义的弊端是缺乏对逻辑和数学的运用。

> 以往的经验主义正确地强调了感觉的贡献，但是没有看到逻辑和数学形式的重要和特性。理性主义注意到这种重要性，但是认为理性不仅能提供形式，而且从理性本身就能（先天地）产生新的内容。①

但在卡尔纳普看来，逻辑是证实的核心方法。

> 逻辑分析的作用是分析所有的知识，分析科学和日常生活中的一切论断，以求弄清每一论断的意义和它们之间的关系。对于一个已知的命题，逻辑分析的一个主要任务就在于找出证实那个给定的命题的方法。②

因此他甚至采取了"哲学的唯一任务就是逻辑分析"这样不无夸张的判断句式。③ 在他看来，逻辑分析是"一个精确的哲学方法"，④ 只有通过逻辑分析，才能构建精确的科学知识体系。为此，卡尔纳普甚至提出了"元逻辑"的概念。⑤

而在卡尔纳普看来，数学拥有异于其他学科的精确性。"我非常喜欢研究数学。哲学的诸多流派都处在无休止的争论中。而与此相反，在数学的领域中，每一个结论都可以得到精确的证明，

---

① 〔德〕鲁道夫·卡尔纳普：《世界的逻辑构造》，第二版序，第 2 页。
② 〔德〕鲁·卡尔纳普：《哲学和逻辑句法》，傅季重译，上海人民出版社，1962，第 1 页。
③ 〔德〕鲁·卡尔纳普：《哲学和逻辑句法》，第 17 页。
④ 〔德〕鲁·卡尔纳普：《哲学和逻辑句法》，第 19 页。
⑤ 〔美〕鲁道夫·卡尔纳普：《卡尔纳普思想自述》，第 84 页。

因此不会产生什么分歧。"① 物理学通过引入数字关系也拥有了精确性。"在关于经验的诸学科中，物理学对我最有吸引力。人们居然能够以精确的数字关系来陈述规律和一般地描绘并解释各种事件以及对未来事件作出预测，这种事实深深打动了我。"② 总之，数学和经验科学是知识的典范形式。"维也纳学派认为，数学和经验科学就其最好的和最系统的形式而言，是知识的典范。一切有关知识问题的哲学研究都应以它们为方向。"③ 与之相比，其他学科则充满了不确切性。"当看到除了物理学之外，几乎所有其他的经验学科中都存在着不确切地解释概念和形成规律的现象、以及大量的缺乏充分联系的事实时，我感到非常惊讶。"④ 相应，卡尔纳普十分重视数学在知识构造中的根本作用。"我认识到数学对于知识系统的构造具有根本的重要性，同时也认识到数学之纯粹逻辑的、形式的性质，正是由于这种性质，数学才得以独立于实在世界的偶然性。"⑤

第二节　构建全面的科学概念系谱

与同时代的众多科学哲学家一样，卡尔纳普也受到了相对论的巨大刺激，他对相对论简洁有效的说服力感到十分惊叹。

也就是在那个时候，我开始了解到爱因斯坦的相对论。那些基本原理所具有的令人惊叹的简明性和巨大的说服力给我留下了深刻印象，并且引起了我的强烈兴趣。我后来曾在

① 〔美〕鲁道夫·卡尔纳普：《卡尔纳普思想自述》，第 3 页。
② 〔美〕鲁道夫·卡尔纳普：《卡尔纳普思想自述》，第 7 页。
③ 〔美〕鲁道夫·卡尔纳普：《卡尔纳普思想自述》，第 110 页。
④ 〔美〕鲁道夫·卡尔纳普：《卡尔纳普思想自述》，第 8 页。
⑤ 〔德〕鲁道夫·卡尔纳普：《世界的逻辑构造》，第二版序，第 2 页。

柏林更加透彻地研究了相对论。我尤其对与相对论有关的方法论问题感兴趣。[1]

但对卡尔纳普影响最大的是数学家弗雷格、罗素与维特根斯坦。受到弗雷格的影响，他强调将逻辑与数学运用到概念系统之中，甚至非逻辑知识之中，并反过来考察逻辑与数学。

> 在整个知识的体系中，逻辑与数学的任务就在于提供概念、陈述和推理的形式。这些形式可以适用于任何一个领域和学科，因而也必然适用于非逻辑的知识。从上述观点又可以得出以下结论：只有密切地注意逻辑和数学在非逻辑领域中、特别是经验学科中的应用，才能够透彻地理解逻辑与数学的性质。[2]

受到罗素的影响，卡尔纳普开始投身于将逻辑运用于概念系统的事业。"的确，从此以后，运用这种新的逻辑工具来分析科学概念和澄清哲学问题就成为我的哲学活动的基本目标。"[3] 受到维特根斯坦的影响，卡尔纳普的逻辑研究是一种符号逻辑或数理逻辑。

> 逻辑陈述的真理性仅仅依据其逻辑的结构和词语本身的意义。逻辑陈述在所有可以想象的情况下都是真实的，因此，它的真理性与世界上的偶然事实无关。而在另一个方面，由此又可以得出这样的结论：这些逻辑的陈述没有论及世界上任何事情，因而没有什么实际的内容。[4]

---

① 〔美〕鲁道夫·卡尔纳普：《卡尔纳普思想自述》，第13页。
② 〔美〕鲁道夫·卡尔纳普：《卡尔纳普思想自述》，第17—18页。
③ 〔美〕鲁道夫·卡尔纳普：《卡尔纳普思想自述》，第19页。
④ 〔美〕鲁道夫·卡尔纳普：《卡尔纳普思想自述》，第38页。

逻辑句法仅涉及逻辑结构或句法形式，而不涉及表述意义，是与语义学并行而分离的句法学。

> 我是从严格限制的意义上来理解语言的逻辑句法。即认为它仅仅讨论语言表述的形式，而这种形式是以说明那些在语言表述中出现的种种符号以及这些符号出现的顺序为特征的。在逻辑句法中根本不涉及这些符号和表述的意义。由于只涉及表述的逻辑结构，因此，句法语言，即那种用于表述逻辑句法的元语言，仅仅包含逻辑常项。①

在《哲学和逻辑句法》的序言中，卡尔纳普明确指出维也纳学派所运用的，是"科学之逻辑分析的方法，或者更确切地说，是科学语言的句法分析的方法"。② 在《世界的逻辑构造》一书的开篇，卡尔纳普就指出该书的宗旨是揭示最广泛研究对象的逻辑构造系统：

> 本书研究的目的是提出一个关于对象或概念的认识论的逻辑的系统，提出一个"构造系统"。此处"对象"一词总是在最广泛的意义上使用的，即指可对其做出陈述的一切东西。因此，不仅事物属于对象，而且特性和联系、类和关系、状态和过程以及现实的和非现实的东西都算是对象。③

与一般的概念系统旨在区分概念的种类与关系不同，卡尔纳普所主张的构造系统旨在从基本概念出发，构造出包含众多概念在内的概念系谱。

---

① 〔美〕鲁道夫·卡尔纳普：《卡尔纳普思想自述》，第85—86页。
② 〔德〕鲁·卡尔纳普：《哲学和逻辑句法》，第1页。
③ 〔德〕鲁道夫·卡尔纳普：《世界的逻辑构造》，第3页。

与其他的概念系统不同，构造系统的任务不是仅仅把概念区分为不同的种类并研究各类概念的区别和相互关系，而是要把一切概念都从某些基本概念中逐步地引导出来，"构造"出来从而产生一个概念的系谱，其中每个概念都有其一定的位置。认为一切概念都可能从少数几个基本概念中这样推导出来，这是构造理论的主要论点，它之有别于大多数其他对象理论者就在于此。①

对象或概念分为可还原性与非可还原性。可还原性是指"一个对象（或概念），如果关于它的一切命题都可以用关于一个或更多其他对象的命题加以转换，那么我们就称这个对象（或概念）是'可还原'为这个或这些其他对象的"。② 可还原性概念组成了一层层概念，推导出一层层更高一级的概念，从而形成一套构造体系。

我们把一个"构造体系"理解为这样一种有等级的对象序列，其中每一等级的对象都是由较低等级的对象构造出来的。由于可还原性具有传递的性质，因而构造系统的一切对象间接地都是从最初一级的对象构造出来的；这些"基本对象"就是构造系统的"基础"。③

最终的目的是打通不同科学研究领域，形成包罗所有科学概念的知识系统，"只有在成功地构造出这样一个关于一切概念的统一系统时，才可能不再把整个科学分割为各个互不相关的专门科学"，④

---

① 〔德〕鲁道夫·卡尔纳普：《世界的逻辑构造》，第3页。
② 〔德〕鲁道夫·卡尔纳普：《世界的逻辑构造》，第4页。
③ 〔德〕鲁道夫·卡尔纳普：《世界的逻辑构造》，第5页。
④ 〔德〕鲁道夫·卡尔纳普：《世界的逻辑构造》，第5页。

建立起一个脱离了实在、超越了内心，从而完全形式化、逻辑化的客观世界。"全部知识的主观出发点虽然是内心体验及其联系，但是正如构造系统要指出的，我们仍然有可能达到一个由概念把握从而对一切主体都是完全相同的、主体间的、客观的世界。"①

第三节　构造统一的科学知识系统

为了完整地展示这种知识体系，卡尔纳普甚至主张创造一种无所不包的语言体系，也就是所谓的世界语。"为了使这个命题表述得更加准确，我建议把它转换成为一个关于语言的命题，也即可以在物理主义的基础上构造出一种完整的、包罗一切知识的语言。"② 卡尔纳普在 14 岁的时候，就开始对建立这种国际性的语言充满兴趣。③ 在他看来，世上流传的有机发展起来的各种语言，在运用于逻辑分析时容易产生混乱，④ 而人为发明的世界语能够规避这一问题，这对于构建科学概念体系至关重要。"我主要是在弗莱格的影响下，始终坚信，一种精心构造起来的语言具有某种优越性，它是十分有用的，对于分析哲学和科学的陈述及概念来说，甚至是绝对重要的。"⑤ 世界语又被卡尔纳普称作物理语言，之所以有此称谓，应源于在卡尔纳普看来，物理学是所有经验科学之中最为精确的。卡尔纳普认为物理语言是一种普遍意义上的科学语言。"如果每个句子都能被译为物理语言，那末这种语言就是一种无所不包的语言，普遍的科学语言。"⑥ 而反映元逻辑的语言，又被他称为"元语言"。

---

① 〔德〕鲁道夫·卡尔纳普：《世界的逻辑构造》，第 5 页。
② 〔美〕鲁道夫·卡尔纳普：《卡尔纳普思想自述》，第 82 页。
③ 〔美〕鲁道夫·卡尔纳普：《卡尔纳普思想自述》，第 111—114 页。
④ 〔美〕鲁道夫·卡尔纳普：《卡尔纳普思想自述》，第 44 页。
⑤ 〔美〕鲁道夫·卡尔纳普：《卡尔纳普思想自述》，第 44 页。
⑥ 〔德〕鲁·卡尔纳普：《哲学和逻辑句法》，第 56 页。

在这种元逻辑中，我强调了下面这两种语言之间的区别：一种是作为研究对象的语言，我称它为"对象语言"；另一种是用以表述对象语言的理论，即表述元逻辑的那种语言，我称之为"元语言"。①

在他看来，对哲学进行精确的逻辑分析，只有借助于元语言才能够实现。

我制定句法方法的主要动机却是出于下述原因：从我们维也纳小组讨论中可以看出，如果有人试图以比较精确的方式来表述我们感兴趣的哲学问题，那么，最后势必涉及到对语言进行逻辑分析的问题。在我们看来，既然哲学问题所涉及的只是语言而不是世界，那么，就当用元语言而不是用对象语言来表述这些问题。因此，我认为一种适当的元语言的形成，将大大有助于使哲学问题得到更清楚的表述，并使这类讨论更富有成果。②

卡尔纳普构建元语言的目的之一便是推动科学概念体系的精确性。"我的目的之一在于使元语言变得更加精确，以便在元语言之内为元逻辑构造一个精确的概念系统。"③ 逻辑与语言之间的亲密关系，通过卡尔纳普将二者直接对等称谓便可以进一步看出：

当时，我把"元逻辑"这个词定义为关于语言表述形式的理论。后来，我用"句法"这个词，或者，为了与语言学

---

① 〔美〕鲁道夫·卡尔纳普：《卡尔纳普思想自述》，第 85 页。
② 〔美〕鲁道夫·卡尔纳普：《卡尔纳普思想自述》，第 87 页。
③ 〔美〕鲁道夫·卡尔纳普：《卡尔纳普思想自述》，第 85 页。

中的句法相区别，我用"逻辑句法"这个词，来取代"元逻辑"。①

在卡尔纳普看来，科学家运用物理语言构建起统一的科学知识体系，并非一种主观作为，而是源于科学本身就是统一的。

> 在我们的讨论中，主要是在纽拉特的影响下，科学统一的原则变成了我们的一般哲学观点的主要原则之一。这个原则表明，经验科学的各个分支仅仅是由于劳动分工的实际原因才被分割开来的，它们本质上都不过是一门无所不包的统一科学的组成部分。②

> 物理学、心理学、社会科学，为了实践的目的，的确可以被分开，因为一个科学家不能同所有的问题打交道；但是它们都立足于同一基础上，它们，归根到底地分析起来，构成一个统一的科学。③

相应所有科学概念都存在内在的联系，无法完全割裂。

> 然而，每个科学名词都被包括在内的一个语言系统之存在，无论如何，意味着所有这些名词都是属于有逻辑联系的各个种类的，而且在科学的各个分支的名词之间不可能有一种根本性的区分。④

因此，卡尔纳普主张世界上只存在一种科学，即使对它展开

---

① 〔美〕鲁道夫·卡尔纳普：《卡尔纳普思想自述》，第85页。
② 〔美〕鲁道夫·卡尔纳普：《卡尔纳普思想自述》，第81页。
③ 〔德〕鲁·卡尔纳普：《哲学和逻辑句法》，第56页。
④ 〔德〕鲁·卡尔纳普：《哲学和逻辑句法》，第56页。

分类，也是分为不同等级，而非不同学科。

> 不能把对象分为各种不同的互不相关的领域，而是只有一个对象领域，因而也只有一种科学。当然我们可以把不同种类的对象区别开来，但是这些不同种类对象的特性是根据其对构造系统的不同等级的从属关系和同一等级的东西的不同构造形式来表示的。①

总之，卡尔纳普将从逻辑出发构造统一的科学知识系统视为科学研究的首要任务。"构造系统之建立是科学的第一任务。此所谓第一，不是就时间而言，而是逻辑意义上的第一。"②

值得注意的是，维也纳学派的另一重要成员奥地利人奥托·纽拉特（Otto Karl Wilhelm Neurath，1882–1945），与卡尔纳普秉持同样的观点，主张发明物理语言，区别于日常语言，从而精确化地表述统一科学。

> 统一科学包含着全部科学定律；这些定律无一例外是可以有关联的。定律不是陈述；它们是根据观察陈述而获得预言的方向（石里克）。统一科学用统一语言表达着所有事物，这种语言对盲人和视力正常者、聋子和听力正常者都是一样的……统一科学的这种统一语言是物理学的语言，通过某种改变，它大体上能与日常语言区别开来。③

具体而言，便是消除无意义的次序和错误的理论阐述，从而消解、

---

① 〔德〕鲁道夫·卡尔纳普：《世界的逻辑构造》，第 8 页。
② 〔德〕鲁道夫·卡尔纳普：《世界的逻辑构造》，第 327 页。
③ 〔奥〕奥托·纽拉特：《社会科学基础》，杨富斌译，华夏出版社，1999，第 103 页。

反驳形而上学的错误学说，做出正确的预言。

  "统一科学"的倡导者借助于规律竭力用"统一的物理主义语言"做出预言。在经验社会学领域中，这是通过"社会行为主义"的发展而完成的。为了达到有用的预言，人们可以首先借助于逻辑消除无意义的词序。但是这样做还不够。还必须附之以消除全部错误的理论阐述。在消除了形而上学的理论阐述以后，现代科学的典范还必须对错误的学说进行反驳，譬如，对星象学的、魔术的和类似的学说进行反驳。[①]

但物理语言推广使用是一项整体的工作，需要依赖一代人而非单个个体的培养。

  一个个体绝不能创造和应用这种成功的语言，因为它是一代人的工作。因此，作为社会行为主义的社会学也只有在一代（训练有素的）物理主义在所有领域都是活跃的时候，才能做出大量正确的预言。[②]

第四节　逻辑真理而非事实真理的诉求

  值得注意的是，卡尔纳普这种从语言出发，只关注逻辑结构本身，而不关注表述对象的符号逻辑研究，虽然致力于构造统一的科学知识系统，揭示科学本身的统一性，但由于丧失了对客观世界的关注，从而沦为一种精致的语言工具，在解释效力上存在

----

① 〔奥〕奥托·纽拉特：《社会科学基础》，第138页。
② 〔奥〕奥托·纽拉特：《社会科学基础》，第138页。

很大局限。对此，卡尔纳普本人在 1934 年出版《语言的逻辑句法》一书数年后，也有深刻的反思。

> 在这本著作出版了几年后，我发现该书中有一个主要论题表述得过于狭隘。我曾经说，哲学或者科学哲学的问题只是一些句法问题。而实际上，我本应以一种更普遍的方式来说明这些问题都是元理论的问题。我所以会采取那种狭隘的表述，历史的原因在于下述这个事实：语言的句法是弗莱格、希尔伯特以及波兰的逻辑学家和我在这本著作中运用精确的手段进行研究的第一个方面。后来，我们也看到，元理论还必须包括语义学和语用学；所以，哲学的范围也应该设想为包括这些领域。[①]

他打算引入语义学以弥补句法学的不足。

> 从我们的观点来看，语言分析这个哲学的最重要工具首先是在逻辑句法的形式中被加以系统化的。可是，这个方法只研究语词的形式，而不研究语词的意义。在语言分析的发展中，用语义学，也即关于意义概念和真理概念的理论来补充句法学，这是一个重要的步骤。[②]

他很早就独立地酝酿这一想法。

> 必须有一种与句法形式不同的形式，人们可以用这种形式来谈论语言。因为既然可以明显地允许谈论事实和语言的

①　〔美〕鲁道夫·卡尔纳普：《卡尔纳普思想自述》，第 89 页。
②　〔美〕鲁道夫·卡尔纳普：《卡尔纳普思想自述》，第 95 页。

表述形式（除维特根斯坦反对这一点外），那么也就同样可以用一种元语言来谈论这两者。用这种方法也就可能谈论语言和事实之间的关系。①

不过，卡尔纳普最终并未引入语义学，这是因为他坚持认为只有发明了世界语，构建出了元语言，才能实现这一点。

在我们的哲学讨论中，当然经常谈到这些关系，可是我们没有一种精确的、系统化的语言来实现这个目的。用语义学这种新的元语言，就可能作出关于指称关系和关于真理的陈述。②

总之，卡尔纳普所一直构建的逻辑系统只是一种符号逻辑，所得出的相应是一种"逻辑真理"，而非"事实真理"。③ 不过在卡尔纳普看来，这也并不会造成根本性的问题，因为虽然传统的实证主义或"经验主义始终断言说一切知识都是以经验为基础的"，④ 但事实上这只是实证主义的一种观点，逻辑实证主义研究的核心问题——逻辑与数学，既无法被观察到，也并不表述事物，相应逻辑实证主义也不必表述事实真理。

经验主义这个命题仅仅适用于事实的真理。与此相反，逻辑和数学中的真理并不需要通过观察来加以证实，因为它们并没有陈述事实世界中的任何一种事物，它们对任何一种可能的事实组合来说都能成立。⑤

---

① 〔美〕鲁道夫·卡尔纳普：《卡尔纳普思想自述》，第 95 页。
② 〔美〕鲁道夫·卡尔纳普：《卡尔纳普思想自述》，第 95—96 页。
③ 〔美〕鲁道夫·卡尔纳普：《卡尔纳普思想自述》，第 101 页。
④ 〔美〕鲁道夫·卡尔纳普：《卡尔纳普思想自述》，第 102 页。
⑤ 〔美〕鲁道夫·卡尔纳普：《卡尔纳普思想自述》，第 102—103 页。

第五节　证实主义的放弃

与卡尔纳普不断反思自身一样，维也纳学派内部也存在对自身立场的不断省思乃至改造，这从包括卡尔纳普在内的维也纳学派对规律的反思乃至动摇的态度便可看出。关于归纳法与演绎法，卡尔纳普提醒不应简单地划分与对立。

> 归纳常被拿来与演绎相对照，演绎是从一般走向特殊和个别，而归纳走的是另一条道路——从个别到一般。这是导致错误的过分简单化。在演绎中，有着各种推理而不单是从一般到特殊；在归纳中，同样有许多推理的种类。这种传统的区分也会引向错误的，因为它暗示着演绎与归纳只不过是单一的逻辑的两个分支。①

对于旧实证主义通过归纳法获得事物的内在规律，卡尔纳普从逻辑实证主义的立场进行了肯定。

> 当然，我们知道，所有的规律都是建立在对某种规则性的观察的基础上的，它们组成与关于事实的直接知识相对立的间接知识。是什么东西使我们能够证明从直接的事实观察中得出表达自然界的某种规则性的规律是正当的呢？在传统的术语中，这就是所谓"归纳问题"。②

他指出由此而得出的规律对于事物具有解释力与预言性："它们用

---

① 〔美〕R. 卡尔纳普：《科学哲学导论》，张华夏等译，中山大学出版社，1987，第19页。
② 〔美〕R. 卡尔纳普：《科学哲学导论》，第19页。

于解释已经知道的事实以及预言尚未知道的事实。"①

但同时，卡尔纳普指出归纳法的证实主义面临着很大挑战。受到彭加勒等人的影响，维也纳学派主张规律或定律其实只是一种假设。

> 我们的方法论观点具有这样的特征，它强调自然定律，特别是物理学理论中的自然定律具有假说的特性。这个看法受到彭加勒、杜恒等人的影响，同时也受到借助同等定义或规则对公理方法及其在经验科学中应用的研究成果的影响。显然，物理学的定律是不可能被完全证实的。②

甚至有成员开始反思证实主义的合理性。"可是，另一些人则开始对可证实性原则的合理性表示怀疑。"③ 比如，纽拉特的观点已经与波普尔的主张十分接近。

> 纽拉特一直反对所谓知识具有一个最根本的基础的看法。按照他的观点，我们关于世界的全部知识始终是不确定的和不断需要加以纠正和改变的；它就象一只找不到港口的船，因此不得不漂浮在大海上进行修理和重建。卡尔·波普的《研究的逻辑》一书，也是在这方面发生影响的。④

而这些成员之中，便包括卡尔纳普。卡尔纳普同样主张实证主义通过观察所获得的结论，以及在此基础上归纳而成的规律存在很大的不确定性。"我们知道，通过观察获得的关于事实的单称叙

---

① 〔美〕R. 卡尔纳普：《科学哲学导论》，第4—5页。
② 〔美〕鲁道夫·卡尔纳普：《卡尔纳普思想自述》，第90页。
③ 〔美〕鲁道夫·卡尔纳普：《卡尔纳普思想自述》，第91页。
④ 〔美〕鲁道夫·卡尔纳普：《卡尔纳普思想自述》，第91页。

述，是从来不是绝对确凿的，因为在我们的观察中我们可能犯错误；但是，至于说到规律，这里存在着更大的不确定性。"① 事实上，规律永远无法完全被证实。

> 我们就会发现，甚至最好地被发现的物理学规律都必定建基于有限数目的观察之上，总是可能在明天就发现一个反例的。任何时候都不能达到对一个规律的完全证实。事实上我们全然不能说"证实"（verification）——如果我们用这词来表示真理的最后确立的话——我们只能说确证（confirmation）。②

相对于证实的巨大难度，证伪却是十分轻易的。

> 有趣的是，虽然没有一种方法可以证实（在严格的意义上）一个规律，但却存在一个简单的方法证伪它，人们只需要找到一个反例。有关一个反例的知识自身可能是不确实的。你可能犯了一个观察的错误，或者以某种方式受欺骗了，但如果我们假定这反例是事实，则规律立刻随之被否定。……一百万个肯定的实例对于证实这个规律来说是不充分的；一个反例对于证伪来说却是充分的。这种情况是极不对称的。驳倒一个规律是容易的；而找到强有力的确证是极端困难的。③

因此，包括卡尔纳普在内的部分成员，在 20 世纪二三十年代之交，就已经开始放弃证实主义，努力寻找更为灵活的标准，"因此，我们当中的一些人，特别是纽拉特、哈恩和我从中得出这样的结论：我们必须找到一个比可证实性原则更加灵活的意

---

① 〔美〕R. 卡尔纳普：《科学哲学导论》，第 20 页。
② 〔美〕R. 卡尔纳普：《科学哲学导论》，第 20—21 页。
③ 〔美〕R. 卡尔纳普：《科学哲学导论》，第 21 页。

义标准"，① 从而与以石里克为代表的维也纳学派的最初观点形成了明显的立场差异。"这部分成员有时被称为维也纳小组的左翼，以相对于主要由石里克和魏斯曼为代表的比较保守的右翼。他们都与维特根斯坦保持着个人联系，并且倾向于坚持后者的观点和表述方式。"②

第六节　概率与可确认性

当时这种努力还只是一种大致的方向，而未获得明显的结论。"尽管我们放弃了可证实性原则，但是我们当时却没有清楚地看出应当用怎样的意义标准来代替它。不过，我至少认识到了前进的总方向。"③ 但在 1936 年发表的《可检验性和意义》一文中，卡尔纳普已经找到了替代性结论，那就是弱化肯定色彩。卡尔纳普最初是运用一种局部肯定的表述形式，

> 关于物理世界中不可观察事件的假设，是绝不能用观察的证据完全地证实的。因此，我建议应当放弃这个可证实性概念，而采取这样的说法，这个假设或多或少可被这种证据所确认或否认。④

此后引入概率的量的概念，量化可以确定的程度。

> 我相信，概率的逻辑概念应当给经验科学方法论中的一个基本概念，也即对关于一组特定证据的假说进行确认的概

① 〔美〕鲁道夫·卡尔纳普：《卡尔纳普思想自述》，第 91 页。
② 〔美〕鲁道夫·卡尔纳普：《卡尔纳普思想自述》，第 91 页。
③ 〔美〕鲁道夫·卡尔纳普：《卡尔纳普思想自述》，第 91 页。
④ 〔美〕鲁道夫·卡尔纳普：《卡尔纳普思想自述》，第 93 页。

念，提供一种精确的数量的说明。因此，我选择了"确认的程度"这个词来作为一个说明逻辑概率的技术性术语。①

他发明了代表量的"可确认性"概念，来替代质的"可证实性"概念。

当时，我还没有解决可否确定这种确认的量度问题。后来，我又引进了确认程度或逻辑概率的量的概念。我建议用可确认性来代替可证实性。如果观察语句能够对某个语句的确认作出肯定或否定的回答，那么这个语句就是可确认的。②

与之相似，维也纳学派最初持科学概念可以明确定义的立场，"维也纳小组最初接受的物理主义理论的大致内容是：科学语言的每一个概念都可以依据可观察特性加以明确定义；因此，科学语言的每一个语句都可以翻译成关于可观察特性的语句"。③ 但卡尔纳普同样对此提出质疑："除了完全的可证实性这个要求之外，我们还必须放弃原先的一个观点：即认为科学概念是可以在观察概念的基础上明确地定义的。"④ 在语句形式上，"我建议，科学概念只要能还原为观察谓词就行了，因为这个要求对于确认包含这些概念的句子来说，已经足够了"。⑤

第七节　概率陈述的假定性

汉斯·赖欣巴哈（Hans Reichenbach，1891－1953），是德国著

---

① 〔美〕鲁道夫·卡尔纳普：《卡尔纳普思想自述》，第 116 页。
② 〔美〕鲁道夫·卡尔纳普：《卡尔纳普思想自述》，第 93 页。
③ 〔美〕鲁道夫·卡尔纳普：《卡尔纳普思想自述》，第 94 页。
④ 〔美〕鲁道夫·卡尔纳普：《卡尔纳普思想自述》，第 93 页。
⑤ 〔美〕鲁道夫·卡尔纳普：《卡尔纳普思想自述》，第 94 页。

名哲学家，柏林学派的代表性人物，著有《经验和预测》（1938）、《量子力学的哲学基础》（1944）、《科学哲学的兴起》（1951）。在《科学哲学的兴起》一书的序文中，赖欣巴哈明确指出该书的研究主旨是从科学的角度论证哲学。他首先指出传统的哲学研究，是一种思辨哲学，

> 许多人都认为哲学是与思辨不能分开的。他们认为，哲学家不能够使用确立知识的方法，不论这个知识是事实的知识还是逻辑关系的知识；他们认为，哲学家必须使用一种不能获致证实的语言——简言之，哲学不是一种科学。①

思辨哲学只是科学哲学出现之前的一种过渡阶段的产物，

> 本书认为，哲学思辨是一种过渡阶段的产物，发生在哲学问题被提出，但还不具备逻辑手段来解答它们的时候。它认为，一种对哲学进行科学研究的方法，不仅现在有，而且一直就有。②

但必将发展到科学哲学的研究，

> 本书想指出，从这个基础上已出现了一种科学哲学，这种哲学在我们时代的科学里已找到了工具去解决那些在早先只是猜测对象的问题。简言之，写作本书的目的是要指出，哲学已从思辨进展而为科学了。③

---

① 〔德〕H. 赖欣巴哈：《科学哲学的兴起》，伯尼译，商务印书馆，2009，第1页。
② 〔德〕H. 赖欣巴哈：《科学哲学的兴起》，第1页。
③ 〔德〕H. 赖欣巴哈：《科学哲学的兴起》，第1页。

哲学研究也将由此而由错误跃升为真理。"本书的意图是探讨哲学错误的根源，然后提出例证，证明哲学已摆脱错误而升向真理了。"①

赖欣巴哈指出知识的本质是概括，发现的艺术就是正确概括的艺术，而概括就是把相关的事物联系在一起，将无关的因素加以排除，知识由此就产生了。相应，科学的起源也是概括，解释的本质也是概括。在科学领域，对于现象的概括会上升为自然规律，而自然规律会被作为普遍规律，运用于解释其他事物。对于普遍规律的占有冲动，刺激了人们对于普遍规定的追求。科学解释由于知识不足而无法获得正确的概括时，人们就开始用想象加以代替，用类比来进行联想，从而产生一种"假解释"，哲学由此而产生。假解释并非全然无益，它是一种原始的科学理论，是一种朝正确方向前进的步伐。② 假解释分为两种，经验哲学是无害的，而思辨哲学却是有害的。

> 有两种假的概括，可以分别为无害错误形式和有害错误形式。前一种常出现在有经验论思想的哲学家中，比较容易在以后的经验的启发下得到纠正和改善。后一种常包含在类比和假解释内，所导致的是空洞的空话和危险的独断论。这一种概括似乎流行于思辨哲学家的著作中。③

思辨哲学所采取的类比将会导致逻辑错误。"任何对类比所作的认真的解释，都会导致严重的逻辑错误。……经由假类比而造成的有害错误是一切时代哲学家的通病。"④ 以亚里士多德为例，即使

---

① 〔德〕H. 赖欣巴哈：《科学哲学的兴起》，第3页。
② 〔德〕H. 赖欣巴哈：《科学哲学的兴起》，第7—11页。
③ 〔德〕H. 赖欣巴哈：《科学哲学的兴起》，第11—12页。
④ 〔德〕H. 赖欣巴哈：《科学哲学的兴起》，第13页。

用古希腊的生物学、逻辑学标准去衡量，而非现在的科学标准去衡量，也可以看出他的形而上学不是知识，不是解释，而是类比，是一种躲入图像语言中的逃避。他想要发现普遍性的迫切心理，促使他从较小研究范围的基础上，通过类比获得了模糊的思辨。①图像思维而非逻辑思维，会导致哲学体系的晦涩难解，

> 各种哲学体系的晦涩见解根源于交织在思想过程中的某种逻辑外的动机。对于合法的、通过概括的办法来寻求解释的需要，却被人通过图像语言给予了一种假的满足，认识范围之被诗这样闯入，是由于想构造一个想象的图像世界的冲动所引起的；这种冲动往往能够比探究真理的愿望更强烈。图像思维之所以称作为一种逻辑外的动机，那是因为它并非一种逻辑分析形式，而是从逻辑范域以外的精神需要中产生的。②

阻碍哲学朝向正确的道路前进。

> 一些哲学体系之所以不能逐渐进行准备向科学哲学推进，而结果阻绝了这方面的发展，正是这种类比的悲剧性结果。亚里士多德的形而上学曾经影响了两千年的人类思想，至今还为许多哲学家所赞赏。③

赖欣巴哈主张现代科学研究是数学与观察之间的相互结合。"不能把观察从经验科学中取消，而只把在各个不同的实验研究结果之间建立联系这一功能留给数学。……现代意义的经验科学是

---

① 〔德〕H. 赖欣巴哈：《科学哲学的兴起》，第14页。
② 〔德〕H. 赖欣巴哈：《科学哲学的兴起》，第26页。
③ 〔德〕H. 赖欣巴哈：《科学哲学的兴起》，第15页。

数学方法和观察方法的成功结合。"① 科学研究所获得的概念,并非确认无疑,而只是一种高度可能性。"它的结果并不是被认为绝对确定,而只是被认为具有高度可能性,并对于一切实践目的具有足够可靠性。"②

在赖欣巴哈看来,符号逻辑逐渐成为科学哲学研究的显著特点。③ 符号逻辑之所以兴起,根源于只有数学才能促使逻辑得以清楚地表达。

> 逻辑比哲学中任何部门都需要对它的问题进行专门处理。逻辑中的各个问题是不能用形象语言来解决的,而需要数学表述那种精密性;即使对问题的陈述,如没有像数学语言那样技术性的语言的帮助,也常常是不可能的。④

为适应符号逻辑的精确化要求,用于表达语言自身的元语言应运而生。"通常的语言所说的是事物,元语言所说的是语言;因此,当我们在建立一种语言理论时,我们说的话是元语言。"⑤ 而用于研究元语言记号的理论,被称为"语义学"。

> 元语言的研究导致一般的记号理论,通常叫做语义学或符号学。这种理论研究的是一切语言表达形式的属性。所谓一切语言表达形式包括交通标志或像人造语言那样用作为向别人传达意义的图画等记号。⑥

---

① 〔德〕H. 赖欣巴哈:《科学哲学的兴起》,第 28 页。
② 〔德〕H. 赖欣巴哈:《科学哲学的兴起》,第 28 页。
③ 〔德〕H. 赖欣巴哈:《科学哲学的兴起》,第 185 页。
④ 〔德〕H. 赖欣巴哈:《科学哲学的兴起》,第 187 页。
⑤ 〔德〕H. 赖欣巴哈:《科学哲学的兴起》,第 195 页。
⑥ 〔德〕H. 赖欣巴哈:《科学哲学的兴起》,第 195 页。

符号逻辑是一种演绎逻辑，而在经验科学研究中，归纳逻辑同样扮演着十分重要的作用。

> 符号逻辑是一种演绎逻辑；它只涉及以逻辑必然性为特性的思维演算。经验科学虽然广泛地使用演绎演算，但在这以外也要求另一种逻辑，这种逻辑由于使用归纳演算，故称为归纳逻辑。①

与卡尔纳普一样，赖欣巴哈也放弃了证实主义，指出归纳无法得出规律，而只能得出概率。

> 归纳推论的研究术语概率理论范围内，因为可观察的事实只能使一个理论具有概率的正确性，而永远不能使一个理论绝对确定。即使在归纳结果这样地纳入概率理论中，已为人承认的时候，新的误解形式还会发生。②

事实上，通过归纳推导出的结论并非一种，而可以是多种，其中概率最大者才被接受。

> 确证推论具有一种更复杂的结构。一组观察到的事实总是不只适应一种理论的；换言之，从这些事实可以推导出几种理论来。归纳推论常常对这些理论的每一种各给与一定程度的概率，概率最大的理论就被接受。③

可见，归纳逻辑具有不确定性。"归纳逻辑的研究导致概率理论。

---

① 〔德〕H. 赖欣巴哈：《科学哲学的兴起》，第197页。
② 〔德〕H. 赖欣巴哈：《科学哲学的兴起》，第199页。
③ 〔德〕H. 赖欣巴哈：《科学哲学的兴起》，第199页。

归纳的结论被它的前提作成为概率的，而不是确定的。"① 相应，概率陈述只能被视作一种假定，不同假定之间的差别只有解释效力的区别，而无真假的不同。"在这样的解释之下，就不再需要证明它为真的证据，可以要求的一切只是证明它是一个好的假定，或者竟是可以得到的最好的假定，就行了。"② 对于赖欣巴哈的这一立场，卡尔纳普也有明确的记述：

> 莱辛巴赫一直反对可证实性原则，他提出一种概率的意义理论。按照他的理论，如果可能在某种观察事实的基础上确定某个语句的权数，那么就可以承认这个语句是有意义的；如果两个语句对于各种可能的观察事实都具有同样的权，那么这两个语句便具有相同的意义。③

总之，在赖欣巴哈看来，逻辑实证主义否认有绝对真理的存在，而只是追求经验知识，寻找最好的假定，并乐于承认错误，这才是真正的真理之路。

> 科学哲学企图摆脱历史主义而用逻辑分析方法达到像我们今天的科学结果那样精确、完备、可靠的结论。它坚持真理问题必须在哲学中提出，其意义与在科学中提出一样。它不自称能获得绝对真理，它否认有绝对真理的存在，而只追求经验知识。因它关切知识的现状并发展这种知识的理论，新哲学本身就是经验的，并且满足于经验真理。像科学家一样，科学哲学家所能够的只是寻求他最好的假定。但那是他能做的；他也愿意怀着科学工作中所不可缺少的不屈不挠的

---

① 〔德〕H. 赖欣巴哈：《科学哲学的兴起》，第200页。
② 〔德〕H. 赖欣巴哈：《科学哲学的兴起》，第208页。
③ 〔美〕鲁道夫·卡尔纳普：《卡尔纳普思想自述》，第92页。

精神、自我批评以及乐于作新的尝试的心情去做。如果错误一被认出错误就得到纠正，那末错误的道路也就是真理的道路了。①

第八节　假设的无法确实证实性

艾耶尔（Alfred Jules Ayer，1910-1989），英国著名哲学家，逻辑实证主义代表性人物，父亲是法裔瑞士人，母亲是犹太人。1932年，他受到逻辑实证主义的吸引到维也纳，开始参加维也纳学派的活动。1936年，艾耶尔出版了他的成名作《语言、真理与逻辑》。此后，艾耶尔又出版了《经验知识的基础》（1940）、《哲学论文集》（1954）、《知识问题》（1956）、《逻辑实证主义》（1957）、《人的概念》（1963）、《哲学中的革命》（1963）、《论文集》（1965）、《实用主义的起源》（1968）、《形而上学和常识》（1969）、《罗素和摩尔：分析的传统》（1971）、《或然性和证据》（1972）、《哲学的中心问题》（1973）、《二十世纪哲学》（1982）、《自由和道德及其他论文》（1984）等多部著作。

在《语言、真理与逻辑》一书中，与卡尔纳普的符号逻辑不关注表述对象不同，艾耶尔指出所有命题都产生于经验，并对未来具有预见性。

一切具有事实内容的命题都是经验假设；一个经验假设的功能是供给一个经验预见的规则。这就意味着每一个经验假设必须是有关于某种现实的或可能的经验的，所以凡是无关于任何经验的陈述都不是经验假设，因此，它就没有事实

---

① 〔德〕H. 赖欣巴哈：《科学哲学的兴起》，第280—281页。

内容。但是，这的确就是可证实性原则所断定的。①

　　与其他逻辑实证主义学者相似的是，艾耶尔也主张所有的科学命题都是假设，这不仅源于命题会不断受到检验，而且还将可能被证伪。

　　　　我接着进而证明一切的经验命题都是假设，它是不断服从于进一步的经验的检验的；从这一点就不仅推论到任何这样的命题的真实性还没有被确实证实，而且，这样的命题的真实性永远不会被证实；因为无论证明它的证据是如何有力，绝不会有以后的经验不可能反驳这个命题的情况。②

但比其他逻辑实证主义者更进一步的是，艾耶尔对假设的可证实性，依据其程度，区分为强可证实性、弱可证实性。

　　　　我们必须作出的其次一个区分，是"可证实的"这个词项的"强"意义与"弱"意义的区分。一个命题被认为是在那个词的强意义上可证实的，如果并且仅仅如果它的真实性是可以在经验中被确实证实的话。但是，如果经验可能使它成为或然的，则它是在弱意义上可证实的。③

但即使具有强证实性的假设，也无法被永远地确实证实，始终面临着可能被证伪的命运，"不管这些命题如何经常地在实践中被证

---

① 〔英〕A. J. 艾耶尔：《语言、真理与逻辑》，尹大贻译，上海译文出版社，2015，第10—11页。
② 〔英〕A. J. 艾耶尔：《语言、真理与逻辑》，第6页。
③ 〔英〕A. J. 艾耶尔：《语言、真理与逻辑》，第5页。

实，仍然有可能在某个将来的事例中被推翻"，① 只是一个概率或或然性而已。

　　这就意味着没有一个涉及事实的普遍命题总是可以被证明为必然地和普遍地真实。它最多是一个或然的假设。我们将要发现，这一点不仅适用于普遍命题，而且适用于具有事实内容的一切命题。②

　　由于我们已经谈到过的理由，甚至没有一个命题在原则上能够被确实证实，而最多只是具有高度的或然性。③

　　但同时，艾耶尔对卡尔·波普尔所持只有当一个假设证伪后才是科学理论的判断秉持反对立场。"我们也不能接受下述建议，即认为一个句子，当且仅当它表达可被经验确定地否定的某个东西的时候，才被承认为事实上有意义的。"④ 他主张假设既不能被确实证实，也不能被确实证伪，证伪主义的根本问题在于逻辑上的漏洞：对假设进行预判性证伪，在逻辑上就已经预设假设是错的；被认为是相反的证据，也可能是由于考虑不周，而并非与假设存在矛盾。

　　一个假设不能确定地被否定，犹如它不能被确定地证实，因为，当我们把某些观察的出现作为一个证据，以证明一个给定的假设是错了时，我们就预定了某些条件的存在。虽然，在任何给定的情况下，可能非常难以相信这个假定是错的，但在逻辑上不是不可能的。我们会看到，在断言某些有关情

---

① 〔英〕A.J.艾耶尔：《语言、真理与逻辑》，第46页。
② 〔英〕A.J.艾耶尔：《语言、真理与逻辑》，第46—47页。
③ 〔英〕A.J.艾耶尔：《语言、真理与逻辑》，第121页。
④ 〔英〕A.J.艾耶尔：《语言、真理与逻辑》，第7页。

况不是我们所认为的那样时，不一定就有自相矛盾之处，因此，那个假设就并没有真正被否定。如果实际情况是，并不是任何一个假设都可能被确定地否定，我们就不能主张，一个命题的真伪取决于它是否可能被确定地否定。[1]

艾耶尔也同样十分重视演绎在科学规律发现中的作用：

> 我们不是像他（休谟）明显地主张那样，认为每一个一般的假设事实上是许多观察例子的概括。我们同意唯理论者的看法，科学理论成立的过程，与其说是归纳的，不如说是演绎的。科学家不仅是由于看见体现在特殊情况下的例子，就概括出他的规律，而且有些时候是在具有足以证明一个规律的证据之前，就考虑到那个规律存在的可能性。[2]

他指出科学家的心灵在主动寻求知识：

> 他"想到"某一假设或一套假设可能是真的。他用演绎推理去发现，如果那个假设是真的，在给定的情况下他应当经验到的是什么？当他把所要求的观察完成了，或者有理由相信他能够作出这些观察时，他就接受那个假设。他不是像休谟所暗示的，被动地等候大自然来教训他，而是如康德所见到的，强迫大自然回答他所提出的问题。所以，在某种意义上，唯理论者断言心灵在寻求知识中是主动的这个观点还是正确的。[3]

---

[1]　〔英〕A. J. 艾耶尔：《语言、真理与逻辑》，第 7 页。
[2]　〔英〕A. J. 艾耶尔：《语言、真理与逻辑》，第 122 页。
[3]　〔英〕A. J. 艾耶尔：《语言、真理与逻辑》，第 122 页。

科学规律甚至经常是被科学家通过直觉发现。但同时，科学规律的确定仍然需要通过观察与归纳。"必须承认科学规律经常是经过直觉过程而被发现的，这并不意味着科学规律可能通过直觉而被确定。"[1]

小　结

作为逻辑实证主义集大成的代表性人物，卡尔纳普指出形而上学带给人们的只是一种心理状态，而非精确知识，所有问题都应通过科学加以解决。对于实证主义而言，应引入数学、物理学、逻辑分析，在归纳的基础上展开演绎，构建全面的科学概念系谱，建立科学知识系统，从而揭示科学自身的统一性。为此，应发明一种为世界上所有的人共同使用的国际语言——世界语或物理语言，从而达至精确的目标。而其中反映元逻辑的语言，是真正能够开展精确的逻辑分析的元语言。

值得注意的是，卡尔纳普这种从语言出发，只关注逻辑结构本身而不关注表述对象的符号逻辑研究，丧失了对客观世界的关注，从而沦为一种精致的语言工具，只能揭示逻辑真理，而不能反映事实真理，在解释效力上存在很大局限性。对此，卡尔纳普本人也有所反思，主张引入语义学的方法以表述事物，但由于他坚持只有发明了世界语，构建出了元语言，才能实现这一点，从而并未付诸实施。但这在卡尔纳普看来，也不会造成根本性的问题，因为逻辑实证主义本身关注的核心问题——逻辑与数学，既无法被观察到，也并不表述事物，相应逻辑实证主义也不必表述事实真理。

受到彭加勒等人的影响，以及动荡时局尤其二战的影响，卡

---

① 〔英〕A. J. 艾耶尔：《语言、真理与逻辑》，第123页。

尔纳普与其他众多维也纳学派成员一样，对于科学秉持越来越多的省思，都主张所谓的科学规律只是一种假设，于是放弃了该学派最初所坚持的证实主义立场，指出规律甚至永远无法被证实，与证实相比，证伪却十分容易，归纳法并不能带来质的可证实性，而只能带来概率意义上的量的可确认性。

赖欣巴哈指出形而上学是在科学概括并不发达的情况下，人们运用想象而得出的一种"假解释"。逻辑实证主义应引入数学与逻辑，发明元语言，进行符号逻辑的精确概括，从而取代形而上学的模糊思辨。但与卡尔纳普一样，赖欣巴哈也认为归纳推导出的多种结论并非可以完全证实，而只是存在解释效力的大小，相应科学研究的结果并非绝对真理，而只是一种概率、一种假定。

艾耶尔主张所有命题都起源于经验，并具有预见性，是科学家在心灵的鼓舞下，凭借归纳与演绎，甚至通过直觉而发现。与卡尔纳普、赖欣巴哈一样，艾耶尔也认为所有命题都只是一种假设，不断受到经验的检验，其证实程度存在强弱之分，但所有命题都无法完全确实证实，甚至可能被证伪，相应只是一种概率。

第七章
科学的证伪与超越

正如上章所述，科学呈渐进式发展，长期是科学史研究中的主流观念。对此，萨顿的弟子、著名科学史家伯纳德·科恩总结道：

> 不过，即使到了 20 世纪，科学家和科学史家也并没有普遍认为，科学是通过一系列的革命而进步的。在 20 世纪上半叶，人们一般认为，科学中发生革命是极为罕见的事。相反，科学被看作主要是以一种渐进的方式发展的，也就是说，科学是通过一个累积的过程而发展的，在这个过程中，一个小的发展或增长，多少有点规律地随着另一个进步或增长的发生而出现。按照这种模型，偶然出现的比通常增长量大很多的发展，例如与牛顿、拉瓦锡、达尔文、欧内斯特·卢瑟福（Ernest Rutherford）或爱因斯坦等人的活动相当的进步，也许可以说是构成了一场革命；革命的发生，也有可能是一个又一个本身很小的进步连续累积而成的。然而，如此重要的科学领域中的重建活动，即使有人认为它们的确发生过，人们也会把其发生看作极为罕见的。①

---

① 〔美〕I. 伯纳德·科恩：《科学中的革命》（新译本），鲁旭东、赵培杰译，商务印书馆，2017，第47页。

但 20 世纪上半期，卡尔·波普尔延续了休谟、马赫、彭加勒对归纳法的批判，通过展开对逻辑实证主义的批判，提出了"证伪"理论，聚焦于科学发展中理论嬗变的非常事件，从而勾勒出科学进程中不断超越的历史脉络。马克思指出人类社会呈否定之否定的螺旋式上升的发展轨迹，已经明确了否定在认知过程中的重要作用。恩格斯在《自然辩证法》一书中，同样指出科学发展呈现了提出假说，进行证实与超越，最后获得定律的过程。卡尔·波普尔提出的"证伪"理论，虽然延续了这种逻辑思路，但与马克思主义不同的是，他却反对有能够预测未来的真理存在，而只承认在提出问题、进行猜测、加以证伪过程中，解释力不断增强的理论。

第一节　波普尔的批判理性主义

虽然逻辑实证主义内部十分多元，充满着争议的声音，但对逻辑实证主义展开最为猛烈批评的，仍然是来自圈外的波普尔。卡尔·波普尔是出生于奥地利的犹太人，1928 年在维也纳大学获得哲学博士学位，二战后移居英国，在伦敦经济学院执教，直至退休。波普尔是当代著名哲学家、批判理性主义代表性人物。波普尔虽然以批判逻辑实证主义而著名，但他与维也纳学派中的众多成员，比如石里克、费格尔、卡尔纳普等人，都有十分密切的交往。[1] 他的第一本著作《研究的逻辑》就是由石里克与菲利普·弗兰克组织出版的"科学的世界观"丛书中的一种。[2] 而他的证伪主义也受到了维也纳学派的深刻影响。

---

① 〔英〕艾耶尔：《二十世纪哲学》，李步楼等译，上海译文出版社，1987，第 149 页。
② 〔英〕A. 艾耶尔：《维也纳学派》，〔英〕艾耶尔等：《哲学中的革命》，第 56 页；〔英〕艾耶尔：《二十世纪哲学》，第 149 页。

1919 年，是波普尔思想形成的关键一年，他的证伪主义或批判理性主义开始萌芽。少年时期的波普尔，目睹了维也纳的贫困，认为没有什么比结束贫困更为重要的了，因此开始受到周边朋友的影响，接受马克思主义，他曾经是社会主义者中学生协会的成员，还出席过社会主义者大学生团体的集会。①

但 1919 年，当他在维也纳看到在共产党组织的游行示威中，赤手空拳的青年社会主义者遭到枪击时，信仰开始动摇，认为他作为一个马克思主义者，对这场悲剧负有责任。他开始反思马克思主义理论要求强化阶级斗争，加速社会主义到来的观点，作为"科学社会主义"的一部分，能否得到科学的支持，从而在 17 岁的这一年，"成为一个反马克思主义者"，② 并在此后一直宣传反马克思主义的观点。这不仅使他开始形成批判思维，反对一切理性主义，成为一名易错主义者，而且促成了他从理论上反对马克思主义的著作《历史决定论的贫困》一书的形成。③

同样在这一年，爱因斯坦关于广义相对论的预言，得到了英国天文学家爱丁顿博士天文观测的验证，轰动了全世界。与石里克不同，少年的波普尔从中得到的最大冲击，反而并不是这一惊人发现本身，而是爱因斯坦对于理论所秉持的谨慎态度，即验证与预言一致，并不意味着理论的确证，而当不一致时，理论被否定。"我觉得，这是真正科学的态度。它迥然不同于教条的态度，那种态度总是声称为它所赞成的理论找到了'证实'。"④

此时的波普尔，在正、反两方面的刺激下，开始酝酿出他后来长期坚持、影响巨大的批判理性主义。"于是，在 1919 年度，我得出了这样的结论：科学的态度是批判的态度，它不寻求证实

① 《波普尔自传：无尽的探索》，赵月瑟译，中央编译出版社，2009，第 3—8、32 页。
② 《波普尔自传：无尽的探索》，第 33—34 页。
③ 《波普尔自传：无尽的探索》，第 34—36 页。
④ 《波普尔自传：无尽的探索》，第 37—40 页。

而寻求判决性检验：这些检验能反驳被检验的理论，虽然它们决不可能确证它。"① 通过对逻辑实证主义与马克思主义的批判，在科学与社会领域，全面系统地宣扬他的"证伪主义"。而他对于归纳原则的质疑，可以上溯至英国哲学家休谟。这种哲学发展轨迹，不禁让人想到这样一句话："哲学上的思想运动具有这样的特点：如果它们真的说出了重要的东西，那么它们总有卷土重来的倾向。"② 李文靖也指出：

> 从较长历史时段来看，多种知识传统长期共存，并非一般理解的不断迭代，一种被否定的理论有可能在历史的下一个转弯处乘势而为，迸发出新的思想活力。换言之，科学史除了研究"英雄与时势"，同时也要关注那些在过渡时期勉力支撑的"好汉"。③

第二节　科学理论的不断猜测与证伪

1934 年，卡尔·波普尔出版了《研究的逻辑》一书，该书 1959 年的英译本改名为《科学发现的逻辑》。在这本书中，卡尔·波普尔对逻辑实证主义进行了彻底的颠覆，系统阐述了自己的批判理性主义观点。在该书的开篇，波普尔就直截了当地指出逻辑实证主义区别科学与形而上学的归纳法是无效的：

> 按照流行的观点（本书反对这种观点），经验科学的特征

---

① 《波普尔自传：无尽的探索》，第 40 页。
② 〔奥〕鲁道夫·哈勒：《新实证主义——维也纳学圈哲学史导论》，第 4 页。
③ 李文靖：《翁贝格：站在炼金术与现代化学交界处的化学家》，《自然辩证法通讯》2020 年第 7 期。

是它们运用所谓"归纳方法"。按照这种观点，科学发现的逻辑等同于归纳逻辑，即这些归纳方法的逻辑分析。

一般把这样一种推理称作"归纳的"，假如它是从单称陈述（有时也称作"特称"陈述），例如对观察和实验结果的记述，过渡到全称陈述，例如假说或理论。①

原因是从单称陈述推理到全称陈述，即从个别到一般，从事物到理论，在逻辑上是不成立的。

从逻辑的观点来看，显然不能证明从单称陈述（不管它们有多少）中推论出全称陈述是正确的，因为用这种方法得出的结论总是可以成为错误的。不管我们已经观察到多少只白天鹅，也不能证明这样的结论：所有天鹅都是白的。②

归纳法之所以出现这种逻辑问题，在波普尔看来，是因为归纳法在"划界标准"——有的译文又译作"分界问题"——上出现了问题。"我摈弃归纳逻辑的主要理由，正在于它并不提供理论系统的经验的、非形而上学性质的一个合适的区别标志，或者说，它并不提供一个合适的'划界标准'。"③ 这种"划界标准"的问题是什么呢？是归纳方法或者实证主义秉持所有陈述都将被证实或证伪的观点。

归纳逻辑固有的划界标准——就是实证主义关于意义的教条——和下列要求是等价的：所有经验科学的陈述（或所

---

① 〔英〕卡尔·波普尔：《科学发现的逻辑》，查汝强、邱仁宗、万木春译，中国美术学院出版社，2008，第3页。
② 〔英〕卡尔·波普尔：《科学发现的逻辑》，第3页。
③ 〔英〕卡尔·波普尔：《科学发现的逻辑》，第10页。

有"有意义的"陈述），必须是能最后判定其真和伪的，我们说：它们必须是"可最后判定的"。这意味着，它们的形式必须是这样：证实它们和证伪它们，二者在逻辑上都是可能的。[1]

而正如上文所述，波普尔认为证实在逻辑上是不可能的。"我的观点是：不存在什么归纳。因此，从'为经验所证实的'（不管是什么意思）单称陈述推论出理论，这在逻辑上是不允许的。所以，理论在经验上是决不可证实的。"[2]

在此基础上，波普尔指出既然科学理论在逻辑上不能被证实，那么可以反其道而行之，开展证伪。

> 可以作为划界标准的不是可证实性而是可证伪性。换句话说，我并不要求科学系统能在肯定的意义上被一劳永逸地挑选出来；我要求它具有这样的逻辑形式：它能在否定的意义上借助经验检验的方法被挑选出来；经验的科学的系统必须有可能被经验反驳。[3]

在波普尔看来，科学发展的过程，就是检验假说的过程。"我在下面展开论述的理论是与所有运用归纳逻辑观念的试图直接对立的。这理论可以称之为检验演绎法理论，或者说就是这样的观点：假说只能以经验来检验，而且只是在这假说被提出以后。"[4]他针对"归纳主义"，将自己的这种方法称作"演绎主义"。[5] 检

---

① 〔英〕卡尔·波普尔：《科学发现的逻辑》，第16页。
② 〔英〕卡尔·波普尔：《科学发现的逻辑》，第16—17页。
③ 〔英〕卡尔·波普尔：《科学发现的逻辑》，第17页。
④ 〔英〕卡尔·波普尔：《科学发现的逻辑》，第6页。
⑤ 〔英〕卡尔·波普尔：《科学发现的逻辑》，第6页。

验假说遵循以下过程：

> 借助演绎逻辑，从尝试提出来且尚未经过以任何方式证
> 明的一个新思想——预知、假说、理论系统，或任何其他类
> 似的东西——中得出一些结论；然后将这些结论，在它们相
> 互之间，并和其他有关的陈述加以比较，来发现它们之间存
> 在的逻辑关系（如等价性、可推导性、相容性、不相容性）。①

通过这一过程，假说会被有意选取的、普遍存在的，并不会被该
假说推导出来，甚至存在矛盾的现象所证实或者证伪。

> 这最后一种检验的目的，是要找出理论的新推断（不论
> 它自认为如何新法）耐受实践要求考验的程度。这种实践要
> 求或是由纯科学实验引起的；或是由实际的技术应用引起的。
> 在这里，检验的程序也是演绎的。我们借助其他过去已被接
> 受的陈述，从理论中演绎出某些单称陈述，我们称作“预
> 见”，特别是那种易检验或易应用的预见。从这些陈述中，选
> 取那些从现行理论中不能推导出的，特别是那些与现行理论
> 相矛盾的。然后我们将它们与实际应用和实验的结果相比较，
> 对这些（以及其他）推导出的陈述作出判断。假如这判决是
> 肯定的，就是说，假如这些单称结论证明是可接受或被证实，
> 那么，这理论眼下通过了检验，我们没有发现舍弃它的理由。
> 但是，假如这判决是否定的，换句话说，假如这结论被证伪，
> 那么它们之被证伪也就证伪了它们从之合乎逻辑地演绎出来
> 的那个理论。②

---

① 〔英〕卡尔·波普尔：《科学发现的逻辑》，第 8 页。
② 〔英〕卡尔·波普尔：《科学发现的逻辑》，第 9 页。

假说即使被证实，也并不意味着结束，它还要不断接受新的验证。

> 应该注意，肯定的判决只能暂时支持这理论，因为随后的否定判决常会推翻它。只要一个理论经受住详细而严格的检验，在科学进步的过程中未被另一个理论取代，我们就可以说它已"证明它的品质"，或说它已得到"验证"。[①]

波普尔又将这一过程形象地称作"试错"或者"除错"，

> 科学进步或科学发现依存于指令和选择：既依存于一种保守的、传统的、历史的因素，也依存于通过批判而进行试探和除错的革命作用，包括严格的经验审查或检验，即力求找出理论上的弱点，力求驳倒理论。[②]

正是在一步步的证伪过程中，人们逐渐获得更具普遍性的高级理论。

> 这种拟归纳过程应设想如下。提出具有某种普遍性水平的理论，并用演绎法检验；在这以后，又提出普遍性水平更高的理论、又借助具有以前水平的普遍性的理论检验，如此等等。检验方法是不变地根据从较高水平到较低水平的演绎推理。另一方面普遍性水平按时间次序通过从较低水平到较高水平而达到。[③]

---

① 〔英〕卡尔·波普尔：《科学发现的逻辑》，第 9 页。
② 〔英〕卡尔·波普尔：《科学革命的合理性》，纪树立编译《科学知识进化论——波普尔科学哲学选集》，生活·读书·新知三联书店，1987，第 249、253 页。
③ 〔英〕卡尔·波普尔：《科学发现的逻辑》，第 249—250 页。

对于这种验证过程，波普尔借鉴实证主义的"归纳"概念，① 将之称为"拟归纳"趋向。

> 然而沿归纳方向进展不一定由归纳推理序列组成。实际上我们业已表明它可用完全不同的术语——用可检验性和可验证性程度——来解释。因为一个已得到充分验证的理论只能被一个普遍性水平更高的理论来代替；即被一个可更好检验的、并且此外包含旧的、得到充分验证的理论（或至少很接近于它）的理论来代替，所以把那种趋向——向普遍性水平越来越高的理论进展——描述为"拟归纳"趋向更好。②

对于不经过反复证伪而直接追求最高理论的做法，波普尔坚决反对，认为这违背了证伪原则，甚至直接回到了形而上学阶段。

> 也许提出这个问题："为什么不直接发明普遍性水平最高的理论！为什么等待这种拟归纳进化？也许这不就是因为毕竟有归纳要素包含在其中吗？"我不认为如此。具有一切可能的普遍性水平的意见——推测或理论——一次又一次被提出。那些普遍性水平太高的理论（即离开当时可检验的科学达到的水平太远）也许产生一种"形而上学系统"。③

他坚决反对科学是稳步前进的线性发展模式。"科学不是一个确定的或既成的陈述的系统；它也不是一个朝着一个终极状态稳定前进的系统。我们的科学不是绝对的真知：它决不能自称已达

---

① 〔英〕卡尔·波普尔：《科学发现的逻辑》，第249页。
② 〔英〕卡尔·波普尔：《科学发现的逻辑》，第249页。
③ 〔英〕卡尔·波普尔：《科学发现的逻辑》，第250页。

到真理，甚或像概率一样的真理的替代物。"① 因此，所谓的科学理论，在波普尔看来，不过是当前仍然没有被证伪的一个"猜测"罢了。这种猜测也不完全是遵循着科学的逻辑，还受到当代各种非科学因素的影响。

> 我们不知道：我们只能猜测。并且我们的猜测受到对我们能够揭示——发现的定律、规律性的非科学的、形而上学的（尽管在生物学上可以说明的）信仰指导。像培根一样，我们可把我们自己的当代科学——"人们现在通常应用于自然界的推理方法"——描述为由"轻率的和过早的预感"组成的，描述为"偏见"。②

科学家不应该致力于维护这种猜测，反之应该致力于证伪。

> 我们的这些不可思议的富有想象力的和大胆的推测或"预感"受系统检验的细心而清醒的控制。我们的任何"预感"一旦提出，都不能被教条地坚持。我们的研究方法不是维护它们，为了证明我们是多么正确。相反，我们努力推翻它们。我们努力利用我们的逻辑的、数学的和技术的武库中的所有武器来证明我们的预感是错的——为了代替它们提出新的未被证明的和不可被证实的预感，培根嘲弄地称它们为新的"轻率的和过早的偏见"。③

科学家应该坚持所有的理论只是一种试探，即使可以被验证是正确的，但所引出的仍然是再次的试探。"科学客观性的要求不可避

---

① 〔英〕卡尔·波普尔：《科学发现的逻辑》，第 251 页。
② 〔英〕卡尔·波普尔：《科学发现的逻辑》，第 251 页。
③ 〔英〕卡尔·波普尔：《科学发现的逻辑》，第 251—252 页。

免地使每一个科学陈述必定仍然永远是试探性的。它当然可被验证，但是每一次验证是相对于其他陈述而言，这些陈述又是试探性的。"① 因此科学与其说是在追求真理，不如说是在寻找问题并加以检验的无限向前。

> 科学决不追求使它的回答成为最后的甚至可几的这种幻想的目的。宁可说，它的前进是趋向永远发现新的、更深刻的和更一般的问题，以及使它的永远是试探性的回答去接受永远更新的和永远更严格的检验这一无限然而可达到的目的。②

1937 年，波普尔进一步将证伪过程概括为"辩证三段式"。

> 1937 年当我试图说明著名的"辩证三段式"（正题；反题；合题)，把它解释为试错法的一种形式时，我已经提出，一切科学讨论都始于一个问题，我们为它提出某种尝试性解决即一个尝试性的理论；然后在尝试清除错误中对这个理论加以批判；而就辩证法来说，这个过程是自我更新：该理论和对它的批评修正引起了新的问题。……我喜欢把这个图式概括为一句话：科学始于问题，又终于问题。③

1963 年，波普尔出版了《猜想与反驳：科学知识的增长》一书，再次重申科学与形而上学的分界标准，是可证伪性，只有能被证伪的，才是科学。

> 因此，显然需要另外一种分界标准，我建议（尽管几年

---

① 〔英〕卡尔·波普尔：《科学发现的逻辑》，第 253 页。
② 〔英〕卡尔·波普尔：《科学发现的逻辑》，第 254 页。
③ 《波普尔自传：无尽的探索》，第 153 页。

以后才发表这个建议）应当把理论系统的可反驳性或可证伪性作为分界标准。按照我仍然坚持的这个观点，一个系统只有作出可能与观察相冲突的论断，才可以看作是科学的；实际上通过设法造成这样的冲突，也即通过设法驳倒它，一个系统才受到检验。因而可检验性即等于可反驳性，所以也同样可以作为分界标准。

这种科学观以批判态度为自己最重要的特征。由此科学家看一种理论应当看它是否能受到批判讨论：看它是否使自己受到各种批评，又是否经受得住这些批评。[①]

相应，与归纳法强调科学始于观察不同，波普尔提出科学始于提出证伪理论的问题，也同样终于再次证伪新理论的新问题。

因而科学开始于问题，而不是开始于观察；尽管观察可以引出问题来，不期而然的观察、也即同我们的预期或理论发生冲突的观察尤其是这样。科学家面前自觉的任务，总是通过建立解决这种问题的理论，例如通过解释出乎意料的未曾解释过的观察，以求得这个问题的解决。而每一有价值的新理论都会提出新问题，和谐的问题，如何进行新的以前没有想到过的观察检验的问题。而且主要正是因为提出了新的问题，这一理论才是富有成效的。

因此我们可以说，一种理论对科学知识增长所能作出的最持久的贡献，就是它所提出的新问题，这使我们又回到了这一观点：科学和知识的增长永远始于问题，终于问题——愈来愈深化的问题，愈来愈能启发新问题的问题。[②]

---

① 〔英〕卡尔·波普尔：《猜想与反驳：科学知识的增长》，傅季重等译，上海译文出版社，2001，第365页。
② 〔英〕卡尔·波普尔：《猜想与反驳：科学知识的增长》，第318页。

他进一步将知识的进步，总结为提出猜想，进行反驳，再提出猜想，再进行反驳，如此往复，从而一步步接近真理。

> 知识，特别是我们的科学知识，是通过未经证明的（和不可证明的）预言，通过猜测，通过对我们问题的尝试性解决，通过猜想而进步的。这些猜想受批判的控制；就是说，由包括严格批判检验在内的尝试的反驳来控制。猜想可能经受住这些检验而幸存；但它们决不可能得到肯定的证明：既不能确证它们确实为真，甚至也不能确证它们是"或然的"（在概率演算的意义上）。对我们猜想的批判极为重要：通过指出我们的错误，使我们理解我们正试图解决的那个问题的困难。就这样我们越来越熟悉我们的问题，并可能提出越来越成熟的解决：对一个理论的反驳——即对问题的任何认真的尝试性解决的反驳——始终是使我们接近真理的前进的一步。正是这样我们能够从我们的错误中学习。[1]

而所谓的"科学"，不过是对反驳或批判具有更强抵抗力，相对于其他理论更为接近真理的理论而已。

> 在我们的理论中，那些证明对于批判有强大抵抗力的理论，以及那些在某一时刻在我们看来比其他已知理论更接近真理的理论，连同对这些理论的检验的报道，可以描述为那个时代的"科学"。[2]

因此，相对于无法证实的理论，不断开展的批判及由此带来的进

---

① 〔英〕卡尔·波普尔：《猜想与反驳：科学知识的增长》，序言，第1页。
② 〔英〕卡尔·波普尔：《猜想与反驳：科学知识的增长》，序言，第2页。

步，才是科学合理性的价值所在，才是科学真正的意义。

> 既然没有一个理论能肯定地得到证明，所以实质上是它们的批判性和不断进步性——对它们声称比各个竞争的理论更好地解决我们的问题我们可进行辩论这个事实——构成了科学的合理性。①

波普尔由此再次概括指出衡量一项理论是否属于科学的标准，就是它的可证伪性。"衡量一种理论的科学地位的标准是它的可证伪性或可反驳性或可检验性。"② 他认为这才是正确的划界标准或分界标准，"这种分界标准——即可检验性，或可证伪性，或可反驳性"。③ 而作为科学的一大特征——"科学必须增长，也可以说，科学必须进步"，在波普尔看来，并不是"新的实验或新的观察"，而是科学理论的嬗变。"我所想到的科学知识增长并不是指观察的积累，而是指不断推翻一种科学理论，由另一种更好的或者更合乎要求的理论取而代之。"④ 虽然与信奉科学是唯一不断累积而进步的领域的学者一样，波普尔也认可这一观点，但他所强调的仍是理论在不断证伪过程中，虽然十分狼狈，但仍然持续向前的历史进程。

> 我几次三番用了"进步"这个词，最好还是在这里说清楚：可不要误以为我相信历史进步规律。其实我倒是多方抨击过进步规律的信念，我坚信即使科学也决不会服从于这种规律的什么作用。科学史也象人类思想史一样，只

① 〔英〕卡尔·波普尔：《猜想与反驳：科学知识的增长》，序言，第 2 页。
② 〔英〕卡尔·波普尔：《猜想与反驳：科学知识的增长》，第 52 页。
③ 〔英〕卡尔·波普尔：《猜想与反驳：科学知识的增长》，第 55 页。
④ 〔英〕卡尔·波普尔：《猜想与反驳：科学知识的增长》，第 308 页。

不过是一些靠不住的梦幻史、顽固不化史、错误史。但科学却是这样一种少有的——也许是唯一的——人类活动，有了错误可以系统地加以批判，并且还往往可以及时改正。正因如此，只有对于科学才可以说我们经常从错误中学习，才可以清楚明白地说到进步。而大多数其他人类活动领域虽然有变化，却很少有进步（除非我们对生活中可能达到的目标持一种非常狭隘的眼光）；几乎每有所得必有所失，甚至得不偿失。而在多数领域中我们甚至根本不知道应该怎样评价变化。

然而在科学领域中我们拥有一种进步标准：甚至在一种理论受到经验的检验之前，我们就有可能说出，如果它经受住某种专门检验，它对于已知理论是否是一个进步。①

在他看来，理论能够带来科学上的革命，推动科学的进步，而这是知识累积所无法相比的。

第一，一种新理论要成为一种发现或前进一步，应当同以前的理论有矛盾，至少也应引出某些有矛盾的结论。但是从逻辑角度看，这就意味着它应当同它的前驱根本对立，应当推翻它。

在这个意义上，科学中的进步，至少是显著的进步，总是革命的。

第二，科学中的进步虽然是革命的而不是积累的，但在一定意义上又总是保守的：新理论不管多么革命，总是可以充分解释旧理论的成就。②

① 〔英〕卡尔·波普尔：《猜想与反驳：科学知识的增长》，第 310 页。
② 纪树立编译《科学知识进化论——波普尔科学哲学选集》，第 258 页。

第三节　科学理论的暂时性与非预测性

1972 年，波普尔又出版了《客观知识：一个进化论的研究》一书。在这本书中，波普尔将人类世界划分为三个世界。

> 如果不过分认真地考虑"世界"或"宇宙"一词，我们就可区分下列三个世界或宇宙：第一，物理客体或物理状态的世界；第二，意识状态或精神状态的世界，或关于活动的行为意向的世界；第三，思想的客观内容的世界，尤其是科学思想、诗的思想以及艺术作品的世界。①

而在科学的世界里，不仅有理论、问题，还有更为重要的批判。

> 在我的"第三世界"的各成员中，尤为突出的成员是理论体系，但同样重要的成员还有问题和问题境况。而且我将论证，这个世界的最重要的成员是批判性辩论，并可类似于物理状态或意识形态而称之为讨论的状态或批判辩论的状态；当然还有期刊、书籍和图书馆的内容。②

1985 年，在为中国学者编译的《科学知识进化论——波普尔科学哲学选集》一书写的前言中，波普尔再次重申了他长期以来的观点："因为根据我的科学观，任何科学理论都是试探性的，暂时的，猜测的：都是试探性假说，而且永远都是这样的试探性

---

① 〔英〕卡尔·波普尔：《客观知识：一个进化论的研究》，舒炜光等译，上海译文出版社，2005，第 123 页。

② 〔英〕卡尔·波普尔：《客观知识：一个进化论的研究》，第 124 页。

假说。"① 该书收录了波普尔的一篇论文《世界1，2，3》。在该文中，波普尔进一步指出第三世界一旦产生，就有了相对的自主性。

> 大家承认理论是人类思想的产物（或者如果你愿意，也可以说是人类行为的产物——我不愿为字眼去争吵）。然而，它们有一定程度的自主性；它们在客观上可以有迄今没有任何人想到过的并且会被人发现的结果；发现的意义，同发现一个现存的迄今不为人知的植物或动物一样。人们可以说，世界3只是在它的起源上是人造的，而理论一旦存在，就开始有一个它们自己的生命：它们会产生以前不能预见到的结果，它们会产生新的问题。②

1957年，波普尔出版了《历史决定论的贫困》一书。但早在1936年，波普尔已将同名论文拿出来，与朋友们切磋。波普尔在开篇《历史的注解》中开门见山地指出："本书的基本论点是，历史命运之说纯属迷信，科学的或任何别的合理方法都不可能预测人类历史的进程。"③ 而在该书的序言中，波普尔再次言辞激烈地声明，"历史决定论是一种拙劣的方法——不能产生任何结果的方法。……由于纯粹的逻辑理由，我们不可能预测历史的未来进程"，④ 并将对历史决定论的反驳，概括为五个论题。

(1) 人类历史的进程受人类知识增长的强烈影响。（即使

---

① 纪树立编译《科学知识进化论——波普尔科学哲学选集》，作者前言，第2页。
② 《世界1，2，3》，纪树立编译《科学知识进化论——波普尔科学哲学选集》，第414页。
③ 〔英〕卡尔·波普尔：《历史决定论的贫困》，杜汝楫、邱仁宗译，上海人民出版社，2009，第1页。
④ 〔英〕卡尔·波普尔：《历史决定论的贫困》，序，第1页。

把我们的思想，包括我们的科学思想看作某种物质发展的副产品的那些人，也不得不承认这个前提的正确性。）

（2）我们不可能用合理的或科学的方法来预测我们的科学知识的增长。（这个论断可以由下面概述的理由给予逻辑的证明。）

（3）所以，我们不能预测人类历史的未来进程。

（4）这就是说，我们必须摈弃理论历史学的可能性，即摈弃与理论物理学相当的历史社会科学的可能性。没有一种科学的历史发展理论能作为预测历史的根据。

（5）所以，历史决定论方法的基本目的是错误的；历史决定论不能成立。①

1938年，德国入侵奥地利，最终将其吞并。得到入侵消息的波普尔出于对极权主义的愤慨，开始酝酿写作《开放社会及其敌人》一书。1945年，该书最终出版。在这本书中，波普尔将柏拉图、黑格尔等人的思想视作构成现代极权主义的来源。在波普尔看来，极权主义会导致对科学的压制。在《猜想与反驳：科学知识的增长》一书里，波普尔指出文艺复兴以后，西方建立起自由社会，培育出一种对于获得真理的乐观主义。

发端于文艺复兴的伟大的解放运动，历经改革、宗教战争和革命战争的变迁，导致了操英语民族独享其权地生活在其中的自由社会。这个运动始终受到一种空前的认识论乐观主义的激励，这种乐观主义对人察明真理和获致知识的能力持一种十分乐观的态度。②

---

① 〔英〕卡尔·波普尔：《历史决定论的贫困》，序，第1—2页。
② 〔英〕卡尔·波普尔：《猜想与反驳：科学知识的增长》，第6页。

而近代科学就是这种乐观主义认识论的产物。

> 近代科学和近代技术的诞生正是受这种乐观主义认识论的激励，它的主要倡言人是培根和笛卡儿。他们教导说，在真理问题上，任何人都不必求助于权威，因为每个人自身拥有知识的源泉；他具有感官知觉的能力，可用以仔细观察自然界，也具有理智直觉的能力，可用以区分真理和谬误；其方法是拒绝接受任何未为理智所清晰而确定地察觉的观念。[1]

与自由社会相对立的极权主义，却只能产生悲观主义认识论，无法使人相信自己能够获取真理。

> 不相信人类理性的力量，不相信人察明真理的力量，几乎总是同不信任人相联系。因而，认识论悲观主义同一种关于人类堕落的学说历史地相联系，它倾向于要求建立强有力的传统，牢固地树立强大的权威，而这将从愚昧和野蛮中拯救人类。[2]

总之，波普尔反对稳步前进的科学发展模式，认为科学是不断提出假说即猜想，进行证伪，从而推动理论不断嬗变与超越，这是一种批判理性主义的观点，开始从内在的视角，颠覆实证主义或理性主义，是科学史中的内史观念在科学哲学领域的体现。

小　结

与长期奉行的科学不断累积而进步的渐进式观念不同，波普

---

① 〔英〕卡尔·波普尔：《猜想与反驳：科学知识的增长》，第7页。
② 〔英〕卡尔·波普尔：《猜想与反驳：科学知识的增长》，第7页。

尔反对科学稳步前进的观点，致力于关注科学发展中理论嬗变这种非常事件。但与培根以来实证主义所崇尚的通过观察、归纳，从而发现科学真理不同，波普尔受到少年时期即质疑马克思主义的批判思维的影响，十分认可爱因斯坦对于自身理论秉持谨慎态度的做法，从而很早便形成了批判理性主义。

波普尔认为归纳法在逻辑上无法成立，主张通过演绎法，不断检验科学理论，指出衡量一项理论是否属于科学的标准，就是它的可证伪性。波普尔指出科学发展历程是首先提出假说，进行检验，从而证实或证伪，即使获得证实也只是一种过渡状态，最终仍然无法逃脱证伪的命运，从而推动解释力越来越强的科学理论的出现，实现科学发展的不断超越。这一过程又被波普尔形象地概括为提出猜想，进行反驳，再提出猜想，再进行反驳的试错或除错。可见，波普尔从批判理性主义出发，认为科学进步的根源是理论在不断证伪过程中，由具有更强解释力的理论一波波获胜的理性胜利。这是科学史中的内史观念在科学哲学领域的体现。

与马克思主义崇尚的可以预测未来的真理不同，波普尔认为任何科学理论都是试探性的、暂时性的、猜测性的假说，而且永远都是这样的试探性假说。正是在证伪过程中不断开展的批判及由此带来的进步，而非所谓的科学真理，才是科学合理性的价值所在，才是科学真正的意义。

第八章
科学认知的主观性

波普尔通过反思归纳原则，在批判逻辑实证主义的道路上向前迈了一大步，但他的证伪主义脱离了科学的外在背景，站在了纯粹的内史角度，揭示不同理论之间的内在变革。对于这种研究立场，秉持外史立场的科学史学者有所不满，在 20 世纪中期，开始倡导从科学史的发展脉络中，寻找科学理论与科学历史之间的关系，吸收马赫的研究观念，反思逻辑实证主义的客观原则，将科学研究从客观引向主观，从而被称作"科学历史主义"或者科学史中的"历史主义学派"，代表性人物有美国学者汉森（Norwood Russell Hanson，1924－1967）、英国学者迈克尔·波兰尼（Michael Polanyi，1891－1976）、美国学者托马斯·库恩等。波兰尼通过揭示认知过程中的主观作用，发掘出以往为人所忽视的冰山之下的隐秘世界。

第一节　科学研究中的主观与直觉

波兰尼出生于奥匈帝国布达佩斯的一个犹太人家庭，先后在德国、英国、美国执教，著有《科学、信仰与社会》（1946）、《自由的逻辑》（1951）、《个人知识——迈向后批判哲学》（1958）、

《人之研究》（1959）、《超越虚无主义》（1960）、《意会层次》（1966）、《认知与存在》（1969）、《意义》（1975）等书，成为一度兴盛的科学历史主义的代表性人物。[①]

在《科学、信仰与社会》一书中，波兰尼主张个人判断与决定的摄悟（comprehensive）力量，也即所谓的"直觉"或"意会"，在科学研究中扮演着关键角色，指出科学家从人类已知的事实中演绎推论出新的理论，"必须依赖一种超常的直觉力量"。[②] 在波兰尼看来，预知激励着科学家的创造欲望，引导出一个又一个猜想，从而推动科学的不断发现。

> 必有一种预知（foreknowledge），它以合理的概率引导我们的猜想，指挥我们成功选题，滤出那些有望解决问题的灵感。我可以这样来描述该过程：一项潜在的发现吸引着有望揭示它的心灵——它点燃科学家心中的创造欲望，给他们一些暗示，指引科学家们从一个线索走向另一个线索，从一个猜想迈入另一个猜想；操作试验的手、疲劳的双眼和紧张思考的大脑，都在某种普遍迷咒（common spell）之下操劳，正是这迷咒引领我们奋力探寻实在。现在，我对超常感知能力（extra-sensory perception）在上述探求实在之活动中所扮演的角色还有所怀疑，但我对这种可能性的思考，也充分说明了我赋予这个问题的深度。[③]

规则虽然能够发挥引导作用，但不过是雕虫小技。"那些操作技能——比如迅速而敏锐地收集数据并计算出结果的技能——对科

---

① 〔英〕迈克尔·波兰尼：《科学、信仰与社会》，王靖华译，南京大学出版社，2004，第10—11页。
② 〔英〕迈克尔·波兰尼：《科学、信仰与社会》，第12页。
③ 〔英〕迈克尔·波兰尼：《科学、信仰与社会》，第13页。

学家来说不过是雕虫小技，所有的计算方法以及任何一种试验技能在各种实用的小册子里都能轻易查到。"① 相应，规则并非创造科学命题的最终决定力量，"任何规则都不是我们最后依靠的手段"。② 从梳理规则去揭秘科学命题，无疑是缘木求鱼。"只有那些例行的常规过程——比如绘制精确的地图或制作其他各类图表——才能单单靠规则来完成。研究规则通常根本无从梳理，如同其他较高级的艺术门类一般，它们的规律只能体现在实践中。"③

波兰尼认为所有的规则最终还是需要依靠人来实施，依靠人开展主观判断。"诚然，确有一些规则能为科学发现提供有价值的引导，但它们只能说是一些艺术的规则而已。因为，说到底，规则的应用靠的毕竟不是规则本身，最终还得依靠人类行动。"④ 仅仅依托规则，而没有主观判断介入其中，那么获得的只是一种测量性质的制造过程，而不是发现性质的创造过程。

> 当然，这样的行动有可能是相当明朗的，此时它所遵循的规则就非常明确；但既然是依照一项明确的规定来产生某个对象，那这就只是一个制造的过程，而非艺术品创造的过程。同样的道理，用一项指定操作获取新知识的行动，充其量也只能说是一种测量，而不能称之为发现。⑤

事实上，由于科学命题的最终完全验证需要十分漫长的过程，这就促使规则为主观判断留下了广阔的开放空间。

---

① 〔英〕迈克尔·波兰尼：《科学、信仰与社会》，第34页。
② 〔英〕迈克尔·波兰尼：《科学、信仰与社会》，第30页。
③ 〔英〕迈克尔·波兰尼：《科学、信仰与社会》，第34页。
④ 〔英〕迈克尔·波兰尼：《科学、信仰与社会》，第13页。
⑤ 〔英〕迈克尔·波兰尼：《科学、信仰与社会》，第13页。

在自然科学领域中，任何科学命题的证据都可能在未来被证明为不够充分，同理，任何反驳也都可能被验证出缺乏证据。那么，这就给科学家的个人判断留下很大的余地——他们终究要依靠自己的判断来决定——一个证据到底需具备多大分量才能证明某个特定科学命题为有效。[①]

科学探寻的规则在它们自身的适用过程中留下了广阔的开放空间——任由科学家们的主观判断驰骋其中——这才是科学家的主要职责所在。[②]

科学家的主观判断才是获得发现、推动科学发展的最终动力。

他们得寻找好的选题、做出种种接近探寻对象的猜测并辨认出那些能最终解决问题的发现。在此过程中，科学家的每个决定均依赖于某条规则的支持，可是，他仍旧得根据自己的判断，在每个试验案例里选一条合适的规则来运用，这就好比高尔夫球手为他的下一击挑选一支趁手的球杆。[③]

波兰尼接受了彭加勒关于"发现的实质阶段（essential phase）是一个自动自发的突现过程"的观点，[④] 认为发现之获得具有超出人类理性掌控的不可言说性。"从根本上说，走向发现的过程其实就是一个人类有意识之努力所无法掌控的自动自发的精神重组过程。"[⑤]

波兰尼认为科学发展的每一步，都是在科学家的直觉与批判

① 〔英〕迈克尔·波兰尼：《科学、信仰与社会》，第32页。
② 〔英〕迈克尔·波兰尼：《科学、信仰与社会》，第13页。
③ 〔英〕迈克尔·波兰尼：《科学、信仰与社会》，第13页。
④ 〔英〕迈克尔·波兰尼：《科学、信仰与社会》，第35页。
⑤ 〔英〕迈克尔·波兰尼：《科学、信仰与社会》，第35页。

直觉的克制之间较量的结果。

> 远望过去，科学家似乎仅仅是一台由直觉敏感性（intuitive sensibility）所驾驭的探寻真理的机器。但这种浅白的看法恰恰忽略了一个奇妙的事实：从头至尾，科学探寻的每一步最终都是由科学家自己的判断来决定的，他始终得在自己热烈的直觉与他本身对这种直觉的批判性克制（critical restrain）中做出抉择。[1]

当二者较量之后产生的科学理论无法完全获得验证时，科学家本人的科学良心将做出最后负责任的判断。

> 这种究竟抉择所涉甚广：从重要的科学论战中我们已经看到，即使在论争的每个方面都受到检验以后，论争中的基本问题仍然在相当大范围内被存疑。对这些经过互相对立的论战仍无法解决的问题，科学家们必须本着科学良心（scientific conscience）来做出自己的判断。我本人在《个人知识》一书中，试图阐明的一点就是科学家承担这项最终义务时并非出于主观。[2]

因此，归根结底，科学命题不过是一种猜想。

> 这样看来，科学命题实质上似乎就是猜想，是一些建立在关于宇宙结构的科学假设和利用科学方法收集的试验数据基础上的猜想；它们得经受进一步的检验，检验的过程依据

---

① 〔英〕迈克尔·波兰尼：《科学、信仰与社会》，第13—14页。
② 〔英〕迈克尔·波兰尼：《科学、信仰与社会》，第14页。

科学的规则来进行，但他们固有的作为猜想的本质是不会变的。[1]

　　自然科学所体现的命题并不是通过依精确规则处理试验数据而得出的。起初，这些命题是被猜出来的，基于某些决非无法避免，甚至是无法说明的前提而进行的某种形式的猜测；然后，一个通过观察结果巩固命题的过程随之而来，就是这个过程，给科学家的个人判断留下了发挥的余地。[2]

从波兰尼的这一表述可知，所有的科学命题，无论是能够得到验证的，抑或无法得到充分验证的，都是科学家主观判断的结果。所以，正如上引文所显示的，波兰尼其实主张科学与艺术并无二致，二者的发现规律也如出一辙。[3] 科学范例的形成并非客观的过程，而是科学家主观习得的过程。

　　正因为艺术无法精确界定，所以它只能经由体现其精旨的实践范例来传承。你得首先崇信一位大师的作品，继而才能观察他并从他那里真正学到东西；如果你想学习一门艺术或者师从某人，那你就必须将这门艺术视为神圣，将这人视为权威。唯有相信科学的实质与技巧本质上就是健全的，我们才能把握科学的价值观和科学探寻的技能。这是认知之道，也是基督教神父们所谓的"信仰寻求理解"（fides quaerens intellectum）的道理。[4]

遵循这一思路，波兰尼进一步指出科学命题的产生，不仅是

---

① 〔英〕迈克尔·波兰尼：《科学、信仰与社会》，第32页。
② 〔英〕迈克尔·波兰尼：《科学、信仰与社会》，第44页。
③ 〔英〕迈克尔·波兰尼：《科学、信仰与社会》，第35页。
④ 〔英〕迈克尔·波兰尼：《科学、信仰与社会》，第14页。

科学家个人主观判断的结果，而且也需要获得科学共同体尤其是科学权威们的主观认可。"与此同时，有些原创性的思想或作品可能在某种程度上与已经确立的科学原则有所出入，科学权威们往往对这种原创性给予最高的赞赏。"① 波兰尼将这种普遍的主观认可称为"科学公断"，认为持续的科学公断的存在，是维护科学知识体系的关键。

> 科学权威蕴于科学公断（scientific opinion）之中：唯有科学家们持续形成公论，科学才能以一个宽广博大的权威知识体系的形式而存在；也只有当科学家中形成的公论能消融纪律与原创性之间永恒存在的危机之时，这体系才能存在和成长。②

1951 年，波兰尼出版了《自由的逻辑》一书，再次重申直觉的猜测在科学发展中扮演了关键角色。

> 虽然任务可以十分确定，答案的发现却少不了直觉。在科学上面，关键问题在于正确猜测出进一步前进的方向。科学家的整个一生，往往联结着单一主题的进展，这曾经刺激了他最早期的猜测。对那些半意识到的推测、个人线索的聚集，科学家总是不断收集、发展、修正，这便是他掌握研究对象时的可靠指导。③

这种直觉体系，在波兰尼看来，由于无法精确地予以概括，在向

---

① 〔英〕迈克尔·波兰尼：《科学、信仰与社会》，第 15 页。
② 〔英〕迈克尔·波兰尼：《科学、信仰与社会》，第 15 页。
③ 〔英〕迈克尔·博兰尼：《自由的逻辑》，冯银江、李雪茹译，吉林人民出版社，2011，第 48—49 页。波兰尼又译作博兰尼。

外传递时十分困难，即使在向拥有密切合作关系者传递时，也无法达到完整无缺。

> 这种散漫的直觉体系，无法以确切的词语来概括。它体现的是一种个人观点，这种观点只能向那些能够在一两年里目睹该实验室里的问题之日常应用的合作者传达——而且只能传达得极不充分。[1]

虽然有这样的缺陷，但直觉体系由于充满了热情的希望与丰富的智识，仍然是最为值得人们珍视的知识体系。"这样的观点既是情感的，也是智识的。它所怀有的期待绝不是无效的猜测，而是充满热情的积极希望。"[2] 科学家的天职就在于通过直觉的猜测，发现隐晦的问题，进行科学创造。

> 这便是科学家的天职所在。科学知识的状况与现存的标准，界定了一个范围，他要在这一范围以内发现自己的任务。他必须来猜测，在何种领域，他特殊的才干能够最为成果斐然地用于怎样的新问题。在这一阶段，他的才干最初还隐而不彰，问题也依然晦暗不明。在他的心中隐藏了一把钥匙，可以开启那隐藏的门锁。惟有一种力量，能够将锁钥同时发现，并且将它们结为一体：便是内在于人类能力当中、本能地将其导向展示这一能力的机会的创造性冲动。[3]

这种自觉猜测，而非外在世界，对于科学研究来说，才是最为根本的。"外在的世界可以通过教育、激励与批判以求得助力，然而

---

① 〔英〕迈克尔·博兰尼：《自由的逻辑》，第49页。
② 〔英〕迈克尔·博兰尼：《自由的逻辑》，第49页。
③ 〔英〕迈克尔·博兰尼：《自由的逻辑》，第49页。

所有导向发现的根本决定，仍然是个人的、直觉的东西。"① 在科学发展的不同阶段，科学家的主观意志都发挥了主导作用。

> 我已经展示了为科学的成长与传播做出贡献的三阶段作用。科学家个人在选择问题和进行探究的时候，要利用直觉；科学家团体控制自己的成员，要利用强加的科学标准；最后，人们要在公开的讨论当中，决定是否将科学接受为对自然的真正解释。在每一阶段，都有人类的意志在起作用。②

波兰尼由此将科学与艺术完全画上了等号。"简言之，科学研究是一门艺术；它乃是成就某种发现的艺术。"③ 这根源于科学是科学团体共同培育、发展、传播的结果。

> 科学专家作为整体，通过在实践当中传递及发展这一传统，具有着培养这门艺术的职能。我们归之于科学的价值——不论其进步被某一选定的观点认为是好的、坏的还是无关紧要——在此都无甚相干。无论这些价值是什么，真正真确的惟有一点，便是科学传统之作为一门艺术，惟有靠实践这门艺术的人才能传递出去。④

第二节　个人知识的整体感悟

1958 年，波兰尼出版了《个人知识——迈向后批判哲学》一

---

① 〔英〕迈克尔·博兰尼：《自由的逻辑》，第 49 页。
② 〔英〕迈克尔·博兰尼：《自由的逻辑》，第 54 页。
③ 〔英〕迈克尔·博兰尼：《自由的逻辑》，第 53 页。
④ 〔英〕迈克尔·博兰尼：《自由的逻辑》，第 53 页。

书，系统诠释了他的科学历史主义观。在该书的前言中，波兰尼开宗明义地指出："我的探讨从拒绝科学的超脱性理想开始。"[1] 为此他发明了一个新的看似矛盾的概念——"个人知识"，即包含个人主观性的公共知识，从而揭示了一般所关注的客观知识的冰尖之下庞大的主观世界。

波兰尼指出世人关于科学理论的一般认知是，它外在于人类，独立于人类，不受人类的感觉、情绪、判断的影响，比直接经验更为客观，能够被转换为书面语言，包含各种规则的客观知识。科学理论越是名副其实，也就越能全面以规则的形式表现出来。由此角度而言，数学理论达到了最高的完美境界。[2]

在他看来，这种认知源于近代时期形成的机械论哲学。古希腊时期的科学传统，分为两大脉络：一是爱奥尼亚学派用物质性元素，比如火、空气、水等描写宇宙，这一学派在德谟克利特那里发展至巅峰。德谟克利特主张唯物论。二是毕达哥拉斯学派用数字解释宇宙，"他们把数字当作事物和过程的终极实物和形式"。[3] 近代时期，哥白尼、开普勒、伽利略、笛卡尔复兴了后一传统。但与此同时及稍后，伽利略、牛顿却又复兴了前一传统，主张机械属性是物质的主要属性，其他属性由此衍生而来，通过将牛顿力学引入物质运动之中，一种超越了感官经验，关于宇宙认识的客观机械论便应运而生。

> 伽利略本人也同意这一点。唯有事物的机械属性是主要的（用洛克的话说），事物的其他属性则是衍生或次要的。把牛顿的力学应用到物质的运动中，这样的一个宇宙的主要性

---

[1] 〔英〕迈克尔·波兰尼：《个人知识——迈向后批判哲学》，许泽民译，陈维政校，贵州人民出版社，2000，第1页。

[2] 〔英〕迈克尔·波兰尼：《个人知识——迈向后批判哲学》，第5—6页。

[3] 〔英〕迈克尔·波兰尼：《个人知识——迈向后批判哲学》，第8页。

质似乎最终都可以被置于知识的控制之下，而其次要性质却可以从这一隐含的主要现实中衍生出来。就这样，关于世界的机械论观念出现了，并一直风行，实际上一成不变地维持到上个世纪末。这也是一种理论的、客观的见解。也就是说，它用一幅形式的、预测到假定隐藏在一切外部经验背后的物质性粒子的运动之时空地图代替了我们的感官获得的证据。从这种意义上说，机械论的世界观是完全客观的。[①]

19 世纪末，新实证主义的开创者马赫进一步将机械论引申至哲学领域，认为理论是对经验的总结。"科学理论仅仅是对经验的一个方便的总结，它的目的是为了在记录观察时节省时间，减少麻烦。"[②]

波兰尼认为机械论哲学把理论完全置于科学实验的从属地位，是一种冷冰冰的科学产物。

就这样，科学理论被剥夺了它作为理论本身所固有的全部说服力。它不得超越经验，不得肯定任何无法被经验测试的东西。最重要的是，科学家们必须随时准备在理论与任何观察结果有冲突时把这一理论抛弃掉。只要理论无法经受经验的考验——或者似乎不能经受这种考验——它就应该被修正，以便使它预期的东西被限定在可观察到的范围内。[③]

这种观念将宇宙置于精密的规则体系之下，经典力学就是其中的典型。

---

① 〔英〕迈克尔·波兰尼：《个人知识——迈向后批判哲学》，第 12 页。
② 〔英〕迈克尔·波兰尼：《个人知识——迈向后批判哲学》，第 13 页。
③ 〔英〕迈克尔·波兰尼：《个人知识——迈向后批判哲学》，第 13 页。

　　诸精密科学公开宣称的目的是要以精确的规则为基础对经验建立起全面的求知控制，而这些规则是应能被从形式上制定并能接受经验的测试的。如果这一理想得到充分实现，那么一切真理和一切谬误就会因此而被归咎于一个精密的宇宙论，我们这些承认这一理论的人就会免却了任何行使自己的个人判断的场合；我们只能不得不忠实地遵守这些规则。经典力学距离这一理想是如此地接近，以致常常被认为已经实现了这一理想。①

这种观念完全否定个人主观性对于理论产生所可能发挥的作用，相应把个人主观性和理论客观性完全二元对立起来。

　　以主客观互相分离为基础的流行的科学观，却追求——并且必须不惜代价地追求——从科学中把这些热情的、个人的、人性的理论鉴定清除，或者至少要把它们的作用最大限度地减小到可以忽略的附属地位，因为现代人为知识所建立的理想是：自然科学的观念应该是种种陈述的集合，它是"客观的"，它的实物完全由观察决定，尽管它的表述可以由习惯形成。②

这种将理论视为完全客观的想法，被波兰尼视为一种错觉。"通常被认为是诸精密科学的属性的完全客观性是一种错觉，事实上是一种虚假的理想。"③事实上，在波兰尼看来，感官经验及由其孕育而进一步实现超越的不言而喻的幻想，才是真正认知科学真理的途径。

---

① 〔英〕迈克尔·波兰尼：《个人知识——迈向后批判哲学》，第 27 页。
② 〔英〕迈克尔·波兰尼：《个人知识——迈向后批判哲学》，第 23 页。
③ 〔英〕迈克尔·波兰尼：《个人知识——迈向后批判哲学》，第 26 页。

在科学上，客观真理的发现来源于我们对某种合理性的领悟；这种合理性能使我们肃然起敬，能引起我们沉思和仰慕。这样的一个发现，在运用我们的感官经验作为线索的同时，又超越这一经验，对我们的感官所得到的印象以外的现实胸怀幻想；这种幻想又是不言而喻的，能引导我们不断对现实作出更深刻的理解。①

这种幻想具体而言，便是人们经常说的"直觉"。"这一观念源自根植于我们的文化深处的渴望，但若必须承认对大自然的合理性之直觉也是科学理论的一个合乎道理的、确实必要的部分，那么，这一观念就会破灭。"② 而能够取代理论客观性认知模式的，正是波兰尼所主张的包含了个人主观性的"识知的艺术"，而其结果便是他所发明的"个人知识"。

在波兰尼看来，佐证这一结论的根据，一是准则并非完全客观，这是由于人们不同的理解而存在因人而异的歧义性，相应准则也并非超然于个人主观性，而是在主观框架之内，也即个人知识之内。

别人可以运用我的科学准则来指导他的归纳推理，但他却可能得出十分不同的结论。正是由于这种明摆着的歧义性，准则只能被应用于——正如我已经说过的——个人判断的框架以内。我们一旦承认自己对个人知识的寄托，我们也就能够正视如下的事实了：只在个人识知的行为中才有用的规则是存在的。③

---

① 〔英〕迈克尔·波兰尼：《个人知识——迈向后批判哲学》，第 7 页。
② 〔英〕迈克尔·波兰尼：《个人知识——迈向后批判哲学》，第 23—24 页。
③ 〔英〕迈克尔·波兰尼：《个人知识——迈向后批判哲学》，第 47 页。

因此，科学知识本身的产生，充满着准则之外的偶然性。"我讨论了科学是如何教导我们确定某一组特定的事件是偶然出现的，而不是因为这些事件似乎证实的某些自然法则实际上有效而出现的。"[1] 这种偶然性由于内在地是科学理论本身所包含的主观性所造成，因此是有序而非无序的必然结果。

　　当我说一个事件由偶然性支配时，我就否认它是由秩序支配的。对某一事件偶然出现的盖然性用数字作任何估计，只有在考虑到另一种可能性——即它可能由某一特定的有序模式支配着——以后才能作出。[2]

　　二是准则只能在实践中发挥部分作用，而非全部作用，发挥全部决定作用的是个人知识。"一门本领的规则可以是有用的，但这些规则并不决定一门本领的实践。它们是准则，只有跟一门本领的实践知识结合起来时才能作为这门本领的指导。它们不能代替这种知识。"[3]

　　波兰尼认为除了准则以外，还有一些同样发挥作用的技艺或者知识，无法言传，但真正地发挥作用。

　　一种无法详细言传的技艺不能通过规定流传下去，因为这样的规定并不存在。它只能通过师傅教徒弟这样的示范方式流传下去。这样，技艺的传播范围就只限于个人之间的接触了，我们也就相应地发现手工工艺倾向于流传在封闭的地方传统之中。[4]

---

① 〔英〕迈克尔·波兰尼：《个人知识——迈向后批判哲学》，第50页。
② 〔英〕迈克尔·波兰尼：《个人知识——迈向后批判哲学》，第50页。
③ 〔英〕迈克尔·波兰尼：《个人知识——迈向后批判哲学》，第74页。
④ 〔英〕迈克尔·波兰尼：《个人知识——迈向后批判哲学》，第78—79页。

个人知识在认知体系中处于较深层次并发挥着主要作用。"这也提供了一个令人印象深刻的例证，证明在科学内核的深处，识知的艺术在多大程度上是不可言传的。"① 在实践的场景中，对对象本身的关注并不构成认知主体，反而对实践场景的整体感觉构成了认知主体。他以钉钉子为例，指出人们在钉钉子时，重点不是看着钉子，而是感受钉钉子的氛围。"感觉本身不是被'看着'的；我们看着别的东西，而对感觉保持着高度的觉知。我对手掌的感觉有附带觉知，这种觉知融汇于我对钉钉子的焦点觉知之中。"② 他又以弹钢琴为例，指出关注对象抑或关注整体，这种选择是相互排斥的。

> 附带觉知和焦点觉知是互相排斥的。一位钢琴家在弹奏音乐时如果把自己的注意力从他正在弹奏的音乐上转移到观察他正用手指弹奏的琴键上，就会发生混乱并可能不得不停止演奏。如果我们把焦点注意力转移到原先只在附带地位中被觉知的细节上，这种情况通常就发生了。③

细节只有在整体之中才有意义。

> 我们越是深入地观察一个外观，我们对它的细节的感觉就越是敏锐。同样，当某件东西被看成是一个整体的附带部分时，这就暗示着它起到了维持整体的作用。现在，我们可以把它的这一功能视为它在整体中的意义。④

---

① 〔英〕迈克尔·波兰尼：《个人知识——迈向后批判哲学》，第82页。
② 〔英〕迈克尔·波兰尼：《个人知识——迈向后批判哲学》，第83页。
③ 〔英〕迈克尔·波兰尼：《个人知识——迈向后批判哲学》，第83页。
④ 〔英〕迈克尔·波兰尼：《个人知识——迈向后批判哲学》，第86页。

因此，人们应关注整体场景，而非具体细节，否则会导致实践的失败。

> 如果我们把注意力聚集在这些细节上，我们的行为就会崩溃。我们可以把这样的行为描述为逻辑上不可言传的，因为我们可以证明，在某种意义上对这些细节作详细说明会在逻辑上被有关的行为或场境中所暗示的东西否定。[①]

个人知识之所以发挥着全面性、决定性作用，根源于个人知识包含了人类心灵的所有内涵，而远远超越了范围很小的准则。

> 人类拥有巨大的心灵领域，这个领域里不仅有知识，还有礼节、法律和很多不同的技艺，人类应用、遵从、享受着这些技艺，或以之谋生，但又无法以可以言传的方式识知它们的内容。[②]

如果将个人知识进行分解，可以获得纯净而客观的知识，但破坏了原有知识体系的完整性。

> 因此，要把一个有意义的整体转化为由构成它的部分的词语来表达，就是要把它变成由摒弃任何目的性和意义的词语来表达。经过这样的拆分，留给我们的就是纯净的、相对客观的事实。这些事实曾经构成了伴随发生的个人事实之线索。这是用隐含的、相对客观的知识对个人知识所作的破坏性分析。[③]

---

① 〔英〕迈克尔·波兰尼：《个人知识——迈向后批判哲学》，第 84 页。
② 〔英〕迈克尔·波兰尼：《个人知识——迈向后批判哲学》，第 94 页。
③ 〔英〕迈克尔·波兰尼：《个人知识——迈向后批判哲学》，第 95 页。

获得个人知识只有一个途径，那便是模仿传统。

> 通过示范学习就是投靠权威。你照师傅的样子做是因为你信任师傅的办事方式，尽管你无法详细分析和解释其效力出自何处。在师傅的示范下通过观察和模仿，徒弟在不知不觉中学会了那种技艺的规则，包括那些连师傅本人也不外显地知道的规则。一个人要想吸收这些隐含的规则，就只能那样毫无批判地委身于另一个人进行模仿。一个社会要想把个人知识的资产保存下来就得屈从于传统。①

波兰尼通过引述众多关于人与动物智力发展的研究，指出语言推动了人类智力的发展与知识的增加。而记载、积累并实现对语言的概括的印刷术的发明，在人类历史发展与近代科学诞生中发挥了关键作用。

> 动物空白无助的裸记忆只能毫无系统地收集零碎的信息；如果不是有了以言语为依据的系统化能力，人类在这方面也不可能好很多。而且，尽管如此，也只是在印刷术的发明极大地加快了文字记载的再生产速度并使这些知识更加简明扼要以后，描述性的动物学和植物学才能从只包含数百个种类的亚里士多德式和中世纪的自然历史发展成为具有数百万物种的系统科学。②

以看地图为例，波兰尼指出抽象符号并不能提供新信息，其意义在于增强对心灵感受即个人知识的解读。"在所有这些实例中，通

---

① 〔英〕迈克尔·波兰尼：《个人知识——迈向后批判哲学》，第79—80页。
② 〔英〕迈克尔·波兰尼：《个人知识——迈向后批判哲学》，第125页。

过恰当的符号化都可以提高我们的求知能力。很明显，单纯对符号操作一事本身并不能提供任何新的信息，它之所以有效只是因为它协助非言述的心灵能力解读它们的结果。"① 按照抽象程度逐渐提高的原则，波兰尼排列了知识体系的发展层次："（1）描述科学；（2）精密科学；（3）演绎科学。这是一种形式化和符号操纵程度逐渐加深、伴随着经验接触度逐渐降低的次序。"② 抽象增强了表述的精确性，却因此减少了经验的鲜活性。

　　　较高程度的形式化使科学的陈述更精确，使它的推理与个人的相关性更少，于是也相应地更加"可逆"了。但是，为实现这一理想而前进的每一个步伐都是对内容所作的进一步牺牲。被描述科学统治着的庞大而活生生的形态资源为了诸精密科学的目的而被化减为纯指针读数；而当我们进入纯粹数学的领域时，经验又从我们的直接视野中全然消失了。③

　　由此角度出发，波兰尼提醒在认知过程中，"默会成分与外显成分共同运作、个人因素与形式表现共同运作"，④ 因此人们既要重视语言的概括与抽象，同时也不应遗忘背后的经验与主观。"默会成分""外显成分"又分别被翻译为"意会知识""言传知识"。在波兰尼看来，默会成分或不可言传与外显成分或语言表述之间的关系，存在三个不同的层次或领域。

　　　言语与思维的关系从一个极端形式通过居于中间的均衡形式的中介向相反的极端形式转化。这三个领域是：

---

① 〔英〕迈克尔·波兰尼：《个人知识——迈向后批判哲学》，第123—124页。
② 〔英〕迈克尔·波兰尼：《个人知识——迈向后批判哲学》，第128页。
③ 〔英〕迈克尔·波兰尼：《个人知识——迈向后批判哲学》，第128页。
④ 〔英〕迈克尔·波兰尼：《个人知识——迈向后批判哲学》，第129页。

（1）默会成分支配一切，以致言述实际上变得不可能的领域。我们可以称之为不可表达的（ineffable）领域。

（2）默会成分的信息很容易被明白易懂的言语传达，以致默会成分与携带其意义的文本共同扩张的领域。

（3）由于说话者不知道或者不大知道他在说什么而使默会成分与形式成分相分离的领域。关于这一领域，有两种极端的不同情况，即（a）语弱症，因而使言述妨碍了思维中默会成分的运作；（b）压制了我们的理解并因此而引致新的思维方式的符号操作。（a）和（b）这两种情况都可以说是诘辩（sophistication）领域的组成部分。①

第三节　求知热情与意会知识

波兰尼认为对于一个科学家而言，最杰出的能力是于无声处听惊雷，这是科学家所应该拥有的原创力。"一个科学发现者的杰出能力在于他成功地在别的心灵面对同样的机遇时不认识或认为没有利益的探讨路线上开展工作的能力。这就是他的原创力。"②而这种原创力建立在科学家入迷式的求知热情之上。

原创力必须具有杰出的个人首创精神和矢志不渝的热情，这种热情有时达到入迷的程度。从一个隐藏问题最初的前兆到探讨这个问题的全过程以至问题的解决，这一发现过程都受到个人幻想的引导，并得到坚定的个人确信的维持。③

---

① 〔英〕迈克尔·波兰尼：《个人知识——迈向后批判哲学》，第129页。
② 〔英〕迈克尔·波兰尼：《个人知识——迈向后批判哲学》，第462页。
③ 〔英〕迈克尔·波兰尼：《个人知识——迈向后批判哲学》，第462页。

求知热情不仅是推动科学研究的重要动力，"求知热情不仅能肯定种种预示着范围不定的未来发现的和谐事物的存在，还能唤起具体发现的前兆，并能使人持之以恒，年复一年地对它们进行辛勤的追踪求索"，[1] 而且能够带来敏锐启发。"就这样，科学价值的评赏力与发现科学价值的能力融合在一起，甚至就像艺术家的敏锐的观察力与创造力融汇起来一样。这就是科学热情的启发性功能。"[2] 创造性发现并非产生于既有规则，而是由不可言传的启发性热情所催生。

> 大的发现能改变我们的解释框架，因此，从逻辑上说，要不断地用我们以前的解释框架来取得这些发现是不可能的。于是，我们就再一次看到发现是创造性的，即发现不是通过以前任何已知并可言传的程序的辛勤劳作取得的。这就加强了我们对原创性的观念。运用现存的规则可以产生有价值的调查结果，但却不能推动种种科学的原则向前发展。我们得依靠我们的启发性热情的不可言传的冲动来跨越问题与答案之间的逻辑鸿沟，还得在此过程中经历一次求知人格的改变。像在所有的冒险事业中我们都全面地把我们自己抛在一边那样，要使我们的人格有一个意向性变化需要有一个充满热情的动机来完成它。原创性必须是满怀热情的。[3]

科学家在启发性热情的驱使下，冲破既有解释框架，建立新的解释框架之后，往往致力于说服他人、宣传新说，从而将启发性热情转变为说服性热情。

---

① 〔英〕迈克尔·波兰尼：《个人知识——迈向后批判哲学》，第 217 页。
② 〔英〕迈克尔·波兰尼：《个人知识——迈向后批判哲学》，第 217 页。
③ 〔英〕迈克尔·波兰尼：《个人知识——迈向后批判哲学》，第 218 页。

　　　启发性冲动把我们对科学价值的评赏与对现实的一种幻想联系起来了，这种幻想就成了调查研究的向导。启发性热情也是原创性的主要动力，这种力促使我们放弃一种公认的解释框架，使我们在跨越逻辑鸿沟的同时把我们自己寄托于并运用一种新的解释框架。最后，启发性热情常常会变成（且不得不变成）说服性热情，这是一切基本争端的主要动力。①

直到新的解释框架被写进教科书，成为公共知识，"这些教科书最终保证了它们被一代代的学生、又通过学生被普罗大众接收为公认知识的一部分"，② 构成了人们信赖的坚定信念。"原创性的驱动力变成了个人极化的静态知识。曾经导致发现和指导过对它的验证的求知努力现在变成了相信它是真实的坚定信念。"③

　　总而言之，与以往将各种规则视作科学研究的基础不同，波兰尼认为不可言传的心灵才是一切认知的核心。"有智力的个人被定义为不可言传的智力操作的中心。……在我们注视着这一焦点的同时，我们也附带地关注着由他的心灵以不可言传的方式协调起来的言语和行动。"④

　　1959 年，波兰尼出版了《人之研究》一书，将个人知识明确地区分为言传知识、意会知识，并进一步展开论述。

　　　人类知识有两种：诸如书面文字、地图或者数学公式里所展示出来的，通常被人们描述为知识的东西仅是其中之一而已；另一些未被精确化的知识则是另一种形式的人类知识，

---

① 〔英〕迈克尔·波兰尼：《个人知识——迈向后批判哲学》，第 244—245 页。
② 〔英〕迈克尔·波兰尼：《个人知识——迈向后批判哲学》，第 264 页。
③ 〔英〕迈克尔·波兰尼：《个人知识——迈向后批判哲学》，第 265 页。
④ 〔英〕迈克尔·波兰尼：《个人知识——迈向后批判哲学》，第 478 页。

比如我们在实施某种行动之时怀有的关于行动对象之知识。假如我们将前者谓为言传知识（explicit knowledge），后者则称作意会知识（tacit knowledge）的话，那我们就可以说人类始终意会地知道自己正在支持（holding）自己的言传知识为真。①

意会知识、言传知识的逻辑差异在于是否可以批判。"两种人类知识最本质的逻辑差异就在于：人类可以批判地反省以言传形式表达之事，却无法同样去批判地反思对某种经验的意会知觉。"②

在波兰尼看来，意会知识是人类知识的精华部分，"这种意知是敏感而活跃的人之存在的精华（essential）部分"，③ 在人类知识体系中扮演着支配角色。"意会认知其实正是所有知识的支配原则，因此，对意会知识的拒斥（rejection）就意味着对一切知识的拒斥。"④ "在所有的思想层级中，真正起决定性作用的是思想的意会力量，而非言传的逻辑动作。"⑤ 意会知识构成了人类知识所有层级的代表。

> 我将首先证明认知者在塑造知识中的个人参与显然主宰着认知的最低层级和人类知性的最高成就；然后，我会把这项证明推演到那些组成人类知识主体的中间地带（intermediate zone），因为在这个地带里，意会系数的决定性角色很难把握。⑥

意会知识之所以如此重要，源于人们接收信息时的"摄悟"，需要

① 〔英〕迈克尔·波兰尼：《人之研究》，《科学、信仰与社会》，第110—111页。
② 〔英〕迈克尔·波兰尼：《人之研究》，《科学、信仰与社会》，第112页。
③ 〔英〕迈克尔·波兰尼：《人之研究》，《科学、信仰与社会》，第123页。
④ 〔英〕迈克尔·波兰尼：《人之研究》，《科学、信仰与社会》，第111页。
⑤ 〔英〕迈克尔·波兰尼：《人之研究》，《科学、信仰与社会》，第115页。
⑥ 〔英〕迈克尔·波兰尼：《人之研究》，《科学、信仰与社会》，第111页。

借助意会知识。

> 我还说过意会力量所以能取得这些成果，皆因重组（reorganzing）经验，从而获得对经验的知性控制。所有这些运作均可涵盖在一个语词——"理解"（understanding）——之中，涵盖在"摄悟"经验的过程之中，或者说涵盖在人类确证（make sure of）经验的过程之中。①

> 虽然信息的发送者会以最便于理解的形式表达它们，但信息的传达效果最终还得取决于信息接收者对信息的知性理解。当我们面对某项陈述时，只有凭借这种摄悟过程——人类意会能力的贡献，才能获取其中信息。②

波兰尼认为他提出并阐释的意会知识，从根本上颠覆、推进了人们关于认知过程的理解，即把个人主观性从被嫌弃的对象变为认知的主体，

> 这个观点将决定性地改造我们的知识理想。迄今为止，认知者在知识塑造过程中的个人参与仍被视为认知中的一个缺陷。一直以来，我们认为这个缺陷理应从完美知识中剔除出去，而现在，我们却承认恰恰是这种个人参与实际指导和掌控着我们的认知能力。③

从而推倒了纯粹客观知识的虚幻大厦，填平了知识与美之间的鸿沟，

---

① 〔英〕迈克尔·波兰尼：《人之研究》，《科学、信仰与社会》，第115页。
② 〔英〕迈克尔·波兰尼：《人之研究》，《科学、信仰与社会》，第117页。
③ 〔英〕迈克尔·波兰尼：《人之研究》，《科学、信仰与社会》，第120页。

　　从我承认知性激情是为"摄悟"的真实动机的那一刻起，就预示了这种关联性的存在；而从我们放弃超然的（detached）知识的理想那一刻起，十足客观之知识的理想实际上也就随之被我们放弃了，由此，纯粹客观的关于事实的知识与激情四溢的美的价值之间的鸿沟也将消失。①

将研究对象从自然的客观知识转变为人类的主观世界。

　　正如音乐和数学向我们演绎的道理一样，人类的全部知性世界——智力、道德、艺术、宗教理想——就是被内居在理解的知识架构里的人类文化遗产唤醒的。因此，承认理解是认知的有效形式，其实也就预示了以下的过渡：从研究自然过渡到研究负责任行动的人类，他们在普遍理想的苍穹之下谨慎行事。②

第四节　无形遗产与科学共同体的自治

　　波兰尼站在社会学的科学史立场，指出科学家的主观判断与科学共同体的科学公断决定了科学知识的塑造作用。而在科学与社会的关系上，波兰尼坚决反对社会对纯粹科学的渗透与影响。

　　波兰尼主张一种文化中存在着一种"上层知识"，包含该文化中被普遍奉为正确与优秀的因素。"除了关于科学和其他事实性真理的种种体系以外，这种上层知识还将被用以包括一切被自己的文化中的人们连贯地认为是正确和优秀的东西。"③ 与关于个人知

---

① 〔英〕迈克尔·波兰尼：《人之研究》，《科学、信仰与社会》，第127页。
② 〔英〕迈克尔·波兰尼：《人之研究》，《科学、信仰与社会》，第128页。
③ 〔英〕迈克尔·波兰尼：《个人知识——迈向后批判哲学》，第579页。

识的界定一样，波兰尼也主张绝大多数上层知识是一种无形的文化遗产，

> 对于自己所处的文化来说，只有极小的一部分是它的任何一个追随者直接可见的。它的绝大部分全都被埋藏在图书、图画、乐谱等等之中，大部分都没有被阅读过、听过、演奏过。在这些记载中的信息，即使在对它们具有最广博的知识的心灵中，也只是使这些心灵知道它们能够得到这些信息，能够唤起它们的声音并理解它们。①

是前代英雄圣贤或当代文化领袖所遗留或创造，并得到广泛尊奉。

> 这就把我们带回到隐含在把科学描述成上层知识这一行为中的事实上，即所有这些累积起来数量庞大的系统性言述形式都是由记载在册的人类肯定组成。它们是预言家、诗人、立法者、科学家和其他大师发出的言论，或者是通过自己的行动并被载入史册，为子孙后代树立了典范的人们发出的信息，还有竞相争取公众的忠诚的当代文化领袖们的活的声息。这样，我们归根到底还是可以把体现在一个现代的高度言述性的文化中的整个上层知识视为它的大作家们所说的和它的英雄和圣贤们所做的东西的总和。②

身处这一文化之中的人们，会自觉地将自身定位为上层知识的继承人，共享并学习文化的信念与标准。

---

① 〔英〕迈克尔·波兰尼：《个人知识——迈向后批判哲学》，第579—580页。
② 〔英〕迈克尔·波兰尼：《个人知识——迈向后批判哲学》，第580页。

如果我们属于这一文化，那么，这些人就是我们的大人物：我们相信他们的杰出性；我们尽力理解他们的著作，遵循他们的教导，学习他们的榜样。这样，我们坚持知识交流赖以在一个文化中进行的共同信念和标准，似乎就等于追随作为权威之源泉的同一群大师了。他们是我们求知的鼻祖：是"养育了我们的名人和父亲"；我们成了他们的遗产继承人。①

与对待其他知识不同，人们对上层知识并不采取批判态度，反而遵循着由其制定的标准。

这个等级的知识不受认识它的人们的批判性鉴定，但它的大部分却被他们以他们相信拥有这种知识的人们的权威为基础而不知不觉地接受了下来。在谈论这样的上层知识的时候，我们不是在制定标准以评判我们认为拥有这种知识的人们；恰恰相反，我们是在服从他们给我们制定的标准并以这些标准作为指导。②

上层知识构成了人们交流的共同机制与氛围，

这种知识以大人物为中介，而这些大人物就是这一文化的创立者和示范者。对话只有在参与的双方都属于同一个共同体、都大体上接受同一种学说和传统并以此来判断自己的肯定时才能维持下去。一次负责任的对话交流首先就要假定有一个共同的天地，即上层知识。③

---

① 〔英〕迈克尔·波兰尼：《个人知识——迈向后批判哲学》，第580页。
② 〔英〕迈克尔·波兰尼：《个人知识——迈向后批判哲学》，第580页。
③ 〔英〕迈克尔·波兰尼：《个人知识——迈向后批判哲学》，第583页。

并激发着人们的潜能。

> 两个平等人之间精神上的伴侣关系的财富，只有当他们在一个志趣相同的共同体内对比他们自己伟大的其他人具有共同的欢会神契热情时才能被释放出来——而且，这一共同体内的伙伴们必须同心同德，尊重共同的上层知识。①

与上层知识一样，科学共识是由科学家网络所共同塑造而成。

> 每位科学家都依赖他相信对他自己和对方都具有强制性的标准。每当他们中的一人作出一个断言判断在科学上什么是真实和有价值的时候，他都盲目地依赖科学公认的整个体系的间接事实的价值。同时，他还依赖他的同伴，相信他的同伴也依赖相同的体系。事实上，两个人之间这样形成的互相信任的关系只是在千千万万个具有不同专长的科学家之间互相信任的广大网络中的一环。通过这个网络——也只有通过这个网络——科学上的大众意见才能建立，这种大众意见才能被说成是承认了某些事实和价值在科学上的有效性。②

科学共识如果想要成为上层知识，就需要科学家网络共同拥护，减少反对意见。

> 虽然每个人都可能不同意（就如我自己也不同意一样）某些公认的科学标准，但是，如果科学要生存，要成为具有连贯性的上层知识体系，要被互相承认为科学家的人们所拥

---

① 〔英〕迈克尔·波兰尼：《个人知识——迈向后批判哲学》，第 584 页。
② 〔英〕迈克尔·波兰尼：《个人知识——迈向后批判哲学》，第 578—579 页。

护，要被现代社会引以为向导，这些违反公认标准的意见就
必须是零散的。[1]

波兰尼界定了纯粹科学与应用科学的不同，指出纯粹科学与
应用科学不同，应避免受到来自社会是否有用的评价，坚持单纯
追求知识的立场。"一如 20 世纪 30 年代之前那样，认为科学正应
该为知识的缘故而追求知识，而不管其对社会福利的任何增进。"[2]
他反对马克思主义主张从经济角度运用科学推动经济发展，与从
道德角度运用科学解决世界苦难的两种外在观点。

这样，对于科学的传统立场疑心重重的哲学运动，从两
个不同侧面开始了进攻。一条战线径直指向的是科学按其自
身的资格讲话的要求。这条战线便是现代唯物主义的分析，
它否认人类的智力能够在其自身的基础上独立运作，而主张
思想的目的根本上乃是实践性的。依照这种观点，科学不过
是种意识形态，其内容要由社会需要来决定。因此，科学的
发展，要由新的实际兴趣的相继出现来解释。比方说，牛顿
便表现为回应对航海的兴趣之兴起，而发现了万有引力；而
麦克斯韦则表现为受到横跨大西洋通讯需要的刺激，而发现
了电磁场。这样的哲学，否认纯粹科学有着其自身的目的，
将纯粹科学与应用科学之间的区别一扫而光。于是对纯粹科
学的评价，主要依据的是其并非全然纯粹的性质——依据的
是这样的事实，即它到头来会证明为有用处的性质。

另一条战线乃是基于道德立场。它主张科学家应当将目
光转向充满于世界的苦难，思考能够为其求得解除苦难的良

---

① 〔英〕迈克尔·波兰尼：《个人知识——迈向后批判哲学》，第 579 页。
② 〔英〕迈克尔·博兰尼：《自由的逻辑》，第 3 页。

方。它问道，看一看周围，他们是否还能在自己的心中发现这一点，即将自己的才干，仅仅用于某些抽象问题的解决——诸如计数宇宙中的电子数，或者费马定理的解答。他们能如此自私地来证明吗？科学家因其单纯为了知识之爱而对科学进行的探究，受到了道德上的指责。①

他认为科学的理想与本质就是对科学本身的爱。

> 我们对今日世界应做的最生死攸关的工作，便是恢复我们自身的科学理想，在现代哲学运动的影响之下，这一理想已经变得名誉扫地。我们必须主张，科学的本质就在于对知识的爱，而知识的功用绝非我们关注的首要内容。我们必须一再为科学要求公众的尊敬和支持，追求知识且只追求知识的科学应受这样的尊敬和支持。因我们科学家宣誓效忠的，乃是比物质福利更其珍贵的价值，乃是比物质福利更为紧迫的工作。②

科学研究需要科学团体（scientific community）内部的相互配合才能完成。这种配合不是无机的并存，而是有机的互动，宛如细胞之间不断协调，彼此调整研究思路，最终形成一个和谐结构。

> 科学体系的本质，更类似于构成了多细胞有机体的活细胞之有序安排。通过独立科学家各自的努力而实现的科学进步，在许多方面可比之于从单一的微观生殖细胞成长为高等有机体。通过胚胎发育的过程，每个细胞追求其自己的生命，

---

① 〔英〕迈克尔·博兰尼：《自由的逻辑》，第3—4页。
② 〔英〕迈克尔·博兰尼：《自由的逻辑》，第5—6页。

同时每个细胞又在调整自己的生长，以符合其相邻细胞的生长，结果是出现了和谐结构的聚集体。这也正是科学家相互配合的过程：通过不断调整自己的研究路线，以求符合科学家同侪此前的研究结果。①

这种团体特征促使科学团体共同意志的达成，对于科学研究的持续、良性开展便显得极为重要。"虽然论题的选择以及研究工作的实际开展完全是科学家个人的事情，不过对于发现要求的认知，却要委诸科学家所构成的集团表现出来的科学观点来做裁断。"②而在共同意志的达成中，科学权威们便发挥着非正式统治的作用，他们通过评审论文、授予奖金、授予学位、设置教席，将自己的科学意志施加于科学发展的路线选择，"鼓励他们认为特别有前途的研究路线，而抑制其他他们认为观点贫乏的路线"，③ 从而优化各种资源，推动科学的快速成长。

> 科学观点的领袖们，有责任在科学进步的前沿，维持基本上统一的价值标准。在这些标准的指导下，他们可以使得资源和奖励，转移至更为成功的成长方面去，而牺牲掉较少成果的部分；由此，便产生了一种倾向，可以使科学所使用的总体资源——包括脑力和金钱两个方面——得到最为经济的利用。④

科学权威推动下的标准均一化，不仅有助于推动资源的理性分配，而且有助于维护科学在公众中的权威形象。"这种所有领域标准的

① 〔英〕迈克尔·博兰尼：《自由的逻辑》，第83页。
② 〔英〕迈克尔·博兰尼：《自由的逻辑》，第50页。
③ 〔英〕迈克尔·博兰尼：《自由的逻辑》，第50页。
④ 〔英〕迈克尔·博兰尼：《自由的逻辑》，第51页。

不断均一化，乃是势在必须的事情，不仅是为着维持整个领域资源与人员在各研究学校之间的理性分配，也是为着在每一领域牢固树立公众眼里科学的权威。"① 并推动科学知识进入教材，实现社会传播。"接下来，其结果会收入大学与学校的课本，变成普遍接受的观点之一个部分。这一法典化的最后过程，也要受到科学观点（由评论表现出来）团体的控制，正是由此，权威的课本才得以流传开来。"②

　　科学团体虽然存在内部互动与协调，但并不受统一规划的支配，而是由科学团体中的每一个个体，凭借个人的直觉，开展行动。

　　　　按照弥尔顿的比喻——他认为，真理就譬如一座碎裂的雕像，它的碎块散落各处，隐而不彰。每个科学家依从自己的直觉，独立追求一项任务，即寻找雕像的一块碎片，使之符合由旁人拼合的部分。就自由的科学家们协同起来，追求单一的系统目的，这个比喻所做的解释已经足够充分。③

但与随着碎片的拼合，雕像逐渐显示出全景不同的是，一方面科学的发展在任何阶段都呈现一种完整性，另一方面每一步的科学进展都会造成意义的改变。也就是说，科学虽然永远给人以一种自足感，但又会不断产生变化。

　　　　科学知识的发展阶段，具有一种靠不住的完全性，这使之更类似成长有机体的发展模式，而不似一座不完整雕像的破碎形式。若我们拼合的雕像没有头，我们必会觉得它还不

---

① 〔英〕迈克尔·博兰尼：《自由的逻辑》，第51页。
② 〔英〕迈克尔·博兰尼：《自由的逻辑》，第51—52页。
③ 〔英〕迈克尔·博兰尼：《自由的逻辑》，第83页。

完整。然而科学在发展当中，却绝显不出一目了然的不完整——即便它的大部分或许还付之阙如也是如此。半个世纪以前的物理学，虽然还没有量子力学和相对论，虽然还不曾注意到电子和放射性，那时却依然认为它本质上是完整的；不仅一般民众，当时的科学权威们也作如是观。要表现科学的成长，我们必得想象这样一座雕像，在它拼合的时候，每个相继的阶段都显示出完整性。我们还可以加上一句，就是每块相继的碎片添加上去，都会造成意义的改变——会使得旁观者更加吃惊，产生更加新鲜的感觉。①

科学发展的这种特征，赋予科学研究一种个人主义色彩。"同时在这里，实际上产生了一种证明培育科学当中的个人主义之决定性的理由。"② 相应促使科学发展的未来无法预测。

就没有哪个科学家的委员会——即便都是些著名人物——能够预测未来的科学发展，除非是要墨守成规地延长现存的体制。就没有哪个科学进步，能够被这一委员会预测出来。因此，其所分配的问题，也便毫无现实的科学价值。这些问题或者缺乏独创性，或者——假如委员会一时不慎，冒险提出了个实在新奇的方案——他们的方案必定会证明没有付诸实施的可能。因为能够使得现存科学体系有效改进的方面，只有个人的探索者们可以揭示出来——而他可以毕生集中于揭示科学的一个特殊领域，也可以只发现了少数能付诸实施且真正具有价值的问题。③

---

① 〔英〕迈克尔·博兰尼：《自由的逻辑》，第83—84页。
② 〔英〕迈克尔·博兰尼：《自由的逻辑》，第84页。
③ 〔英〕迈克尔·博兰尼：《自由的逻辑》，第84页。

故而，国家在对待科学团体时所最应该采取的立场，就是维护科学家们的完全独立，从而促使其各得其所、各展才能，

> 对于科学追求之组织惟有一种方式，那就是给予一切成熟的科学家以完全的独立。这样，他们会把自己分配到可能发现的整个领域，每个人都把自己的特殊能力，运用到对他而言最为有益的任务上面去。于是，有尽可能多的道路可以开拓，科学亦可以最为迅速地遍及所有的方向。[1]

发掘那些虽然隐藏但最为重要的知识。"而那些隐而不彰的知识，除去其发现者而外所有人都未曾想到的知识，科学进步真正倚赖的新知识——便是这种科学的取向。"[2] 反之，如果国家开展统一规划，便会打破这种自然状态，影响科学的发展。

> 公共当局的职能，并不在于计划研究，而只是为科学的追求提供机会。当局所应做的一切，惟有为每一个优秀的科学家，提供可为他在科学当中遵循自己兴趣之用的设施。若是做得更少，那是忽视了科学的进步；而若做得再多，便是在培养平庸，浪费公共资金。[3]

在波兰尼看来，在西方，科学社团根据共同的信仰，开展和平的管理，"科学的社团会牢固地结合为一，其所有事务都可以通过对于同一种根本科学信仰的共同接受，来和平地进行管理。因此可以说，这样的信仰，构成了科学社团的宪法，体现了其终极

---

[1] 〔英〕迈克尔·博兰尼：《自由的逻辑》，第84页。
[2] 〔英〕迈克尔·博兰尼：《自由的逻辑》，第84页。
[3] 〔英〕迈克尔·博兰尼：《自由的逻辑》，第84页。

主权的公意"，① 自由地探究科学的信仰，"科学的自由即在于这样的权利，即有权追求对这些信仰的探究，有权在这些信仰的指导下，坚持科学社团的标准"，② 开展科学自治，"为了这一目的，即要求一定程度的自治，由此科学家们可以维持其制度的架构，给予成熟的科学家们以独立的地位；而这些地位的候选人，要在科学观点的指导之下进行选择。这便是西方的科学自治，这种自治逻辑地形成于基本目的与根本信仰的本性，而这乃是此地的科学家社团为之献身的目的与信仰"。③

波普尔认为现代科学不仅受科学团体的影响，而且也具有地域性。"现代科学具有地域性的传统，从一地向另一地的传布也绝非易事。"④ 受到地方传统的影响。"就整体而言，科学乃植根于地方传统——就如任何研究学校的实践一样——包含着直觉方法和热情价值的积累，惟有通过个人的协作为中介，方能从一代转移至下一代。"⑤ 与波普尔一样，波兰尼也认为极权主义压制了科学的发展。"纯粹学术的精神与极权主义的要求之间如此尖锐的对立，在现代历史上的许多残酷事件当中，都能得到充分的证明。"⑥ 其中表现之一就是科学发展不是由科学团体在推动，而是由国家规划，并不符合科学的本质。⑦

但整体而言，波兰尼对于世界范围内的科学发展秉持着一种乐观主义。他认为科学社团虽然在一定时期受到了国家意志与意识形态的影响，但由于科学存在一致性，整体而言科学社团维护了共同的科学信仰。"总起来说，今日整个世界的科学家依然接受

---

① 〔英〕迈克尔·博兰尼：《自由的逻辑》，第 25 页。
② 〔英〕迈克尔·博兰尼：《自由的逻辑》，第 25 页。
③ 〔英〕迈克尔·博兰尼：《自由的逻辑》，第 25 页。
④ 〔英〕迈克尔·博兰尼：《自由的逻辑》，第 52 页。
⑤ 〔英〕迈克尔·博兰尼：《自由的逻辑》，第 53 页。
⑥ 〔英〕迈克尔·博兰尼：《自由的逻辑》，第 6 页。
⑦ 〔英〕迈克尔·博兰尼：《自由的逻辑》，第 55—62、82 页。

的是同样的方法"，① 推动了科学社团之间的相互配合。"我相信，在这里即存在着科学家个人所做的发现得以自发配合之充分的逻辑基础。科学所具有的一致性，便提供了这种基础。"②

小　结

波普尔反思了逻辑实证主义的归纳原则，提出了证伪主义，从内史角度揭示了理论的不断变革与超越。秉持外史立场的科学史研究者，进一步反思了逻辑实证主义的客观原则，努力揭示科学理论与科学历史之间的关系，从而发展出"科学历史主义"。

作为其中的代表性人物，波兰尼一反逻辑实证主义将科学家个人的主观感情、直觉、知识刨除于客观知识之外的二元对立观念，指出纯粹的、冷冰冰的客观知识并不存在，包括感情、直觉、知识在内的科学家主观性、鲜活的"个人知识"，构成了认知世界、科学研究的整体视角，催生了科学家的发现与原创，构成了真正的知识体系。个人知识包含"言传知识"与"意会知识"。与具有明显规则的所谓言传知识或客观知识不同，数量庞大得多的"意会知识"，虽然不可言传，但在科学研究中，却宛如海平面下的巨大冰山，既拥有着优秀的文化传统，又蕴含着巨大的能量，发挥了决定性、支配性作用。

波兰尼的个人知识论，从根本上颠覆、推进了人们关于认知过程的理解，即把个人主观性从被嫌弃的对象变为认知的主体，推倒了纯粹客观知识的虚幻大厦，将研究对象从自然的客观知识转变为人类的主观世界。

波兰尼主张科学的理想与本质是对科学本身的爱，科学共同

① 〔英〕迈克尔·博兰尼：《自由的逻辑》，第36页。
② 〔英〕迈克尔·博兰尼：《自由的逻辑》，第37页。

体应排除社会的影响，致力于纯粹科学的研究。科学共同体内部交流的有效开展，建立在拥有共同的意会知识即文化传统的基础之上。正常的科学共同体，继承、发扬科学研究传统，在充分尊重个人主体性的基础上，彼此之间不断互动与配合，形成平等而有层级的自治秩序，发现虽然隐藏但重要的科学知识，达成科学公断，推动知识传播。国家相应不应制定科学研究的规则，而应维护科学共同体的独立。

第九章
范式转换与科学革命

对波普尔从内史角度将理论的不断证伪与超越作为科学进步的阶梯的观点批判最为激烈的，是科学历史主义最负盛名的代表性人物托马斯·库恩。库恩提出"范式"理论，主张科学发展的途径，是科学共同体不断发明共同信奉的新范式，取代旧范式的科学革命。对于库恩的这一理论，赞成与批判者所在多有，一时引起了巨大的论争，推动了科学外史研究的深入开展。

第一节　对渐进式科学观的继续批判

库恩对于波普尔，存在着继承与批判的双重关系。对于科学逐渐累积而进步的传统主张，库恩在波普尔的基础上进一步展开了根本性的质疑。在 1962 年出版的《科学革命的结构》一书中，他首先对这种观念进行了概括，

　　　　科学的发展就变成一个累积的过程：事实、理论和方法在此过程中或单独或结合着而被加进到构成科学技巧和知识的不断增长的堆栈之中。而科学史则变成一门编年史学科，

它记载这些成功的累积过程以及抑制它们累积的障碍。这样，关心科学发展的历史学家便明显地有着两项主要的任务：一方面，他必须确定出当代科学的每一事实、定律和理论是何人何时发现或发明的；另一方面，他必须描述和解释阻碍着现代科学教科书诸成分更迅速地累积起来的错误、神话和迷信。大部分既往的研究都指向这些目标，如今有些研究仍然如此。①

明确指出科学发展并非通过个别的发现和发明累积而不断发展。

　　然而，近年来，有些科学史家已经发现，越来越难完成科学累积发展观所指派给他们的任务。累积过程的编年史家们发现，研究的愈多，他们就愈难以回答这样的问题：氧是何时被发现的？能量守恒是谁首先想到的？逐渐地，其中有些人怀疑提这一类问题简直就是错误的。或许科学并非是通过个别的发现和发明的累积而发展的。②

古代混杂着众多非科学因素的自然观，并不比现代科学落后。

　　同时，这些历史学家们还面临着日益增多的困难，即如何区分出过去的观察和信念中的"科学"成分，与被他们的前辈们已经标明是"错误"和"迷信"的东西。例如，他们越仔细地研究亚里士多德的动力学、燃素化学或热质说，就越确凿地感觉到，那些曾一度流行的自然观，作为一个整体，

① 〔美〕托马斯·库恩：《科学革命的结构》（第 4 版），伊安·哈金（Ian Haking）导读，金吾伦、胡新和译，北京大学出版社，2012，第 1—2 页。
② 〔美〕托马斯·库恩：《科学革命的结构》（第 4 版），第 2 页。

并不比今日流行的观点缺乏科学性，也不更是人类偏见的产物。①

观念可能过时，但并不能因此而否定其曾经的科学性，因此科学所包含的便不再是孤立的个别发现和发明，还包含着大量过时的观念，相应科学发展并非知识逐渐添加而进步的过程。

如果把那些过时的信念称作神话，那么，神话也可以通过导致现有科学知识的同类方法产生，也有同样的理由成立。另一方面，如果可以把它们称为科学，那么，科学就包含着与我们今日的信念完全不相容的一套信念。当在这两者之间择一时，历史学家们必定会选择后者，过时的理论原则上并不因为它们已被抛弃就不科学了。然而，这样的选择将很难把科学发展再看作是一个知识添加而增长的过程了。相同的历史研究不但揭示出把个别发明和发展孤立起来有困难，而且也揭示出对这些个别的贡献所构成的那种科学的累积过程的极大怀疑。②

对于自己和波普尔的这种契合之处，库恩曾经明确地指出：

我们都反对科学通过累加而进步的观点，都强调新理论抛弃并取代了与之不相容的旧理论的革命过程，都特别注意在这个过程中旧理论在面对逻辑、实验、观察的挑战时偶尔的失败所起的作用。③

---

① 〔美〕托马斯·库恩：《科学革命的结构》（第4版），第2页。
② 〔美〕托马斯·库恩：《科学革命的结构》（第4版），第2页。
③ 〔美〕托马斯·库恩：《必要的张力——科学的传统和变革论文选》，范岱年等译，北京大学出版社，2004，第263页。

第二节　常规科学与范式的形成

作为科学历史主义最著名的代表性人物，库恩对波普尔进行了系统的批判。他针对波普尔证伪主义聚焦于理论创新这种非常事件而忽视日常研究的做法，重点阐发了"常规科学"（normal science）的概念。

在库恩看来，只有在"常规科学"中才存在科学知识的累积。"常规研究是累积性的，它的成功在于科学家能不断找到以现有概念和仪器就差不多能解决的问题。"[①] 常规科学是一种日常科学研究状态，是培育科学共同体的土壤。"'常规科学'是指坚实地建立在一种或多种过去科学成就基础上的研究，这些科学成就为某个科学共同体在一段时期内公认为是进一步实践的基础。"[②]

在库恩的界定里，常规科学并非一种自然结果，而是主要到了近代才形成的一种科学研究日常状态。库恩认为常规科学的形成，需要一种具有竞争力的理论，这种理论能够压制其他理论，从而为科学共同体制定出普遍遵守的规则。

> 科学教科书阐发了公认的理论，列举出该理论许多的或所有的成功应用，并把这些应用与示范性的观察和实验进行比较。在19世纪初这些书变得流行以前（在新成熟的科学中甚至更晚），许多著名的科学经典就起着这一类似的功能。亚里士多德的《物理学》、托勒密的《天文学大全》、牛顿的《原理》和《光学》、富兰克林的《电学》、拉瓦锡的《化学》以及赖尔的《地质学》——这些著作和许多其他的著作，都

---

① 〔美〕托马斯·库恩：《科学革命的结构》（第4版），第82页。
② 〔美〕托马斯·库恩：《科学革命的结构》（第4版），第8页。

在一段时期内为以后几代实践者们暗暗规定了一个研究领域的合理问题和方法。①

普遍规则的制定，一方面推动科学共同体的培育，但另一方面由此而建立起来的科学秩序，为新思想的产生树立起庞大的敌人。

这些著作之所以能起到这样的作用，就在于它们共同具有两个基本的特征。它们的成就空前地吸引一批坚定的拥护者，使他们脱离科学活动的其他竞争模式。同时，这些成就又足以无限制地为重新组成的一批实践者留下有待解决的种种问题。②

常规科学拥有了这两项功能，才能建立起被整个科学共同体所"公认的模型或模式"，即"范式"（Paradigm）。③"凡是共有这两个特征的成就，我此后便称之为'范式'，这是一个与'常规科学'密切相关的术语。"④库恩对范式的基本定位就是解决某个领域的问题的方法，因此他反对将范式界定得过于微观或过于宏观，这样就意味着范式解释力度过小或者趋于失效。

一个范式在它最初出现时，它的应用范围和精确性两方面都是极其有限的。范式之所以获得了它们的地位，是因为它们比它们的竞争对手能更成功地解决一些问题，而这些问题又为实践者团体认识到是最为重要的。不过，说它更成功既不是说它能完全成功地解决某一个单一的问题，也不是说

① 〔美〕托马斯·库恩：《科学革命的结构》（第4版），第8页。
② 〔美〕托马斯·库恩：《科学革命的结构》（第4版），第8页。
③ 〔美〕托马斯·库恩：《科学革命的结构》（第4版），第19页。
④ 〔美〕托马斯·库恩：《科学革命的结构》（第4版），第9页。

它能明显成功地解决任何数目的问题。①

范式不仅致力于解决问题，而且致力于划定所要研究问题的范畴，从而界定了科学研究的范围。

> 科学共同体获得一个范式就是有了一个选择问题的标准，当范式被视为理所当然时，这些选择的问题被认为都是有解的。在很大程度上，只有这些问题，科学共同体才承认是科学的问题、才会鼓励它的成员去研究它们。别的问题，包括许多先前被认为是标准的问题，都将作为形而上学的问题，作为其他学科关心的问题，或有时作为因太成问题而不值得花费时间去研究的问题而被拒斥。②

由此意义上说，其实是范式发明了问题。"就此而言，范式甚至能把科学共同体与那些社会所重视的又不能划归为谜的形式的问题隔离开来，因为这些问题不能用范式所提供的概念工具和仪器工具陈述出来。"③

古代社会除了数学和天文学，④ 许多领域并不存在被普遍认可的范式，而是呈现出多个具有一定竞争力的学说的长期竞争，科学家不仅要与作为研究对象的自然进行对话，还要与其他学说对话，这导致他们的研究质量与积累性很受影响。

> 尽管该领域的实践者们都是科学家，但他们活动的最后

---

① 〔美〕托马斯·库恩：《科学革命的结构》（第4版），第19页。
② 〔美〕托马斯·库恩：《科学革命的结构》（第4版），第30—31页。
③ 〔美〕托马斯·库恩：《科学革命的结构》（第4版），第31页。
④ "像数学和天文学这些领域早在史前时期就有了第一个坚实的范式。"〔美〕托马斯·库恩：《科学革命的结构》（第4版），第12页。

结果却并不那么科学。由于没有采取共同的信念作保证，所以，每一位物理光学的著作家都被迫重新为这个领域建造基础。在这样做的时候，他可以相对自由地选择支持其理论的观察和实验，因为并不存在一套每位作者都必须被迫使用的标准方法或被迫解释的标准现象。在这些情况下，所写的著作不只是与大自然对话，而且往往更多的是与其他学派的成员们直接对话。①

步入近代社会，伴随具有强大竞争力的范式的出现，旧的学派成员或者被吸引到新范式之中，或者被边缘化，成为某一专业领域的专家，作为一个整体的旧学派从而土崩瓦解，新范式成为科学共同体的主宰。

在自然科学的发展中，当一个个人或一个团体第一次产生出一种综合，它能吸引大多数下一代的实践者时，较旧的学派就逐渐消失了。这种消失部分是由于这些学派的成员改信新范式造成的。但总还有一些人，他们固守这种或那种旧观点，并且干脆被逐出这个行业，此后也不再理睬他们的工作了。新范式暗含着这个领域有了一个新的、更严格的定义。那些不愿意或不能把他们的工作与该范式相协调的人，他们只能孤立地进行工作或者依附于某个别的团体。在历史上，这些人常常只能停留在哲学部门里，毕竟许多特殊的科学都是从哲学那里孕育出来的。正如这些迹象所暗示的，有时正是接受了一种范式，使先前只对自然界研究感兴趣的团体转变成了一门专业或至少是一门学科。②

---

① 〔美〕托马斯·库恩：《科学革命的结构》（第4版），第10—11页。
② 〔美〕托马斯·库恩：《科学革命的结构》（第4版），第15—16页。

在新范式的指导下，科学家们集中关注部分问题，从而推动了近代科学的快速发展。

> 这些问题会分散科学共同体的注意力，17世纪培根主义的某些方面和一些当代社会科学曾给我们以这方面的深刻教训。常规科学之所以看起来进步得如此神速，其理由之一乃在于，它的实践者们集中于解决只有缺乏才智的人才不能解决的问题上。①

范式确立后，以其巨大的能量与成功，成为一个时期某个领域被普遍信奉的规则和标准，甚至长期积淀而成为一种科学传统。

> 以共同范式为基础进行研究的人，都承诺同样的规则和标准从事科学实践。科学实践所产生的这种承诺和明显的一致是常规科学的先决条件，亦即一个特定研究传统的发生与延续的先决条件。②

相应，范式的建立及遵循这种范式开展深入的研究，是任何科学领域成熟的标志。"取得了一个范式，取得了范式所容许的那类更深奥的研究，是任何一个科学领域在发展中达到成熟的标志。"③而科学共同体也不断通过多种方式，扩大范式的影响，从而建立起一个强大的常规科学。

> 在科学中，发行专门刊物，建立专家学会，争取列入学校课程中，所有这些活动通常都与一个团体第一次接受一个

① 〔美〕托马斯·库恩：《科学革命的结构》（第4版），第31页。
② 〔美〕托马斯·库恩：《科学革命的结构》（第4版），第9页。
③ 〔美〕托马斯·库恩：《科学革命的结构》（第4版），第9页。

单一范式密切相关。至少从一个半世纪前，科学专业化的建制模式第一次发展，直到最近专业化的各种附属物获得了它们自身的声望时，这段时期内的情况就是如此。[①]

第三节　范式转换与科学革命

在库恩看来，长期在既有范式指导下开展的科学研究，虽然所获得的科学知识能够不断累积，但不能带来科学的创新和进步。"如果一个科学家想解决一个既有知识和仪器容许探讨的问题，他并不四处探寻，图谋创新。因为他知道他想达到的目标，并以此来指导思路和设计仪器。"[②] 科学家的研究工作，其实只是在解答具体的谜团，而不是从方法上去检验范式。

> 就一个从事常规科学的人而言，研究者是一个谜题的解答者，而不是一个范式的检验者。在寻找一个特定谜题的解答时，虽然他会尝试许多不同的途径，放弃那些没有产生所要求的结果的途径，但他这么做时并不是为了检验范式。毋宁说他像个弈棋者，面对一个棋局，他尝试各种不同的弈法以求解此局。这些尝试，无论是对弈者或对科学家，都只是试验它们自己的能力，而不是试验比赛规则。只有在范式不受怀疑的情况下，才有可能进行这种尝试。[③]

科学进步只有通过进一步的范式转换才能实现。虽然范式一旦确立便十分强大而牢固，能够在相当程度上压制新思想的产生与蔓

---

① 〔美〕托马斯·库恩：《科学革命的结构》（第4版），第16页。
② 〔美〕托马斯·库恩：《科学革命的结构》（第4版），第82—83页。
③ 〔美〕托马斯·库恩：《科学革命的结构》（第4版），第121页。

延，但科学发展仍有其不断进步的内在诉求，因此范式只能暂时压制新思想，在旧范式危机爆发之前，新范式其实已经开始萌发。"一个新范式往往是在危机发生或被明确地认识到之前就出现了，至少是萌发了。"① 而一旦科学共同体在既有范式指导下，按照既有规则和程序，长期无法解决新问题时，就会逼迫科学共同体开展"非常规科学"（non-normal science）的研究，从而打破旧范式，建立新范式，催生出一场暴风骤雨式的"科学革命"。

> 不过，只要这些承诺还保留有随意性因素，那么，常规研究的真正本质保证了新思想不可能长期被压制。有时，一个应该用已知规则和程序加以解决的常规问题，科学共同体内最杰出的成员们做了反复的研究以后，仍未能获得解决。在别的场合，为常规研究而设计制造的仪器未能按预期方式运行，由此而揭示出一种反常，虽经一再努力，仍不能与共同体预期相一致。通过这些方式和其他方式，常规科学一再地误入迷津。到了这种时候，即到了科学团体不再能回避破坏科学实践现有传统的反常时期，就开始了非常规的研究，最终导致科学共同体做出一系列新的承诺，建立一个科学实践的新基础。这乃是一个非常规时期，其间科学共同体的专业承诺发生了转移，这些非常规时期在本文中称之为科学革命。科学革命是打破传统的活动，它们是对受传统束缚的常规科学活动的补充。②

科学革命的发生将会推动科学理论的更新、研究问题的转移、思维方式的转变，甚至科学共同体本身的嬗变。而作为一系列变

---

① 〔美〕托马斯·库恩：《科学革命的结构》（第 4 版），第 74 页。
② 〔美〕托马斯·库恩：《科学革命的结构》（第 4 版），第 4—5 页。

化的结果，新范式开始登上历史舞台，开启了科学研究的崭新
道路。

> 其中的每一次革命都迫使科学共同体抛弃一种盛极一时
> 的科学理论，而赞成另一种与之不相容的理论。每一次革命
> 都将产生科学所探讨的问题的转移，专家用以确定什么是可
> 接受的问题或可算作是合理的问题解决的标准也相应地产生
> 了转移。而且每一次革命也改变了科学的思维方式，以至于
> 我们最终将需要做这样的描述，即在其中进行科学研究的世
> 界也发生了转变。这些改变，连同几乎总是伴随这些改变而
> 产生的争论一起，都是科学革命的基本特征。①

虽然不同时期科学革命的振幅有所不同，但新思想或新理论都无
一例外地会对旧范式产生根本挑战，新、旧范式之间的较量相应
并非一种科学知识的累积，而是科学理念的全新挑战，

> 这些特征，通过例如牛顿革命或化学革命特别明显地呈
> 现出来。不过，本文的一个基本论点是，对许多其他并不明
> 显地具有革命性的事件的研究，同样也具有这些特征。对受
> 其影响远远为小的专业团体来说，麦克斯韦方程与爱因斯坦
> 方程同样都是革命的，相应地也同样受到抵制。其他新理论
> 的发明，只要这些新理论触犯了某些专家的特殊职权范围，
> 通常也会相应地激起同样的反应。对这些专家们来说，新理
> 论意味着支配常规科学原来实践的许多规则要发生改变，因
> 此新理论必不可免地要对他们已经成功地完成了的许多科学
> 工作加以重新审视。这就是为什么一个新理论，无论它应用

---

① 〔美〕托马斯·库恩：《科学革命的结构》（第4版），第5页。

范围有多么专一，也决不会是对已有知识的一种累积。新理论的同化需要重建先前的理论，重新评价先前的事实，这是一个内在的革命过程，这个过程很少由单独一个人完成，更不能一夜之间实现。①

甚至引发关于何为科学的全新命题，

> 范式是一个成熟的科学共同体在某段时间内所认可的研究方法、问题领域和解题标准的源头活水。因此，接受新范式，常常需要重新定义相应的科学。有些老问题会移交给别一门科学去研究，或被宣布为完全"不科学"的问题。以前不存在的或认为无足轻重的问题，随着新范式的出现，可能会成为能导致重大科学成就的基本问题。随着问题的改变，那些把科学解答从形而上学思辨、文字游戏或数学谜题中分辨出来的标准也要改变。科学革命中出现的新的常规科学传统，与以前的传统不仅在逻辑上不相容，而且实际上是不可通约的。②

以至给人以改天换地的感觉，

> 从现代编史学的眼界来审视过去的研究记录，科学史家可能会惊呼：范式一改变，这世界本身也随之改变了。科学家由一个新范式指引，去采用新工具，注意新领域。甚至更为重要的是，在革命过程中科学家用熟悉的工具去注意以前注意过的地方时，他们会看到新的不同的东西。③

---

① 〔美〕托马斯·库恩：《科学革命的结构》（第4版），第6页。
② 〔美〕托马斯·库恩：《科学革命的结构》（第4版），第88页。
③ 〔美〕托马斯·库恩：《科学革命的结构》（第4版），第94页。

而这就是库恩所说科学革命导致"进行科学研究的世界也发生了转变"的真正含义。"范式改变的确使科学家对他们研究所及的世界的看法变了。仅就他们通过所见所为来认知世界而言，我们就可以说：在革命之后，科学家们所面对的是一个不同的世界。"①

鉴于范式转换才能带来科学革命，因此库恩认为只有呈现如此轨迹的科学发展，才是一种成熟的科学发展道路。"物理光学范式的这些转变，就是科学革命，而一种范式通过革命向另一种范式的过渡，便是成熟科学通常的发展模式。"②

第四节　还原历史的新科学史书写

相应，库恩主张抛弃旧有的、将科学发展幻想为不断累积而逐渐进步的渐进史观，取代为真实地刻画范式转换过程之中充满斗争与冲突的革命史观。他认为科学共同体为维护旧范式下所拥有的声望与利益，会不惜代价地阻止新范式的历史突破。

> 常规科学——大多数科学家不可避免地要在其中花费他们一生的活动——是基于科学共同体知道世界是什么样的假定之上的。而多数事业的成功得自于自然科学共同体愿意捍卫这个假定；如果有必要，他们会不惜代价为之奋斗。科学家往往要压制重要的新思想，因为新思想必定会破坏常规研究的基本承诺。③

为树立新的科学史观，必须抛弃旧的科学史写作方式。科学史体

---

① 〔美〕托马斯·库恩：《科学革命的结构》（第4版），第94页。
② 〔美〕托马斯·库恩：《科学革命的结构》（第4版），第10页。
③ 〔美〕托马斯·库恩：《科学革命的结构》（第4版），第4页。

裁除上文所述的教科书以外，库恩认为还包括普及读物与哲学著作。

> 至于这一权威性来源，我想到的主要是科学教科书以及模仿它们的普及读物和哲学著作。所有这三类书籍——直到最近，除了通过研究实践外，还没有其他任何重要的关于科学的信息来源——有一个共同点，它们专注于一组互相关联的问题、资料和理论，通常是关注于写书时科学共同体所承诺的那套特定范式。教科书本身旨在传达当代科学语言的词汇和语法。普及读物则企图用较为接近日常生活的语言来描述这些科学成果。而科学哲学，特别是英语世界中的科学哲学，则去分析这组已经完成的科学知识的逻辑结构。[1]

虽然三种读物的定位有所不同，但它们写作的共同点是都致力于记述科学革命的结果，而忽略其中的过程。

> 三者全都记录着过去革命的稳定成果，并展示了当前的常规科学传统的基础。为了实现其功能，对于这些基础当初如何被认识、其后如何被这专业采纳的全过程，它们就没必要提供真实可靠的信息。[2]

这在教科书的书写中体现得尤其明显。教科书并不致力于从整体历史背景出发，复原科学革命的真实过程，而是从当前常规科学的范式出发，有选择性地挑选过去部分科学家与当前范式有关的内容，从而营造一种从古至今该范式不断累积而发展的线性过程，

---

① 〔美〕托马斯·库恩：《科学革命的结构》（第4版），第114页。
② 〔美〕托马斯·库恩：《科学革命的结构》（第4版），第114—115页。

也由此排他性地建构出该范式的历史垄断图景。

> 教科书总是一开始就剔除科学家对他的学科的历史感，然后提供以替代物。标准的情形是：科学教科书只包含一点历史，或者放在导论中，更常见的是散见于提及早期的伟人英雄的附注中。这些附注使学生和专业人员感到他们是一个屹立已久的传统的参与者。然而，教科书中塑造的这种使科学家有参与感的传统，事实上从未存在过。为着一些明显的和功能性的理由，科学教科书（以及如此多的老的科学史著作）只会提到一部分过去科学家的工作，即那些很容易看成对书中范式问题的陈述和解答有贡献的部分。部分由于选择，部分由于歪曲，早期科学家所研究的问题和所遵守的规则，都被刻画成与最新的科学理论和方法上的革命的产物完全相同。[1]

这种拣选式的写法并非遵循历史真实的脉络，而是为了尊崇当今的范式，相应也会随着范式转换而面临着不断重写的尴尬命运。"无怪乎在每一次科学革命之后，教科书以及它们所蕴涵的历史传统都必须重写。"[2] 但耐人寻味的是，重写的科学史却仍然采取同样的路数，构建起来的不过是另一种范式不断累积而发展的线性脉络。"也无怪乎随着它们被重写，科学再一次看上去大体像是个累积性事业。……这样做的结果造成一种持续的倾向，企图使科学史看起来是直线式的或累积性的。"[3]

在库恩看来，这种由今溯古的历史叙述，并非局限于科学史写作之中，而是普遍于整个历史领域。"当然，并不是只有科学家

---

① 〔美〕托马斯·库恩：《科学革命的结构》（第4版），第115页。
② 〔美〕托马斯·库恩：《科学革命的结构》（第4版），第115页。
③ 〔美〕托马斯·库恩：《科学革命的结构》（第4版），第115—116页。

这个团体，才趋向于把本学科的过去，看成是朝向今天的优越地位直线发展的过程。回头重塑历史的诱惑无所不在，且历久常新。"[1] 但在科学界尤其如此，这是因为崇敬科学的科学家天然地对科学所超越的落后时代具有一种蔑视的态度，非历史精神是科学共同体普遍尊奉的一种价值观念。

> 但是科学家更为重写历史的诱惑所影响，这部分是因为科学研究的成果并不太依赖于科学研究的历史情境，部分因为科学家的现代地位看来非常稳固，除非在危机和革命时期。无论是关于科学的现在还是过去，过多的历史细节，或是对已剔除的历史细节的过多渲染，只能不适当地给人类的偏见、错误和误解以地位。为什么要去夸耀科学其以最好、最持久的努力才得以抛弃掉的东西呢？这种对于历史事实的蔑视，深深地且功能性地植根于科学行业的意识形态之中，而这个行业却赋予其他种类的事实细节以最高的价值。怀特海写道："不敢忘记其创始者的科学是个死掉的科学。"他抓住了科学共同体的非历史精神。[2]

这种旧科学史写作方式，抹杀了科学历史曲折徘徊的真实轨迹与科学革命的历史风暴，虚幻地构建出累积而进步的线性史观，阻碍了人们认识真正的科学史。

> 这些曲解使得革命成为无形的，而在科学教科书中对一些仍然可见的材料的安排暗示了一个过程，这个过程如果真的存在过，就会否定革命的作用。因为教科书旨在使学生迅

---

① 〔美〕托马斯·库恩：《科学革命的结构》（第4版），第115—116页。
② 〔美〕托马斯·库恩：《科学革命的结构》（第4版），第116页。

速地熟悉那些当代科学共同体认为它已知道的东西，它们就尽可能分别地、逐个地相联地处理当前常规科学中的各种实验、概念、定律以及理论。就教学而言，这种表述的技巧是无可非议的。但是当它配合以科学著作中普遍的非历史气息，配合以上面讨论过的不时会出现的系统性曲解，一种非常强烈的印象就会不可抗拒地呈现出来：科学通过一连串的个别发现和发明而达到现状，这些个别事件聚集在一起就构成了现代专业知识的整体。科学教科书的这种表述暗示：从科学事业一开始，科学家就在努力追求体现在今天的范式中的特定目标。在一个通常比喻为砌砖建楼的过程中，科学家在这个当代科学教科书提供的知识总体上，一个接一个地添加上另外一件事实、一种概念、一条定律或一个理论。[①]

为此，库恩倡导在科学史写作中也来一次革命，建立一种"新科学"。在库恩看来，旧科学史研究通过将科学从历史背景中抽离出来，孤立地审视其对近代科学的历史贡献，违反了历史研究的基本原则，新科学史研究应该将科学还原到历史背景之中，审视其与所处时代的整体关系，从而揭示科学史整体、复杂、真实的发展脉络，认为这将是科学史研究中的一次革命。

所有这些怀疑和困难的结果是在科学研究中发生了编史学革命，尽管这场革命目前仍处在早期阶段。科学史家已经逐渐地开始提出问题，并且追踪不同的、通常是非积累的科学发展线索，但并未全然认识到他们这样做的意义。科学史家不再追求一门旧科学对我们目前优势地位的永恒贡献，而是尽力展示出那门科学在它盛行时代的历史整体性。例如，

① 〔美〕托马斯·库恩：《科学革命的结构》（第4版），第117页。

他们不问伽利略的观点与现代科学观点之间的关系，而是问他的观点与他所在的科学团体，即他的老师、同辈及直接后继者之间是什么关系。而且，他们坚持在研究该团体与其他类似团体的意见时，采取一种通常与现代科学观点非常不同的观点。从这种新的观点出发，能够给那些意见以最大的内在一致性并且可能与自然界更紧密地契合。这些工作所取得的成果，最好的典型也许体现在柯瓦雷的著作中。这些著作告诉人们，科学并非像旧编史学传统的著作家们所讨论的那种事业。这些历史研究至少已提示出一种新科学形象的可能性。①

那么，为什么在所有学科中，只有科学而不是其他学科保持了稳定前进呢？② 在库恩看来，这首先是一个语义学的问题，"我们倾向于把任何具有进步标志的领域都看作科学"。③ 其次，在常规科学中，不仅科学家审视自身工作的角度就是进步，从而容易造成科学是进步的印象，而且科学共同体只需要阅读教科书就能掌握本学科的基本知识，节约了时间成本。不仅如此，科学共同体拥有相对隔离的环境，在获得范式之后，便不再四处寻找其他指导思想，也不需要向科学共同体以外的人们提供创造性解释，可以集中精力、深入开展，有利于提高效率。最后，非常规科学研究能够推动科学革命，相对于其他学科的学者，科学家对于科学史的发展历程更倾向于直线发展的观念，相应也能推动科学研究的进步。④

---

① 〔美〕托马斯·库恩：《科学革命的结构》（第4版），第2—3页。
② 〔美〕托马斯·库恩：《科学革命的结构》（第4版），第134页。
③ 〔美〕托马斯·库恩：《科学革命的结构》（第4版），第135页。
④ 〔美〕托马斯·库恩：《科学革命的结构》（第4版），第136—140页。

第五节　科学共同体的跨界交流与知识增长

库恩的范式理论产生了巨大影响，推动众多学科产生内部嬗变，其中一个典型现象就是科学社会学领域发生的巨大变化。

刘珺珺等指出默顿以来的科学社会学强调把科学作为一种社会建制（Social Institution）来看待，但并不涉及科学知识的内容、产生与增长。受到库恩影响的科学社会学，分化为两派：一派是以普赖斯（Derek John de Solla Price，1922－1983）、黛安娜·克兰（Diana Crane）为代表，将研究重点放在科学内部的社会结构与知识增长上；另一派借鉴知识社会学的传统，将库恩语焉不详与讨论不彻底的地方进一步向前推进，重点分析社会因素与科学知识产生、增长甚至内容的联系。[①]

1972 年，美国科学社会学家黛安娜·克兰出版了《无形学院——知识在科学共同体的扩散》一书，对库恩所持科学共同体会压制不符合范式的假说的观点表示认同。

> 科学共同体压制某一个假说，更是常见的事情，往往要经过很长的时间，一直到它经过了多次的检验或者答辩才能被接受。正象库恩所强调的，科学共同体可能看不到某些发现，因为它们和流行的范式不相吻合。[②]

他指出科学发展即范式嬗变的历程，并不是一条直线，而是充满了变换与中断。"科学不是一条连续发展的直线，而是从一个理论到另一理论的无数变换与连续性的中断；在这个过程中，一些课

---

① 〔美〕黛安娜·克兰：《无形学院——知识在科学共同体的扩散》，刘珺珺、顾昕、王德禄译，华夏出版社，1988，译者前言，第 2 页。

② 〔美〕黛安娜·克兰：《无形学院——知识在科学共同体的扩散》，第 29 页。

题在一个时期被忽略了，以后又从新的角度被重新研究。"① 这就造成科学发展呈现出逻辑性曲线。"和绝大多数自然现象一样，科学知识的增长采取了逻辑性曲线（logistic curve）的形式。"② 这种逻辑性曲线是科学共同体绘制而出。"科学知识的逻辑性增长是特殊形式的社会共同体利用思想创新的结果。"③

对于这种逻辑性增长或范式嬗变历程，克兰在借鉴默顿、库恩观点的基础上进行了细致揭示。

> 在第一阶段，有意义的科学发现提出了未来工作的模式（范式），吸引新的科学家到这个领域中来。在第二阶段，少数多产的科学家树立了科学研究的优先权，招收和培养学生成为他们的合作者，并且和这个领域的其他成员保持非正式的联系。他们的活动造成了这个领域中的出版物和新成果的指数增长时期。由于有生命力的思想的内涵消耗殆尽，或者由于发现了由原有范式不能解释的反常而变得越来越难以检验（第三和第四阶段），此时，新科学家很少愿意进入这个领域，而原有的成员更愿意退出，这就导致这个领域出版物和全部成员数量的逐渐下降。当研究可能衰退或者可能在理论冲突的基础上分成几派的时候，那些仍然留下来的人喜欢去发展更窄更专门的兴趣。④

而对于科学革命产生的根源，正如上引文所示，克兰一方面认同库恩所提出的当范式不能解释反常现象时会继而发生的观点，另一方面指出范式吸引力耗尽也会引发科学革命。

---

① 〔美〕黛安娜·克兰：《无形学院——知识在科学共同体的扩散》，第29页。
② 〔美〕黛安娜·克兰：《无形学院——知识在科学共同体的扩散》，第1页。
③ 〔美〕黛安娜·克兰：《无形学院——知识在科学共同体的扩散》，第2页。
④ 〔美〕黛安娜·克兰：《无形学院——知识在科学共同体的扩散》，第36—37页。

在另一种情况下，科学变革常常是范式逐渐消耗殆尽的结果，也就是范式逐渐对外界没有什么吸引力了，招募新成员也没有什么竞争力了。可能有许多研究领域，除了最初推动它的发展的那些思想之外，没有很大的变化。一旦这些思想的内容已经消耗殆尽之时，这些领域就会放弃对一套有生命力的假说的支持。①

因此，克兰主张不同科学共同体进行跨界交流，推动新的发展，开展综合工作。

不同研究领域成员之间思想的交流，在产生新的研究路线和在对于来源于不同领域的发现进行综合的时候，是重要的。为了使得科学知识积累和增长起来，一定程度的封闭是必要的，同时，他们从其他研究领域吸收知识的能力，防止了科学共同体完全成为主观的和武断的。②

而在科学共同体彼此之间不断的社会互动之中，形成了与其他领域一样的社会圈子，而无形学院就属于社会圈子的一种。

无形学院对于统一研究领域和为领域提供凝聚力和方向是有帮助的。这些重要的人物和他们的某些合作者由直接的纽带紧密相连在一起，他们发展了有利于在成员间形成道德原则和保持积极性的团结。③

克兰对"无形学院"的研究，将人们对科学共同体的关注从库恩

---

① 〔美〕黛安娜·克兰：《无形学院——知识在科学共同体的扩散》，第77页。
② 〔美〕黛安娜·克兰：《无形学院——知识在科学共同体的扩散》，第106页。
③ 〔美〕黛安娜·克兰：《无形学院——知识在科学共同体的扩散》，第129页。

所强调的同领域、正式的"利益集团"，转变为跨领域、非正式的志同道合的松散团体。

在科学中，许多不同的研究领域可以看作是由同样的思想方向和人员合作联系在一起的，同样地，不同的文化建制也可以看作是具有同样"世界观"（在一定历史时期）和具有互动作用的人员集体。必须对社会进行重新认识，把它看作是互动着的个人组成的群体的复杂网络。[1]

第六节　相对主义的争论

《科学革命的结构》一书同样也引发了很多争议，其中就有来自库恩所挑战的对手波普尔的尖锐批评。1965 年，在伦敦召开的一次国际科学哲学讨论会上，库恩发表了《发现的逻辑还是研究的心理学》一文，对波普尔忽视常规科学而集中于理论创新的做法明确进行了批评。作为回应，波普尔发表了《常规科学及其危险》一文，后与其他论文合并为《论库恩的"常规科学"》。在这篇文章中，波普尔并不同意库恩关于科学共同体、范式、常规科学、非常规科学的界定与划分。在他看来，库恩关于科学共同体的界定，是用社会学准则取代了理性准则，将会混淆科学与非科学的界限。

库恩和我都同意占星术不是科学，库恩从他的观点出发说明了它为什么不是科学。这种说明在我看来是毫无说服力的；从他的观点看来，应当承认占星术是一门科学。它具有

---

① 〔美〕黛安娜·克兰：《无形学院——知识在科学共同体的扩散》，第 132—133 页。

库恩用以表明科学特征的一切属性：有一个实际工作者的共同体，他们共有一种常规，从事于释疑活动。……按照我的意见，这还只是一场小灾难，而由社会学准则取代科学的理性准则才是一场大灾难。[1]

而范式也并不起源于近代，古代的科学家已经有集中的讨论。"甚至从古以来，相互竞争的主导物质理论就在不断地、富有成效地进行着讨论。"[2]

在波普尔看来，库恩关于常规科学、非常规科学的划分，违反了科学的根本特征。"凡载入史册的科学家，都很少是、甚至一个也不是库恩所理解的那种'常规'科学家。换言之，我既不同意库恩所说的某些历史事实，也不同意他所谓科学的根本特征。"[3]这只是近年来伴随科学家的大量出现，给库恩所造成的印象，并不适用于更早的科学史。

> 我认为科学中的"常规"现象只是近年来随着科学家的大量出现才突出起来，我认为库恩只是把他个人所体验的这种比较晚近的现象，不仅强加于早期科学史，而且也强加于整个科学的漫长历史。[4]

而在波普尔看来，当代常规科学将会扼杀科学的生命力，意味着

① 《论库恩的"常规科学"》，纪树立编译《科学知识进化论——波普尔科学哲学选集》，第 295 页。
② 《论库恩的"常规科学"》，纪树立编译《科学知识进化论——波普尔科学哲学选集》，第 288 页。
③ 《论库恩的"常规科学"》，纪树立编译《科学知识进化论——波普尔科学哲学选集》，第 286 页。
④ 《论库恩的"常规科学"》，纪树立编译《科学知识进化论——波普尔科学哲学选集》，第 294 页。

科学的终结。

> 在我们这个世纪里常规之所以具有这样的作用，可以用
> 突然需要大量受过训练的技术人员来解释，其后果可能就是
> 现代的军备竞赛。
>
> 但是"常规"可以接管科学，可以完全代替科学。这是
> 一种危险，在库恩打开我的眼界以前我对这一危险是盲目的。
> 我们有可能很快地就要进入这样一个时期，那时库恩的科学
> 准则——一个研究工作者共同体共同由一种常规所维持——
> 将在实践中被接受。果真如此，那就是我所认为的科学的
> 终结。①

因此，波普尔再次回到自己的证伪理论上来，认为伴随不断的证
伪，科学在发生着一场场的革命。

> 我以前说过，我在科学中看到了（当我从进化的前后过
> 程来看时）试探和错误的适应方法中一种自觉批判的形式。
>
> 正因如此，我才说我们（从阿米巴到爱因斯坦）总是从
> 自己的错误中学习。也正因如此，我也说科学——也即科学
> 发展——是"不断革命"。②

不过同时，波普尔也借鉴了库恩关于常规科学、非常规科学的划
分方式，但他强调科学革命并不集中于那些著名的科学家，即使
次要的发现也具有革命性。

---

① 《论库恩的"常规科学"》，纪树立编译《科学知识进化论——波普尔科学哲学
选集》，第 294 页。
② 《论库恩的"常规科学"》，纪树立编译《科学知识进化论——波普尔科学哲学
选集》，第 295 页。

　　我并不是说这就意味着我们不能区分科学中的稳定时期（如沃特金斯所说）和更为革命的进步时期；这也并不意味着所有的不断"革命"的时期都是我们所说的哥白尼、伽利略、牛顿以及爱因斯坦的那一类"革命"。

　　我说的是另一回事。我是说即使是次要的发现（也可能是一只动物作出来的发现）也是革命的。我是说许多工程师和教师也是次要的或主要的革命家。确切地说，我是指已有的信念（或常规）每天都在被推翻。有时这也是一些重大的发现，但是更经常是一些非常次要的发现。①

不仅波普尔，波普尔的支持者也对库恩提出了同样的批评：

　　的确，那些受到波普尔影响的人所提出的主要怨言之一是，库恩的说明从根本上说是一种社会学史方面的说明。恰恰是因为库恩的立场具有这种特征，所以人们对它提出了有关主观主义、非理性主义以及相对主义的反对意见。②

　　面对各种质疑的声音，1969 年，库恩为《科学革命的结构》日文版写下了长篇后记，进行了系统回应。针对"范式"内涵不清晰的批评，库恩再次进行了界定，指出范式与科学共同体是一体两面的关系。"一个范式就是一个科学共同体的成员所共有的东西，而反过来，一个科学共同体由共有一个范式的人组成。"③ 科学共同体与其他学科的共同体一样，是由同一专业领域的人员组

①《论库恩的"常规科学"》，纪树立编译《科学知识进化论——波普尔科学哲学选集》，第 295—296 页。

②〔英〕大卫·布鲁尔：《知识和社会意象》，霍桂桓译，中国人民大学出版社，2014，第 100 页。

③〔美〕托马斯·库恩：《科学革命的结构》（第 4 版），第 147 页。

成，但相对于其他共同体学派众多的特点，作为统一组织的观念更为强烈。

> 一个科学共同体由同一个科学专业领域中的工作者组成。在一种绝大多数其他领域无法比拟的程度上，他们都经受过近似的教育和专业训练；在这个过程中，他们都钻研过同样的技术文献，并从中获取许多同样的教益。通常这种标准文献的范围标出了一个科学学科的界限，每个科学共同体一般有一个它自己的主题。在科学中、在共同体中都有学派，即以不相容的观点来探讨同一主题。但是比起其他领域，科学中的学派少得多。他们总是在竞争，而且这种竞争通常很快就结束，其结果，科学共同体的成员把自己看作、并且别人也认为他们是唯一的去追求同一组共有的目标、包括训练他们的接班人的人。在这种团体中，交流相当充分，专业判断也相当一致。①

与《科学革命的结构》一书所持范式基本是近代社会以后的产物的观念不同，在这篇后记中，库恩改变了看法，认为"前范式"时期的各学派也共同享有被称作"范式"的各种要素。

> 所有科学共同体的成员，包括"前范式"时期的各学派，都共有那些我把它们集合起来称作"范式"的各种要素。伴随着这种向着成熟的转变，改变的不是范式的出现与否，而是范式的本性。只有在这种变化之后，常规的解谜研究才有可能。②

---

① 〔美〕托马斯·库恩：《科学革命的结构》（第 4 版），第 148 页。
② 〔美〕托马斯·库恩：《科学革命的结构》（第 4 版），第 150 页。

库恩回应的另一个焦点问题，是批评者认为库恩主张科学家在研究中依赖于意会与直觉，而非逻辑和定律，

> 我提到意会知识，同时又拒绝规则，这就引出了另一个问题，正是这一问题困扰着我的许多批评者，并似乎成为指责我推崇主观性和非理性的凭据。有些读者觉得，我试图使科学依赖于一种不可分析的个人直觉，而不是逻辑和定律。①

从而批评所谓的范式，其实是"一种主观的、非理性的"理论。②库恩认为这种批评是对他的一种误解，他所主张的直觉，其实是被科学共同体所共同尊奉，并可以进行分析的一种直觉，而非个体性、神秘性的直觉。

> 其一，即使我确实谈的是直觉，那也并非个人的直觉，而是一个成功的团体成员们所共同拥有的经过考验的直觉；新手们通过训练以获取它们，作为加入团体的准备工作的一部分。其二，这些直觉并非原则上不可分析的。相反，我正在通过一个基于计算机程序的实验，研究它们在一个基本层次上的性质。③

库恩回应的问题还包括对范式理论是否为一种相对主义的批评。④对于这一批评，他坚持自己的看法，即同样遵守某一范式的两个科学共同体，由于信奉的程度不同，从而造成不同的结果，但这二者其实都是对的。"两个共有这一标准的人，在应用它时也

---

① 〔美〕托马斯·库恩：《科学革命的结构》（第4版），第160页。
② 〔美〕托马斯·库恩：《科学革命的结构》（第4版），第147页。
③ 〔美〕托马斯·库恩：《科学革命的结构》（第4版），第160页。
④ 〔美〕托马斯·库恩：《科学革命的结构》（第4版），第171页。

可能得出不同的判断。但至少，一个给它以至尊地位的共同体的行为，与那个不这么做的共同体的行为将会有极大的不同。"① 为了说明这一问题，他用树枝距离树干的远近进行了比喻。"想象一株演化树，代表着各门现代科学学科始自其共同起源（例如自然哲学和工艺）的发展。一条线自树干直至树梢尖端，沿树向上决不折转回头，循此可找出一连串有亲缘关系的理论。"② 在库恩看来，后出的理论，就仿佛距离树干最远的树枝，发明的理论更为精确。故而，在库恩看来，主张理论后出转精的他，很明显是一个科学进步论者，而不是一个相对主义者。"后期的科学理论在一个常常大不相同的应用环境中，较其先前的理论表现出更好的解谜能力。这并非一个相对主义的立场，在它所显示的意义上，我是一个科学进步的真正信仰者。"③ "通常一个科学理论之所以被认为比它的前任要好，不仅因为它在发现和解谜方面是一个更好的工具，而且因为它以某种方式更好地表现出自然界的真相。人们常常听说在发展中前后相继的理论会逐渐逼近真相。"④

可见，与波普尔的证伪主义倡导理论不断获得证伪，从而推动科学进步的内史观念不同，库恩的范式理论将科学进步的根源，转而归结为科学共同体为了维护自身利益，从而推动范式转换的共同意志，将关注视角转移到了外史。从波普尔到库恩，呈现出在科学哲学领域，从内史向外史的过渡与转变。库恩虽然引发了广泛的质疑，但他对人们如何认知科学进步做出了巅峰性挑战，催生了科学乃至其他学科的广泛思考，引发了许多领域的根本转变。对于库恩的历史贡献，萨顿的弟子伯纳德·科恩在 1985 年写作的《科学中的革命》一书中高度评价道：

① 〔美〕托马斯·库恩：《科学革命的结构》（第 4 版），第 172 页。
② 〔美〕托马斯·库恩：《科学革命的结构》（第 4 版），第 172 页。
③ 〔美〕托马斯·库恩：《科学革命的结构》（第 4 版），第 172 页。
④ 〔美〕托马斯·库恩：《科学革命的结构》（第 4 版），第 172—173 页。

　　甚至那些并非在所有细节上都同意库恩分析的人，也不得不承认，科学的发展并非必然就是一个积累的过程，科学中存在着一些连续的巨大革命，在这些大的革命之间还有一些较小的革命，革命的过程是科学知识增长规范模式的一个组成部分。①

他指出库恩的范式理论将科学发展的主动权从客观转移到了主观。

　　库恩分析中的一个主要论点就是，所有种类的科学变革，包括革命在内，并非像恩斯特·马赫（Ernst Mach）以及其他一些人所设想的那样是思想竞争的结果，而是由接受或信仰这些思想的科学家们导致的。②

巴伯在1987年为《科学与社会秩序》一书写的中文版序言中指出，科学史、科学哲学与科学社会学之间长期存在内外史路径的分途，

　　六十年代以前妨碍科学社会学发展的诸因素之一是科学史和科学哲学对它的抵制，这两者做为学术专业当时已经相对充分地建立起来了。在强调探讨科学的"内在主义"路线的形式下，这些专业对科学社会学的"外在主义"假设存在着强烈的抵制，特别是对马克思主义的观点，但对更主流的、自由的观点亦如此。③

但库恩《科学革命的结构》却通过从以上三个学科中吸收概念，

---

① 〔美〕I. 伯纳德·科恩：《科学中的革命》（新译本），第48—49页。
② 〔美〕I. 伯纳德·科恩：《科学中的革命》（新译本），第11页。
③ 〔美〕伯纳德·巴伯：《科学与社会秩序》，中文版序言，第9页。

提出具有强大解释力度的范式理论，从而成功地将科学置于文化的一部分，开始消解内外史路径的传统分野。

> 在 1962 年，托马斯·库恩的《科学革命的结构》一书导致了在科学哲学、科学史和科学社会学之间关系上的一场创造性的革命。库恩本人在当时显然没有完全意识到这个事实，但在他的思想含蓄的著作中，他利用了来自这三个专业的概念和材料。把科学作为一种社会现象加以研究，这是前所未有的。现在，跨专业的合作和讨论是经常的和富有成果的。不再有人谈论科学之"内在"方面和"外在"方面了。所有学者都明确地把科学思想、组织和过程看成是同社会中其他社会和文化亚系统相互关联的亚系统。[①]

但巴伯对库恩将科学革命完全归因于科学共同体意志的观点并不认同，而是主张多种因素共同推动了科学的发展。

> 科学是由科学、由规范、由兴趣以及由"现实"世界推动的，这四者都推动科学。科学具有某种程度的自主性。它在某种程度上独立于其他社会结构和文化的亚系统，同时也依赖它们。困难的经验问题是具体确定独立和依赖的程度和类型。而且，正因为这项工作是困难的，所以没有理由来回避它。[②]

小　结

在相当程度上，库恩是站在批判波普尔的立场之上。在他看

---

① 〔美〕伯纳德·巴伯：《科学与社会秩序》，中文版序言，第9—10页。
② 〔美〕伯纳德·巴伯：《科学与社会秩序》，中文版序言，第11页。

来，波普尔聚焦于理论证伪这种非常规科学研究，忽视了科学研究的一般状态——常规科学研究。但事实上，正如库恩自己所指出的，他与波普尔一样，都反对科学是借助知识逐渐累积而不断进步的观念。他认为这种现象只存在于常规科学研究之中。

在近代的常规科学研究中，科学共同体制定出一种具有竞争性的理论，压制其他理论，从而制定出科学共同体普遍遵守的规则，而这种公认的模型或模式，就是"范式"。范式规定了一定时期内，科学共同体要研究的问题、解决问题的方法，推动科学共同体聚焦于部分问题，从而推动了近代科学的快速发展。与之相比，古代时期由于缺乏具有竞争性的理论，所以无法形成科学共同体都完全遵奉的范式，最终形成学派竞争的局面，科学发展是一种缓慢推进的状态。相应，形成为科学共同体共同遵奉的范式，建立起强大的常规科学，是科学成熟的标志。

但范式一旦确立，便会压制新思想的产生，从而保障科学共同体的既有利益。一旦科学共同体在既有范式指导下长期无法解决新问题时，就会逼迫科学共同体开展非常规科学研究，从而打破旧范式，建立新范式，催生出一场暴风骤雨式的"科学革命"。科学革命的发生将会推动科学理论的更新、研究问题的转移、思维方式的转变，甚至科学共同体本身的嬗变，开启科学研究的崭新道路。因此，在库恩看来，只有通过范式转换推动科学发展的道路，才是成熟的科学发展道路。

库恩通过提出"科学革命"的概念，不仅致力于揭示科学史发展中的超越，同时也致力于反思传统的科学史写法。在传统的科学史书写中，科学共同体为了彰显当前范式，从而并非从整体历史背景出发，而是有选择性地挑选过去部分科学家与当前范式有关的内容，从而营造一种从古至今该范式不断累积而发展的线性过程。这便导致每当一种范式被取代，科学史就要完全重写的尴尬。库恩从而倡导将科学还原到历史背景之中，审视其与所处时代的整体关系的新科学史研究。

在波普尔看来，库恩却是将科学发展归结为科学共同体这种社会团体的胜利，将会混淆科学与非科学的界限。波普尔与库恩的争论，是科学认知中逻辑主义与历史主义的一次正面碰撞。库恩的范式转换理论虽然引起了巨大的争议，但同时影响十分深远。

克兰在继承库恩观念的基础上，进一步指出科学发展由于科学共同体围绕范式的争执，呈现出变换、中断的逻辑性曲线。科学革命的产生除了范式逐渐失效之外，还存在范式吸引力逐渐耗尽的情况。因此，不同的科学共同体应开展跨界整合，推动志同道合的社会圈子的形成，而这就是一种"无形学院"。

无论如何，经历波普尔的证伪主义、库恩的科学革命观念的冲击，科学史研究逐渐形成结合不断累积而进步的渐进式与不断超越与革命的跳跃式两种不同思路，致力于勾勒科学发展张弛有度的发展脉络的理念。

库恩将科学进步归结为科学共同体为了维护自身的利益，从而推动范式转换的共同意志，将关注视角转移到了外史。从波普尔到库恩，呈现出在科学哲学领域，从内史向外史的过渡与转变。科学知识社会学进一步发挥了库恩的观点，主张科学理论本身也是社会影响下的一种建构产物，从而彻底推动外史吞并了内史。

第十章
研究纲领的漫长取代

范式理论出现之后，对证伪主义构成了极大挑战，虽然波普尔仍然坚持自身的立场，与他的拥护者开展对库恩的批判，但证伪主义内部开始在范式理论的影响下逐渐修正、完善证伪主义。波普尔的学生拉卡托斯（Imre Lakatos）是其中的代表性人物。拉卡托斯在文章中描述了他所受到波普尔的强烈影响，以及自身的最终超越。

> 波普尔的思想代表着二十世纪哲学的最重要发展；代表着休谟、康德或休厄的传统——及水平——的一项成就。他对我个人的影响是无法估量的：他比任何其他人都更大地改变了我的生活。当我进入他那富有魅力的智力领域时，已快四十岁了。它的哲学帮助我同我已持有近二十年的黑格尔世界观做出最终决裂。更重要的是，这种帮助给我提供了一个极为丰富的问题领域，而且真的给我提供了一个名副其实的研究领域。当然，研究一个研究纲领是一件批判性的事情，因而我对波普尔的问题的研究常常使我同波普尔本人的答案发生冲突，这是毫不奇怪的。①

---

① 〔匈〕拉卡托斯：《科学研究纲领方法论》，欧阳绛、范建年译，范岱年、吴忠校，商务印书馆，1992，第191页。

我对于科学理论性的说明，虽然以波普尔的思想为基础，但是与他的一些总的观念相去甚远。[1]

针对波普尔证伪主义所持理论一经反证便被抛弃的过于简单粗暴的立场，拉卡托斯通过提出局部证明、全局证明，硬核、保护带等二分概念，增强了证伪主义的解释效力，从而将证伪主义从朴素阶段发展至精致阶段。

伊姆雷·拉卡托斯原姓利普施茨，1922 年出生于匈牙利，纳粹德国占领匈牙利时，参加了地下抵抗运动，改姓为拉卡托斯。1956 年前往英国，1960 年以后在伦敦经济学院任教，成为波普尔的同事与学生，1974 年因病去世。他生前发表的论文被学生编为论文集《证明与反驳——数学发现的逻辑》《科学研究纲领方法论》《数学、科学和认识论》等。以上著作完善并超越了波普尔的证伪主义，将之发展至精致的证伪主义，并强调将他所倡导的"研究纲领"，应用到科学史研究中去。

第一节　通过多证多驳完善猜想

受到波普尔的影响，站在证伪主义的立场上，拉卡托斯指出"对信念的信奉程度并不能使信念成为知识"，[2] 比如宗教信仰便是如此，而怀疑才是科学的核心观念。

事实上，科学行为的标志正在于人们甚至对自己最珍爱的某些理论持某种怀疑态度。盲目相信一种理论并不是理智上的美德：这是理智上的犯罪。

---

① 〔匈〕拉卡托斯：《科学研究纲领方法论》，第 123 页。
② 〔匈〕拉卡托斯：《科学研究纲领方法论》，第 1 页。

因此，一个陈述，即使它明显地似乎"可信"，而且每个人都相信它，也可能是伪科学的；而一个陈述虽然是不能令人相信的，并且也没有人相信它，在科学上却可能是有价值的。一种理论，即使没有一个人理解它，更不用说相信它，却很可能有极高的科学价值。①

拉卡托斯同样反对逻辑实证主义在数学领域中，注重强调符号与规则而形成的符号逻辑。"数理哲学中有一派动不动就说数学和它的形式公理化抽象（以及数理哲学和元数学）是一回事，按我的用语，这叫'形式主义'学派。"② 他引用了逻辑实证主义的集大成者卡尔纳普关于数学哲学的判断来开展批判。

要找形式主义立场最直率的自白，卡尔纳普里便有一例。卡尔纳普强行要求：（a）"哲学应当被科学的逻辑所取代……"，（b）"科学的逻辑不是别的，只是科学语言的逻辑语法……"，（c）"元数学就是数学语言的语法"。一句话，数理哲学应当被元数学所取代。③

受到历史主义观点影响，拉卡托斯认为逻辑实证主义完全忽略了科学史，而陷入一种真空式的逻辑推理。

形式主义割断了数学史与数理哲学的联系，因为，按照形式主义的数学概念，数学原没有历史。据罗素的措辞"浪

---

① 〔匈〕拉卡托斯：《科学研究纲领方法论》，第1—2页。
② 〔英〕伊姆雷·拉卡托斯著，〔英〕约翰·沃勒尔、〔英〕伊利·扎哈尔编《证明与反驳——数学发现的逻辑》，康宏逵译，上海译文出版社，1987，作者引言，第1页。
③ 〔英〕伊姆雷·拉卡托斯著，〔英〕约翰·沃勒尔、〔英〕伊利·扎哈尔编《证明与反驳——数学发现的逻辑》，作者引言，第1—2页。

漫"而立意庄重的评语，"自古以来头一部论述数学的书"是布尔的《思维规律》（1854 年），这话任何形式主义者大体上都会同意的。形式主义否认了大多数过去公认的数学有资格叫数学，于数学的生长也就不能置一辞。形式主义的天堂里面，住着天使般的数学理论，凡间不确实性的种种污迹洗刷得一干二净。①

在拉卡托斯看来，这造成了科学哲学失去了历史土壤，而成为完全空洞的理论。"不理睬数学史上最引人入胜的现象，数理哲学变成了空洞的哲学。"② 由此出发，拉卡托斯对逻辑实证主义的主张持坚决反对的态度。

> "形式主义"是逻辑实证主义哲学的防护堤。据逻辑实证主义说，只有"重言的"或经验的陈述才有意义。非形式数学既非"重言的"又非经验的，它必定无意义，纯系无稽之谈。逻辑实证主义的教条对数学史和数理哲学都是有弊而无利。③

与波普尔一样，拉卡托斯也将批判的矛头对准了逻辑实证主义普遍信奉的所谓"证实主义"，即"证明"，认为逻辑实证主义在定理证明中存在错位的现象。

> 用古已有之的崇高术语"证明"来指一个思想实验，或者叫"准实验"，其中提示把原猜想分解成若干子猜想或引

---

① 〔英〕伊姆雷·拉卡托斯著，〔英〕约翰·沃勒尔、〔英〕伊利·扎哈尔编《证明与反驳——数学发现的逻辑》，作者引言，第 2 页。
② 〔英〕伊姆雷·拉卡托斯著，〔英〕约翰·沃勒尔、〔英〕伊利·扎哈尔编《证明与反驳——数学发现的逻辑》，作者引言，第 2—3 页。
③ 〔英〕伊姆雷·拉卡托斯著，〔英〕约翰·沃勒尔、〔英〕伊利·扎哈尔编《证明与反驳——数学发现的逻辑》，作者引言，第 3 页。

理，因而把它嵌入了一套可能相距甚远的知识。比方说吧，我们的"证明"把原猜想嵌入橡皮薄片的理论了，而它本来谈的是晶体，也可以说是固体。原猜想之父，笛卡儿或欧拉，一定做梦也没想到能这么干。①

他同样认定科学知识并非确凿无疑的真理，而是尚待检测的预测。"我敬重自觉的推测，因为它来自人类最优良的品德：勇敢和谦虚。"② 猜想是在不断地试错与反驳的过程中逐渐形成并进步。"朴素猜想不是归纳猜想，我们是靠试试错错，经过多次猜想、多次反驳才得到它们的。"③ 由此角度出发，拉卡托斯甚至主张在数学哲学领域，也要通过不断地证明、反驳，发掘关于非形式主义的准经验数学的预测。"非形式、准经验数学的生长，靠的不是单调增加千真万确的定理的数目，靠的是用玄想和批评、用证明和反驳的逻辑不停地改进推测。"④

鉴于证伪主义采取的一旦出现反例即抛弃理论的简单粗暴的做法所受到的强烈质疑，拉卡托斯主张给予猜想更多的机会，于是采取分解猜想的方式，弱化了反例的冲击作用。"按证明提示的办法把猜想作了分解，就为检验开了新的方便之门。经过分解，猜想散布在一条更宽阔的前沿阵地上，于是我们的批评就有更多的靶子了。"⑤ 由于猜想被分解了，反例依照其质疑的范围，从而

---

① 〔英〕伊姆雷·拉卡托斯著，〔英〕约翰·沃勒尔、〔英〕伊利·扎哈尔编《证明与反驳——数学发现的逻辑》，第5页。
② 〔英〕伊姆雷·拉卡托斯著，〔英〕约翰·沃勒尔、〔英〕伊利·扎哈尔编《证明与反驳——数学发现的逻辑》，第31页。
③ 〔英〕伊姆雷·拉卡托斯著，〔英〕约翰·沃勒尔、〔英〕伊利·扎哈尔编《证明与反驳——数学发现的逻辑》，第85页。
④ 〔英〕伊姆雷·拉卡托斯著，〔英〕约翰·沃勒尔、〔英〕伊利·扎哈尔编《证明与反驳——数学发现的逻辑》，作者引言，第5页。
⑤ 〔英〕伊姆雷·拉卡托斯著，〔英〕约翰·沃勒尔、〔英〕伊利·扎哈尔编《证明与反驳——数学发现的逻辑》，第6页。

存在"局部反例""全局反例"之别。前者是对局部猜想的质疑，后者是对全局猜想的质疑。前者由于只质疑局部，相应所质疑的只是证实猜想的证明，而后者质疑的却是猜想。

> 驳倒引理（未必驳倒主猜想）的例子，我要叫做"局部反例"；驳倒主猜想本身的例子，我要叫做"全局反例"。可见，你的反例只是局部的，不是全局的。局部而非全局反例是对证明的批评，但不是对猜想的批评。[1]

面对质疑，猜想可以通过修改局部定义的方式，应对来自反例的冲击。但在拉卡托斯看来，科学家不应采取诡辩式的应变方式，单纯地借助修改定义，"全靠着变花样吹捧字眼儿"，[2] "收缩概念"，[3] 维护自身的理论，认为这是"一套恰到好处的语言魔术，解除它惨遭否证的厄运"。[4] 在拉卡托斯看来，这是一种"邪魔外道"，[5] 实质上是把反例视作威胁理论、不符合所谓常规的"怪物"排除在外的"怪物除外法"。

> 我们尽可恰如其分地给他的方法贴个标签，叫做怪物除外法。采用这套方法，原猜想的任何反例总可以消除，反正重新下个定义就行……下的定义有时倒也机智，但始终免不

---

① 〔英〕伊姆雷·拉卡托斯著，〔英〕约翰·沃勒尔、〔英〕伊利·扎哈尔编《证明与反驳——数学发现的逻辑》，第7页。

② 〔英〕伊姆雷·拉卡托斯著，〔英〕约翰·沃勒尔、〔英〕伊利·扎哈尔编《证明与反驳——数学发现的逻辑》，第18页。

③ 〔英〕伊姆雷·拉卡托斯著，〔英〕约翰·沃勒尔、〔英〕伊利·扎哈尔编《证明与反驳——数学发现的逻辑》，第21页。

④ 〔英〕伊姆雷·拉卡托斯著，〔英〕约翰·沃勒尔、〔英〕伊利·扎哈尔编《证明与反驳——数学发现的逻辑》，第17页。

⑤ 〔英〕伊姆雷·拉卡托斯著，〔英〕约翰·沃勒尔、〔英〕伊利·扎哈尔编《证明与反驳——数学发现的逻辑》，第13页。

了顾此失彼。①

与之相仿的还有"例外除外法"。秉持这两种态度的科学家，都反对对自己的猜测进行反驳。

> 假使猜想正好是他们自个儿的，要他们通过反驳去改进，那就格外没能力做到。他们老想不经反驳就使猜想得到改进；从不指靠减少虚假性，一味指靠单调增加真实性；他们要这样把知识的生长过程洗刷清白，仿佛它没受到过反例的惊扰。这或许就是最好的一种例外除外者那套方案的背景。②

当无法避免遭受反驳时，这类科学家通过修改定义从而维护猜测，并在蒙混过关之后，进一步夸大猜测的解释效力。

> 这种人的头一手是"为安全而孤注一掷"，设计一个在"安全"地带可行的证明，二一手才是让证明经受一次周到的批判性考察，看看自己是不是把每一个生加的条件都用上了。如果不是的，他们便把过分谦逊的定理初版"强化"或"推广"，也就是列出证明所倚赖的引理，然后并入猜想。③

这种徇私的态度，最终所导致的不过是墨守成规、无法进步的

① 〔英〕伊姆雷·拉卡托斯著，〔英〕约翰·沃勒尔、〔英〕伊利·扎哈尔编《证明与反驳——数学发现的逻辑》，第 22 页。
② 〔英〕伊姆雷·拉卡托斯著，〔英〕约翰·沃勒尔、〔英〕伊利·扎哈尔编《证明与反驳——数学发现的逻辑》，第 40 页。
③ 〔英〕伊姆雷·拉卡托斯著，〔英〕约翰·沃勒尔、〔英〕伊利·扎哈尔编《证明与反驳——数学发现的逻辑》，第 40 页。

"教条主义"。"它已经沦为一项贫乏的约定、一个无足挂齿的教条。"①

　　总之，拉卡托斯主张猜测面对来自反例的挑战，应秉持尊重的态度，进行深入思索，而不是采取诡辩的方式，将其视为怪物，径直排除。"我们终究要对反例放尊重些才是，可别授予'怪物'的雅号、不驱逐它就誓不甘休。"② 最好的方式便是采取"多证多驳法"，③ 对猜想进行多种视角、多个阶段的试错与反驳，从而逐渐趋于完善。

第二节　研究纲领的坚守与调整

　　与波普尔一样，对于库恩的范式理论，拉卡托斯表达了反对立场，认为将科学完全归诸科学共同体主观意志的做法，会消解科学与伪科学之间、科学进步与科学衰退之间的客观标准。

　　　　但是，如果库恩是正确的话，那么，在科学和伪科学之间就没有明确的分界，在科学进步和知识衰退之间就没有区别，也就不存在诚实性的客观标准。那么，他还能在科学进步和知识退化之间提供出什么分界准则呢？④

　　但同时，拉卡托斯又对波普尔所持科学发展就是单个假说的不断试错与反驳，一经证伪便被抛弃的观点提出质疑，将证伪的

---

① 〔英〕伊姆雷·拉卡托斯著，〔英〕约翰·沃勒尔、〔英〕伊利·扎哈尔编《证明与反驳——数学发现的逻辑》，第20页。
② 〔英〕伊姆雷·拉卡托斯著，〔英〕约翰·沃勒尔、〔英〕伊利·扎哈尔编《证明与反驳——数学发现的逻辑》，第22页。
③ 〔英〕伊姆雷·拉卡托斯著，〔英〕约翰·沃勒尔、〔英〕伊利·扎哈尔编《证明与反驳——数学发现的逻辑》，第73页。
④ 〔匈〕拉卡托斯：《科学研究纲领方法论》，第5页。

单位归于拥有更大的理论体系的"研究纲领"。"我的评价单位不是一个孤立的假说（或一些假说的合取）：一个研究纲领是一种特殊的'问题转换'，它包括一系列发展着的理论。"① 按照拉卡托斯的划分，研究纲领可分为硬核、启发法、保护带三个部分。

> 这个发展着的系列具有一种结构。它有一个坚固的硬核，如牛顿研究纲领中的运动三定律和引力定律，而且，它有一个包括一套解题技巧的启发法。（在牛顿的例子中，这种启发法就是该纲领的数学工具，包括微积分、收敛理论、微分方程和积分方程。）最后，一个研究纲领还有一个巨大的辅助假说的保护带，我们就是根据这些假设来确定各种初始条件的。牛顿纲领的保护带包括几何光学、牛顿的大气折射理论等等。②

在拉卡托斯看来，证伪并非单个假说的试错，而是一系列的猜想与反驳。

> 对重大科学成就作典型描述的单位，不是孤立的假说，而是研究纲领。科学并不是试错法，而是一系列的猜测与反驳。"所有的天鹅都是白色的"可以由于发现一只黑天鹅而被证伪。但是这种平常的试错法算不上是科学。③

"硬核"作为研究纲领的核心，并非反例所直接挑战的领域。"一切科学研究的纲领以其'硬核'为特征。纲领的反面启发法禁止

---

① 〔匈〕拉卡托斯：《科学研究纲领方法论》，第 247 页。
② 〔匈〕拉卡托斯：《科学研究纲领方法论》，第 247—248 页。
③ 〔匈〕拉卡托斯：《科学研究纲领方法论》，第 5—6 页。

我们用否定后件推理（modus tollens）对付这个'硬核'。"[1] 反例所直接挑战的是居于保护带的"辅助性假说"。"而是我们必须利用我们的智谋去明确表达或甚至发明'辅助性假说'，这些假说在这个'硬核'周围形成一个保护带，并且我们必须再用否定后件推理使这些辅助性假说改变方向。"[2] 面对反例的挑战，辅助性假说奋起反抗，保护硬核。

> 例如，牛顿的科学并不仅仅是力学三定律和万有引力定律这四个猜测的集合。这四条定律仅仅构成牛顿纲领的"硬核"。但是这个硬核被由辅助假说组成的巨大的"保护带"坚韧地保护着而不致被驳倒。[3]

"保护带"之所以如此称谓，便根源于此。

> 我所以称这条带为保护带是因为它保护硬核免遭反驳：反常并不被看作是对硬核的反驳，而是对保护带中的某个假说的反驳。部分出于经验的压力（部分则是按照它的启发法而有意计划的），这条保护带不断地受到修正、增加、复杂化，而硬核却保持不变。[4]

不仅如此，面对反驳，研究纲领还充分调动起维持研究纲领的多种技术手段即"启发法"，从而努力将反例转变为证实性证据。"更重要的是，该研究纲领还有一个'启发法'，即一种强有力的解决问题的手段，它借助于深奥的数学技巧而消解反常，甚至把

---

① 〔匈〕拉卡托斯：《科学研究纲领方法论》，第 66 页。
② 〔匈〕拉卡托斯：《科学研究纲领方法论》，第 66 页。
③ 〔匈〕拉卡托斯：《科学研究纲领方法论》，第 6 页。
④ 〔匈〕拉卡托斯：《科学研究纲领方法论》，第 248 页。

它们转化为肯定的证据。"①

在拉卡托斯看来，成熟的研究纲领不仅具有预言性，而且拥有强大解释效力的启发法，产生出强大的启发力，建立起坚固的保护带，从而使自身保持着自主性。

> 成熟的科学是由这样的研究纲领所组成：这些纲领不仅预见新的事实，而且，在某种重要的意义上，也预先考虑到新的辅助理论；成熟的科学——和呆板的试错法不一样——有"启发力"。让我们记住，在一个强有力的纲领的正面启发法中，正是一开始就大致规定了如何建立保护带，这种启发力产生了理论科学的自主性。②

研究纲领的不断进步，便借助于正面启发法与反面启发法的不断推动。所谓正面启发法，是指研究纲领不断修改保护带的辅助性假说，从而应对、消减反驳的挑战。"正面启发法包括部分相互关连的一套如何变化发展该研究纲领的'可反驳的变形'，如何修改、矫饰'可反驳的'保护带的提示或暗示。"③ 当反驳出现时，科学家一般仍坚持正面启发法，将反驳视作随着研究纲领的进步，可能反转为例证的反常，而不是作为必将成为研究纲领的反例，从而漠然视之。

> 因为在大的研究纲领中，总是存在一些已知的反常：研究者通常都把它们搁置一旁，而遵循该纲领的正面启发法。一般地，他把注意力集中于正面启发法，而不注意那些令人分心的反常，他希望随着该纲领的进步，这些"难对付的例

---

① 〔匈〕拉卡托斯：《科学研究纲领方法论》，第 6 页。
② 〔匈〕拉卡托斯：《科学研究纲领方法论》，第 122 页。
③ 〔匈〕拉卡托斯：《科学研究纲领方法论》，第 69 页。

子"将被转变为证实性例证。……优秀科学家们普遍接受这种方法论态度，即把被波普尔视为反例的看作是反常。受到科学共同体高度评价的某些研究纲领于是就在反常的大海中不断进步。①

正面启发法决定着对问题的选择，只有当正面启发法效力减弱时，科学家才会更多地注意到反面启发法。

　　科学家列举出各种反常，但是，只要他的研究纲领仍然保持着它的力量，他就对这些反常置之不理。决定着他对问题的选择的，首要是他的纲领的正面启发法的作用，而不是反常。只有当正面启发法的驱动力减弱时，科学家也许才对反常予以更多的注意。②

拉卡托斯认为研究纲领的不断进步主要是由反面启发法所催动，即研究纲领面对反驳，对于辅助性假说不得不做出的大量修改。拉卡托斯指出反例造成辅助性假说展开调整，乃至被完全取代，"为了保护这样的'硬核'，这种辅助性假说的保护带，必须在受到考验时首当其冲加以调整和再调整，或者甚至完全被取代"，③从而推动研究纲领的不断进步。"一个研究纲领是成功的，如果这一切导致一个进步的问题转换的话；一个研究纲领是不成功的，如果它导致退步的问题转换。"④ 相应，拉卡托斯倡导科学家采取反面启发法，而不是采取人为的手段反击、消除反常，认为只有这样才能推动研究纲领的不断进步。

---

① 〔匈〕拉卡托斯：《科学研究纲领方法论》，第202—203页。
② 〔匈〕拉卡托斯：《科学研究纲领方法论》，第205页。
③ 〔匈〕拉卡托斯：《科学研究纲领方法论》，第66—67页。
④ 〔匈〕拉卡托斯：《科学研究纲领方法论》，第67页。

一个研究纲领决不能解决它的全部反常。"反驳"始终是大量的。要紧的是少数经验进步的明显信号。这种方法论也含有一个启发法进步的概念：必须按照启发法的精神来对保护带进行相继的修正。科学家们厌恶使用人为的特设做法去反击反常，这是很正当的。①

拉卡托斯重点用牛顿的万有引力理论的发展过程阐述了自己这一观点。他指出万有引力理论就是在遭受反驳时，通过有效地解决问题，从而推动了研究纲领的进步。

在最初产生它时，它被淹没在"反常"（如果愿意的话，可以称之为"反例"）的海洋之中，并且甚至遭到支持这些反常的观察性理论的反对。但是，牛顿学派的令人敬佩的韧性和智巧把一个个反例变成确证的例子，主要靠推翻原来的观察性理论，这种"反面证据"以前就是依据它们提出的，在这个过程中，他们自己提出了一些新的反例，他们又解决了它们。他们"把每一个新的困难变成他们的纲领的新胜利。"②

在这一过程中，牛顿的拥护者们所坚持的立场，就是一方面坚持居于硬核的研究纲领的不可反驳性，另一方面积极解决对于保护带的辅助性假说的挑战。"根据它的维护者们在方法论方面上的决断，这个'硬核'是'不可被反驳的'，反常必须只是导致由辅助的'观察性的'假说和初始条件构成的'保护带'中的种种变化。"③

----

① 〔匈〕拉卡托斯：《科学研究纲领方法论》，第 248 页。
② 〔匈〕拉卡托斯：《科学研究纲领方法论》，第 67 页。
③ 〔匈〕拉卡托斯：《科学研究纲领方法论》，第 67 页。

由此出发，拉卡托斯致力于缓解波普尔证伪主义中假说与反例之间的紧张冲突，指出任何研究纲领之中，都始终面临着反驳，但由于研究纲领体系庞大，并具有很强的应对能力，因此能够在很大程度上有效地应对挑战，因此反驳的存在只是一种正常状态，而不必然导致灭亡的命运。

> 牛顿的万有引力理论，爱因斯坦的相对论、量子力学、马克思主义、弗洛伊德学说都是研究纲领，每一个纲领都有一个受到顽强保护的特殊硬核，每一个纲领都有它的伸缩性较大的保护带，每一个纲领都有它的精巧的解题手段。这些研究纲领的每一个在其发展的任何阶段，都有尚未解决的问题和尚未消解的反常。在这个意义上，所有理论都生于被反驳，并死于被反驳。①

通过这一例子，拉卡托斯指出研究纲领表面看来不断在遭受反驳，但其实在这一过程中，经验不断增加，预言不断得到证实，作为理论的研究纲领不断实现转换。

> 在这种演习中的每一个相继的环节都预见到某个新的事实，每一步骤都代表着经验的增加：这个例子构成一个一贯进步的理论转换。还有，每一个预见也最终得到了证实；虽然在三个继起的情况中，它们看起来可能已经暂时"被反驳了"。②

不仅如此，证伪的过程也被研究纲领的拥护者描述为虽然遭受挫折，但最终获得证实的胜利故事。

---

① 〔匈〕拉卡托斯：《科学研究纲领方法论》，第 6 页。
② 〔匈〕拉卡托斯：《科学研究纲领方法论》，第 67—68 页。

在一个研究纲领中，我们可能在精巧的和侥幸获得的内容增加的辅助假说把一连串的失败——由于事后的聪明——转变成一个名扬天下的胜利故事（实现这种转变，或者是由于更正了一些错误的"事实"，或者是由于增添了新奇的辅助假说）之前被一长串"反驳"所挫败。[1]

由此勾勒出一幅科学发展一贯进步的图景。"于是我们可以说，我们必须要求研究纲领的每一步是一贯地增添内容：每一步骤都构成一个一贯进步的理论问题转换。"[2] 虽然这种进步其实是一种"断断续续"。

除此之外，我们需要的一切是，每次偶而在内容上的增加至少在回顾时应被看成是被确证了的；这纲领作为一个整体，还应该表现出一种断断续续进步的经验转换。我们并不要求每一步骤都直接提出一个被观察的新事实。我们的术语"断断续续地"，在乍看起来似乎面临种种"反驳"时给独断地严守一个纲领充分合理的余地。[3]

可见，相对于波普尔、库恩所持科学发展呈现不断超越的观点，拉卡托斯再次向科学发展的渐进式立场回归。

由此角度出发，拉卡托斯从根本上质疑了库恩范式理论转换的整体性，认为库恩的这一主张，夸大了科学共同体与范式之间的紧密性，将范式树立为被科学共同体普遍信奉的世界观。

认为人们必须坚持一个研究纲领直到它耗尽自己所有的启

---

① 〔匈〕拉卡托斯：《科学研究纲领方法论》，第68页。
② 〔匈〕拉卡托斯：《科学研究纲领方法论》，第68页。
③ 〔匈〕拉卡托斯：《科学研究纲领方法论》，第68页。

发力为止为观点，以及认为在每个人都同意退化点已经到来之前，不应引进一个抗衡的纲领的观点，都是错误的。……人们绝不会允许把一个研究纲领变成一种世界观（Weltanschauung）或一种科学的严密性，使自己成为说明和非说明的仲裁者。正如数学的严密性使自己成为证明与非证明的仲裁者一样。不幸，这正是库恩要提倡的观点。①

但事实上，科学史的发展历程表明，根本就不存在长期占据垄断地位的范式。

> 他所说的"常规科学"其实只不过是一种已经得到垄断地位的研究纲领。但是，事实上，不管笛卡儿学派、牛顿学派和玻尔学派的某些人做了多少努力，取得完全的垄断地位的研究纲领只是极少数，而且也只是在比较短暂的时期之内。②

科学史的真实面貌不是一元范式彼此超越的单线图景，而是多个研究纲领之间长期竞争的多元图景。

> 科学史一直是并且也应该是彼此竞争的研究纲领的历史（或者，如果您愿意也可以说，"范式"的竞争史），但它过去一直不是并且必定不会成为各个常规科学时期的逐一继承：竞争开始得越早，对进步就越有利。"理论上的多元论"比"理论上的一元论"要好：在这一点上，波普尔比费耶阿本德是对的，库恩是错的。③

---

① 〔匈〕拉卡托斯：《科学研究纲领方法论》，第95页。
② 〔匈〕拉卡托斯：《科学研究纲领方法论》，第95页。
③ 〔匈〕拉卡托斯：《科学研究纲领方法论》，第95页。

与波普尔主张的假说不断遭到反驳，从而区分出真假的试错史不同，拉卡托斯主张研究纲领十分复杂，无法用真假来区分，相应不同研究纲领之间不是通过反驳而进步，而是通过竞争来进步。

> 科学通过研究纲领的竞争而进步，而不仅仅是通过猜测与反驳。但是，一个纲领是一个复杂的东西，一种问题转换的特例（即，一系列的命题），再加上数学理论，观察理论，以及事先提供锻造工具的启发式技巧。从整体上看，一个研究纲领不可能要么是真的，要么是假的。[①]

第三节　研究纲领漫长的取代过程

拉卡托斯把研究纲领区分为进步的研究纲领、退步的研究纲领。"一个研究纲领要么是进步的，要么是退步的。"[②] 区分进步的研究纲领、退步的研究纲领的标准，在于是否具有预言性。进步的研究纲领能够在不同程度上提供预言。"倘若每个修正都导致新的意外的预言，这个研究纲领就是在理论上进步的，倘若这些新的预言中至少有一些得到了确证，这个研究纲领就是在经验上进步的。"[③] 退步的研究纲领则无法提供预言，而只能通过调整自身，排除反常。

> 一个科学家通过对他的纲领做出适当的调整（例如增加了一个新的均轮），总能很容易地处理一个给定的反常。这种

---

① 〔匈〕拉卡托斯：《数学、科学和认识论》，林夏水等译，商务印书馆，1993，第 308 页。

② 〔匈〕拉卡托斯：《科学研究纲领方法论》，第 248 页。

③ 〔匈〕拉卡托斯：《科学研究纲领方法论》，第 248 页。

做法是特设的，而且该纲领就在退步，除非这些做法不但解释了它们打算解释的给定事实，而且还预言出新的事实。①

在拉卡托斯看来，所有进步的研究纲领的共同点是都具有科学上的预言性。"我所重视的一切研究纲领都有一个共同的特点。它们全都预言新奇的事实，这些事实或者是过去做梦也没想到的，或者是确实与以前的纲领或与之竞争的纲领相矛盾的。"② 与之相反，退步的研究纲领则只是适应已知的事实。"在一个进步的纲领中，理论导至发现迄今尚不知道的新奇事实。然而，在退步的纲领中，构造理论仅仅是为了适应已知的事实。"③ 相应，所有研究纲领最值得关注的地方，就是拥有令人惊奇的预见功能，与之相比，证实、反驳、适应都并不值得关注，甚至令人沮丧。

> 总而言之，平凡的证实并不是经验进步的标志：波普尔说得对，这样的证实有千千万。掷石落地，不管重复多少次，并不是牛顿理论的成功。但是，所谓"反驳"也不象波普尔所宣扬的那样是经验失败的标志，因为所有的纲领都是在永恒的"反常"海洋中发展的。真正有价值的是激动人心的、出乎意料的令人惊奇的预见：有几个这样的预见就足以扭转局面；凡是在理论落后于事实的地方，我们就得与可悲的退步的研究纲领打交道。④

一个进步的研究纲领，不仅摧毁了一个退步的研究纲领保护带的

---

① 〔匈〕拉卡托斯：《科学研究纲领方法论》，第248页。
② 〔匈〕拉卡托斯：《科学研究纲领方法论》，第7页。
③ 〔匈〕拉卡托斯：《科学研究纲领方法论》，第7页。
④ 〔匈〕拉卡托斯：《科学研究纲领方法论》，第8页。

辅助性假说，而且从根本上破坏了其硬核，完成了研究纲领的取代。① 科学史相应不是试错的历史，而是研究纲领不断竞争的历史。

> 按照我的观点，在科学中我们并不仅仅从猜想与反驳中学习。成熟的科学不是试错法的程序，它不是由孤立的假说以及它们的确认或反驳所组成。伟大的成果和伟大的"理论"不是孤立的假说或事实的发现，而是研究纲领。伟大的科学史是研究纲领史，而不是试错法的历史，也不是"朴素的猜想"史。②

在拉卡托斯看来，科学革命的发生，既不是由于假说的不断证伪，也不是由于范式的不断转换，而是进步的研究纲领取代退步的研究纲领的发展历程。

> 科学革命究竟是如何发生的呢？如果我们有两个竞争的研究纲领，一个是进步的，而另一个是退步的，那么，科学家们就会倾向于参加进步的纲领。这是科学革命的基本原理。……通常发生的情况是进步的研究纲领取代退步的研究纲领。③

科学革命产生的标志，是研究纲领及由此产生的科学评价的出现。

> 科学研究纲领和它们的科学评价的出现标志着科学革命。科学的特征不是一组特殊的命题——无论它们是已经被证明

---

① 〔匈〕拉卡托斯：《科学研究纲领方法论》，第96页。
② 〔匈〕拉卡托斯：《数学、科学和认识论》，第296页。
③ 〔匈〕拉卡托斯：《科学研究纲领方法论》，第8—9页。

为真，是高度可几的，简单的，可证伪的，还是值得理性地相信的——而是一种特殊的方法，利用这种方法，一组命题——或者一个研究纲领——被另一组命题或者另一个研究纲领所取代。①

与库恩主张的范式转换类似，拉卡托斯主张研究纲领的取代，发生于进步的研究纲领，相对于退步的研究纲领拥有更大的解释效力。

> 一个抗衡的研究纲领提供了这样一种客观理由，因为它说明其对手以前的成功，并且由于表现出更大的启发力而取代其对手。②
> 一种理论只能被一种更好的理论，亦即被一种比其前任具有更多经验内容（其中一些内容后来得到证实的）理论所淘汰。对于这种由一种更好的理论对一种理论的取代来说，前者并不一定要受到波普尔意义上的"证伪"。因为标志进步的，是确证着更多内容的实例，而不是证伪实例。因而，"证伪"和"抛弃"就变成在逻辑上互相独立了。③

所谓拥有更大的解释效力，就是拥有更强的预言性。"一个研究纲领若具有比其竞争对手更多的真理内容，也就是说，它进步性地预见了它的竞争对手所确实预见到的全部内容并且预见了某些更多的内容，这个研究纲领就取代了另一个。"④

在拉卡托斯看来，无论逻辑实证主义，还是波普尔所持的朴素证伪主义，都主张直接而线性的快速转换立场。

----

① 〔匈〕拉卡托斯：《数学、科学和认识论》，第312页。
② 〔匈〕拉卡托斯：《科学研究纲领方法论》，第96页。
③ 〔匈〕拉卡托斯：《科学研究纲领方法论》，第207页。
④ 〔匈〕拉卡托斯：《科学研究纲领方法论》，第248页。

　　根据我所考虑的种种理由看来，可以把即时合理性的观念看成是空想的，不过这种空想的观念是大多数牌号的认识论的标志。证明主义要求科学理论甚至在发表它们之前就得予以证明；概率主义者希望有一套机械装置能即时闪现出一个理论的价值（确认度），如果已给定证据的话；朴素的证伪主义者期望淘汰至少是实验裁决的即时结果。①

但拉卡托斯却认为作为研究纲领这样的庞大理论体系，而非孤立的理论概念，无法呈现这种快速转换。

　　所有这些即时合理性——和即时的知识——的理论都是易谬的。这节的案例研究表明理性活动远比大多数人往往所设想的要慢得多；而且在这种情况下也是易谬的。……我还希望我已证明了，只要我们把科学解释为一些研究纲领战斗的战场而不是一些孤立的理论的战场，科学的连续性，某些理论的坚韧性，相当数量的独断论的合理性都能得到最适当的说明。②

拉卡托斯主张一个进步的研究纲领需要经历长时期的成长，相应人们应该珍重、保护处于萌芽时期，看起来十分弱小的研究纲领。

　　与波普尔相反，科学研究纲领方法论并不提供即时的合理性。人们对处于萌芽状态的纲领必须持宽厚态度：在纲领顺利发展并成为经验上进步的之前，可能需要几十年。批判

---

① 〔匈〕拉卡托斯：《科学研究纲领方法论》，第120—121页。
② 〔匈〕拉卡托斯：《科学研究纲领方法论》，第121页。

并不象波普尔所说的那样通过反驳很快地扼杀一个纲领。重要的批判总是建设性的：没有一个更好的理论，就没有反驳。库恩认为科学革命都是看法上的突然的、非理性的变化，这是错误的。科学史既反驳了波普尔，也反驳了库恩：仔细考查一下就会发现，波普尔的判决性实验和库恩的科学革命都是神话。[①]

所有这一些都提醒我们，决不可只是因为一个萌芽状态的研究纲领迄今尚未能压倒一个强大的对手就抛弃它。如果没有其对手它会构成一个进步的问题转换，我们就不应该抛弃它。而且我们当然应该把重新解释过的一个事实看作是一个新事实，而不顾业余的事实收集家们傲慢的优先权要求。只要一个萌芽状态的研究纲领能够作为进步的问题转换而被理性地重建，它就应该暂时受到庇护，而不被一个基础牢固的强大的对手压垮。[②]

不仅如此，只有经过一段时期之后，取代效果才能逐渐显示出来。"事实上，凭借其所有的实验结果，这个实验对老纲领的否定只是后来方才得到认可，那是由于在旧的退步的纲领内部解释它的特设性的尝试缓慢地积累起来了。"[③] 此外，进步的研究纲领取代退步的研究纲领，并非一蹴而就，而是要经历对方的反扑。

反复进行实验，结果前者在这一场战斗中失败了，后者胜利了。但是这场战争并未结束：任何一个研究纲领都允许有几次这样的失败。它要卷土重来所需要的一切就是提出第（n+1）个或者（n+k）个增加内容的方案，并且证实它的某

---

① 〔匈〕拉卡托斯：《科学研究纲领方法论》，第8—9页。

② 〔匈〕拉卡托斯：《科学研究纲领方法论》，第98页。

③ 〔匈〕拉卡托斯：《科学研究纲领方法论》，第106页。

些新奇的内容。①

即使反扑最终结束，取代过程也没有完全结束。"如果经过持续的努力之后并未出现这样的卷土重来，那么这场战争就输掉了，根据事后认识的看法，原先的实验就已经是'判决性的'了。"②

此外，已经被取代的纲领仍然拥有着顽强的生命力。正在迅速发展的年轻纲领仍会吸引人们的长期拥护，

> 不过，尤其是，如果失败的纲领是一个年轻的正在迅速发展的纲领，而且如果我们又决定对它的"前科学的"成就给予充分的信任，那么所谓的判决性实验就会一个接一个消失在它那汹涌向前的巨浪的尾波之中。③

即使年代久远的陈腐纲领也会通过即使是无用的革新而苟延残喘，

> 即使这个失败的纲领已经是一个年代久远的、早已确立并已"陈腐的"纲领，已接近它的"自然饱和点"，它也可以继续抵抗很长的时间，并且提出富有创造力的、增加内容的种种革新来拖延下去，即使这些革新没有得到经验上的成功。④

甚至错误的纲领也可以凭借技巧或运气而延续下去。"任何理论只要具有充分的机智和某种运气，那么，即使它是错误的，也能够在长时间内被作为'进步的'而受到保护。"⑤

---

① 〔匈〕拉卡托斯：《科学研究纲领方法论》，第99页。
② 〔匈〕拉卡托斯：《科学研究纲领方法论》，第99页。
③ 〔匈〕拉卡托斯：《科学研究纲领方法论》，第99页。
④ 〔匈〕拉卡托斯：《科学研究纲领方法论》，第99—100页。
⑤ 〔匈〕拉卡托斯：《科学研究纲领方法论》，第206页。

研究纲领的存亡，不仅取决于纲领内容本身，而且取决于支持者们的能量与力度。

> 为天才的、富于想象力的科学家们所支持的研究纲领是很难被击败的。顽强维护失败纲领的人们可以有所选择地对这些实验提出些特设性的说明，或者机灵地把取胜的纲领特设性地"还原"为失败的纲领。①

即使已经宣告失败的研究纲领，也仍然不时地发出已经过时但仍有影响的声音。"但是，恢复旧的'退步的'纲领的某些部分的名誉的可能性永远不会理性地被排除。"② 这就解释了研究纲领取代过程十分漫长的情况。"我们的这些考虑说明为什么判决性实验只是在数十年后才被认为是判决性的。"③ 与之相比，波普尔所持反驳很快扼杀假说是一种简单化处理，库恩所持范式突然转换是一种非理性观点，都不符合事实。因此，虽然拉卡托斯明确地表态"我们应该把这样一些努力作为非科学的而加以拒绝"，④ 但他所主张的研究纲领取代论，无可置疑地拥有比库恩的范式转换论更加明显而强烈的主观色彩。

总而言之，在拉卡托斯看来，研究纲领的彼此取代，是十分漫长的过程，并不存在以往大家所说伴随某一实验的成功开展，而毕其功于一役的标志性事件。

> 要有一个极端困难而且——无明确期限的——长过程，才能建立起一个取代它的对手的研究纲领；因而太轻率地使

① 〔匈〕拉卡托斯：《科学研究纲领方法论》，第100页。
② 〔匈〕拉卡托斯：《科学研究纲领方法论》，第106页。
③ 〔匈〕拉卡托斯：《科学研究纲领方法论》，第100页。
④ 〔匈〕拉卡托斯：《科学研究纲领方法论》，第100页。

用"判决性实验"这个术语是不明智的。即使知道一个研究纲领是被以前的纲领所废除的，它也不是被某个"判决性"实验淘汰的。[①]

研究纲领而不是实验，决定着阐释对方的权力。"一个实验具有判决性的地位依赖于它嵌入其中的理论竞争的地位。随着相互竞争的各阵营的盈亏盛衰，对该实验的解释和评价也会变化。"[②] 因此，普遍流传的实验产生理论的说法，并不反映真实的情况，而只是一种虚幻的传说。"我们的科学传说中却浸透着即时合理性的理论。……不存在象判决性实验这类的事。如果这些实验意指一些能立即推翻一个研究纲领的实验，那么这类实验无论如何是不存在的。"[③] 即使实验在不同研究纲领之间的消耗战中发挥了决定性的心理作用，但判决不同纲领胜负的实验并不存在，而只是一种事后的追授。

没有单个的实验能在改变两个竞争的研究纲领的平衡状态中起决定性的，更不用说是"判决性的"作用。当然，我不否认科学家们有时一般根据事后的认识对某些实验授予"判决性实验"的尊称，这些实验可以成功地用一种研究纲领来说明，但是用另一种研究纲领就不能如此成功地说明（即只有用一种特设性方法可以说明）。我也确实不否认某些实验在两种研究纲领之间的消耗战中有决定性的心理作用，它们也许会导致一个研究纲领的瓦解和另一个研究纲领的胜利。一个反常也许会对在受此反常影响的研究纲领内工作的科学家的想象力和决心有很大的摧毁作用；但是我强调，没有一

① 〔匈〕拉卡托斯：《科学研究纲领方法论》，第106页。
② 〔匈〕拉卡托斯：《科学研究纲领方法论》，第118页。
③ 〔匈〕拉卡托斯：《科学研究纲领方法论》，第118—119页。

个反常，不管它被称作是"判决性实验"或是不是，会是客观地判决性的。证伪主义者在哪里见过判决性的否定实验，我"预言"过去不存在这类实验。我预言，在历史事实上，在任何被说成是理论和实验之间一对一的命运决斗的后面，人们可以发现两种研究纲领之间复杂的消耗战。①

> 波普尔意义上的"判决性实验"并不存在：充其量，它们不过是一个纲领已被另一个击败这个事件发生之后很久才授予某些反常的荣誉称号。②

不仅实验决定不了研究纲领的命运，逻辑推理同样如此。

> 非常困难的是，确定（特别是如果人们并不要求在每一步上都有进步）一个研究纲领在什么时候就不可救药地退步了；或确定两个竞争着的纲领之一取得了超越对方的决定性优势。"即效的合理性"是不存在的。逻辑学家的矛盾证明也好，实验科学家对反常的判决也好，都不能一下子击败一个研究纲领。③

故而，研究纲领彼此取代的清晰图景，不过是事后诸葛亮的一种重述。"一个人只能是事后才'聪明'。自然界可以高喊不，但人类的独创性——与韦尔和波普尔相反——却总是能够喊得更大声。"④

拉卡托斯不仅围绕研究纲领阐述了他的科学发展主张，而且主张将这一观点运用到科学史编纂之中。"接受这种方法论作为指

---

① 〔匈〕拉卡托斯：《数学、科学和认识论》，第296—297页。
② 〔匈〕拉卡托斯：《科学研究纲领方法论》，第206—207页。
③ 〔匈〕拉卡托斯：《科学研究纲领方法论》，第206页。
④ 〔匈〕拉卡托斯：《科学研究纲领方法论》，第206页。

南的历史学家将到历史中寻找竞争的研究纲领，寻找进步的和退步的问题转换。"① 更能理性地阐释科学史发展历程的研究纲领，就是进步的研究纲领。

对于任何历史变化都存在着不同的竞争性的理性重建，如果一种重建比另一种说明了更多的实际科学史，它就比后者更好；这就是说，对历史的理性重建都是一些研究纲领，它们具有一种规范性评价作为硬核，而且在保护带中具有一些心理学假说（和初始条件）。这些编史学的研究纲领像任何其他研究纲领一样，都要被评价为进步的还是退步的。哪一个编史学研究纲领优越，是能够得到检验的，这主要看它们如何成功地说明科学的进步。②

小　结

面对库恩范式理论的挑战，证伪主义内部开始反思、修正、完善自身的理论。波普尔的学生拉卡托斯，通过发明"研究纲领"的概念，突破了波普尔简单的证伪主义，将之从朴素证伪主义发展为精致证伪主义。

与波普尔一样，拉卡托斯反对逻辑实证主义的符号逻辑，认为这种做法完全忽视了科学史，而陷入一种真空式的逻辑推理，从而使科学哲学失去了历史土壤，成为完全空洞的理论。逻辑实证主义的证明存在错位的现象，包括数学在内的所有科学知识，都并非确凿无疑的真理，而是尚待检测的预测。猜想在不断地试

---

① 〔匈〕拉卡托斯：《科学研究纲领方法论》，第157页。
② 〔匈〕拉卡托斯：《科学研究纲领方法论》，第265页。

错与反驳中逐渐形成并进步。

但同时，鉴于证伪主义所主张的一旦反例出现便抛弃理论的粗暴做法所遭遇的批评，拉卡托斯一方面主张分解猜想，通过局部修改定义的方式应对反驳，另一方面将反例区分为"局部反例""全局反例"，采取"多证多驳法"，对猜想进行多种视角、多个阶段的试错与反驳，从而推动证伪主义走向完善。

为实现这种主张，拉卡托斯发明了"研究纲领"这一庞大理论体系，用以取代证伪主义中孤立的假说。研究纲领一方面与假说具有相似性，二者的根本特征都是具有预言性；但另一方面，相对于假说，研究纲领是一个体系庞大、内容复杂的理论体系。

研究纲领由硬核、启发法、保护带三个部分组成。硬核作为研究纲领的核心，并不接受反例的直接挑战。当反例发起挑战时，研究纲领发动多种作为技术手段的启发法进行应对，通过正面启发法修改保护带的辅助性假说，从而消减反驳的挑战。当正面启发法效力减弱时，研究纲领启动负面启发法，大规模修改保护带的辅助性假说，推动自身的不断转换。成熟的研究纲领拥有强大解释效力的启发法，产生出强大的启发力，建立起坚固的保护带，从而使自身保持着自主性，拥有对于未来的预言性。

拉卡托斯认为研究纲领虽然不断遭到反驳，但具有很强的应对能力，并不必然导致灭亡的命运。研究纲领如果能够有效地应对反驳的挑战，并将反例转变为证据，那么便能推动自身的不断进步，成为一种进步的研究纲领，虽然这种进步作为双方不断交战的结果，而呈现断断续续的轨迹。

反之，研究纲领如果应战失败，硬核受到摧毁，那么便成为一种退步的研究纲领，开启了被进步的研究纲领取代的历史进程。但与逻辑实证主义的证实主义、波普尔的证伪主义、库恩的范式理论所主张的理论、假说、范式能够被快速证实、证伪或转换不同，拉卡托斯主张研究纲领的取代过程是十分漫长的。他认为进步的研究纲领需要经历长期的成长，虽然它通过实验或者逻辑，摧毁了退步的研究纲领的硬核，证明了自己具有更强的解释效力，即具有更强的预言性，但取代效果需要经过一段时间才能逐渐显示。不仅如此，被取代的研究纲领仍然可以通过技术性的调整，开展无用的革新，甚至借助运气，不时地发出虽然过时但仍有影响的声音来吸引更多的人，努力苟延残喘。相应，在不同研究纲领的长期消耗战中，实验开展与逻辑推理虽然发挥了决定性的心理作用，但判决不同纲领胜负的实验并不存在，而只是一种事后的追授与传说。

可见，对于逻辑实证主义、朴素证伪主义、范式理论所持直接而线性的证实、证伪、转换立场，拉卡托斯从根本上提出质疑，主张研究纲领既不是不断的证实史，也不是假说不断遭到反驳，从而区分出真假的试错史，同样也不是旧范式一旦遭到新范式的挑战，便被科学共同体集体抛弃的转换史。在拉卡托斯看来，科学史发展的真实面貌不是一元的理论、假说、范式彼此超越的单线图景，而是多个研究纲领之间长期竞争、不断进步的多元图景，在这之中，非理性因素、人为因素都扮演着重要角色。可见，相对于以往，尤其波普尔、库恩所持科学发展呈现不断超越的观点，拉卡托斯再次向科学发展的渐进式立场回归；相对于他们在解释科学史发展历程中的立场，呈现从客观向主观游移的取向，拉卡托斯无疑向后者进一步靠近。

拉卡托斯不仅围绕研究纲领阐述了他的科学发展主张，而且主张将这一观点运用到科学史编纂之中，认为更能理性地阐释科学史发展历程的研究纲领，就是进步的研究纲领。

第三编

科学知识是一种社会建构

虽然在科学哲学领域，非理性主义影响越来越大，但直到 20 世纪 70 年代，费耶阿本德才完全、彻底否定了理性主义。他认为近代以后科学作为意识形态的一种，曾经起到解放思想的作用，但伴随被国家树立为垄断性意识形态，科学开始用权力压制人们。正确的做法，应将科学剥离于国家，赋予科学家充分的空间，由科学家自主决定研究，从而维持由科学家说了算的“怎么都行”的无政府主义状态。这种非理性主义是科学进步的源泉。而同一时期兴起的科学知识社会学，则进一步将主观性引向人们一直视为禁脔的科学知识本体，开始挑战科学知识是独立的客观存在的传统观念，将之视为与其他知识一样的社会建构。科学家在选择研究领域时，具有鲜明的投资意识，在科学研究中，客观的逻辑只扮演了部分角色，科学家还采取类似于政治斗争的方式，并利用修辞学，在与其他科学家的竞争中取得以多胜少的胜利，并通过各种方式，将自身的理论传播开来，压制其他的竞争者，消除所有可能的反对者。在这一过程中，社会整体全程参与了科学理论的建构过程，是科学理论形成的具体因素，而非外在背景。科学成果并非纯粹的客观产物，而是反映地方色彩与科学家个人利益的社会产物。但科学家通过发表论文，掩盖了这一真实的过程，将之渲染为公共客观的成果。但即使如此，围绕已经发表的论文，科学家与社会之间仍在互动，科学知识的主观性仍在不断渗入。

第十一章
无政府主义的科学研究

费耶阿本德（Paul K. Feyerabend, 1924-1994, 又译作法伊尔阿本德），美国科学哲学家。1975年，费耶阿本德出版了代表作《反对方法——无政府主义知识论纲要》，通过对波普尔、库恩、拉卡托斯的批判，将科学历史主义中的非理性主义立场发挥到了极端程度，认为非理性因素推动了科学研究的进步，科学研究完全是由科学家自主决定、"怎么都行"的一种无政府主义状态。他还在《自由社会中的科学》《反对理性》《实在论、理性主义和科学方法》《经验主义问题》《知识、科学与相对主义》《关于知识的三个时代》《征服丰富性——抽象与存在丰富性之间的斗争故事》《消磨时光——费耶阿本德自传》《自然哲学》等书中，进一步论证、丰富了这一观念。

第一节 科学的世俗权力与剥离

费耶阿本德从自由与民主观念出发，认为近代以后科学对社会的影响呈现了从正面到负面的历史转变。在17—19世纪中期，科学作为意识形态的一种，起到了抵御其他意识形态、赋予个人一定思想空间的作用。

这种态度在 17 世纪、18 世纪甚至 19 世纪中是完全有意义的，那时科学只是许多相互竞争的意识形态中的一种，国家还没有宣布支持科学，对科学的决意研究被其他观点和其他机构大大地抵消了。当时，科学是一种解放力，这并不是因为它发现了真理或正确的方法（虽然科学的辩护者们假定这就是理由），而是因为它限制了其他意识形态的影响，因此给了个人以思想的余地。[1]

但此后，国家逐渐宣布支持科学，甚至将之纳入国家结构，并建立起一系列保障科学、压制对手的制度。

科学不再是一种特殊的机构；它现在是民主政体基本结构的组成部分，正如教会曾经是社会基本结构的组成部分一样。当然，教会和国家现在被仔细地分离开了。然而国家和科学却紧密地结合在一起。[2]

科学获得了至上的统治权是因为它过去的一些成功导致了一些防止对手东山再起的制度上的措施（教育、专家的作用、权力集团如美国医学协会的作用）。[3]

科学于是演变成为唯一正确的意识形态。"坚认占有唯一正确方法和唯一可接受结果的科学是一种意识形态，必须把它同国家，尤其同教育过程分离开来。"[4] "在这种情况下，科学有了至上的统治

---

[1] 〔美〕保罗·法伊尔阿本德：《自由社会中的科学》，兰征译，上海译文出版社，2005，第 85—86 页。

[2] 〔美〕保罗·法伊尔阿本德：《自由社会中的科学》，第 84 页。

[3] 〔美〕保罗·法伊尔阿本德：《自由社会中的科学》，第 124 页。

[4] 〔美〕保罗·法伊尔阿本德：《反对方法——无政府主义知识论纲要》，周昌忠译，上海译文出版社，1992，第 267 页。

权，并且成了人们所知道的惟一拥有可贵成果的意识形态"，[1] 甚至成为一种现代神话。"科学同神话的距离，比起科学哲学打算承认的来，要切近得多。"[2] 在费耶阿本德看来，事实上科学与神话之间存在"惊人相似性"。[3] 科学在获得国家权力的支持后，开始用权力压制人们，而不是用学术说服人们。

> 这些发现所引起的视角变化再次导致久已为人遗忘的科学优越性问题。它第一次在现代史上导致这个问题，因为现代科学压服它的反对者，而不是说服他们。科学凭借势力而不是论证来接管。[4]

可见，科学作为垄断性意识形态地位的获得，并不是由于学术，而是因为权力。"简言之，科学今天的优势并不是因为它的相对优点，而是因为情况被操纵得有利于它，这样说没有什么不对。"[5] 而作为垄断性的意识形态，科学与其他所有垄断性的意识形态一样，都会对社会造成侵扰，

> 我想要捍卫社会及其居民免受包括科学在内的任何意识形态的侵扰。所有意识形态都必须从正确的角度来看待。我们不必太看重它们。我们应该像对待神话故事一样来读它们，这些故事包括许多有趣的东西，也包括一些令人讨厌的谎言；

---

① 〔美〕保罗·法伊尔阿本德：《自由社会中的科学》，第 124 页。
② 〔美〕保罗·法伊尔阿本德：《反对方法——无政府主义知识论纲要》，第 255 页。
③ 〔美〕保罗·法伊尔阿本德：《反对方法——无政府主义知识论纲要》，第 257 页。
④ 〔美〕保罗·法伊尔阿本德：《反对方法——无政府主义知识论纲要》，第 256 页。
⑤ 〔美〕保罗·法伊尔阿本德：《自由社会中的科学》，第 124 页。

或者我们像对待伦理规范一样来对待它们，而当我们去遵循这些由经验得来的有用的规范时，情况是很糟糕的。①

并耗费了巨大的国家资源，由科学延伸而来的科学哲学，虽然毫无贡献，却仍然长期存在。"国家和科学是浑然一体地起作用的。为了改进科学思想，耗费了巨资。像科学哲学这样的假冒学科从科学的兴旺获得好处，却没有作出一项发现。"②

为摆脱科学的垄断局面，费耶阿本德主张应该像将宗教剥离于国家那样，将科学也剥离于国家。

然而，意识形态的取舍应当让个人去决定。既然如此，就可推知，国家与教会的分离必须以国家与科学的分离为补充。科学是最新、最富有侵略性、最教条的宗教机构。这样的分离可能是我们达致一种人本精神的唯一机会。我们是能够达致人本精神的，但还从未完全实现过。③

恢复科学作为众多思想形态中的一种，而不一定是最优越者的一个的历史地位。

科学是人已经发展起来的众多思想形态的一种，但并不一定是最好的一种。科学惹人注目、哗众取宠而又冒失无礼，只有那些已经决定支持某一种意识形态的人，或者那些已接受了科学但从未审察过科学的优越性和界限的人，才会认为

---

① 〔美〕保罗·费耶阿本德：《知识、科学与相对主义》，陈健等译，江苏人民出版社，2006，第189页。

② 〔美〕保罗·法伊尔阿本德：《反对方法——无政府主义知识论纲要》，第261页。

③ 〔美〕保罗·法伊尔阿本德：《反对方法——无政府主义知识论纲要》，第255页。

科学天生就是优越的。①

相应，对于科学理论，作为外行人员，应该参加监督，而且必须监督，这样才能纠正专家的不可靠的偏见，揭露他们微妙而精致的伪装，这才符合民主政体的诉求。②

第二节　非理性科学与"怎么都行"的无政府主义

费耶阿本德不仅将科学作为众多思想形态中的一种，质疑其凌驾于其他思想形态之上的优越地位，而且相对于波普尔、库恩、拉卡托斯虽然对科学理性开展质疑，但仍表达了充分认可，他则完全走向了反面，指出科学从本质上而言，是非理性主义的。在费耶阿本德看来，科学研究是一个十分复杂的历史过程，既反映着过去复杂的思想，也包含对未来模糊的预期。

> 科学是一个复杂的、多质杂合的历史过程，它既包含高度复杂的理论体系和种种古老的、僵硬的思想，又包含对未来思想体系的模糊的、不连贯的预期。它的要素有的以简练的陈述形式给出，而有的则是隐没的……③

不同理论之间的竞争，还存在着借助各种非理性手段的情况，

> 对新思想的归顺将不得不借助论证以外的手段促成。它的实现将不得不依赖非理性的手段，诸如宣传、情感、特设

① 〔美〕保罗·法伊尔阿本德：《反对方法——无政府主义知识论纲要》，第255页。
② 〔美〕保罗·法伊尔阿本德：《自由社会中的科学》，第101—118页。
③ 〔美〕保罗·法伊尔阿本德：《反对方法——无政府主义知识论纲要》，第117页。

性假说以及诉诸形形色色偏见。我们需要这些"非理性手段"来维护新思想，它们在找到辅助科学、事实和论据之前只是一种盲目的信仰，在那之后，才转变成可靠的"知识"。①

非理性因素甚至扮演了推动科学进步的主要角色。

> 不频频弃置理性，就不会进步。今天构成科学之真正基础的思想所以存在，仅仅因为存在着偏见、奇想、激情之类东西；因为这些东西反对理性；还因为它们被允许为所欲为。因此，我们应当下结论说：甚至在科学内部，理性也不可能并且不应当被容许一统天下，它必须常常被废弃或排除，以支持其他因素。不存在一条在一切环境条件下都持之有效的法则，也不存在一个始终可以诉诸的因素。②

科学理论甚至从本质上而言，是完全虚妄的。

> 科学定律曾被认为是充分确凿的、不可废止的。科学家发现事实和定律，不断增加可靠的和不容置疑的知识。今天，主要由于穆勒、马赫、玻耳兹曼、迪昂和其他人的工作，我们已认识到，科学不可能提供任何这样的保证。科学定律可以修正，它们往往被证明不只是局部不正确的，而是根本虚妄的，是在对从未存在过的实体妄加论断。③

在费耶阿本德的笔下，理性成为被批判的对象。

---

① 〔美〕保罗·法伊尔阿本德：《反对方法——无政府主义知识论纲要》，第123页。
② 〔美〕保罗·法伊尔阿本德：《反对方法——无政府主义知识论纲要》，第147页。
③ 〔美〕保罗·法伊尔阿本德：《反对方法——无政府主义知识论纲要》，第156页。

　　"理性"终于加入到一切别的抽象怪物诸如"义务"、"责任"、"道德"、"真理"及其比较具体的先行者诸神（它们曾被用来威吓人，限制人的自由和幸福的发展）之中，与它们为伍：理性凋谢了……①

　　相应，在费耶阿本德看来，科学史并非事实与结论相结合的客观知识发展史，而是还蕴含着科学家的主观性。"科学史毕竟并非仅仅由事实和从事实引出的结论构成。它还包含思想、对事实的解释、各种解释相冲突而造成的问题、错误，如此等等。"② 在科学史研究中，应遵循科学历史主义的立场，从蕴含非理性的历史角度，而非完全崇尚理性的法则的视角，揭示科学的发展脉络。"复杂的环境中发生着令人惊讶的、始料所不及的发展。这需要复杂的方法。在此，根据预先制定的法则而不顾变动不居的历史条件来进行分析，是不中用的。"③

　　但事实上，普遍流行的科学史研究，却站在了完全相反的立场之上，采取了简化科学史的复杂图景，替代以法则的简单线索的做法，"科学根本不晓得'赤裸裸的事实'，而只知道进入我们知识的'事实'已被按某种方式看待，因此这些'事实'本质上是思想的东西"，④ 从而丧失了对人性、物理和历史条件之于科学发展复杂关系的全面关注。

　　认为科学能够并且应当按照固定的普适的法则进行的思

---

① 〔美〕保罗·法伊尔阿本德：《反对方法——无政府主义知识论纲要》，第147页。
② 〔美〕保罗·法伊尔阿本德：《反对方法——无政府主义知识论纲要》，导言，第3页。
③ 〔美〕保罗·法伊尔阿本德：《反对方法——无政府主义知识论纲要》，导言，第3页。
④ 〔美〕保罗·法伊尔阿本德：《反对方法——无政府主义知识论纲要》，导言，第3页。

想，既不切实际，又是有害的。它所以不切实际，是因为它把人的才智和鼓励或引起才智发展的环境看得太简单了。它所以有害，是因为强加这些法则的努力必定以牺牲我们的人性为代价来提高职业的条件。此外，这思想所以不利于科学，是因为它忽视了那些影响科学变化的复杂的物理和历史条件。[1]

这相应是一种简单化的错误做法。"只要稍事灌输思想，就将产生很大力量，致使科学史变得比较单调、比较简单、比较划一、比较'客观'而且比较易于用严格的一成不变的法则加以处理。"[2]在这种错误的研究模式下，科学被界定为脱离了历史情境、遵循单一的法则逻辑的纯粹空间。

> 它通过简化其参与因素来简化"科学"。首先规定一个研究领域。这个领域同历史的其余部分相隔离（例如，物理学同形而上学以及神学相隔离），并被给予一种它自己的"逻辑"。于是，按这种"逻辑"进行的严格训练制约着那些在这领域里工作的人；它使他们的行动比较齐一，并使历史过程的许多部分也冻结起来。[3]

而由此得出的所谓科学事实，完全违反了真实而丰富的历史。

> 尽管历史变迁无常，稳定的"事实"却产生并保留下来。

---

[1] 〔美〕保罗·法伊尔阿本德：《反对方法——无政府主义知识论纲要》，第255—256页。

[2] 〔美〕保罗·法伊尔阿本德：《反对方法——无政府主义知识论纲要》，导言，第3页。

[3] 〔美〕保罗·法伊尔阿本德：《反对方法——无政府主义知识论纲要》，导言，第3页。

导致这种事实出现的训练，其关键在于试图禁止可能使边界变得模糊的直觉。例如，一个人的宗教信仰、形而上学或者幽默感……同他的科学活动决计没有丝毫联系。他的想象力将遭到抑制，甚至他的语言也不复属于他自己。这还反映到科学"事实"的本性上。科学"事实"被当作独立于见解、信念和文化背景的东西而被经验到。[①]

有鉴于此，费耶阿本德发出"必须拒斥一切普适的标准和一切僵硬的传统"的号召。[②]

在费耶阿本德看来，科学的非理性主义构成了科学研究的无政府主义的基础。"只要是科学，理性就不可能是无所不在的，而非理性就不可能加以排除。科学发展的这个独特之点强有力地支持一种无政府主义认识论。"[③] 相对于遵循法则，无政府主义更能推进科学研究的进步。"科学是一种本质上属于无政府主义的事业。理论上的无政府主义比起它的反面，即比起讲究理论上的法则和秩序来，更符合人本主义，也更能鼓励进步。"[④] 所有的科学进步，都源于科学家打破既有的法则。"只是因为某些思想家决定摆脱某些'明显'方法论法则的束缚，或者只是因为他们于无意中打破了这些法则。"[⑤] 相应，社会应该给予科学家充分自由的空间，由科学家完全凭借自己的主观想法决定怎么开展研究，简而言之，就是"怎么都行"。"无论考察历史插曲，还是抽象地分析

---

① 〔美〕保罗·法伊尔阿本德：《反对方法——无政府主义知识论纲要》，导言，第 3—4 页。
② 〔美〕保罗·法伊尔阿本德：《反对方法——无政府主义知识论纲要》，导言，第 5 页。
③ 〔美〕保罗·法伊尔阿本德：《反对方法——无政府主义知识论纲要》，第 147 页。
④ 〔美〕保罗·法伊尔阿本德：《反对方法——无政府主义知识论纲要》，导言，第 1 页。
⑤ 〔美〕保罗·法伊尔阿本德：《反对方法——无政府主义知识论纲要》，导言，第 1 页。

思想和行动之间的关系，都表明了这一点：唯一不禁止进步的原则便是怎么都行。"① 相对于之前所有的科学哲学观点，这才是唯一正确的法则。"这种检验每时每刻都在发生，它们反驳任何法则的普遍有效性。一切方法论都有其局限性，唯一幸存的'法则'是'怎么都行'。"②

第三节　多元主义方法论

相对于波普尔、库恩、拉卡托斯，费耶阿本德既然从理性主义走向了非理性主义，相应他便从三人虽然主张假说、范式、研究纲领替代方式与速度有所不同，但最终都主张新旧替换的一元主义立场，走上了倾向多种理论长期共存的多元主义立场。与拉卡托斯相似，费耶阿本德对于逻辑实证主义、证伪主义所主张的理论或假说迅速替换表达了批判立场。

> 可见，研究纲领方法论判然不同于归纳主义、证伪主义以及其他更其家长式的哲学。归纳主义要求，缺乏经验支持的理论应予取消。证伪主义要求，经验内容不超过其所取代理论的理论应予取消。人人都要求，不一致的理论或者经验内容的理论应予取消。③

他对拉卡托斯所主张的给退步的研究纲领保留机会的观点也表达了认同。

---

① 〔美〕保罗·法伊尔阿本德：《反对方法——无政府主义知识论纲要》，导言，第1页。
② 〔美〕保罗·法伊尔阿本德：《反对方法——无政府主义知识论纲要》，第256页。
③ 〔美〕保罗·法伊尔阿本德：《反对方法——无政府主义知识论纲要》，第153页。

如我们所见，研究纲领方法论不包含这种要求，也不可能包含这种要求。它的基本原则——"提供一个喘息的机会"——以及证明需要较开明标准的那些论证，使它不可能规定在哪些条件下，一个研究纲领必须抛弃掉，或者在什么时候，继续支持它就变得不合理了。[1]

但与拉卡托斯不同，费耶阿本德主张研究纲领之所以被取代，并不是因为研究纲领本身，而是它的支持者难以为继。这就将研究纲领的取代，视为完全人为作用而非学术竞争的结果。

一个研究纲领所以被抛弃，不是因为根据那些标准有反对它的理由，而是因为它的辩护人无以为继。简单说，并且也是公正地说，研究纲领所以消失，不是因为它们在论证中被扼杀，而是因为它们的辩护人在生存竞争中被淘汰。[2]

费耶阿本德因此主张保留退步的研究纲领，

在考察一个处于严重退化状态的研究纲领时，人们将感到迫切需要抛弃它，用一个比较进步的竞争纲领取代它。这是完全正当的处置。但是，做相反的事，保留这纲领，也是正当的。[3]

认为退步的研究纲领存在恢复生机甚至重现辉煌的可能，

如果说，对有缺陷的理论，在它们诞生之际就加以拒斥

① 〔美〕保罗·法伊尔阿本德：《反对方法——无政府主义知识论纲要》，第153页。
② 〔美〕保罗·法伊尔阿本德：《反对方法——无政府主义知识论纲要》，第165页。
③ 〔美〕保罗·法伊尔阿本德：《反对方法——无政府主义知识论纲要》，第152页。

是不明智的，因为它们可能成长和被改良，那么，拒斥处于下降趋势的研究纲领，也是不明智之举，因为它们可能恢复，可能达致始料所不及的辉煌……因此，人们不可能合理地批判坚持一个退化纲领的科学家，并且也不可能以一种合理的方式来表明这个科学家的行动是完全没有道理的。①

并进一步从非理性主义的角度出发，指出科学家可以任意选择研究纲领。"科学家的任何选择都是合理的，因为它同这些标准相容。'理性'不再影响科学家的行为。"②

而在判断理论或研究纲领是否合理的问题上，费耶阿本德相对于以上三人虽质疑归纳法，但仍认可归纳法拥有一定合理性，同样采取了决绝的立场，彻底走到了归纳法的对立面，指出经验归纳无法反驳某一理论。"他应当把思想同别的思想而不是同'经验'作比较，他应当试图改善而不是抛弃已在竞争中失败的观点。"③"他就将采取一种多元主义的方法论；他将把理论同别的理论而不是同'经验'、'数据'或'事实'相比较；他将试图改善而不是抛弃那些看来在竞争中失败着的观点。"④ 只有不相容的理论才能反驳另一理论。

可能反驳一个理论的证据往往只能借助一个与之不相容的可取理论来揭示。所以，劝导人仅当反对意见已使正统理论丧失信任时才利用别的可取理论，那是本末倒置。……此外，一个理论最重要的形式性质有些也是通过对比而不是通

① 〔美〕保罗·法伊尔阿本德：《反对方法——无政府主义知识论纲要》，第152页。
② 〔美〕保罗·法伊尔阿本德：《反对方法——无政府主义知识论纲要》，第153页。
③ 〔美〕保罗·法伊尔阿本德：《反对方法——无政府主义知识论纲要》，第8页。
④ 〔美〕保罗·法伊尔阿本德：《反对方法——无政府主义知识论纲要》，第24页。

过分析发现的。[1]

只有引入不相容性理论，而非不相容性经验，才能真正达到检验假说的目的。只有不相容性理论的相互竞争，而非自我一致的理论的默契存在，才能逐渐抵达真理，

> 这样看待的知识不是由一些自我一致的、向一个理想观点会聚的理论构成的系列；它不是向真理的渐次逼近。它倒是一个日益增长的互不相容的（而且也许甚至不可比的）各种可取理论的海洋，构成这个集合的每个理论、每个童话、每个神话都逼使其他理论、童话和神话加入，形成更大的集合，而它们全都通过这个竞争过程来对我们意识的发展作出贡献。没有什么东西会固定下来，一个广包的说明不能缺少任何一个观点。[2]

发现我们所居的世界只是一个梦幻世界，而非真实世界。

> 我们不可能从内部发现它。我们需要一种外部的批判标准，我们需要一组可供选择的假设，或者因为这些假设将非常一般，仿佛构成了完全是另一个世界，所以我们需要一个梦幻世界，以便发现我们以为我们居住在其中的真实世界的特点（而这个世界实际上也许只是又一个梦幻世界）。因此，我们批判常见的概念和程序时，即我们批判"事实"时的第一步，应当是尝试打破这个循环。我们应当发明一个新概念体系，它悬而不决，或者同极其精心地确立的观察结果相冲

---

① 〔美〕保罗·法伊尔阿本德:《反对方法——无政府主义知识论纲要》，第8页。
② 〔美〕保罗·法伊尔阿本德:《反对方法——无政府主义知识论纲要》，第8页。

突，反驳最可能的理论原理，并引入不能构成现存知觉世界的组成部分的知觉。[①]

他由此开始倡导"反归纳法"，即寻找与理论或事实相反的假说。"与之对应的'反规则'则劝导我们引入和制定与得到充分确证的理论以及（或者）充分确凿的事实不一致的假说。它劝导我们反归纳地行事。"[②] 他认为多种理论的长期共存构成了科学的实态，从而提出了"多元主义方法论"的概念。"因此，一个科学家想要使他所持观点包含最多的经验内容，想要尽可能清晰地理解它们，就必须引入其他观点；这就是说，他必须采取一种多元主义的方法论。"[③]

小　结

伴随科学对社会的负面影响，尤其是两次世界大战的爆发，科学理性受到越来越多的反思。这在逻辑实证主义内部便已如此。此后，波普尔、库恩、拉卡托斯在这条道路上走得越来越远。费耶阿本德在此基础上，走到了极端的非理性主义立场。

费耶阿本德指出，近代以后科学作为意识形态的一种，曾经起到解放思想的作用，但伴随被国家树立为垄断性意识形态，并成为国家结构的一部分，成为一种现代神话，科学开始用权力压制人们，而非用学术说服人们，从而开始缩小人们的空间，造成了对社会的侵扰。他认为正确的做法，应像把宗教剥离于国家一样，将科学也剥离于国家。

费耶阿本德认为科学之中存在很多非理性因素，非理性因素

---

① 〔美〕保罗·法伊尔阿本德：《反对方法——无政府主义知识论纲要》，第10页。

② 〔美〕保罗·法伊尔阿本德：《反对方法——无政府主义知识论纲要》，第7页。

③ 〔美〕保罗·法伊尔阿本德：《反对方法——无政府主义知识论纲要》，第8页。

甚至在科学进步中扮演着主要角色。历史上的科学进步，都源于科学家打破既有法则。因此，社会应给予科学家充分的空间，由科学家自主决定研究，从而维持由科学家说了算的"怎么都行"的无政府主义状态。科学史的研究，也不应从法则出发，而应从历史出发，揭示出科学发展的复杂图景，而非被过滤之后的单一逻辑。

费耶阿本德既然走向了完全的非理性主义立场，相应他不再像以往学者那样关注理论、假说、研究纲领之间的替代过程，而是主张研究纲领的取代，并非学术竞争，而是人为作用的结果，因此主张保留退步的研究纲领，认为退步的研究纲领存在恢复生机甚至重现辉煌的可能，科学家甚至完全可以任意选择研究纲领。因此，他完全站在了归纳法的对立面，认为经验的归纳无法反驳理论，只有找到不相容性理论，才能反驳理论。他由此提出多种理论的长期共存构成了科学的实态，从而提出了"多元主义方法论"的概念。

第十二章
研究传统的嬗变与兴替

　　科学哲学中的非理性主义发展至巅峰之后，引起了相应的反弹与批判。拉里·劳丹（Larry Laudan）擎起了这面旗帜，这体现在他于1977年出版的代表作《进步及其问题——科学增长理论刍议》，以及《科学与假设》（1981）、《科学与价值》（1984）等书之中。面对理性主义与非理性主义的纷争，尤其费耶阿本德将非理性主义推至极致所引发的巨大争论，劳丹尝试将二者融合起来。他所采取的方法，是站在相对主义的立场之上，不再围绕理论的优劣，而是围绕问题的解决，赋予理论及由理论组成的研究传统合理性，从而揭示出研究传统多元共存、内在嬗变与整体取代的历史图景。

第一节　科学的本质是解决问题

　　与批判理性主义思潮兴起以后的普遍观点相似，劳丹也反对将科学发展视作追求真理的历史过程。

　　从巴门尼德和柏拉图时代起，哲学家和科学家就一直试图证明科学是一个寻求真理的事业。这些努力毫无例外都失败了，因为没有一个科学家和哲学家能够证明，一个像科学这样具有自己支配的方法的体系能够保证短期内或长期内达到"真理"。[①]

在劳丹看来，科学的本质是解决问题。

> 我曾试图证明科学唯一最普遍的认知目的是解决问题。我曾主张，最大限度地扩展我们能够解释的经验问题和最小限度地减少在这个过程中产生的反常问题和概念问题，是科学作为认知活动的存在理由。[②]

科学的发展历程，就是不断寻求解决问题的理论，这构成了理论合理性的唯一标准。

> 科学是一个寻求解决问题的体系，如果我们认为科学的进步在于解决越来越多的重要问题，如果我们接受合理性在于选择能最大限度地增大科学进步的观点，那么我们也许能够表明：一般科学，特别是某些具体科学，是否（从而在什么程度上）构建了一个合理的和进步的体系。[③]

这虽然是一个常识，但在实践中却从未获得足够重视。

> 科学本质上是解决问题的活动。这句微不足道、平平常常的话，与其说是科学哲学，还不如说是陈词滥调，它得到

---

① 〔美〕拉里·劳丹：《进步及其问题——科学增长理论刍议》，方在庆译，上海译文出版社，1991，第129页。
② 〔美〕拉里·劳丹：《进步及其问题——科学增长理论刍议》，第128页。
③ 〔美〕拉里·劳丹：《进步及其问题——科学增长理论刍议》，第130页。

几代自然科学教科书作者和自封的"科学方法"专家们的拥护。但是，所有认为科学根本上是解决问题的活动的人，却只是口头上这样说说而已。无论科学哲学家还是科学史学家，很少有人对这种用以理解科学探讨的观点所产生的结果引起足够的重视。①

他认为问题共分两种，其中一种是经验问题，人们对于经验问题的提出虽然蕴含着"理论的假定"，但"经验问题是第一级的问题；它们是有关构成任何一个已知科学领域的客体的基础问题"。②而经验问题又分为三种：未解决的问题、已解决的问题、反常问题。

> 我们大致能把经验问题分成三种类型：（1）未解决的问题——它指的是那些还未被任何一个理论有效地解决的经验问题；（2）已解决的问题——它指的是那些已经被某种理论有效地解决了的经验问题；（3）反常问题——它指的是一个具体的理论没有解决，但是该理论的几个竞争对手已经解决了的问题。③

科学进步的标志，并非以往普遍认为的理论本身的不断超越，而是理论解决未解决的问题、反常问题的动态实践结果。

> 显然，已解决的问题是对一个理论的支持，反常问题构成了反对一个理论的证据，而未解决的问题只是指明了将来理论探究的方向。用这一套术语，我们能够证明：科学进步的标志

① 〔美〕拉里·劳丹：《进步及其问题——科学增长理论刍议》，第3页。
② 〔美〕拉里·劳丹：《进步及其问题——科学增长理论刍议》，第8页。
③ 〔美〕拉里·劳丹：《进步及其问题——科学增长理论刍议》，第10—11页。

之一是把反常问题和未解决的问题转变为已解决的问题。[①]

这是推动科学进步、确立理论威信的主要方式。

> 传统的观点认为，未解决的问题为科学的发展和进步提供了动力；并且毫无疑问，把未解决的问题转变为已解决的问题是进步的理论建立起它们在科学上的威信的一种方式（尽管决不是唯一的方式）。[②]

以往人们普遍认为未解决的问题所对应的理论及形成的挑战是十分清楚的，

> 但人们常常假定在任何一个给定的时间，比较重要的未解决的问题都是被清楚划定和充分定义了的，并且科学家们对哪些未解决的问题应该由他们的理论来解决非常明确。人们还假定一个理论不能把它的未解决的问题转变为已解决的问题显然是对该理论不利的。[③]

但劳丹却对此表示质疑，在他看来，未解决的问题在获得解决之前，自身构成问题与否、重要程度、所指向理论、挑战程度如何，其实都十分含糊。

> 然而，仔细考察历史上的许多案例却表明，未解决的问题的地位比人们通常所想象的要含糊得多。一个已知的"现象"是否是一个真正的问题，这个现象的重要性如何，如果

---

① 〔美〕拉里·劳丹：《进步及其问题——科学增长理论刍议》，第11页。
② 〔美〕拉里·劳丹：《进步及其问题——科学增长理论刍议》，第11页。
③ 〔美〕拉里·劳丹：《进步及其问题——科学增长理论刍议》，第11页。

一种理论不能解决这个现象，它对该理论的不利究竟达到什么程度；所有这些都是非常复杂的问题，但是对这些问题最接近的比较好的回答是：通常只有当未解决的问题不再是未解决的问题的时候，它才被看成是真正的问题。直到被某个领域里的一些理论解决之前，通常它们仅只是"潜在的"问题而不是实际的问题。①

问题在未解决以前，甚至根本就不被视作问题。"我主张，在许多（但不是所有的）情况中，直到一个经验境况被该经验境况所属的领域中的一些理论所解决之前，这个经验境况甚至称不上一个问题。"② 问题解决之后，反而推动了该问题地位的明确化。"正是对这个问题的解决使我们承认这个问题完全是一个真正的问题。"③相反，问题遭到人们怀疑之后，会导致价值下降，甚至最终有可能被消除，成为一个曾经的"假问题"。

因为我们有时改变关于将发生的事情的信念（例如，如果不能复制某些实验结果的话），许多问题干脆从一已知领域中消失了。先前被认为是一个重要的问题可能完全不再是个问题，而且相应地成为一个"假问题"。即使这个问题并没有完全消失，随着人们关于这个问题对该领域的可靠性或相关性的怀疑增加，这个问题的重要性也就大大地减少了。④

不仅如此，甚至问题即使获得了解决，它所指向的理论也可能仍不明晰。"即使一个结果被完全证明了，这个结果属于哪门学科的

---

① 〔美〕拉里·劳丹：《进步及其问题——科学增长理论刍议》，第11—12页。
② 〔美〕拉里·劳丹：《进步及其问题——科学增长理论刍议》，第28—29页。
③ 〔美〕拉里·劳丹：《进步及其问题——科学增长理论刍议》，第29页。
④ 〔美〕拉里·劳丹：《进步及其问题——科学增长理论刍议》，第31页。

范围还很不清楚，因而对于应该由哪个理论来试图解决这个结果或应期望哪个理论来解决这个结果还不很清楚。"① 由于未解决的问题与所指向理论之间的不明确性，不应夸大未解决的问题对于理论的挑战程度。"一个理论不能解决一些未解决的问题，一般来说并不会对这个理论极为不利，因为我们通常不能预先知道所讨论的问题应该可由哪类理论来解决。"②

通过将科学进步的标准，从理论超越转移到问题解决，劳丹为非理性因素争取了合法性地位。在劳丹看来，理论既包含科学成分，也包含非科学成分，甚至科学史上的大多数理论并非真实而可以确证的。

> 最终我们可能会发现，我们自己看作进步而合理的、并因而赞成的那些理论竟然是假的（当然，假定我们能够明确地确定一些理论为假的话）。但没有任何理由为这个结论感到灰心丧气。历史上的大多数科学理论已被怀疑是假的；完全有理由预料现代科学理论将遭受同样的命运。③

但与费耶阿本德由此走上非理性主义不同，劳丹认为这并不意味着科学是非理性主义的。"但是推测科学理论和研究传统为假并不表示科学是非理性的或者是不进步的。"④ 对于费耶阿本德的观点，劳丹明确表示了反对：

> 那种认为"怎么都行"，认为任何信念的组合在这个模式中都将被看成是合理的和进步的看法，是根本误解了这个模

① 〔美〕拉里·劳丹：《进步及其问题——科学增长理论刍议》，第12页。
② 〔美〕拉里·劳丹：《进步及其问题——科学增长理论刍议》，第15页。
③ 〔美〕拉里·劳丹：《进步及其问题——科学增长理论刍议》，第130页。
④ 〔美〕拉里·劳丹：《进步及其问题——科学增长理论刍议》，第130页。

式所要求的合理行为的高标准。这个模式也不意味着要我们的合理性标准完全屈从于先前时代的合理性要求。①

因为他充分肯定了理论所存在的真实与进步的可能性，

在这个模式中，决没有排除众所周知的科学理论是真的可能性；同样，它也不排除科学知识随着时间推移越来越接近真理的可能性。实际上，前面所说的话，根本不排除对科学事业作一个内容充实的、"实在论"的解释。②

只不过这只是一种可能性，而无法完全肯定。

不过我们提出的建议是，我们显然没有任何办法确信（或者带有某种自信）科学是真的或可能的，是越来越接近真理的。这种目标是空想，事实上我们永远不可能知道科学是否达到了这些目标。③

在劳丹看来，评价一个理论的标准，不在于它能否得到确证，而在于它能否解决问题，能够解决问题的理论，就是合理的和进步的。

一个理论的合理性和进步性并不与该理论的确证或否证紧密相关，而是与该理论解决问题的有效性紧密相关。我将证明，在科学的合理的发展中存在许多已经——并且应该——起作用的非经验的、甚至是在通常意义下"非科学的"

---

① 〔美〕拉里·劳丹：《进步及其问题——科学增长理论刍议》，第 133 页。
② 〔美〕拉里·劳丹：《进步及其问题——科学增长理论刍议》，第 130—131 页。
③ 〔美〕拉里·劳丹：《进步及其问题——科学增长理论刍议》，第 131 页。

因素。并且，我还将指出，许多科学哲学家由于把注意力集中在单个理论，而不是集中在我所谓的研究传统上，他们错误地确定了科学评价的性质以及合理分析的基本单位。①

理论解决问题的能力和它自身能否确证，即真实性程度并无关系。

> 我不至于相信，更不至于试图证明解决问题的能力与真实性或可能性有任何直接的联系。但我否认解决这样的认识问题不需要规范的模式和解释的说服力；同样我也否认一个合理的理论评价模式必定导致对理论的真实性、虚假性、证实或确证的判定。②

由此出发，劳丹不再区分科学的学说合理性与社会进步性的内在关联，"有意忽视甚至根本不考虑科学的进步与科学的合理性之间的传统区分"，③ 而将二者关系的重点，从内在理论转向外在选择。"一句话，我的主张就是：合理性在于作出最进步的理论选择，而不是相反，进步在于连续地接受最合理的理论。"④

第二节　近似的理论与普遍的反常

对于逻辑实证主义所持理论是对事实的精确陈述的主张，劳丹表示了明确的反对：

> 如果我们问一位科学逻辑学家类似性问题（即解释理论

---

① 〔美〕拉里·劳丹：《进步及其问题——科学增长理论刍议》，引论，第 8 页。
② 〔美〕拉里·劳丹：《进步及其问题——科学增长理论刍议》，第 127 页。
③ 〔美〕拉里·劳丹：《进步及其问题——科学增长理论刍议》，引论，第 8 页。
④ 〔美〕拉里·劳丹：《进步及其问题——科学增长理论刍议》，引论，第 9 页。

与解释对象之间的关系是什么？），一般来说，他将会告诉我们：解释的理论必须能够（与一些初始条件一起）推导出对有待解释的事实的精确陈述；理论必须或是真的，或是高度可能的，作为对事实的任何恰当解释都必定被认为始终具有这样的特点（只要解释理论的认识评价不变）。①

而是主张理论只是针对某一问题所产生的暂时的、具体的、近似的陈述，很少存在，相应也不要求事实与理论之间的精确对应关系。

> 与此相反，我将指出：一个理论可能解决一个问题，只要该理论能够推导出该问题的一个哪怕是近似的陈述；在判定一个理论是否能解决一个问题时，该理论是真的还是假的，是充分确证的还是没有充分确证的，这是毫无关系的；在某一时刻可作为对问题的解答，在其他时间未必也可看作是对问题的解答。这些差别中的每一个差别都需要进一步探讨。②

故而所应追求的，是理论与事实之间的大致相似。"对于解决问题的目的而言，在理论结果与实验结果之间，我们并不要求一个精确的相似，而只要求大致相似。"③ 随着时代的变迁，对于某一问题的解答，也会发生巨大的变化。

> 科学的最丰富、最有益的一个方面，是随着时间的流逝，把某些事情当作对问题的解答的标准的发展。一代科学家认为完全合适的解决问题的答案，可能常常被下一代的科学家

---

① 〔美〕拉里·劳丹：《进步及其问题——科学增长理论刍议》，第16—17页。
② 〔美〕拉里·劳丹：《进步及其问题——科学增长理论刍议》，第17页。
③ 〔美〕拉里·劳丹：《进步及其问题——科学增长理论刍议》，第17页。

视为没有希望的、不适当的解答。完全适合于一个时期的准确而详细的解答对另一时期来说是完全不适当的，科学史上充满了这种状况。①

由此角度出发，劳丹区分了逻辑实证主义与他的关于解释、解答的区别，前者秉持绝对的精确概念，后者坚持相对的近似概念。

　　解答的概念在很大程度上是相对的、比较而言的，解释的概念就不是这样。我们可以有两种不同的理论，这两种理论都可解决同一个问题，但是我们说其中一个理论是比另一个理论更好的解答（即，更接近的解答）。许多科学哲学家不允许在谈论解释时运用比较用语和对照。按照标准的解释模式，一些事情要么是解释，要么肯定不是解释——解释的恰当性程度并不随之改变。②

相应，对于以往许多科学哲学家之于反常的异常重视，劳丹主张反常并不一定否定理论。"（a′）一个反常的出现是对显示反常的理论提出了怀疑，但用不着强迫放弃该理论；（b′）反常无需同它们对之成为反常的那个理论相矛盾。"③ 这并不是因为像以往部分科学哲学家所揭示的那样，实验预测对应的是"整个理论网络"，无法一对多地否定。"如果实验预测被证明是错误的，我们就不知道在这个理论网中究竟哪个理论错了。这些批评家们证明，要在一个理论网中判定某个具体理论是假的，完全是无根据的。"④ "受到检验的是理论复合体而不是单个理论，那么就似乎出现了某些

---

① 〔美〕拉里·劳丹：《进步及其问题——科学增长理论刍议》，第 19 页。
② 〔美〕拉里·劳丹：《进步及其问题——科学增长理论刍议》，第 18 页。
③ 〔美〕拉里·劳丹：《进步及其问题——科学增长理论刍议》，第 21 页。
④ 〔美〕拉里·劳丹：《进步及其问题——科学增长理论刍议》，第 22 页。

相当严重的模糊性。"① 也不是因为像众多科学哲学家，尤其是库恩、拉卡托斯所指出的那样：

> 几乎历史上的每个理论都有过一些反常或反驳的实例；事实上，没有一个人能够指出一个主要的理论没有碰到过一些反常。因此，如果我们认真对待（a），那么我们将发现我们自己全盘放弃了我们全部的理论组成部分，因而完全不能谈论自然界的大部分领域。②

以上科学哲学家所秉持的立场，在劳丹看来，将反常进行了多方面的限制。

> 一致认为只有当我们的"理论"预测与我们的"实验"观察之间存在逻辑上的不一致时，才出现反常。换句话说，他们已经论证：在认识上可以威胁一个理论的唯一的时间证据是当这个时间证据与理论的主张相抵触时。它给我一个深刻印象，即反常问题的概念受到太多限制。③

事实上，劳丹主张反常还有其他形式，"这种真正的不一致远非反常问题的唯一形式"。④ 劳丹指出如果从广义科学观即最大限度地增加解决问题的能力出发，而非从狭义科学观即只是避免犯错误出发，那么将会发现真正的反常是被竞争理论解决的问题，本身却未能解决。这才是更重要、更值得关注的反常。

---

① 〔美〕拉里·劳丹：《进步及其问题——科学增长理论刍议》，第 37 页。
② 〔美〕拉里·劳丹：《进步及其问题——科学增长理论刍议》，第 22 页。
③ 〔美〕拉里·劳丹：《进步及其问题——科学增长理论刍议》，第 22—23 页。
④ 〔美〕拉里·劳丹：《进步及其问题——科学增长理论刍议》，第 23 页。

如果人们采用狭义的科学观即科学的目的只是避免犯错误（即作出假的陈述），那么未解决的问题就不必看成是对一个理论的严重反对。但如果人们接受广义的科学观即科学的目的在于最大限度地增加它的解决问题的能力（或用更方便的说法，增加它的"解释内容"），那么一个理论在解决一些著名的问题即那些已被一个竞争理论所解决的问题上的失败，就是反对该理论的非常重要的标志。具有讽刺意义的是，大多数科学哲学家对这种广义的科学观只不过口头上赞成而已，实际上拒绝承认由这个观点必定推导出的结论——存在一类非反驳的反常。①

由此可以发现反常是普遍存在，对众多理论构成反驳的一种现象。"每当一个经验问题，p，已被一个理论解决时，那么，p 以后就构成了没有解决 p 的有关领域中的每一个理论的反常。"② 既然如此，"我们必须弱化所有反常情况在认识上的威胁。反常对于理论评价的微妙过程是重要的，但是它们仍只是决定一个理论科学上的可接受性的因素之一"。③ 事实上，理论都是在消化反常的过程中，取得了科学史上的巨大成功。"科学史上几乎每一个主要理论在消化它的最初反常时都获得巨大的成功。"④

既然反常普遍存在，相应审视反常对于理论的挑战力度就不应从量上入手，而应从质上着眼。"起作用的并不是一个理论产生了多少反常，而是这些具体的反常在认知上有多重要。"⑤ 判断反常的挑战等级，在劳丹看来，有两个标准：一是"对理论的任何

---

① 〔美〕拉里·劳丹：《进步及其问题——科学增长理论刍议》，第 23—24 页。
② 〔美〕拉里·劳丹：《进步及其问题——科学增长理论刍议》，第 25 页。
③ 〔美〕拉里·劳丹：《进步及其问题——科学增长理论刍议》，第 25 页。
④ 〔美〕拉里·劳丹：《进步及其问题——科学增长理论刍议》，第 26 页。
⑤ 〔美〕拉里·劳丹：《进步及其问题——科学增长理论刍议》，第 33 页。

一个具体反常的重要性很大程度上取决于这个理论与其竞争理论之间的竞争状态";二是"反常的年龄及其对一个具体理论的解法所表现的抵抗"。[①]

与反常并不一定对理论构成威胁的主张相似,劳丹也主张不同的理论之间并非非此即彼的紧张关系,而是可以彼此共存。

> 两个理论之间的明显的逻辑不一致性或一种非增强关系,并不迫使科学家去放弃一个或另一个甚或两个理论。正如在面临反常证据时,保留一个理论有时可能是合理的一样,同样,在面临一个理论和其他一些公认的理论之间的不一致时,保留一个理论有时也可能是合理的。[②]

对于理论合理性的考量,就是要看其解决问题的能力,"对所有的理论,我们都必须问,它解决了多少问题,以及遇到了多少反常",[③] 能够解决更多问题的理论是更好的理论。

> 一个理论能够充分解决的问题越多、越重要,这个理论就越好。如果一个理论能比一个竞争的理论解决更有意义的问题,那么这个理论比其竞争的理论更可取。在一定意义上,这是一个无可争议的断言。[④]

衡量理论优劣的标准,并不在于理论所对应的经验或其下属的概念的精确性,而是与其他理论对比的情况。

---

① 〔美〕拉里·劳丹:《进步及其问题——科学增长理论刍议》,第33、35页。
② 〔美〕拉里·劳丹:《进步及其问题——科学增长理论刍议》,第54页。
③ 〔美〕拉里·劳丹:《进步及其问题——科学增长理论刍议》,第11页。
④ 〔美〕拉里·劳丹:《进步及其问题——科学增长理论刍议》,第65页。

在任何一个理论的认知评价中，关键是这个理论相对于其竞争对手是否好些。一个理论经验的或概念的绝对可信程度无关紧要，重要的是判定一个理论同它的已知竞争对手较量的情况如何。①

而所谓的科学发展，就是更有效地解决问题的理论替代其他理论的过程。"任何时间我们修改一个理论或用另外的理论取代它，这个改变是进步的，当且仅当后来的理论能比前面的理论更有效地解决问题时。"②

第三节　多元理论构成的研究传统

不同效力、内涵的理论既然可以长期共存，它们之间可以自主结合成为更大的理论复合体——研究传统。科学分析的单位并非单一理论，而是研究传统。劳丹指出理论产生于研究传统："绝大多数（尽管不是全部）主要的科学理论都是由发明这些理论的科学家在这个或那个具体的研究传统中工作时提出来的，这是历史事实问题。"③ 一个理论即使具有很强的解决问题的能力，但如果与不成功的研究传统联系在一起，也将会遭到质疑。"如果一个理论与一个不成功的研究传统紧密相关，那么无论这个理论具有多大的解决问题的价值，它都很可能遭到高度怀疑。"④ 反之，一个不恰当的理论却可以借助所依附的成功的研究传统，而获得强力的支持。"相反，一个理论，即使一个不恰当的理论，如果它与一个在其他方面高度成功的研究传统联系在一起的话，就具有一

---

① 〔美〕拉里·劳丹：《进步及其问题——科学增长理论刍议》，第 70 页。
② 〔美〕拉里·劳丹：《进步及其问题——科学增长理论刍议》，第 67 页。
③ 〔美〕拉里·劳丹：《进步及其问题——科学增长理论刍议》，第 86 页。
④ 〔美〕拉里·劳丹：《进步及其问题——科学增长理论刍议》，第 83 页。

些强有力的支持它的理由。"①

　　劳丹认为研究传统有三个特征。首先,研究传统是多种可能
并不同时出现的理论构成的理论复合体。"每一个研究传统都有许
多具体的理论,这些理论说明并部分地构成研究传统;这些理论
中,一些理论可能是同时的,另外一些理论可能是在时间上前后
相继的。"② 其次,与以往科学哲学家对形而上学的极大反感与坚
决排斥不同,劳丹主张研究传统不仅包含着形而上学的因素,而
且这一因素对于吸引、凝聚众多科学家信奉研究传统发挥了关键
作用。除此以外,不同的研究传统还具有不同的方法论。"每一个
研究传统都显示出某些形而上学和方法论的信奉倾向,这些信奉
倾向作为一个整体,使研究传统具有自己的特征,并使之与其他
的研究传统相区别。"③ 最后,相对于理论的短暂性,研究传统具
有长期性。

　　　　每一个研究传统(与一个具体的理论不同)都得到过各
　　种各样详细的(并且经常是互相矛盾的)表述,并且一般都
　　有一段较长的历史,经历了许多不同的历史阶段。(相比之
　　下,理论经常是短暂的。)④

理论负责解决具体问题,而研究传统并不具有这项职责。

　　　　构成研究传统的任何一个理论,一般而言是可以由经验
　　检验的,因为它们将(与其他的具体理论一起)必定推导出
　　这个领域中的客体如何行动的精确预测。但是,研究传统既

---

① 〔美〕拉里·劳丹:《进步及其问题——科学增长理论刍议》,第84页。
② 〔美〕拉里·劳丹:《进步及其问题——科学增长理论刍议》,第79页。
③ 〔美〕拉里·劳丹:《进步及其问题——科学增长理论刍议》,第79页。
④ 〔美〕拉里·劳丹:《进步及其问题——科学增长理论刍议》,第79页。

不是解释性的，也不是预测性的，也不是直接可检验的。[①]

它负责的是更为广义的规范作用，"正是它们的普遍性和规范性成分阻止它们去对个别自然过程作出详细说明。除了抽象地说明世界是由什么组成的、应怎样研究它之外，研究传统并未对具体问题提供详细的答案"；[②] 为解决问题提供相应的理论，"研究传统的主要作用就是为我们解决经验问题和概念问题提供极重要的工具。（后面我们将会看到，研究传统甚至部分地限定了什么是问题，应该赋予它们怎样的重要地位等）"；[③] 界定了理论的应用范围，"在研究传统的作用中，有一个作用就是用来至少部分地和粗略地给其构成理论的应用范围划定界限。通过指明在已知范围内讨论某类经验问题是恰当的，讨论其他的问题则属于不相干的，或是可以合理地忽略不计的'假问题'，人们给理论的应用范围划定界限。无论是研究传统的本体论还是方法论，都能对把什么看作是其构成理论的合法问题产生影响"；[④] 扮演着支持理论、为理论开展辩护的角色，"合理地说明理论或为理论辩护，是研究传统的重要作用之一。具体的理论对自然界作出许多假定，这些假定一般并不能在理论自身内得到辩护，也不能用证实了理论的材料来辩护"；[⑤] 并指导理论的发展方向，"简而言之，一个研究传统为具体理论的发展提供了一套指导方针"。[⑥] 这种指导作用可以分为正、反两个层面，分别对应于研究传统的本体论与方法论。正如上文所述，劳丹主张研究传统包含形而上学的本体论与操作模式的方法论两个部分。本体论界定了研究传统的类型：

---

① 〔美〕拉里·劳丹：《进步及其问题——科学增长理论刍议》，第82页。
② 〔美〕拉里·劳丹：《进步及其问题——科学增长理论刍议》，第82页。
③ 〔美〕拉里·劳丹：《进步及其问题——科学增长理论刍议》，第82页。
④ 〔美〕拉里·劳丹：《进步及其问题——科学增长理论刍议》，第87页。
⑤ 〔美〕拉里·劳丹：《进步及其问题——科学增长理论刍议》，第93页。
⑥ 〔美〕拉里·劳丹：《进步及其问题——科学增长理论刍议》，第79页。

这些方针中的一部分构成一个本体论，一般说来，这个本体论说明存在于这一研究传统所属领域中的基本实体的类型。研究传统中的具体理论的作用，就是要通过把这个领域中的所有经验问题"还原"为这个研究传统的本体论来解释这些经验问题。①

方法论界定了研究传统的操作模式：

通常的情况是，研究传统也说明某种程序模式，这些模式构成了在这个传统中的研究者可以接受的合法的探究方法。这些方法论原则将具有广泛的范围，它包括实验技巧、理论检验和理论评价的模式等等。②

二者紧密相关，"尽管区分研究传统的本体论成分和方法论成分十分必要，但两者经常是紧密相关的，而且其理由很自然：人们对恰当的探究方法的看法一般与人们对探究的对象的看法相一致"，③共同构成了研究传统的正反两面，从而清晰界定了研究传统的基本范畴。"简而言之，一个研究传统就是一组本体论和方法论的'做什么'与'不做什么'。"④

由此角度出发，劳丹为研究传统设定了这样的定义："一个研究传统就是这样一组普遍的假定，这些假定是关于一个研究领域中的实体和过程的假定，是关于在这个领域中研究问题和建构理论的适当方法的假定。"⑤ 而研究传统所属的各种理论，都是用于

---

① 〔美〕拉里·劳丹：《进步及其问题——科学增长理论刍议》，第79页。
② 〔美〕拉里·劳丹：《进步及其问题——科学增长理论刍议》，第80页。
③ 〔美〕拉里·劳丹：《进步及其问题——科学增长理论刍议》，第80—81页。
④ 〔美〕拉里·劳丹：《进步及其问题——科学增长理论刍议》，第80页。
⑤ 〔美〕拉里·劳丹：《进步及其问题——科学增长理论刍议》，第81页。

阐明研究传统的本体论和方法论。"每一个研究传统都将与一系列具体的理论相联系，而每一种理论都是人们用来详细阐明这个研究传统的本体论以及说明或满足它的方法论的。"①

研究传统虽然是理论复合体，但理论之间充满歧异。"在任何一个发展中的研究传统之内，许多理论可能彼此不一致、相互竞争，这恰恰是因为有些理论在这个传统框架内表现出了改进和校正其先驱理论的企图。"② 这导致理论、研究传统之间，是一种并不严格的隶属关系，而分别可以是一对多的关系。"存在许多互相之间不一致的理论，它们能够声称忠诚于同一个研究传统，同时也存在许多不同的研究传统，这些研究传统在原则上能够为任何一个既定的理论提供预先假定的基础。"③ 二者之间的性质与定位的内在差异，即二者对于本体论、方法论的阐释模式是完全不同的，也为二者之间的可能错位提供了足够的空间。

> 研究传统充其量只不过详细地说明了自然的一般本体论，以及在一个给定的自然领域内解决问题的一般方法。另一方面，理论却阐明一个非常具体的本体论和许多可检验的具体的自然规律。④

理论和研究传统可以互相分离，

> 在有些情况下理论可以从原来启发它们或为它们辩护的研究传统中脱离出来。……事实上，正是理论从一个已知的研究传统中分离出来的最终的可能性，使得人们误认为理论

---

① 〔美〕拉里·劳丹：《进步及其问题——科学增长理论刍议》，第81页。
② 〔美〕拉里·劳丹：《进步及其问题——科学增长理论刍议》，第82页。
③ 〔美〕拉里·劳丹：《进步及其问题——科学增长理论刍议》，第86页。
④ 〔美〕拉里·劳丹：《进步及其问题——科学增长理论刍议》，第85页。

可以独立于研究传统而存在，并且根本不属于研究传统。[①]

尽管这种分离是由于另一研究传统的吸引而发生的短暂现象。"仅当一个理论能够被另一个更成功的研究传统所吸收（即被辩护）时，该理论才从一个研究传统中分离出来。"[②]

第四节　研究传统的嬗变与兴替

与理论一样，研究传统也呈现出生长、鼎盛、衰亡，最终消解的历史过程。每当一个新的研究传统出现，旧研究传统不得不重新审视自己，并与新研究传统展开互动，达成妥协。

并不是当所有的或甚至大多数科学共同体成员都接受一个新的研究传统时才发生科学革命的，与此相反，当一个新的研究传统出现，它激起了足够的兴趣（也许通过一个较高的初始进步速度），使有关领域的科学家感到，不管他们自己的研究传统信奉什么，他们不得不与初露头角的研究传统达成妥协。[③]

研究传统的嬗变过程，发端于科学家修改理论外层，改进自己。

研究传统发生变化的最明显的方式是修改一些从属的、具体的理论。研究传统不断地经历着这种类型的变化。在研究传统中的研究者经常发现，在该传统的框架内探讨该领域中的某些现象时，存在一个比他们原来认识到的理论更有效

---

① 〔美〕拉里·劳丹：《进步及其问题——科学增长理论刍议》，第95页。
② 〔美〕拉里·劳丹：《进步及其问题——科学增长理论刍议》，第95页。
③ 〔美〕拉里·劳丹：《进步及其问题——科学增长理论刍议》，第142—143页。

的理论。把以前的理论稍微改变一下，修改边界条件，修正比例常数，把术语稍作提炼，扩展一个理论的分类系统以包括新发现的过程或实体；所有这些活动方式仅仅只是科学家们可能试图改进研究传统之内任何一个理论解决问题的成就所采取的许多方式中的几种方式。[1]

面对挑战，科学家之所以首先选择修改理论，而不是消解研究传统，在于科学家更为重视研究传统而非理论，相应可以轻易地修改乃至抛弃理论。

> 每当科学家发现一个比以前的理论有重大改进的理论时，他马上放弃以前的理论。正因为科学家在认知上主要忠诚于研究传统，而不是忠诚于研究传统中的任何一个具体理论，所以一般而言他没有任何特殊理由要抓住这些具体理论不放。[2]

这是科学史发展过程中，理论不断更新换代的根源。

> （正是由于这个原因，大多数具体的理论都很短命——在许多情况下总共不多于几个月甚或几周。）由于理论变化如此迅速，任何一个兴旺发达的研究传统的历史都将展现出一部具体理论相继更迭的漫长画卷。[3]

只要有可能，科学家总是倾向于如此选择。"然而，情况也许往往是这样的：科学家们发现通过对研究传统的核心假定作一两处修

---

[1] 〔美〕拉里·劳丹：《进步及其问题——科学增长理论刍议》，第97页。
[2] 〔美〕拉里·劳丹：《进步及其问题——科学增长理论刍议》，第97页。
[3] 〔美〕拉里·劳丹：《进步及其问题——科学增长理论刍议》，第97—98页。

改，他们既能解决明显的反常和概念问题，并且又巧妙地保留了该研究传统的大部分假定。"① 从而促使研究系统在面对危机时，总是呈现自我救赎，努力实现内在嬗变，"我们应该说这种情况是研究传统内的自然发展；它当然代表了一种变化，但远非是抛弃前面的研究传统再创一个新的研究传统的变化"，② 从整体上致力于保持研究传统的延续性。

> 在一个进化的研究传统中存在许多连续性。从一个阶段到下一个阶段，研究传统的大部分至关重要的假定都将被保留下来。随着发展，大部分解决问题的技巧和原型也将得到保留。研究传统所涉及到的经验问题的相对重要性将大致保持相同。但这里需要强调的是，在进化过程的一系列阶段之间的相对连续性。③

即使研究传统的外在形式有所变化，但其实质却一如其旧。

> 如果一个研究传统随着时间进程已经经历了许多发展，那么在它最初的表达形式和最终的表达形式的方法论、本体论之间也许会存在许多差异。……研究传统的最终形式可以与其最初形式看上去很不一样，但在它们的发展过程中却表现出巨大的连续性。④

所改变者只是无足轻重的部分，最重要的特征仍然得以保留。

---

① 〔美〕拉里·劳丹：《进步及其问题——科学增长理论刍议》，第99—100页。
② 〔美〕拉里·劳丹：《进步及其问题——科学增长理论刍议》，第100页。
③ 〔美〕拉里·劳丹：《进步及其问题——科学增长理论刍议》，第100页。
④ 〔美〕拉里·劳丹：《进步及其问题——科学增长理论刍议》，第100页。

在任何一个已知的时间内，一个研究传统的某些成分比其他成分对于该传统来说处于更重要、更牢固的地位。正是这些更重要的成分，在当时被看成是研究传统的最显著的特征。放弃这些最重要的特征，实际上就是背离该传统。而对那些不甚重要的特征，可以在不抛弃该传统的情况下加以修改。①

但另一方面，研究传统的自我救赎一旦无成效，无法消除反常，那么便开始走下坡路，出现"衰退""腐败"的迹象，最终只能接受被取代的历史命运。

在某些情况下，一个研究传统的赞成者将发现，他们不能通过在该传统内修改具体理论来消除这些反常和概念问题。在这种情况下，这个传统的赞成者通常就要去探索，为消除理论所面临的反常和概念问题，应该在该研究传统更深层次的方法论或本体论内作何种（最小的）变化。有时，科学家会发现根本不可能通过对研究传统的几个假定加以修补来消除它的反常和概念问题。这就成为放弃原来的研究传统的理由（只要存在一些可供选择的研究传统）。②

一旦科学家开始突破研究传统所禁止的领域，从根本上瓦解其规范作用，便意味着研究传统消亡的开始。

试图从事探究一个研究传统的形而上学和方法论所禁止的东西，也就是把自己置身于这个研究传统之外，并抛弃这

①　〔美〕拉里·劳丹：《进步及其问题——科学增长理论刍议》，第 101 页。
②　〔美〕拉里·劳丹：《进步及其问题——科学增长理论刍议》，第 99 页。

一传统。……通过抛弃他在其中工作的研究传统的本体论或方法论，他已经摆脱了这个研究传统的限制，从这个研究传统中分离出来。①

科学发展的脚步相应由此开启。"毫无疑问，这并不一定是件坏事。在科学思想中，一些最重要的革命来自于放弃他们那个时代的研究传统并且创立一个新的研究传统的天才的思想家。"②

但值得注意的是，新研究传统取代旧研究传统，并非非此即彼，泾渭分明。在劳丹看来，研究传统之间一方面呈现出不断取代的历史脉络：

> 至此，在我的论述中好像研究传统总是在互相竞争似的，而且还使人认为，当这些竞争的研究传统中的一个占支配地位而它的竞争对手被有效地征服时，相互竞争的研究传统之间的冲突也就解决了。情况常常是这样。③

另一方面与理论多元共存一样，研究传统也可以多元共存，共同支配科学家的研究。"但是如果由此假定一个科学家不能在一个以上研究传统中始终如一地工作的话，那就大错特错了。"④ 两个并不抵触的研究传统甚至可以结合起来，形成一个更为进步的研究传统。"但也有这样的时候，两个或更多的研究传统，两者之间远非相互抵触，而是可以结合起来，产生相对于前面两个研究传统而言是进步的一个综合。"⑤ 结合的方式既可以是"一个研究传统

---

① 〔美〕拉里·劳丹：《进步及其问题——科学增长理论刍议》，第80页。
② 〔美〕拉里·劳丹：《进步及其问题——科学增长理论刍议》，第80页。
③ 〔美〕拉里·劳丹：《进步及其问题——科学增长理论刍议》，第105页。
④ 〔美〕拉里·劳丹：《进步及其问题——科学增长理论刍议》，第105页。
⑤ 〔美〕拉里·劳丹：《进步及其问题——科学增长理论刍议》，第105页。

可以转移到另一个研究传统上去，而不对这两个研究传统的先决条件作任何重大修改"，[①] 也可以是"两个或更多个研究传统的结合要求抛弃准备联合的每一个传统中的某些基本要素"。[②] 而科学家甚至可以在两个彼此矛盾的研究传统之间不断游移。

> 一个科学家常常在两个不同的、甚至相互矛盾的研究传统中交替工作。尤其是在"科学革命"时期，常常存在这样的情况：科学家们花一部分时间在占统治地位的研究传统内工作，花一部分时间在一些不那么成功、没有得到充分发展的对立传统中工作。[③]

与衡量理论的优劣一样，衡量研究传统的优劣也在于解决问题的效力。"选择一个研究传统而不选择它的竞争对手是进步的（因而也是合理的），恰恰是因为所选择的传统比它的竞争对手更能解决问题。"[④] "我们无论何时都应该接受那些已表明它们是解决问题最有效的理论或研究传统。"[⑤] 这决定了新研究传统取代旧研究传统是一个漫长的过程，这在于新研究传统在诞生之初，虽然呈现出强大的解决问题的效力，但在解决问题的多少上，甚至可能不如旧研究传统。为此，科学家需要一种鉴别能力，发掘新研究传统的潜力，而这种潜力体现在新研究传统的进步速度之上。劳丹认为研究传统的进步程度与进步速度存在并不一致的现象。

> 一个研究传统的总的进步与进步速度两者可能非常不一

---

① 〔美〕拉里·劳丹：《进步及其问题——科学增长理论刍议》，第105—106页。
② 〔美〕拉里·劳丹：《进步及其问题——科学增长理论刍议》，第106页。
③ 〔美〕拉里·劳丹：《进步及其问题——科学增长理论刍议》，第113页。
④ 〔美〕拉里·劳丹：《进步及其问题——科学增长理论刍议》，第112页。
⑤ 〔美〕拉里·劳丹：《进步及其问题——科学增长理论刍议》，第113—114页。

致。例如，一个研究传统可能取得很高程度的总的进步，但却表现出一个较低的进步速度，特别是在这个研究传统的最近发展中。另外，一个研究传统在最近的发展中可能具有较高的进步速度，却表现出有限的总的进步。①

新研究传统虽然解决问题较少，但具有更强的解释效力。

> 仅仅因为一个初露头角的研究传统具有较高的进步速度就接受它是错误的；但是如果这个崭新的研究传统表现出一种解决它的较老的并且更普遍公认的对手所不能解决的一些问题（经验问题或概念问题）的能力，拒绝追求它同样是错误的。②

因此它具有更快的进步速度，是值得珍视并期待的。"一般而言，我们可以说，追求任何一个比其竞争对手具有较高进步速度的研究传统总是合理的（即使这个研究传统解决问题的有效性较低）。"③

作为一项由多种理论构成的关于世界的认知体系，研究传统是"充满着本体论和方法论的具有相当雄心和极为宏大的实体"，④界定了人们理解世界的范围、方法、取向，是人们认知世界的强力工具。相应，伴随研究传统的兴替，不仅科学不断发展，甚至对既有的世界观构成强力挑战。不过，由于研究传统的解释效力存在差异，挑战结果相应有所不同。研究体系中解释效力十分强大者，能够改变并重塑人们的世界观。

---

① 〔美〕拉里·劳丹：《进步及其问题——科学增长理论刍议》，第 109 页。
② 〔美〕拉里·劳丹：《进步及其问题——科学增长理论刍议》，第 114 页。
③ 〔美〕拉里·劳丹：《进步及其问题——科学增长理论刍议》，第 114 页。
④ 〔美〕拉里·劳丹：《进步及其问题——科学增长理论刍议》，第 107 页。

一个高度成功的研究传统可能导致人们放弃与该研究传统不一致的世界观，并且精心制成一个与该研究传统一致的新世界观。事实上，许多全新的科学体系恰恰是以这种方式最终"成为"我们共同的"常识"。①

其中就包含科学不断征服形而上学的历史内涵。"沉思者们所具有的核心信念，'非科学'的信念最终被修改以使它们与高度成功的科学体系相一致。"② 而解释效力有所不足的研究传统，则会受阻于既有世界观的强大韧性，

但是如果认为世界观面对向它们挑战的新的科学研究传统总是不堪一击的话，那也就错了。恰恰相反，世界观常常表现出极大的韧性，这种韧性使得把它们当成毫无价值的东西加以抛弃的（实证主义的）意向不能实现。无论近代的，还是古代的科学史，都充满着面临科学理论的挑战而世界观并不消失一尽的情况。③

并由于和既有世界观所处的文化背景存在差异，而受到人们越来越大的质疑。

如果研究传统和理论与一个已知文化背景中的某些更广泛的信念体系不一致时，这些研究传统和理论如何可能遇到认知上的严重困难。这种不一致性构成了可能严重威胁理论的可接受性的概念问题。④

---

① 〔美〕拉里·劳丹：《进步及其问题——科学增长理论刍议》，第103页。
② 〔美〕拉里·劳丹：《进步及其问题——科学增长理论刍议》，第103页。
③ 〔美〕拉里·劳丹：《进步及其问题——科学增长理论刍议》，第103页。
④ 〔美〕拉里·劳丹：《进步及其问题——科学增长理论刍议》，第102—103页。

虽然研究传统呈现不断更新换代的历史轨迹，但研究传统包含多个内在歧异，与研究传统并不存在必定推导关系的理论。"这种关系不是一种不可动摇的必定推导关系。研究传统并不必定推导出它们所构成的理论；这些理论（无论是单个的还是联合起来的理论）也并不一定推导出作为其渊源的研究传统。"① 这导致研究传统内部十分复杂，从而造成每个研究传统既有优长之处，也有缺陷。

> 一个研究传统可能相当成功地产生极富成效的理论，然而在本体论上或方法论上却有缺陷。同样，人们可设想一个研究传统是真的，然而（也许是因为其支持者缺乏想象力）未能成功地产生出可以有效地解决问题的理论。②

相应，科学革命并不必然构成科学进步。

> 原则上，一个革命可能包括放弃比较进步的研究传统、赞成不太进步的研究传统。简而言之，一个科学革命是否是合理的和进步的，是一件偶然的事情。库恩认为科学革命从本质上说是进步的，与他的观点截然相反，我明确地想把一个革命是否已经发生的问题与确定这个革命是否进步的问题分开。③

如果从研究传统的角度出发，更不应过分强调革命，而应对比不同研究传统之间的相对优劣与不断修改。

> 一旦我们承认新的研究传统的出现，以及对老的研究传

① 〔美〕拉里·劳丹：《进步及其问题——科学增长理论刍议》，第 85 页。
② 〔美〕拉里·劳丹：《进步及其问题——科学增长理论刍议》，第 83 页。
③ 〔美〕拉里·劳丹：《进步及其问题——科学增长理论刍议》，第 143 页。

统的批评和修改，是科学的"正常现象"，那就必须避免过分强调革命——作为与通常的科学性质不同的历史现象——的做法。但我们不能就此而止。如果理论和研究传统正经受着不断的评价和估量，那么历史学家的兴趣自然应集中于具体的研究传统以及关于某一学科中现存传统的相对优点的争论上。一个成功的革命只不过是相互竞争的研究传统之间一个异常激烈和明确的冲突之后的（胜利者的）凯歌或（失败者的）讣告。①

研究传统的一时选择并不意味着彻底的取舍，被暂时舍弃的研究传统在条件具备时，具有随时复苏的可能。

因此放弃或抛弃一个研究传统，并不（或不应该）说明这个传统是假的。在一个研究传统由于暂时不成功而遭到抛弃时，我们也没有必要永远埋没它。相反，我们可以明确地规定一些条件，如果这些条件得到满足，我们就重新恢复并接受这个研究传统。因此，当我们抛弃一个研究传统的时候，我们只不过是在做尝试性的决定，我们暂时不使用这个研究传统是因为另一个研究传统已证明能比它更成功地解决问题。②

小　结

面对逻辑实证主义以后科学哲学研究中理性主义与非理性主

---

① 〔美〕拉里·劳丹：《进步及其问题——科学增长理论刍议》，第144页。
② 〔美〕拉里·劳丹：《进步及其问题——科学增长理论刍议》，第83页。

义的争论，尤其费耶阿本德的无政府主义将非理性主义推至历史的巅峰所引发的巨大争论，劳丹尝试融合二者，将研究主体从理论、假说、范式、研究纲领本身，转移到问题解决的动态实践之上。在他看来，科学的本质就是解决问题，衡量一个理论的优劣，并不在于其精确性，事实上理论本身包含着科学成分、非科学成分，重要的是解决问题的效力。劳丹由此整合了理性主义与非理性主义，在此基础上指出不同理论并不是非此即彼的紧张关系，而是可以相互共存，科学研究也并非趋于真理的历史过程，而是存在这种可能性。

虽然围绕解决问题展开论证，但劳丹却十分谨慎地看待问题对于理论的挑战。在他看来，问题与理论之间的关系，在解决问题前后，尤其解决前，一直都不明晰。问题与理论之间的关系，并非精确对应的关系，而只是暂时的相似论述。以往被十分重视的经验与理论之间的反常关系，在劳丹看来不仅十分普遍存在，并不足以挑战理论，而且也不是真正的反常。真正对理论构成威胁的反常，是被竞争理论解决而自身却无法解决的问题。即使这种反常，同样也普遍存在，理论正是在消化反常的过程中取得了科学史上的巨大成功。既然反常普遍存在，相应审视反常对于理论的挑战力度，就不应从量上入手，而应从质上着眼，即反常的挑战等级。

与以往科学哲学家将理论作为分析对象不同，劳丹在理论之上发明了"研究传统"的概念，指出研究传统是在文化背景中产生并长期存在的，由多个不同时期产生的不同理论构成的理论复合体，既拥有形而上学的本体论，又蕴含操作模式的方法论。与理论负责解决具体问题不同，研究传统并不肩负这项职责，而是扮演着提供解决问题的相应理论、界定理论的应用范围、为理论提供辩护，并指导理论的发展方向的规范角色。研究传统虽然是理论复合体，但理论之间存在内在歧异，与研究传统呈现一对多的关系，相应与研究传统之间是一种松散的，甚至可能错位，乃至受到其他研究传统的吸引，可以随时分离的隶属关系。

与理论一样，研究传统也呈现出生长、鼎盛、衰亡，最终消解的历史过程。每当一个新的研究传统出现，旧研究传统都努力维护自身的既有地位，通过修改外层理论的方式，在一定程度上改变外在形式，但仍保留重要特征，从而在维护研究传统延续性的同时，致力于实现自我救赎，推动自身内在嬗变。不过一旦研究传统的自我救赎并无成效，无法消除反常，那么便开始走下坡路，出现"衰退""腐败"的迹象，最终只能接受被取代的历史命运。而科学发展的脚步也由此开启。

研究传统之间一方面呈现出彼此取代的历史脉络，另一方面其与理论一样也可以保持多元共存，科学家可以推动并不抵触的研究传统之间的结合，并在彼此矛盾的研究传统之间不断游移。衡量研究传统的优劣标准也在于解决问题的效力。不仅如此，新研究传统取代旧研究传统也是一个漫长的过程。这在于新研究传统在诞生之初，虽然在解决问题的效力上强于旧研究传统，但在解决问题的多少上，甚至不如后者。为此，科学家需要发掘新研究传统的潜力，而这种潜力便体现在新研究传统更快的进步速度之上。

作为一项庞大的世界认知体系，研究传统兴替的结果，如果能够产生强大的研究传统，就可以推动科学的不断发展，甚至能对既有的世界观构成强力挑战，改变并重塑人们的世界观；但如果新研究传统解释能力较弱，那么就不足以对既有世界观构成挑战，反而会受到原有文化背景的质疑与消解。无论如何，研究传统与理论之间的错位性，决定了一个研究传统既有优长，也有缺陷，致使不同研究传统之间的优劣关系只是一种相对关系。研究传统的一时选择并不意味着彻底的取舍，被暂时舍弃的研究传统在条件具备时，具有随时复苏的可能。

第十三章
科学知识的社会建构

知识社会学的创始人卡尔·曼海姆（Karl Mannheim，1893-1947）在最负盛名的著作《意识形态与乌托邦》中，指出知识是社会存在的产物，

> 竞争不仅通过市场机制控制了经济活动，控制了政治和社会事件的过程，而且提供了存在于对世界的各种不同解释背后的动力，当人们揭开这些解释的社会背景时，会发现它们是为夺取权力而相互冲突的集团的思想表现。当我们看到这些社会背景显露出来，并被承认为是构成知识基础的看不见的力量时，我们便意识到，思想和观念并不是伟大天才的孤立灵感的结果。甚至构成天才深刻洞见基础的，也是一个群体的集体的历史经验。①

并在《思维的结构》一书中，对文化社会学进行了系统研究。②

---

① 〔德〕卡尔·曼海姆：《意识形态与乌托邦》，黎鸣、李书崇译，周纪荣、周琪校，商务印书馆，2005，第273—274页。
② 〔德〕卡尔·曼海姆：《思维的结构》，霍桂桓译，中国人民大学出版社，2013。

虽然库恩将科学发展归结为科学共同体意志的立场，被包括波普尔及其支持者在内的众多学者指责是一种相对主义，但库恩本人对此却进行了否认。与库恩不同，受他影响的英国爱丁堡学派与欧洲大陆的部分科学社会学家尤其是巴黎学派，在20世纪70年代中期吸取了知识社会学的观点，进一步创建了"科学知识社会学"（Sociology of Scientific Knowledge，简称SSK）。

科学知识社会学借鉴了知识社会学、人类学，乃至无政府主义的研究理念，将库恩所讨论的科学与社会关系进一步引向极致，将库恩所倡导的主观性进一步引申到人们一直视为禁脔的科学知识本体，从而挑战了科学知识是独立的客观存在的传统观念，革命地提出了科学知识也是一种社会建构的大胆观念，无政府状态才是科学发展的合适环境，从而在科学知识的判定上，完全站在了相对主义乃至非理性主义的立场，进一步实现了外史对内史的吞并。

科学知识社会学的代表性人物有大卫·布鲁尔（David Bloor）、巴里·巴恩斯（Barry Barnes）、布鲁诺·拉图尔（Bruno Latour）、哈里·柯林斯（Harry Collins）、卡林·诺尔-塞蒂纳（Karin Knorr-Cetina）、史蒂文·夏平（S. Shapin）、西蒙·谢弗（S. Schaffer）、迈克尔·马尔凯（Michael Mulkay）等。

第一节　社会强影响下的科学知识

1976年，大卫·布鲁尔出版了《知识和社会意象》一书。在这本书中，布鲁尔开宗明义地指出在知识性质的判断上，社会学家应站在相对主义的立场之上。

> 与把知识界定为真实的信念——或者也可以把它界定为有根有据的真实信念——不同，对于社会学家来说，人们认

为什么是知识，什么就是知识。它是由人们满怀信心地坚持，并且以之作为生活支柱的那些信念组成的。①

布鲁尔反对传统科学社会学将研究范围划定在知识本体以外的做法，认为这并未触及知识的本性。"他们不能把他们对科学的注意局限于对科学的制度性框架以及对与科学的增长率或者发展方向有关的外部因素的关注上。这种做法并非触及被创造出来的知识所具有的本性。"② 事实上，在布鲁尔看来，科学理论的创造和发现，深受众多非理性文化因素的影响。"文化具有的那些通常被人们视为非科学的特征，不仅对人们创造各种科学理论和发现的过程产生重大影响，而且也对人们评价这些理论和发现的过程产生重大影响。"③ 所谓科学知识，在很大程度上是科学家的个人看法。"我们认为是科学知识的东西，在很大程度上是一种关于这个世界的理论性看法。"④

因此，布鲁尔认为科学社会学不应像以前那样仅关注外在环境，还应该关注科学知识本身。"应当把所有知识——无论是经验科学方面的知识，还是数学方面的知识——都当作需要调查研究的材料来对待"，⑤ 否则便是"他们对自己的学科立场的背叛"。⑥ 这种强硬立场直接体现在他所倡导的"强纲领"（Strong Programme）理论中。所谓的"强纲领"，包括四大信条：

1. 它应当是表达因果关系的，也就是说，它应当涉及那些导致信念或者各种知识状态的条件。当然，除了社会原因

① 〔英〕大卫·布鲁尔：《知识和社会意象》，第3页。
② 〔英〕大卫·布鲁尔：《知识和社会意象》，第1—2页。
③ 〔英〕大卫·布鲁尔：《知识和社会意象》，第5页。
④ 〔英〕大卫·布鲁尔：《知识和社会意象》，第18页。
⑤ 〔英〕大卫·布鲁尔：《知识和社会意象》，第1页。
⑥ 〔英〕大卫·布鲁尔：《知识和社会意象》，第1页。

以外，还会存在其他的将与社会原因共同导致信念的原因类型。

2. 它应当对真理和谬误、合理性或者不合理性、成功或者失败，保持客观公正的态度。这些二分状态的两个方面都需要加以说明。

3. 就它的说明风格而言，它应当具有对称性。比如说，同一类原因类型应当既可以说明真实的信念，也可以说明虚假的信念。

4. 它应当具有反身性。从原则上说，它的各种说明模式必须能够运用于社会学本身。和有关对称性的要求一样，这种要求也是对人们寻求一般性说明的要求的回应。它显然是一种原则性的要求，因为如果不是这样，社会学就会成为一种长期存在的对它自己的各种理论的驳斥。

这四个与因果关系、客观公正、对称性以及反身性有关的信条，便界定了将被我们称为知识社会学中的强纲领的东西。①

所谓的"对称性"，即人们应该对科学史发展中出现的正反两方面现象，都秉持客观的立场，从社会的角度，进行公平的审视与研究。

布鲁尔在该书中文版的前言中重申，之所以提出"强纲领"这一概念，是为了表达所有知识都受社会影响的强烈观念，

　　我之所以称之为"强纲领"，是为了使它与（相对来说比较）弱的，仅仅对错误作出说明或者仅仅对那些有利于知识的一般条件作出说明的目标形成对照。……隐含在"强"这

---

① 〔英〕大卫·布鲁尔：《知识和社会意象》，第6—7页。

个语词之中的"力量"所指涉的是下列观念，即所有知识都包含着某种社会维度，而且这种社会维度是永远无法消除或者超越的。①

而并非批评者所指责的知识完全是社会性的。

有一些批评者认为，"强纲领"之所以被称为"强"，是因为它体现了下列主张，即知识"纯粹"是社会性的，或者说知识完完全全是社会性的（比如说，就像知识根本没有任何来自实在的、感性方面的输入物那样）。这完全是一种误解。②

作为佐证，布鲁尔认为所有知识都无法脱离物质世界而存在。"任何一种没有矛盾的社会学，都不可能把知识表达成一种与有关我们周围的物质世界的经验毫无联系的幻想。我们不可能生活在一个梦的世界之中。"③ 也即包括科学知识在内的社会知识，都是一种社会建构。

他重申自己并非像反对者认为的那样反对唯物主义，事实上他反而强调物质世界并不依赖于知识或信念而存在，人们只是在社会影响下创造知识，而非创造世界。

作为科学事业的组成部分，科学知识社会学也同样自然而然地坚持唯物主义或者"实在论"（按照这个术语所具有的某些意义来看）的各种一般的假定。也就是说，它认为，物质世界的实在理所当然是某种无论如何都不依赖于认识主体

①〔英〕大卫·布鲁尔：《知识和社会意象》，中文版作者前言，第2页。
②〔英〕大卫·布鲁尔：《知识和社会意象》，中文版作者前言，第2页。
③〔英〕大卫·布鲁尔：《知识和社会意象》，第41页。

的知识或者信念而存在的东西。强调这一点是非常重要的，因为知识社会学的许多批评者都确信，知识社会学犯了某种形式的"唯心主义"……的错误。再也没有什么论题比这个论题大谬不然的了。这样的世界并不是社会世界，它只不过是有关世界的知识而已。实在（一般说来）并不是某种社会构想，只有关于实在的知识才是从社会角度被人们创造出来的。[①]

霍桂桓指出"强纲领"的核心内涵是：

> 包括自然科学知识和社会科学知识在内的所有各种人类知识都是处于一定的社会建构过程之中的信念；所有这些信念都是相对的、由社会决定的，都是处于一定的社会情境之中的人们进行协商的结果。因此，处于不同时代、不同社会群体、不同民族之中的人们，会基于不同的"社会意象"而形成不同的信念，因而拥有不同的知识。[②]

虽然"强纲领"是一种相对主义，但在霍桂桓看来，这种相对主义旨在揭示任何知识都是由特定的人在特定的时空内所获得的局部有效的知识，并不具有一种普遍有效性，因此是合理的。

> 就包括自然科学知识在内的所有各种知识而言，"知识的相对性"所指的只不过是这些知识都具有一定的效度——也就是说，任何一种具体的、作为人们在一定条件下进行的认识过程的结果而存在的知识，都是在特定的社会情境之中形

---

① 〔英〕大卫·布鲁尔：《知识和社会意象》，中文版作者前言，第2页。
② 〔英〕大卫·布鲁尔：《知识和社会意象》，译者前言，第6页。

成的，都与范围有限和确定的认识对象领域相对应，都通过一定的具体形式表现出来；因此，它们都是由一定的社会个体（或者说由某些社会个体组成的特定的社会群体）在一定的社会维度影响下，针对此时此地的客观认识对象而形成的。也正因为如此，无论它们所隐含的具体立场、具体方法、具体结论如何，以及所采取的形式如何，它们都是由具有一定视角的社会个体，在特定的历史—社会文化背景之中形成的。所以，所有这些知识以及它们所包含的内容、方法、视角乃至具体结论及其所采取的形式，都有一定的限度，严格说来都不具有名副其实的"普遍有效性"。①

第二节　暂时的隐喻

1974 年，巴里·巴恩斯出版了《科学知识与社会学理论》一书。在该书中，巴恩斯开宗明义地指出默顿以来的科学社会学在科学史研究中，秉持一种理性化取向。"这里所假定的是，真理，或者至少，信念的真实内容的不断增加，是未受阻碍的理性活动和合理的行为的必然结果。"② 但事实上，在巴恩斯看来，科学是文化的一部分。"科学是文化的一部分，而现在它成了文化的一个高度分化的要素。"③ 感情与传统在科学发展中扮演着十分重要的角色。"但是，人是自然而然合理地行事，还是以例如感情或传统为依据行事，这一点并不是十分清楚的。"④ 不过，对于身处科学

---

① 〔英〕大卫·布鲁尔：《知识和社会意象》，译者前言，第 13—14 页。
② 〔英〕巴里·巴恩斯：《科学知识与社会学理论》，鲁旭东译，东方出版社，2001，第 6 页。
③ 〔英〕巴里·巴恩斯：《科学知识与社会学理论》，第 67—68 页。
④ 〔英〕巴里·巴恩斯：《科学知识与社会学理论》，第 6 页。

规范之中者而言，承认后者需要担负巨大的风险。

　　对于那些其行为几乎完全是合理的人来说，他们需要内化某种非理性的对合理性的信奉。科学作为一种制度维持了下来，并且把这种对理性所揭示的真理的信奉传播了下来。科学家接受谬误不仅有悖于他们自身的理性自然而然要显示的东西，而且也有悖于制度规范。因此，科学具有特别高的合理性程度，它的信念也具有特别的可信赖性。①

但无论如何，在巴恩斯看来，科学家是在某种并非源自科学本身，而是受到社会影响的理论指导之下开展工作的，相应科学知识具有社会性，是一种社会建构的产物。

　　不难注意到，科学家的工作总是在某种理论指导下进行的，而这种理论是无法从观察或实验中推知的，从这种意义上讲，该理论被看做是一种独立变量。一个理论可以不太严格地表征为是关于世界的一种叙述，它把秩序和协调强加给了这个世界；情况确实是这样，但是，它的关键作用是安排和构造科学家所扮演的科学角色的深奥的经验和实践。②

寻找科学家与指导理论之间的关系，有助于了解科学家如何开展思考。"在大部分情况下，这会使我们密切注意科学家爱自己的这种构想，即他可以从何处合理地寻求他的问题的答案。"③ 科学家在研究中所提出的思想，取决于他所处的社会地位。

---

① 〔英〕巴里·巴恩斯：《科学知识与社会学理论》，第6页。
② 〔英〕巴里·巴恩斯：《科学知识与社会学理论》，第69页。
③ 〔英〕巴里·巴恩斯：《科学知识与社会学理论》，第69页。

　　科学家们可能也是如此；决定他们思想的并不是他们的社会承诺，而是他们的社会地位，或者就是他们所在的社会。从一种大体上是与某个居主导地位的阶层的观念结合在一起的文化中，科学家们可以得出他们自己的思想。或者，他们的文化在某种意义上反映了他们社会的总体情况，并且囊括了某一种类或某一形式的所有信念。①

而通过库恩和普赖斯关于"无形学院"的研究，人们已经逐渐将科学视为一种相对独立的亚文化。"作为一种文化，科学自身高度分化成了不同的学科和专业。科学专业正在逐渐被当做是一种有着相当不同的社会控制系统、相对自主的亚文化，正是在这方面，必须根据当今科学的个案来研究文化变迁的过程。"② 在巴恩斯看来，理论只不过是人们依托所在的文化，针对未解决的问题而提出的一种解决方案，他称之为"隐喻"。

　　理论是人们创造出来的一种隐喻，创造它的目的，就是要根据我们所熟悉的、已得到完善处理的现有文化，或者根据新构造的、我们现有的文化资源能使我们领会和把握的陈述或模型，来理解新的、令人困惑的或反常的现象。③

所谓理论解释，不过是针对未解决的问题的一种隐喻式的重新描述。

　　对于令人困惑的领域，人们往往会使用一些只有在一种不同的语境下才严格适用的术语进行隐喻式的重新描述。这

---

① 〔英〕巴里·巴恩斯：《科学知识与社会学理论》，第16—17页。
② 〔英〕巴里·巴恩斯：《科学知识与社会学理论》，第68页。
③ 〔英〕巴里·巴恩斯：《科学知识与社会学理论》，第69页。

种重新描述构成了理论解释；如果人们接受它，我们的适当
性观念就可能发生变化，而隐喻可能会变得模糊不清甚至会
隐没了……①

因此，在科学发展中，虽然实证主义拥有自身的作用，但真正的
推动者仍是隐喻的扩展与变迁，"尽管在科学中存在着实证主义者
和实证主义的活动，所有研究传统一般来说都是通过运用隐喻来
发展它们的信念和文化的；长期的文化变迁就是隐喻的扩展或隐
喻的变迁"，② 甚至发挥着根本性作用。"在科学变迁过程中，模
型、隐喻和范例有着根本性的重要意义。"③ 隐喻所推动的理论创
新，是科学发展的核心内涵。与之相比，实证主义只不过为隐喻
提供了一些有益的建议，因而只扮演了辅助性角色。

　　首先而且也最明显的是，可以证明，科学家们自己从
来就不看重那些没有联系的零散的事实。正如科学家们自
己所解释的那样，在科学文化发展中，最重要的恰恰是理
论的变化。很显然，赢得了大部分科学奖励和荣誉的正是
理论革新。

　　其次，可以证明，正如科学家们所解释的那样，实证主
义的最大贡献，就在于制约了发展中的以理论为基础的研究
模式，并改变了它们的方向。实证主义意识形态有价值的贡
献是寄生性的，也就是说，它之所以能有价值，只不过是因
为其他人在坚持一种可能会受到批判的传统。实证主义有益
的贡献在于，它们给那些发展中的模型和隐喻提出了一些问

① 〔英〕巴里·巴恩斯：《科学知识与社会学理论》，第69—70页。
② 〔英〕巴里·巴恩斯：《科学知识与社会学理论》，第74页。
③ 〔英〕巴里·巴恩斯：《科学知识与社会学理论》，第76页。

题和建议。①

科学家通过扩充和发展隐喻，不仅推动了科学的理论创新，而且推动了整个文化的发展。"文化变迁的主要道路是由致力于尽可能地利用、扩充和发展某种隐喻的科学家开辟的。所涉及的思想和论证的关键形式是隐喻式的或比拟式的。"② 相应，社会建构在科学发展乃至文化发展中占据主导地位。故而，对于现代思想研究中的"客观"倾向，应该予以反思。"过高地估计现代思想的'客观'性的倾向，限制了这项重要的比较性研究所能达到的综合的范围。"③ 事实上，所有知识由于都是基于某一时刻的社会文化环境，因此只具有暂时的有效性。

> 知识是通过模型和隐喻的发展和扩展而增长的，可以从决定论的角度理解这一过程，声称具有有效性始终都是暂时性的，因为任何"证明的环境"必然总是以经过协商的约定和共享的范例为基础的。④

这反映出巴恩斯鲜明的相对主义立场。1985 年，巴恩斯又出版了《局外人看科学》一书。在该书中，他进一步明确指出科学并非永恒的真理，而是暂时的理论。

> 科学就是理论知识。而且科学是完完全全的理论性的东西，而并非在某种程度上是理论性的。科学知识就是我们或我们的前辈所发明的理论，是我们仍然同意暂且用来作为我

---

① 〔英〕巴里·巴恩斯：《科学知识与社会学理论》，第 76—77 页。

② 〔英〕巴里·巴恩斯：《科学知识与社会学理论》，第 79 页。

③ 〔英〕巴里·巴恩斯：《科学知识与社会学理论》，第 81 页。

④ 〔英〕巴里·巴恩斯：《科学知识与社会学理论》，第 212 页。

们理解自然的基础的那些理论。①

它是一种存在错误、无法证实的有限理论。"我们的知识可能是不可靠的材料；对待它必须小心谨慎。这种知识是可错的；它不可能得到确定的和最终的证实；它是我们所具有的创造性的惊人但仍然有限的成就。"② 虽然这并不意味着科学不可信，"当然它也不意味着，我们应当不再相信和使用科学知识；相反，科学知识恰恰是我们所发现的在使用方面最可信赖的知识"，③ 但足以警示人们反对盲目的科学崇拜。

> 不过，记住这种非常普通的说明可以使我们提防那些盲目崇拜科学的主张和论证，这些主张和论证假定，我们的科学知识是永远可靠的，并且，这种知识因其与实在的一致得到了完全而充分的证明。④

事实上，科学知识的生命非常短暂，更新换代非常迅速。

> 毕竟，在科学家们曾提出的理论中，多数已经因其是错误的或有误解而被拒绝了，而他们所报告的发现，多数也已被人们遗忘了。科学知识的生命是非常短暂的。在任何科学领域中，通常人们认可和使用的知识，总的来说都是相当近的知识……⑤

---

① 〔英〕巴里·巴恩斯：《局外人看科学》，鲁旭东译，东方出版社，2001，第91页。
② 〔英〕巴里·巴恩斯：《局外人看科学》，第204页。
③ 〔英〕巴里·巴恩斯：《局外人看科学》，第91页。
④ 〔英〕巴里·巴恩斯：《局外人看科学》，第91页。
⑤ 〔英〕巴里·巴恩斯：《局外人看科学》，第91页。

总之，科学只是一种不断发展的对世界的建构与解释，而非客观的反射。

> 我们仍然不能把一个科学领域中所认可的知识当作是一组固定的真理：实际上，在它的使用过程中，它是不断变化的。它是对世界的一种不断发展的解释，而不是这个世界的反射：并非单凭实在本身就可以为它提供担保，并使它确实可靠。①

科学知识也并非统一的，事实上不同学科会发展出有所矛盾的观点。

> 不同的、有潜在冲突的普遍认可的知识，可能会在不同的科学学科中发展起来。科学家们在判断方面、在他们关于什么在研究中应受到重视的看法方面，有可能会发生冲突，因为他们在工作中所参照的是不同的已被认可的知识。从这种意义上说，科学的统一是虚妄的。②

科学知识之所以看起来令人信服，是因为人们经历了被教育、训练从而认同的过程，而科学家也会在教育中突出知识的确定性，弱化所存在的问题与非确定性，从而赋予科学知识以权威地位。③基于这种立场，巴恩斯对科学家将科学知识与技术扩大到其他领域的"科学主义"的做法，表达了明确的反对。④

---

① 〔英〕巴里·巴恩斯：《局外人看科学》，第92页。
② 〔英〕巴里·巴恩斯：《局外人看科学》，第92页。
③ 〔英〕巴里·巴恩斯：《局外人看科学》，第96—98页。
④ 〔英〕巴里·巴恩斯：《局外人看科学》，第125—136页。

第三节 科学的独立与社会化

1985 年，夏平、谢弗出版了《利维坦与空气泵——霍布斯、玻意耳与实验生活》一书，通过一连串的发问，尝试从根本上审视实验如何在科学中获取独尊地位。

> 本书的主题是实验。旨在了解实验实作及其智识产物的性质和地位。我们试图解答的问题如下：何谓实验？实验如何进行？实验要通过什么手段才可以说是生产出事实（matters of fact），而实验事实和具有解释功能的建构物又有何关系？如何辨认出一个成功的实验，而实验的成功和失败又如何区分？在这一连串特定的问题背后，犹有更普遍的问题：为什么获得科学真理需要实验？实验是达到各方认可的自然知识的最佳途径吗？其他手段可能做到吗？是什么促成科学中的实验方式优于其他选择？①

该书旨在通过考察玻意耳气体力学研究与气泵应用，揭示科学研究中实验方法成功上位的历史环境。

> 我们希望取得历史性的答案。为此目的，所要处理的问题便是：在何种历史环境中，实验作为生产自然知识的系统方法而出现？在何种历史环境中，实验实作被体制化，而实验产生的事实变成所谓适当科学知识的基础？是故，我们从实验程序的伟大典范开始：罗伯特·玻意耳（Robert Boyle）

---

① 〔美〕史蒂文·夏平、〔美〕西蒙·谢弗：《利维坦与空气泵——霍布斯、玻意耳与实验生活》，蔡佩君译，上海人民出版社，2008，第1—2页。

对气体力学的研究以及气泵在该领域的运用。①

而在研究立场上，该书主张应摆脱以往惯常的"成员说法"和"外人说法"，认为二者对于客观、深入地认知实验都存在阻力。

> 一个解答可能在于"成员说法"（member's account）和"外人说法"（stranger's account）之间的差别。面对想要去认识的文化，一个全然外在于该文化的外人如何能认识这一文化，确实令人费解。倘若是属于该文化的成员将会有很大的优势；不过，成员若无反省能力，寻求理解的工作也会伴随严重的缺点，其中最主要的或可称为"自明之法"（self-evidence method）。②

所谓"自明之法"，即历史学家认为实验在科学中占据一种普遍公认、不言自明的地位，无须再进行历史地考察。③

该书指出历史学家正确的研究立场应是"扮演外人"，也就是既清楚科学史的演变进程，又对所谓不言自明的规则保持反省。

> 但就实验文化而言，这正是我们该做的事。我们必须扮演外人，而非就是外人，真正的外人是无知的。对于实验实作及其成果想当然尔式的认知，我们希望在仔细思量后先将其悬置。扮演外人，就是希望脱离不证自明。④

---

① 〔美〕史蒂文·夏平、〔美〕西蒙·谢弗：《利维坦与空气泵——霍布斯、玻意耳与实验生活》，第1—2页。
② 〔美〕史蒂文·夏平、〔美〕西蒙·谢弗：《利维坦与空气泵——霍布斯、玻意耳与实验生活》，第3页。
③ 〔美〕史蒂文·夏平、〔美〕西蒙·谢弗：《利维坦与空气泵——霍布斯、玻意耳与实验生活》，第4页。
④ 〔美〕史蒂文·夏平、〔美〕西蒙·谢弗：《利维坦与空气泵——霍布斯、玻意耳与实验生活》，第4页。

于是保持一种"外人角度"的清醒认知，[1] 从而"打破环绕在以实验生产知识之方法的周围那种不证自明的光环"。[2]

　　与以往强调科学与其他领域的差异不同，该书认为科学方法、自然哲学与其他领域存在更多的联系。"我们将放宽对于科学方法内涵常见的评价，并察知自然哲学的方法和其他文化领域中或更广的社会中的实际智识程序如何发生关联。"[3] 相应科学史研究不应将这一领域孤立起来，而应将科学放到其所在的社会情境（social context）之中。"我们用到'社会情境'一词时，也另有所指。我们打算将科学方法作为社会组织的具体化形式（crystallizing form）、作为调节科学社群中之社会互动的方式，加以展现。"[4] 事实上，该书主张知识问题与社会问题并非割裂的，而是内在统一的。

　　　　我们对科学方法之争的探讨，同样是将之当作对于不同的做事方式以及组织人类以达实际目的之不同方式的争论。我们还将指出，知识问题的解决乃镶嵌在对社会秩序问题的实际解决之中，而对于社会秩序问题的不同实际解决办法，又包含了截然不同的对于知识问题的实际解法。[5]

科学知识作为人们普遍认可的"事实"，拥有着最为稳固的地位。

---

① 〔美〕史蒂文·夏平、〔美〕西蒙·谢弗：《利维坦与空气泵——霍布斯、玻意耳与实验生活》，第10—11页。
② 〔美〕史蒂文·夏平、〔美〕西蒙·谢弗：《利维坦与空气泵——霍布斯、玻意耳与实验生活》，第11页。
③ 〔美〕史蒂文·夏平、〔美〕西蒙·谢弗：《利维坦与空气泵——霍布斯、玻意耳与实验生活》，第12页。
④ 〔美〕史蒂文·夏平、〔美〕西蒙·谢弗：《利维坦与空气泵——霍布斯、玻意耳与实验生活》，第12页。
⑤ 〔美〕史蒂文·夏平、〔美〕西蒙·谢弗：《利维坦与空气泵——霍布斯、玻意耳与实验生活》，第13页。

　　我们今天所处的智识世界有项成规，即最稳固的知识莫过于事实。我们可能会修正对事实的诠释，也可能调整其在整体知识地图中的位置；我们所做的理论、假设，我们的形而上体系，都可能抛弃；但事实是无可否认且持久不变的。①

它被界定为是与人为构建的"理论"根本不同的自然产物。

　　没有什么像事实一样如此当然。在一般言语，如同在科学哲学中，事实的稳固和恒定就在于其发生过程没有人的介入。人为介入只制造理论和诠释，因而人为介入也可以取消这些理论和诠释。但事实正被视为"自然之镜"。②

　　但该书通过系统梳理霍布斯与玻意耳关于空气泵的争执、与皇家学会创建的恩怨，指出科学并非一片知识的净土，而是同政治领域一样的社会领域。

　　我们说科学史所盘踞的领域和政治史相同，这个说法有三个意义。首先，科学从事者创造、挑选并维护了一个政体，他们在其中运作，制造智识产物；第二，在该政体中制造出来的智识产物变成了国家政治活动中的一个元素；第三，在科学知识分子占有的政体的性质和更大的政体的性质间，有一种制约性的关系。③

---

① 〔美〕史蒂文·夏平、〔美〕西蒙·谢弗：《利维坦与空气泵——霍布斯、玻意耳与实验生活》，第21页。
② 〔美〕史蒂文·夏平、〔美〕西蒙·谢弗：《利维坦与空气泵——霍布斯、玻意耳与实验生活》，第21页。
③ 〔美〕史蒂文·夏平、〔美〕西蒙·谢弗：《利维坦与空气泵——霍布斯、玻意耳与实验生活》，第316—317页。

玻意耳通过实验方法，发明了空气泵，从而创造出一个"有利益考量的专业者所包揽"的"实验自然哲学研究的特殊空间"。① 这种特殊空间就是后来充作科学研究空间的"实验室"。"随着玻意耳以种种辞令将炼金术士引到公共空间的努力，以及他对私人实作之合法性的攻击，逐渐发展出新的开放性实验室。"② 而科学知识即人们普遍认可的"事实"，正是被科学群体从既具有群体性又具有封闭性的实验室中所创造而来。

　　实验哲学家坚持要求的公共空间，也是集体见证的空间。我们已经说明了见证对于事实之构成的重要性。如果下述两个一般条件可以被满足，见证就被认为有效：一，见证的经验必须是有门路可及的；二，证人必须是可靠的，其证词必须值得信赖。第一个条件打开实验的空间，第二个条件则在限制参与。事实上，我们可以说，结果是一个门路有限的公共空间。③

霍布斯之所以反对建立实验室，是由于他秉持包括科学在内的所有哲学，都不应划界自守，放弃对公共安宁的社会责任。

　　对霍布斯而言，哲学家的活动是不受拘束的：任何一个可以获得知识的文化空间，哲学家都没有理由不应该去。自然哲学家的方法，在关键面向上与政治哲学家的方法相同，两者目的亦无二致：建立并保护公共安宁。霍布斯本人的生

① 〔美〕史蒂文·夏平、〔美〕西蒙·谢弗：《利维坦与空气泵——霍布斯、玻意耳与实验生活》，第317、318页。
② 〔美〕史蒂文·夏平、〔美〕西蒙·谢弗：《利维坦与空气泵——霍布斯、玻意耳与实验生活》，第320页。
③ 〔美〕史蒂文·夏平、〔美〕西蒙·谢弗：《利维坦与空气泵——霍布斯、玻意耳与实验生活》，第320页。

涯就标志着这种概念下的哲学事业。①

而玻意耳却主张将实验研究从社会人事中抽离出来，构建独立的运行规则，拓展出与外界无关的纯粹领域。

> 对玻意耳及其同仁而言，文化的地志却有不同面貌，他们的文化领域是以界石和警告标志清楚标示出来的。最重要的是，要将自然的实验研究明显地抽离"人事"。实验主义者不应"介入""教会和国家"的事务。自然研究和人类事务的研究占有截然不同的空间：不会、也不能将人与物当成同一项哲学事业来处理。通过分界的树立，实验主义者想要为自然哲学家创造一个宁静而道德的空间：遵循分界和范围内的论述成规，兄弟阋墙的"内战"就可以避免。②

而科学群体在实验室这种特殊空间中，只认可并研究可以证实的知识，排斥其他知识，并否认其合理性，从而构建起一套科学知识体系，即所谓的"事实"。

> 对于那些因循成规协议后的社群活动形态，无法动员成为事实的东西，他们不会谈论——因此订立法规，禁止讨论那些不可为人所觉察的事项便极为重要；这类事项若不是确实存在无法反驳（譬如上帝和无形之灵），就是可能不存在的事物（譬如以太）。③

---

① 〔美〕史蒂文·夏平、〔美〕西蒙·谢弗：《利维坦与空气泵——霍布斯、玻意耳与实验生活》，第321页。
② 〔美〕史蒂文·夏平、〔美〕西蒙·谢弗：《利维坦与空气泵——霍布斯、玻意耳与实验生活》，第321页。
③ 〔美〕史蒂文·夏平、〔美〕西蒙·谢弗：《利维坦与空气泵——霍布斯、玻意耳与实验生活》，第321页。

通过创建实验室，玻意耳组建起科学群体，建立起科学规范，推动了科学的独立，获得了成功。"实际上，霍布斯无法否认，实验主义者的确建立了具有某些重要政治特征的社群：这个社群的成员力图避免形而上的谈论及因果的探讨，展示了许多内在和平的特性。"① 但在该书看来，他却放弃了科学的社会责任，因此历史最终证明霍布斯是正确的。

> 但这个社群并非一个哲学家的社会。这样的团体放弃了哲学探究，助长国内的混乱失序。哲学家的任务是确保公共秩序和平；唯有拒绝实验者在自然研究及人与其事务研究两者之间所划定的疆界，方能达成这个目的。②

而在科学群体或哲学群体相处的内部规则上，玻意耳与霍布斯同样秉持着不同立场。前者主张自由主义：

> 据称实验政体由自由人组成，忠实传述所见并真诚相信所见若然。这样的社群，负责任地运用自由，也公开展现了自我规训的能力。这种自由是安全的。即使是社群内部的争议都足以作为模范，其冲突无害而且不会失控。此外，对客观知识的生产和保护而言，这种自由行动被认为不可或缺。干涉其生活形式，就是干扰了知识反映现实的能力。主宰、权威以及武断专权，都会扭曲正当的哲学知识。③

---

① 〔美〕史蒂文·夏平、〔美〕西蒙·谢弗：《利维坦与空气泵——霍布斯、玻意耳与实验生活》，第 321 页。
② 〔美〕史蒂文·夏平、〔美〕西蒙·谢弗：《利维坦与空气泵——霍布斯、玻意耳与实验生活》，第 321—322 页。
③ 〔美〕史蒂文·夏平、〔美〕西蒙·谢弗：《利维坦与空气泵——霍布斯、玻意耳与实验生活》，第 323 页。

后者主张哲学领域应该拥有一个主人：

> 与之相对，霍布斯主张哲学家应当有主人，以促进众哲
> 学家和平相处并制定其活动原则。这种主宰不会损害哲学原
> 真性（authenticity）。毕竟，霍布斯式的生活形式的前提，并
> 非以自由行动、见证以及相信个体的人作为模型。[①]

二者呈现出专制观念与中间路线的分野。

> 霍布斯的人不同于玻意耳的人，差异在于后者拥有自由
> 意志，而该意志在知识的建构上具有一定功能。……霍布斯
> 的哲学真理应由专制政治产生、维系。玻意耳及其同仁则缺
> 乏精确词汇来描述他们尝试建立的政体。他们所用的名词，
> "公民社会"、"权力平衡"、"国家"，在复辟早期几乎都颇受
> 争议。实验社群既不该是暴政也不是民主。它要采取的是
> "中间路线"。[②]

以玻意耳为首的科学社群或实验群体，为维持实验室的生存，努
力适应当时社会的各项需求，从而获得了社会的广泛承认，推动
科学研究的制度化。

> 只要实验空间变成了一个可以讨论、履行并综合多种利
> 益的地方，科学角色便得以制度化，科学社群便得以合法化。
> 早期实验纲领最值得注意的特点，就是支持者强力宣传实验

---

① 〔美〕史蒂文·夏平、〔美〕西蒙·谢弗：《利维坦与空气泵——霍布斯、玻意
耳与实验生活》，第 323 页。
② 〔美〕史蒂文·夏平、〔美〕西蒙·谢弗：《利维坦与空气泵——霍布斯、玻意
耳与实验生活》，第 323 页。

空间的有用之处：他们指出了实验哲学可以为复辟社会解决的问题。①

并在复辟时期英国上下讨论政体模式的时代氛围中，宣扬实验群体可以构成一种理想政体的模型。

复辟时期实验社群想要动员并加以满足的事情还有一项。实验社群可以成功提供一个道德公民的典范，实验社群也可以建构成一个理想政体的模型。早期皇家学会的宣传者强调，在他们的社群中，自由的讨论并不会滋生纷争、恶行或内讧；这个社群以和平为目标，也找到了产生并维持共识的有效方式；是一个没有独断权威、知道如何自我整饬的社群。实验哲学家的目的是向观察其社群的人们展现一个复辟政体的理想反映。这里是一个在专政和激进个人主义两个极端之间组织并维持一个和平社会的可行范例。政治哲学家和政治人物想要构建这样的社会吗？那他们应该来实验室一探其运作方式。②

作为全书最后的结论，该书指出解决科学知识的方式，是如同政治领域一样制定规则；科学知识产生之后并未局限于科学领域，而是渗透到政治领域；而科学本身最后的成功，也是由于获得了社会的广泛支持。相应，科学与社会之间具有内在的联系。

我们将三件事情连起来谈：（一）智识社群的政体；（二）制

① 〔美〕史蒂文·夏平、〔美〕西蒙·谢弗：《利维坦与空气泵——霍布斯、玻意耳与实验生活》，第324页。
② 〔美〕史蒂文·夏平、〔美〕西蒙·谢弗：《利维坦与空气泵——霍布斯、玻意耳与实验生活》，第324—325页。

造知识和捍卫知识之实际问题的解决；（三）更大社会的政体。针对其间的关联，本书举出三项：我们尝试说明（一）知识问题的解决是政治的；解决的前提在于制定规则和成规，约束智识政体中人与人的关系；（二）如此生产出来并鉴定为真的知识，成为更大政体中政治行动的要素之一；不参照智识政体的产物而竟能认识国家内政治行动的性质，绝无可能；（三）可能的生活形式之间，以及其特有的智识产物形式之间的竞争，取决于竞争者是否能成功地渗入其他机构和其他利益团体的活动。结交的盟友最多、与之结盟者也最有力的人，终将胜出。①

由此看来，玻意耳之所以获胜，而霍布斯之所以失败，根源就在于前者与当时的复辟政权在政体观念上是一致的，而后者是不同的。前者从而逐渐发展，成为主流；后者受到压制，逐渐从历史中消失。

> 我们一直想证明，复辟政体和实验科学之共同处乃是某种生活形式。产生适当知识并对所牵涉的实作加以捍卫，关系到某种社会秩序的确立和保护。其他智识实作被贬抑、排斥，是因为它们被判定为不适当，或者会危害复辟时期形成的政体。②

但在 20 世纪晚期，伴随西方世界出现各种危机，各种反思甚嚣尘上，科学知识及其与社会之关系重新遭到审视，玻意耳将科

---

① 〔美〕史蒂文·夏平、〔美〕西蒙·谢弗：《利维坦与空气泵——霍布斯、玻意耳与实验生活》，第 326 页。
② 〔美〕史蒂文·夏平、〔美〕西蒙·谢弗：《利维坦与空气泵——霍布斯、玻意耳与实验生活》，第 326 页。

学知识纯净化的做法开始遭遇反思，霍布斯坚持科学与社会存在内在关联的整体思维方式却再次回归，并带来新的思索。

> 新社会秩序出现的同时，也摒弃了旧有的智识秩序。在二十世纪晚期，已确立的体制再度遭到严厉质疑。我们的科学知识、我们社会的构造、关于社会和知识之关系的传统陈述，都不再被视为理所当然。当人们逐渐认清我们的认知形式有其约定俗成而人为的一面，就可以了解，我们认识的根本是我们自身，而不是实在。知识和国家一样，是人类行为的产物。霍布斯是对的。①

第四节　社会文化中的科学知识

马尔凯《科学与知识社会学》一书，强调从社会文化的角度阐释科学知识的形成。"科学的内容受产生于科学外部的社会和文化因素的影响。"② 在该书中，马尔凯指出以往都将科学知识视为完全客观而理性的：

> 科学被描述为在不断获得确定无疑的事实方面是独一无二的；故只有科学家能够在以一种没有偏见、没有成见和理性的价值观来对自然进行研究时，才能获得这种事实。这些价值观被科学家用这些术语描述，如独立性、情感自律、无

---

① 〔美〕史蒂文·夏平、〔美〕西蒙·谢弗：《利维坦与空气泵——霍布斯、玻意耳与实验生活》，第 327 页。
② 〔英〕迈克尔·马尔凯：《科学与知识社会学》，林聚任等译，东方出版社，2001，第 143 页。

偏见、客观性、批判性态度等等……①

而在一般的认知中，科学规范作为科学知识的积累结果，为科学研究提供了公正而非个人性的普遍规则。

> 科学的规范结构被视为规定了科学家在收集和解释自然界中客观存在的证据的尝试时，应该是公正的、不受约束的、非个人性的、自我批评且虚心的。人们认为对这些规范的明显遵守是普遍存在的，而且这些规范的制度化可以解释作为现代科学共同体的独一无二贡献的可靠知识的快速积累。②

只要养成一种科学精神气质，消除造成曲解的社会根源，人们就可以获得完全客观的"由自己说话"的规律。

> 科学知识被认为是对自然界的一种客观解释。现代科学共同体被认为具有一种精神气质，此精神气质把对成果和有关知识接受的社会影响降至最低限度，从而保证客观知识的累积发展。③
>
> 标准的科学哲学观赞同这样的假设：只要消除造成曲解的某些重要根源，通过系统的观察就会很容易地识别出外部世界的经验性规律。④

而社会学家们对于规范原则的制定，就朝着这一方向在努力。"因此，社会学家们所假定的大多数规范原则被认为对造成曲解的潜

---

① 〔英〕迈克尔·马尔凯：《科学与知识社会学》，第147页。
② 〔英〕迈克尔·马尔凯：《科学与知识社会学》，第84页。
③ 〔英〕迈克尔·马尔凯：《科学与知识社会学》，第126—127页。
④ 〔英〕迈克尔·马尔凯：《科学与知识社会学》，第84页。

在根源的作用降低到了最小程度。"① 在这种观念下，科学知识与社会环境并无关联。"根据这些假定，社会环境和科学成果之间的直接关联是不可想象的。"②

但在马尔凯看来，按照科学知识社会学的观点，科学家不仅无法维护情感中立，而且在科学观察之前就已经预设了理论倾向，甚至一直潜藏着对未经验证的假设的依赖，

> 举情感中立这一原则为例，最近的哲学分析强调，不仅完全的中立性是不可能的，即使在开始最简单的观察工作之前，也必定有一定的理论倾向。而且，当研究者们更深入具体地探究他们选定的现象时，他们更有可能增加对未经验证的假设的依赖性。③

乃至所谓的规范也不过是具有不同学术倾向的科学家的一种信念，

> 同时，按照这一新的哲学观点，规范原则只是从他们所作用于其中的学术背景中获得了某些意义，就是说，其意义部分地来自成员特殊的科学信念。故如何去对待情感中立、无偏见性或无私利性，可能因科学家们的研究技术和解释框架的不同而不同。④

相应会受到社会因素的影响。"因此，在某种还不明确的程度上，这些规范性原则所具有的意义可能会取决于学术倾向，也可能在

---

① 〔英〕迈克尔·马尔凯：《科学与知识社会学》，第 84 页。
② 〔英〕迈克尔·马尔凯：《科学与知识社会学》，第 127 页。
③ 〔英〕迈克尔·马尔凯：《科学与知识社会学》，第 84 页。
④ 〔英〕迈克尔·马尔凯：《科学与知识社会学》，第 84—85 页。

科学界中受社会因素的影响而变化。"① 文化因素的影响尤其当科学研究遇到挫折之时会乘虚而入。

> 一种连接内部和外部的过程的方法可能贯穿在"解释失败"（interpretative failure）的概念之中。换言之，当基本的解释性问题被证明用已有的资源解决它们特别困难时，科学家有可能求助于其他文化领域。在这种情况下，科学家有可能越过他们自己的共同体而求助于其他相对系统的和相平行的分析体系或求助相关的实践传统。②

故而，不仅应将科学视为一种文化资源，由此角度进行阐释，"按照这一思想线索，我们将提出一种对科学的文化资源的解释，这一解释不仅与以上所述的哲学观点相一致，而且也有助于明确地把科学纳入知识社会学的范围内加以分析"，③ 而且应该进一步明确地不再将科学规范界定为科学共同体一起遵守的普遍客观规则，而是不同科学家追求自身行动的意义，并与他人进行磋商，做出相应调整，从而形成的蕴含着主观性的社会词语。

> 看起来，把"社会规范"描述为研究者为了在不同社会背景中求得他们自己的或他人的行动的适当意义而应用的可变通的词汇，要比定义为科学家们普遍遵从的明确的社会责任更为合适。④
>
> 我已提出，把科学规范看做是研究者在获得他们自己的和他们同行的行为的磋商性意义的过程中所使用的词汇更为

---

① 〔英〕迈克尔·马尔凯：《科学与知识社会学》，第 85 页。
② 〔英〕迈克尔·马尔凯：《科学与知识社会学》，第 143 页。
③ 〔英〕迈克尔·马尔凯：《科学与知识社会学》，第 86 页。
④ 〔英〕迈克尔·马尔凯：《科学与知识社会学》，第 94 页。

妥当。因为科学家们能获得多种多样的规范形式，可以用灵活的方式把每一形式应用于个别事例，且总能以不同的方式解释任何既定的行为。研究者接受一种解释而不是其他解释的程度，是社会互动或社会磋商过程的结果；即成员们交换观点且相互之间试图进行说服、劝说和施加影响，在这一过程中，这些观点可以得到修改、摒弃或加强。①

在这一社会互动过程中，不仅科学家个人的主观意志发挥着作用，而且社会文化、技术文化构成了更为深层的背景与土壤。

> 虽然到现在为止对科学中的社会磋商研究不多，但看起来很可能是：它的结果受到诸如成员的利益、其学术和专业倾向、成员对有价值信息和研究条件的控制以及成员要求科学权威性的力量等因素的影响。②
> 科学的社会文化和技术文化两方面看起来都给成员们提供了灵活的符号资源，这些符号资源可以被且已被用于提出相当多样的与共同的研究问题相关的解释观点。科学家所拥有的社会和技术文化，其作用类似于在这一研究领域中共享的背景。③

不仅如此，马尔凯指出不仅社会规范，甚至更为狭隘的技术规范也同样受到社会影响，相应并非完全客观的，而是包含着主观性。"不仅社会规范是因社会而易变的，而且认识/技术规范在任何特定的研究领域中也会有相当不同的解释。"④ 事实上，在马尔

① 〔英〕迈克尔·马尔凯：《科学与知识社会学》，第122页。
② 〔英〕迈克尔·马尔凯：《科学与知识社会学》，第122—123页。
③ 〔英〕迈克尔·马尔凯：《科学与知识社会学》，第101页。
④ 〔英〕迈克尔·马尔凯：《科学与知识社会学》，第123页。

凯看来，社会磋商与知识主张并无区别。"的确，难以去设想在这一方面对技术资源的应用如何不同于社会资源的应用，因为，正如每一案例研究所证明的，在社会意义的磋商与知识主张的评价之间没有明显的区别。"① 社会规范与技术规范在形成过程中紧密地结合在一起。

> 对社会规范形式和技术规范形式这两者，在具体情况下，研究者不得不有选择地加以解释；且两类资源，不管是在非正式互动过程中，还是在对具体的知识主张获得认可而被正式证明的过程中都是紧密地联合在一起的。②

马尔凯甚至由此断言社会规范、技术规范并无二致，都是一种由科学共同体做出的社会解释。"因此，社会资源与技术资源之间的区别不会被认可。认识/技术规范形式只是一类解释性的社会资源。"③ 二者都并非对于自然的客观与确定解释，反而需要依赖社会文化的解释。

> 我认为，对于研究者来说，这两类规则中的任何一种都不具有决定性意义，因此要贯彻实施它们就要求一个持续的文化的再解释过程。……科学知识是通过磋商过程而确立起来的，即在社会互动过程中通过对文化资源的解释而确立的。在这样的磋商中，科学家们使用认识或技术资源；但最终结果还要取决于获得其他类别的社会资源的可能性。那么通过科学磋商所确立的结论就不是对自然界的确定性解释。相反，它们是处于特定文化和社会背景中的具体的行为者群体所认

---

① 〔英〕迈克尔·马尔凯：《科学与知识社会学》，第 123 页。
② 〔英〕迈克尔·马尔凯：《科学与知识社会学》，第 123—124 页。
③ 〔英〕迈克尔·马尔凯：《科学与知识社会学》，第 124 页。

为适当的主张。①

马尔凯由此得出最终的结论，科学知识的本质是一种社会建构。"自然界的本质是社会性地建构起来的。"②

针对"随着实证的科学知识应用范围的扩大，'政治和意识形态'的领域将减少，而且或许会最终消失"的观点，③马尔凯表达了旗帜鲜明的反对立场，指出政治环境会影响科学家的知识主张。"科学家的知识主张会受到他们在一个政治环境中的地位的影响，而且政治环境的因素可被融入科学家关于自然界的观点之中。"④甚至所谓的政治中立，也不过是科学家从自身文化资源中选择出来，从而维护自身集团利益的意识形态。

> ……科学家对政治领域的不断参与决不像人们所认为的那样，标志着政治意识形态的结束。相反，我认为科学家自己声称政治上是中立的本身就是意识形态性的，在这一意义上，它造成了科学家对他们有用的文化资源的选择性运用和解释，以此方式也有利于他们特殊的团体的既得利益。⑤

小　结

无论知识社会学，还是科学社会学，都将科学知识视作不受社会影响的特殊存在。但英国的爱丁堡学派与欧洲大陆的部分科

---

① 〔英〕迈克尔·马尔凯：《科学与知识社会学》，第124页。
② 〔英〕迈克尔·马尔凯：《科学与知识社会学》，第124页。
③ 〔英〕迈克尔·马尔凯：《科学与知识社会学》，第144页。
④ 〔英〕迈克尔·马尔凯：《科学与知识社会学》，第157页。
⑤ 〔英〕迈克尔·马尔凯：《科学与知识社会学》，第157页。

学社会学家尤其是巴黎学派，在 20 世纪 70 年代中期却将库恩关于科学与社会的讨论进一步引向极致，将库恩所倡导的主观性进一步引申到人们一直视为禁脔的科学知识本体，从而挑战了科学知识是独立的客观存在的传统观念，革命地提出了科学知识也是一种社会建构的大胆观念，从而创建了"科学知识社会学"，在科学知识的判定上，完全站在了相对主义乃至非理性主义的立场，进一步实现了外史对内史的吞并。

作为爱丁堡学派的主要代表人物——布鲁尔与巴恩斯，拥有十分鲜明的观点。布鲁尔主张社会学家应站在相对主义的立场之上，揭示科学理论形成过程中所受到的非理性文化因素的影响。所谓科学知识，不过是科学家的个人看法。他主张社会对科学知识的形成具有强烈影响，由此提出了所谓的"强纲领"，主张包括科学知识在内的社会知识，都是一种社会建构。但布鲁尔也反对将所有包括科学知识在内的知识，都视为完全社会性的极端观点。

巴恩斯认为科学属于文化的一部分，感情与传统在科学发展中扮演着十分重要的角色。指导科学家开展工作的理论，受到了社会影响，相应科学知识是一种社会建构。科学家在研究中所提出的思想，取决于他所处的社会地位。理论只不过是人们依托所在的文化，针对未解决的问题而提出的一种解决方案，即所谓的"隐喻"。在科学发展中，虽然实证主义拥有自身的作用，但真正的推动者却是隐喻的扩展与变迁，后者甚至发挥着根本性作用。与之相比，实证主义只不过为隐喻提供了一些有益的建议，因而只扮演了辅助性角色。故而，所有知识由于都是基于某一时刻的社会文化环境，只具有暂时的有效性，并非永恒的真理，而是暂时的理论。科学知识之所以看起来令人信服，是因为人们经历了被教育、训练从而认同的过程，而科学家也会在教育中突出知识的确定性，弱化所存在的问题与非确定性，从而赋予科学知识以权威地位。基于这种立场，巴恩斯对科学家将科学知识与技术扩大到其他领域的"科学主义"的做法，表达了明确的反对。

夏平、谢弗通过考察科学革命时期霍布斯与玻意耳的争论，揭示了近代时期科学致力于独立化并攫取自身利益的过程。在他们看来，科学并非一片知识的净土，而是同政治领域一样的社会领域。玻意耳通过创建实验室，组建起科学群体，建立起科学规范，推动了科学的独立，获得了成功。以玻意耳为首的科学社群或实验群体，为维持实验室的生存，努力适应当时社会的各项需求，从而获得了社会的广泛承认，推动科学研究的制度化，并在复辟时期英国上下讨论政体模式的时代氛围中，宣扬实验群体可以构成一种理想政体的模型。可见，科学知识产生之后并未局限于科学领域，而是渗透到政治领域；而科学本身最后的成功，也是由于获得了社会的广泛支持。相应，科学与社会之间具有内在的联系。

马尔凯认为科学家不仅无法维护情感中立，而且在科学观察之前就已经预设了理论倾向，甚至一直潜藏着对未经验证的假设的依赖，乃至所谓的规范也不过是具有不同学术倾向的科学家的一种信念，相应会受到社会文化的影响。所谓的科学规范，并非科学共同体共同遵守的普遍客观规则，而是不同科学家追求自身行动的意义，并与他人进行磋商，进行相应调整，从而形成的蕴含着主观性的社会词语。相应，科学知识的本质是一种社会建构。科学家不仅会在政治环境中调整知识主张，而且会选取相应的文化资源，维护自身集团的利益。

第十四章
科学理论的社会转译

在科学知识社会学团体中，有一支人类学家的力量，他们把用于未开化人群的人类学研究方法，运用于现代文明社会中的实验室形态，揭示科学知识形成过程的社会逻辑，由此成为科学知识社会学中一个很有特色的支脉。巴黎学派的代表性人物、法国人类学家、任职于巴黎高等矿业学校的布鲁诺·拉图尔与奥地利文化人类学家卡林·诺尔-塞蒂纳是其中的代表性学者。

第一节　科学陈述的竞争

20世纪70年代，拉图尔与英国社会学家史蒂夫·伍尔加把在非洲开展人类学调查的模式，移植到科学知识社会学研究中，深入美国加利福尼亚的萨尔克神经内分泌实验室，与该实验室的研究人员共同生活，近距离地观察了他们从选择课题到开展研究，再到产生影响的全过程，从而在1979年合著了《实验室生活：科学事实的建构过程》一书。

在该书中，他们指出科学与社会密不可分。"在任何时刻，科学的内容和社会背景这两个整体之间的联系都存在着。"① 但以往的科学社会学研究存在很大问题，以致他们发出了"我们不仅不该相信科学家们（这相当容易），而且更不应该相信社会学家们（这较难办）"的感叹，② 因此不仅应该摆脱科学家的既有观念，甚至整个分析模式，从而保持独立审视的立场。

> 我们调查研究的目的是开辟一条不同的途径：走近科学，绕过科学家们的说法去熟悉事实的产生，然后，返回自己的家，用一种不属于分析语言的元语言来分析研究者所做的事。总之，重要的是去做所有人类文化学志学者们所做的事，并把人文科学通常的义务论用于科学：使自己熟悉一个领域，并保持独立和距离。③

为此，在研究科学史时，应该强调疏远而非亲近，"显然，在任何人文科学方法理应解决的这种把亲近和疏远结合起来的过程中，难的不是亲近，而是疏远"，④ 而且应该摆脱原有的科学社会学，从整体上审视科学，创建新的概念体系。

> 只有与科学保持距离，并把科学作为整体来把握，我们才能造就科学社会学。自从人们想接近科学并详细地探讨科学，就必须摆脱社会学通常的概念，并打造另外的、可能显

---

① 〔法〕布鲁诺·拉图尔、〔英〕史蒂夫·伍尔加：《实验室生活：科学事实的建构过程》，张伯霖、刁小英译，东方出版社，2004，第12页。
② 〔法〕布鲁诺·拉图尔、〔英〕史蒂夫·伍尔加：《实验室生活：科学事实的建构过程》，第13页。
③ 〔法〕布鲁诺·拉图尔、〔英〕史蒂夫·伍尔加：《实验室生活：科学事实的建构过程》，第16—17页。
④ 〔法〕布鲁诺·拉图尔、〔英〕史蒂夫·伍尔加：《实验室生活：科学事实的建构过程》，第17页。

得古怪的概念。①

该书并不讳言地从相对主义立场出发，指出科学知识是一种社会建构：

> 一些人认为，把真理看做一种构思或记叙，这是在削弱真理。只是对这些人而言，对相对主义和自我矛盾的非难才是猛烈的。对于只研究这种构思素材和这些记叙本质的我们而言，我们与我们所研究的人是平等的。他们讲述，我们也讲述；他们体验，我们也体验；他们构思，我们也构思。差异发生在以后。②

他们走进实验室后，发现实验室类似于非洲的原始部落，被隔离成一个独立空间。"被选择的实验室被高墙封闭，它深深植根于自己的范式里，它把一切必要的学科聚拢在自己周围，由一位得力的主任掌管，俨然令人误以为是一个教学的场所。"③ 以往对实验室、科学史的研究，只关注实验结果、科学事实、科学家角色，而不关心无序的实验过程、科学理论、科学家内心世界与实际经验。④

第二章"一个人类学家参观实验室"将实验室中科学家发表论文界定为"陈述"，陈述经历了被证明，遭反驳，又重新得到证

---

① 〔法〕布鲁诺·拉图尔、〔英〕史蒂夫·伍尔加：《实验室生活：科学事实的建构过程》，第15页。
② 〔法〕布鲁诺·拉图尔、〔英〕史蒂夫·伍尔加：《实验室生活：科学事实的建构过程》，第21页。
③ 〔法〕布鲁诺·拉图尔、〔英〕史蒂夫·伍尔加：《实验室生活：科学事实的建构过程》，第22页。
④ 〔法〕布鲁诺·拉图尔、〔英〕史蒂夫·伍尔加：《实验室生活：科学事实的建构过程》，第22—24页。

明的反复过程，经历了多次修改，最终被人们接受。在陈述的过程中，采取形象化的比喻，能够使问题更为清晰。在论文的加工过程中，对于不受重视的陈述进行删减；而当陈述被借用、应用和重新应用时，陈述就不再是争论的对象，于是，一个事实就构成了，并融入了科学知识的宝库，被编入大学教科书，或成为一部新仪器的雏形。伴随研究过程的终结，人们不再关心伴随事实的科学家的日常活动，而只是在谈到这些事实时，说它们是优秀科学家的条件反射或是推理逻辑不可分割的一部分。因此，对于科学家即科学事实的发现者而言，最重要的是要说服论文的读者接受他们作为事实的陈述，从而为耗费巨资建立的实验室争取存在的理由，因此他们不过是一些试图说服自己和别人的作家和读者。总之，在作者看来，"实验室是文献记录系统，其目的在于证实，一个陈述就是一个事实"。①

第三章"制造事实：促甲状腺素释放因子〔TRF（H）〕个案"指出由于事实即科学知识一旦获得认可，其产生过程就会被人们遗忘，因此科学史研究者在重新梳理这一过程时，通常是站在终点，回溯起点，而这种做法会造成极大的问题。

> 当事实失去自己全部时间的属性并融入由其他人提出的宏大的知识整体时，事实就被承认为事实。撰写某一事实的历史就会碰到基本的困难：就定义而言，它已脱离了一切被谈到的过去的事物。在引起争论的陈述与最终（或以后）接受它为已确立的事实之间，还有巨大的差异。科学史学家们致力于阐明发生在这两个阶段之间的变化过程，一般都把已确立的事实作为这一变化过程的出发点，并上溯其时间过程。

---

① 〔法〕布鲁诺·拉图尔、〔英〕史蒂夫·伍尔加：《实验室生活：科学事实的建构过程》，第75—76、81页。

但是，进行这样的探讨必然使对情况一筹莫展的评估变得困难重重。在大部分时间里，历史的重建必然忽略把陈述确立为事实所经过的稳定和转化过程；所以，某些科学社会学家曾提出，最好留意一下以历史说明为基础的当代人的争论。①

因此该章以促甲状腺素释放因子的研究为例，讨论了事实产生的过程，指出对于专门研究促甲状腺素释放因子的科学家而言，"这是他整个职业生涯的桂冠。TRF 就是他们的职业生命，是他们享有的声望和他们达到的地位的主要证明"。② 但通过梳理关于促甲状腺素释放因子的研究论文，可以发现对于这一问题的研究，逐渐集中在两个小组上，他们的命名和研究方法有所不同，但都致力于争夺第一名发现者的地位即优先权，甚至指责对方窃取了发现。对于这种争论，科学家保持了一种平衡态度，只关注最终的结果，而对过程并不关心。但后来由于其中一个小组获得了金融机构的资助，其逐渐强势，而另一小组却逐渐退出了竞争，但后者却将自身的失败，渲染上意识形态的色彩，从而反映了社会在科学领域中的影响。后来又有一个小组加入了战团，双方的再次较量引发了投资机构的兴趣，不过研究成果却越来越少，这最终促使投资机构发布了撤资的警告。在这种威胁下，双方接受了一种调停，从而保住了这个领域和经费，而事实也由此形成，发明权被两个小组分享。

第四章"事实的微观社会学"从微观视角，关注实验室中的日常活动，甚至表面看起来最无价值的举动如何影响到事实的社会构建，从而揭示事实的证明过程，以及其中所谓的"思维过程"。该章认为科学家的实践具有特殊性、局部性、不相似性、背

---

① 〔法〕布鲁诺·拉图尔、〔英〕史蒂夫·伍尔加：《实验室生活：科学事实的建构过程》，第81—82页。

② 〔法〕布鲁诺·拉图尔、〔英〕史蒂夫·伍尔加：《实验室生活：科学事实的建构过程》，第87页。

景性和多样性，所谓逻辑只是更为复杂的现象的一部分，事实完全是社会实践的建构物，这种实践是由局部的、心照不宣的协商，不断改变的评估和无意识的或者制度化的行为所构成。①

　　第五章"科学家的可信性"把作为个体的研究人员作为分析的出发点与主要因素，揭示事实的社会建构过程。该章指出专业教育促使科研人员形成了一些规范，从而在潜移默化地影响着他们。但规范只能粗略地勾画实验室要采取的行为的主要倾向，而无法解释选择所要研究的领域等。对于可信性即权威性，功绩所带来的奖励、资料和对前途的追求，构成了科学研究的重要动力。②"可信性的概念使得金钱、数据、权威、资料、需要解决问题的领域、论据和论文之间的转换成为可能。许多科学研究是针对这一循环的特定部分。"③作者将科研人员视为可信性的投资者，由此导致了科学市场网络的形成。

　　　　现在我们假设科研人员是可信性的投资者，由此导致了市场的建立。信息获得了价值，如同我们前面看到的一样，它使得别的科研人员能够生产出信息，而这一信息又可以使投入的资本获得回报。一些投资人为了提高他自己的记录仪的效能，有对信息的需求，而另一部分投资者拥有可提供的信息。供求规则创造了商品的价值，而这一价值又经常根据供和求的上升、科研人员的数量和生产者的设备情况而浮动。在充分考虑到这种市场的浮动性后，科研人员将他们的可信性投入到他们认为最有可能得到回报的地方。对这种浮动的

---

① 〔法〕布鲁诺·拉图尔、〔英〕史蒂夫·伍尔加：《实验室生活：科学事实的建构过程》，第133—134页。
② 〔法〕布鲁诺·拉图尔、〔英〕史蒂夫·伍尔加：《实验室生活：科学事实的建构过程》，第175—189页。
③ 〔法〕布鲁诺·拉图尔、〔英〕史蒂夫·伍尔加：《实验室生活：科学事实的建构过程》，第189页。

评估不仅解释了科研人员为什么追求"感兴趣的问题"、"有利可图的课题"、"好的方法"、"可以信任的同事",同时也解释了为什么科研人员花费时间去变换研究领域、开展新的合作项目、根据情况的变化而抓住或放弃一些假设、用一种方法替代另一种方法。这一切都是为了扩大可信性的循环。[①]

而在科学市场中,并不能简单地将投资与金钱直接画等号。

> 把我们的市场模式核心的特性看成简单的资产对金钱的交换是不确切的。实际上,在事实生产的最初阶段,不可能产生信息与奖励的直接交换,这是因为对科研人员和他们的假设能否成功,人们还无法进行任何鉴别。[②]

事实上,科研人员的投资并非为了金钱,而是为了成就。

> 那么,在我们的科学活动的经济模式中,什么是商品的等价物呢?科研人员极少用纯粹的功绩来分析他们活动的成绩:例如,对工作被表彰的次数他们只有一个模糊的概念,一般来讲,他们并不特别关注奖励的分配,只对功绩和优先权问题比较关心。确实,我们的科研人员拥有比用现金简单地估计回报更巧妙的方法来说明成就。根据成就是否有利于信誉的转化速度以及研究人员在信誉循环中的进展,科研人员对每一项投入的成果进行评价。[③]

---

① 〔法〕布鲁诺·拉图尔、〔英〕史蒂夫·伍尔加:《实验室生活:科学事实的建构过程》,第196—197页。

② 〔法〕布鲁诺·拉图尔、〔英〕史蒂夫·伍尔加:《实验室生活:科学事实的建构过程》,第197页。

③ 〔法〕布鲁诺·拉图尔、〔英〕史蒂夫·伍尔加:《实验室生活:科学事实的建构过程》,第197页。

而这些成就，"像身份，名次，荣誉，委任及社会地位等社会学因素，都是在获取可靠信息、扩大自己的可信性的战斗中常用的资本"。[1]

第六章"从无序创造有序"指出科学研究的过程，是从无序走向有序，在这一过程中，存在一个消除"噪音"的行为。包括噪音在内的信息，是通过对比而凸显的。

> 首先是噪音概念。对布里尤安来说，信息是一种概率关系，一个陈述与人们的期待差距越大，它所包含的信息越多；接下来，对每一个从竞技场引用陈述的科学家来说，都会有一个基本问题：还有多少其他同样可能的陈述？如果人们认为还有许多，那么原陈述将被视为意义不大，人们很难将它与其他的区分开来。如果其他的陈述出现的可能性不大，那么原始陈述将显得突出，被视为奠基性贡献。[2]

科研人员为了取消噪音，可以在陈述时，使用条件语句，迫使他人承认二选一的做法并不合乎情理，由此形成事实。"其他人不再提出异议，陈述就进入了似事实状态。陈述不再是纯想像（主观的）的产物，它已经成了一种'实际客观的东西'，它的存在再也不会受到怀疑。"[3] 这一过程是一个竞争与说服的过程。"建构信息的操作就这样把一组具有同样可能性的陈述变成一组具有不同可能性的陈述。与此同时，这个过程借助说服（竞争）和书写（建

---

[1]　〔法〕布鲁诺·拉图尔、〔英〕史蒂夫·伍尔加：《实验室生活：科学事实的建构过程》，第204页。

[2]　〔法〕布鲁诺·拉图尔、〔英〕史蒂夫·伍尔加：《实验室生活：科学事实的建构过程》，第235页。

[3]　〔法〕布鲁诺·拉图尔、〔英〕史蒂夫·伍尔加：《实验室生活：科学事实的建构过程》，第235—236页。

构）活动提高了信号、噪音比。"① 而提升自身陈述的竞争力，存在压制其他陈述的情况。"怎样把不等引入同样可能的陈述的整体中以便使一个陈述被认为比其他的陈述更具有可能性呢？研究人员最常用的方法就是提高其他人作出选择的成本。"② 而所有已被接受的陈述，都会成为提出异议的阻碍或成本。"所有被接受的陈述，无论以什么理由，都将被物化，以便提高可能提出的异议的成本。"③ 科学活动并非针对"本质"，而是不同陈述之间的战争，由于提出异议成本过于高昂，从而促使既有陈述物化为事实即实在性，被人们广泛接受。

> 被视为必须用非常昂贵的代价才能修改的一组陈述构成了人们所指的实在性。科学活动并非针对"本质"，而是为了建构实在性而进行的一场激烈的战斗。实验室就是这场战斗的场所，总的生产力使这个建构成为可能。每次，当一项陈述被确定，它就会（以机器、记录仪、能力、例行公事、判例、推断及规划等形式）引进实验室并加以利用，以便加大陈述间的差别。对物化了的陈述加以怀疑的成本之高，使对它的指控变为不可能。实在性就这样产生了。④

而实在性作为一种科学秩序，就是由此从无序中创造出来的。"科学的实在性是一个秩序，是从无序中创造出来的，无论代价

---

① 〔法〕布鲁诺·拉图尔、〔英〕史蒂夫·伍尔加：《实验室生活：科学事实的建构过程》，第236页。
② 〔法〕布鲁诺·拉图尔、〔英〕史蒂夫·伍尔加：《实验室生活：科学事实的建构过程》，第236页。
③ 〔法〕布鲁诺·拉图尔、〔英〕史蒂夫·伍尔加：《实验室生活：科学事实的建构过程》，第237页。
④ 〔法〕布鲁诺·拉图尔、〔英〕史蒂夫·伍尔加：《实验室生活：科学事实的建构过程》，第238页。

如何，它抓住每一个与已经被包围了的信号相符合的事物并把它们围住。"① 而维护科学秩序需要付出巨大的代价，这是由于陈述面临着众多的威胁，有重新被噪音淹没而走向无序的可能。

> 分类、采集和封闭的操作都是昂贵的活动，并且极少能获得成功；相对而言，任何情况都可能把陈述重新置于混乱之中。之所以这样，因为一份陈述的存在不仅取决于它本身，还取决于它所在的实验室构成的竞技场（或市场，第五章）。能否努力降低实验噪音，陈述能否从领域内浮出，还是重新被湮没在相关主题的浩瀚文献中，也许它已经是多余的，或许它根本就是错误的。也许它永远不能摆脱噪音。实验室的生产过程似乎又陷入混乱无序：陈述必须得到推动，人们不得不论证它，捍卫它，以免它遭到攻击、忽略和遗忘。②

只有少量陈述由于能够带来巨大的经济效益，而能够轻易地被人们广为接受。

> 只有少量的陈述一下子被其领域中的所有人接受，因为使用它的数据或陈述可以带来巨大的经济效益。人们会说"这些陈述有意义"，或说它"解释了一大堆问题"；再或，能使某一记录仪的背景噪音出现惊人的下降："现在我们可以得到可靠的数据了。"诺贝尔奖也时常隆重光顾如此罕见的事件，例如，事实从背景噪音中崭露出来。③

---

① 〔法〕布鲁诺·拉图尔、〔英〕史蒂夫·伍尔加：《实验室生活：科学事实的建构过程》，第 241 页。
② 〔法〕布鲁诺·拉图尔、〔英〕史蒂夫·伍尔加：《实验室生活：科学事实的建构过程》，第 242 页。
③ 〔法〕布鲁诺·拉图尔、〔英〕史蒂夫·伍尔加：《实验室生活：科学事实的建构过程》，第 242 页。

作为最终结论，该书重申事实并非客观实在，而是一种社会建构。

他们自己也忙于建构描述，把它投入竞争领域，并且赋予他们可信性，以便一旦取胜，他人就可以把这些作为成果和已经确立的事实纳入自己的事实建构中。为了迫使人们放弃已经提出的陈述模态，我们和他们所依据的信誉来源也没有什么不同。惟一的区别是他们有实验室。至于我们，我们有著作，即本著作。在构思说明、虚构人物（如第二章中的观察者）的同时，在提出概念、借助资源、联系社会学论据的同时，我们试图缩小无序的来源，提出似乎比其他陈述更真实的陈述，从而创造出小范围的秩序。但是，这个说明将成为陈述方面有吸引力的一部分。①

第二节　争论的科学与修辞的艺术

1987 年，拉图尔出版了《科学在行动：怎样在社会中跟随科学家和工程师》一书。在该书中，他引入了"黑箱"（black box）的概念，导论的标题便是"打开潘多拉的黑箱"。所谓"黑箱"，被拉图尔用于指代已被普遍接受的真实、准确和有用的科学理论、科学事实和科学仪器。一旦打开黑箱，关于科学理论形成的所有隐秘，都被释放出来。在拉图尔看来，研究科学与技术，不应从它们已经成为理论的终点，研究"既成的科学"，恰当的时间是"闪回"到研究的起点，研究"形成中的科学"。既成的科学与形成中的科学，呈现了完全不同的面貌，

---

① 〔法〕布鲁诺·拉图尔、〔英〕史蒂夫·伍尔加：《实验室生活：科学事实的建构过程》，第 253—254 页。

与已然自得圆满的既成的科学相比，形成中的科学充满了内部歧异。

> 不确定性、工作着的人们、决定、竞争、争论，这就是当一个人从确定的、已经冷却下来的、不成问题的黑箱向其不远的过去闪回所得到的东西。如果你有两幅画面，一幅是关于黑箱的，另一幅是关于悬而未决的争论的，那么，它们将迥然不同。它们的差别正如两面神雅努斯（Janus）的两副面孔，一副生动活泼，另一副则严肃正经。如上图所示，"形成中的科学"（science in the making）在右边，"既成的科学"（all made science）或者"已经形成的科学"（ready made science）在左边。这就是拥有两副面孔的（bifrons）两面神，是在我们旅程的开端向我们致意的第一位人物。①

所以，科学史研究的正确做法，是从形成中的科学而非既成的科学出发，打开理论的黑箱，寻找当时的争论，而非如今的定论，

> 通过在时间和空间中移动，直到找出科学家和工程师们全神贯注的争论主题，打开黑箱这一看似不可能的任务变得切实可行了（如果并不是那么容易的话）。这就是我们必须做出的第一个决定：进入科学和技术的途径应当经过形成中的科学那窄小的后门，而不是经过已形成的科学那宏伟得多的大门。②

---

① 〔法〕布鲁诺·拉图尔：《科学在行动：怎样在社会中跟随科学家和工程师》，刘文旋、郑开译，东方出版社，2005，第6—7页。
② 〔法〕布鲁诺·拉图尔：《科学在行动：怎样在社会中跟随科学家和工程师》，第7页。

从而揭示科学面孔中"我们还不知道的",而不是"我们已经知道的"。① 具体而言,就不是从科学理论出发,揭示其社会背景,"不是把科学的技术方面变成黑箱,然后再为其寻找社会的影响和偏见,在导论中我们已经意识到,在盒子被关闭并变成黑箱之前,它原本是多么素朴和单纯",② 而是跟随科学家的脚步,看他们如何打开一个黑箱,而这正体现了该书书名的立意。

> 我们仅仅只需跟随所有向导中最好的向导,即科学家们自己,到他们关闭一个黑箱和打开另一个黑箱的努力中去。这种相对主义的和批判的立场并不是由我们强加给我们所研究的科学家的;这正是科学家们自己的所作所为,至少就他们正在设法处理的一个极小领域,即技术科学(technoscience)而言,事情正是如此。③

在拉图尔看来,一个科学陈述能否成为理论,取决于争论的结果。"陈述的命运,也即关于该陈述究竟是一个事实还是一个想象的断定,取决于随该陈述而来的一系列争论。"④ 以至于拉图尔发出这样的感慨:"一条陈述的身份取决于后来的其他陈述。一条陈述,根据其后的下一个句子如何处置它,而变得更是一个确定的事实或者更不是一个确定的事实了。"⑤ 拉图尔由此指出科学事

---

① 〔法〕布鲁诺·拉图尔:《科学在行动:怎样在社会中跟随科学家和工程师》,第12页。
② 〔法〕布鲁诺·拉图尔:《科学在行动:怎样在社会中跟随科学家和工程师》,第33页。
③ 〔法〕布鲁诺·拉图尔:《科学在行动:怎样在社会中跟随科学家和工程师》,第33—34页。
④ 〔法〕布鲁诺·拉图尔:《科学在行动:怎样在社会中跟随科学家和工程师》,第44页。
⑤ 〔法〕布鲁诺·拉图尔:《科学在行动:怎样在社会中跟随科学家和工程师》,第44—45页。

实的建构，是科学共同体围绕陈述展开争论的集体结果。"这就是掌握在我们手里、而发生在其他人的陈述身上的事情，也是掌握在其他人手里、而发生在我们的陈述身上的事情。概括地说，事实和机器的建构是一个集体的过程。"① 相应，越接近科学研究的中心地带，越能感受到激烈的争论。

> 当我们接近事实和机器被制造的地方时，我们就进入了争论的中心地带。而且，我们越是接近它们，它们就越是变得有争议。当我们从"日常生活"走向科学活动，从行走在大街上的普通人走向身处实验室的人，从政治见解走向专家意见的时候，我们并不是从喧哗走向宁静，从激情走向理智，从热烈走向冷静。我们是从争论走向更激烈的争论。②

拉图尔将之与国会讨论法律草案的场景相比拟：

> 这就像一个人在阅读了一本法律书籍之后，到法庭上观看陪审团在对立证据的压力之下来回摇摆一样。说得更确切一点，这就像把目光从法律书籍转向当法律还只是一个草案之时的国会一样。的确，吵闹声不是更少、更小了，而是更多、更大了。③

而为了结束这种争论，科学家会采用修辞学的手段，修饰自身的主张，从而说服他人。

① 〔法〕布鲁诺·拉图尔：《科学在行动：怎样在社会中跟随科学家和工程师》，第48页。
② 〔法〕布鲁诺·拉图尔：《科学在行动：怎样在社会中跟随科学家和工程师》，第48页。
③ 〔法〕布鲁诺·拉图尔：《科学在行动：怎样在社会中跟随科学家和工程师》，第48页。

修辞学是这样一门学科的名称，数千年来，这门学科一直在研究人们是如何被导致去相信和行动的，它同时还教导人们如何说服他人。虽然遭到了蔑视，但修辞学是一门相当迷人的学科，而且，当争论剧烈到开始变得具有科学的学术性和需要专门的技术手段时，这门学科甚至还变得相当重要。①

在拉图尔看来，科学也是以多胜少的事业。

"科学的"这个形容词并不属于那些能够凭借某种神秘的本领反对多数意见的孤立的文本。一个文件，当它的主张不再被孤立，当有许多人参与了它的出版并在文本之中被一一指明的时候，它才变成了科学的。当阅读它的时候，反倒是读者变成了被孤立者。②

相应，科学家会在争论中，采取引用地位更高、人数众多的权威科学家的说法，以增强自身主张的说服力。

这种向地位更高和为数更多的盟友求助的举动常被称为来自权威的论证（argmument〔argument〕from authority）。它遭到哲学家们的嘲笑，也遭到科学家们的嘲笑，因为它产生的多半是对持异议者的压制，尽管持异议者"有可能是正确的"。③

---

① 〔法〕布鲁诺·拉图尔：《科学在行动：怎样在社会中跟随科学家和工程师》，第 49 页。
② 〔法〕布鲁诺·拉图尔：《科学在行动：怎样在社会中跟随科学家和工程师》，第 53 页。
③ 〔法〕布鲁诺·拉图尔：《科学在行动：怎样在社会中跟随科学家和工程师》，第 51 页。

在引用权威科学家的说法仍不足以服众的情况下，科学家会提供一个具有众多注释的文本，从而进一步增强说服力。

> 文本所带来的外在的盟友，其数量是对文本力量的很好的暗示。但是还存在着更明确的标志：对其他文件的引证。引证、引文和脚注的有无正是表明一个文件是否严肃的标志，你可以仅仅通过增加或减少引证而把一个事实转变成想象，或者把一个想象转变成事实。[①]

拉图尔用了一个十分形象的比喻，揭示了科学家在撰写文本时是否引证其他科学家的说法，引证数量的多少，对于增强自身阵营、削弱对方阵营所存在的巨大影响。

> 引证在说服力上的效果超过了"声名"或"欺骗"。这又是一个数目问题。一篇没有引证的论文就像一个无人跟随的孩子，深夜孤独地行走在他一无所知的大城市里，他会走失，会碰到任何可能发生的事情。相反，攻击一篇充斥着脚注的论文，这意味着持异议者必须削弱每一篇被它引证的其他论文，或者至少将被威胁着必须这么做。[②]

这使反对者陷入挑战引证的汪洋大海之中。

但同时，大量引证也可能造成反作用，当反对者根据引文进行追溯时，有可能发现文本与注释之间的歧异之处，由此完成反击。

---

① 〔法〕布鲁诺·拉图尔：《科学在行动：怎样在社会中跟随科学家和工程师》，第54页。
② 〔法〕布鲁诺·拉图尔：《科学在行动：怎样在社会中跟随科学家和工程师》，第54页。

然而，如果你的论文碰到了一个勇敢的对手，那么堆积大量引证就并不足以使你变得强大，相反，这倒可能是一个弱点的来源。如果你清楚地指出你依据的是哪些论文，那么对于读者（如果此时还剩下什么读者的话）来说，逐一追溯每一条引证并调查它与你的断言之间的相关程度，这就成为一件可能的事情。而且，如果读者有足够的勇气，那么其结果对于作者来说可能是灾难性的。首先，许多引证可能是错误的引用，或者本身就是错误的；其次，许多被提及的文章可能与作者的断言毫无关系，它们之所以出现在那里仅仅是为了装点门面；最后，还有一些引文，它们之所以出现，其原因可能仅仅在于不论作者主张的是什么，它们总是出现在他的文章里，这是为了标志一种联盟关系，表明作者与哪些科学家群体相一致——这就是那种被叫作例行公事（perfunctory）的引文。但与引证那些明确地与作者论点相反的论文相比，所有这些小毛病都极少威胁到作者的断言。①

为避免这种潜在的风险，科学家可以采取对引证进行限定的做法，从而将引证从并不可靠的盟友，转变为完全的顺从者。

这些文章不是被动地把它们的命运与其他论文联系在一起，相反，它们主动地修正了这些论文的身份。根据自己的利益，它们把这些论文变得更是事实或者更是想象，从而能够用一组部署良好的、顺从的支持者代替一大堆不那么可靠的盟友。所谓引文的语境（context of citation）这种东西向我

---

① 〔法〕布鲁诺·拉图尔：《科学在行动：怎样在社会中跟随科学家和工程师》，第 55—56 页。

们表明的，就是一个文本是怎样对其他文本采取行动，从而使它们更好地支持其断言的。[1]

科学家一方面需要努力增强自身引证的支持力度，另一方面需要攻击持相反意见的引证。"对于一个文本来说，虽然借用那些能对强化某种情势有所帮助的引证是适当的，但是攻击那些能够明确反对其断言的引证同样必要。"[2] 相应，在一个文本中，呈现出肯定、否定综合利用的状态。"在把先前的文献转化为对自己有利这一点上，诸文章还可以走得更远。它们可以把肯定模态和否定模态结合起来。"[3] 在拉图尔的笔下，科学家对待各种类型的引证，如同开展一项政治斗争。

> 不论战术是什么，一般的策略是容易掌握的：对早先的文献做任何你需要让它尽可能地对你将要做出的断言有所助益的事情。规则非常简单：削弱你的敌人，麻痹那些你不能削弱的人，如果盟友遭到攻击，就去帮助他们，确保与那些为你提供不容争议的工具的人保持安全的联系，迫使你的敌人彼此战斗；如果对获胜没有把握，那就保持谦逊和言行谨慎。这的确是一些简单的规则：最古老的政治学规则。[4]

面对如此的精心谋划，读者只能毫无抵抗地接受。

---

[1] 〔法〕布鲁诺·拉图尔：《科学在行动：怎样在社会中跟随科学家和工程师》，第57页。

[2] 〔法〕布鲁诺·拉图尔：《科学在行动：怎样在社会中跟随科学家和工程师》，第59页。

[3] 〔法〕布鲁诺·拉图尔：《科学在行动：怎样在社会中跟随科学家和工程师》，第60页。

[4] 〔法〕布鲁诺·拉图尔：《科学在行动：怎样在社会中跟随科学家和工程师》，第61—62页。

这种文献对文本的需要的适应，其结果对于读者来说是打击性的。他们不仅受到了纯粹来自引证的数量的压力，更糟的是，所有这些引证都被指向特定的目标、被为着一个目的组织起来：为断言提供支持。读者不得不抵抗一大堆杂乱无章的引文，而抵抗一篇已经小心翼翼地修改了所有为它所用的文章的身份的论文，这就更加困难了。[①]

第三节　科学事实的主观认定

文本或论文并不能因此而彻底高枕无忧，"说服读者的目标不是自动达到的，即使作者拥有很高的名望，部署了很好的引证，而且相反的证据也都被巧妙地剥夺了作为证据的资格"，[②] 这是因为它还将面对后来论文的不断挑战。

> 一篇论文，无论它对先前的文献做了什么，后来的文献同样也会对它那么做。前面我们看到，一条陈述并不是靠它自己，而是靠后来其他语句对它的所作所为而成为一个事实或者成为一个想象的。[③]

相应，一篇论文或者陈述，必须要获得后来文本的不断支持，才能长期坚持下去，转化为理论或事实。

---

① 〔法〕布鲁诺·拉图尔：《科学在行动：怎样在社会中跟随科学家和工程师》，第62页。
② 〔法〕布鲁诺·拉图尔：《科学在行动：怎样在社会中跟随科学家和工程师》，第63页。
③ 〔法〕布鲁诺·拉图尔：《科学在行动：怎样在社会中跟随科学家和工程师》，第63页。

为了能够存活下去或者被转变成事实，一条陈述需要下一代……论文的支持。打个比方说，陈述——按照第一条原理——很像基因，如果它们不设法把自己传递到后来者的身体里，它们便不能继续存活。[①]

因此，如果想要了解形成中的科学的争论真相，就不能只研究第一篇论文及其引证，还要研究后来关于这篇论文的其他论文。

现在，我们明白了一个成长着的争论意味着什么。如果我们希望继续对争论进行研究，我们就不能只是简单地阅读某一篇论文和那些可能被它引证的文章；我们必定还要阅读所有那些把第一篇论文中的每一项工作朝向事实或者想象状态转变的其他文章。[②]

而这将会揭示出规模越来越大、内涵越来越复杂的争论图景。

争论膨胀了。越来越多的论文卷入了混战，其中每一篇论文都决定着所有其他（事实、想象、技术性细节）的位置，但是谁也不能无需其他论文的帮助而把这些位置固定下来。因此，在讨论的每一个阶段都需要越来越多的论文，而它们又进一步激起了越来越多的论文，混乱则相应地以同等的程度增加了。[③]

---

① 〔法〕布鲁诺·拉图尔：《科学在行动：怎样在社会中跟随科学家和工程师》，第 63 页。
② 〔法〕布鲁诺·拉图尔：《科学在行动：怎样在社会中跟随科学家和工程师》，第 64—65 页。
③ 〔法〕布鲁诺·拉图尔：《科学在行动：怎样在社会中跟随科学家和工程师》，第 65 页。

而在这种图景中，存在着论文被错误引用的普遍情况。

> 然而，还有一种比遭到其他文章批评更坏的事情，那就是被错误地引用。如果引文的语境正是我描述的那种样子，那么这种不幸肯定是屡见不鲜的。由于每一篇文章都改编了以前的文献以便适合自己的需要，因此所有的变形都是公正的。一篇特定的论文可以被其他论文为了完全不同的、在某种意义上与它本身的兴趣相去甚远的理由引用。它可以不经阅读就被引用，这是例行公事；或者可以用它支持一个其作者正好打算反对的主张。而之所以可能如此，或者是由于技术细节过于微小，以致逃过了其作者的注意，或者是因为意图虽然属于作者，但没有在文本中明确地表达出来，或者由于许多其他的理由。我们不能说这些变形是不公正的，每一篇论文都应当被诚实地、如其所是地阅读。[1]

但对于论文而言，遭受批评或者被错误引用，并非最为不利的情况，最坏的结果是被彻底遗忘，从而无论曾经多么成功，但最终仍然无法成为事实。

> 他们设想所有的科学文章都是平等的，就像士兵那样排成一列，以便被一个一个地仔细检查。然而，绝大多数论文根本就没有被阅读过。一篇论文，不论它对以前的文献做了什么，假如没有其他论文对它做任何事情，那它就像从来不曾存在一样。你可能写出一篇论文一劳永逸地解决了一个激烈的争论，但它如果遭到了读者的忽视，它就不能被转变成

---

① 〔法〕布鲁诺·拉图尔：《科学在行动：怎样在社会中跟随科学家和工程师》，第 65—66 页。

一个事实；它就是不能而已。你可以抗议这种不公正，可以在内心珍视对自己的正确性的确信；但是这种确信永远不会走出你的内心半步，没有别人的帮助，你将永远不会在"确信"这个问题上走得更远。事实的建构是一个集体过程，以致任何一个孤立的个人所建立的只能是梦想、断言和感觉，而不是事实。[①]

而最终成功的论文，是被后来的论文以不加限定的方式反复引用，理论或黑箱由此产生。

> 每当由某篇文章做出的一条断言被大量其他文章以不加任何限定的方式反复借用的时候，我们都能看到这种事情的发生。这意味着该文章对先前的文献所做的任何事情都被其后来的借用者变成了事实。至少在这一点上，讨论结束了。一个黑箱已经被生产了出来。[②]

由此角度出发，拉图尔指出科学事实的形成，并不源于自身，而是源于科学共同体的主观认定。

> 这种事件并未使它与想象有什么本质的不同。一个事实正是从争论的中心地带被集体地固定下来的东西，因为后来论文的活动不仅构成了批评和变形，而且也构成了证实和确认。原始陈述的力量不在于它本身，而是从任何把它与自己

① 〔法〕布鲁诺·拉图尔：《科学在行动：怎样在社会中跟随科学家和工程师》，第66—67页。
② 〔法〕布鲁诺·拉图尔：《科学在行动：怎样在社会中跟随科学家和工程师》，第67页。

结为一体的其他论文那里得到的。①

这种认定表面看起来是科学共同体的理性公认，其实内在隐含着压力与胁迫。

> 从原则上说，这些论文中的任何一篇都可能拒绝它。……但是为了这样做，持异议者将要面对的不是一篇论文中的一个断言，而是被与数百篇论文结为一体的同一个断言。从原则上说这并非不可能，只是在实践之中情况相差甚远罢了。②

但耐人寻味的是，被接受的科学事实或陈述，同样会遭到因袭的反噬。

> 为一篇特定的文章增添力量的每一篇论文，它们的这种活动并不是由任何批评——因为在这种情况下并不存在批评——显现出来的，而是由原始陈述所遭受的侵蚀（erosion）显现出来的。一个陈述，即使在被后来的大量文本持续不断地相信、并被当做理所当然的事实借用这种极其罕见的情况下，也并不是始终如一、保持不变的。人们越是相信它，把它当做一个黑箱使用，它就越是遭受转变。这些转变之中的第一种是一种极端的因袭。③

---

① 〔法〕布鲁诺·拉图尔：《科学在行动：怎样在社会中跟随科学家和工程师》，第68页。
② 〔法〕布鲁诺·拉图尔：《科学在行动：怎样在社会中跟随科学家和工程师》，第68页。
③ 〔法〕布鲁诺·拉图尔：《科学在行动：怎样在社会中跟随科学家和工程师》，第69页。

即陈述越被当作常识，反而越来越被认为不必引用。"可以说，被接受了的陈述正是被那些接受了它的人侵蚀和磨光了。……那它将变得如此众多周知，以至于甚至都没有必要再去谈论它。到那个时候，原始发现已经变成了不言而喻的知识（tacit knowledge）。"①

　　总而言之，在拉图尔看来，不同的陈述，拥有着争论、遗忘、冲突、隐匿等不同但悲剧的命运。

　　现在，我们开始对科学文献或技术文献的读者被逐渐引入的那种世界有所理解了。怀疑苏联导弹的准确性——（1），怀疑沙利关于 GHRH 的发现——（5），怀疑制造燃料电池的最佳方法——（8），这在最初是容易的工作。然而，如果争论继续下去，越来越多的因素被求助引入，这就不再是简单的口头挑战了。我们从某几个人之间的交谈走向很快便为自己构筑了防御工事的文本，它们通过吸收大量其他盟友来抵挡反对。这些盟友中的每一个，其本身也都对大量卷入争论的其他文本使用了许多不同的战术。一篇论文如果无人使用便永远消失了，不论它做了什么、花了多大代价。如果一篇文章声称它永远、彻底地结束了争论，它就会立即被肢解，被以完全不同的理由引用，从而给骚乱增添一个极其空洞的断言。与此同时，数以百计的概要、报告和标语加入冲突，使局面更加混乱，而那些长篇评论文章则极力想给争论注入某种秩序，尽管它们常常只不过是事与愿违地火上浇油而已。有时候，极少数稳定的陈述被大量论文翻来覆去地借用，但即使是在这种罕见的情况下，陈述也被慢慢地侵蚀得失去了原样，被节略、压缩成了越来越异质的陈述；它变得如此熟

---

① 〔法〕布鲁诺·拉图尔：《科学在行动：怎样在社会中跟随科学家和工程师》，第 70 页。

悉和常规化，以致成了习惯性实践的一部分，从而消失到了人们的注意力之外。[①]

而如果想超越于此，那将是一件极其困难的事情，面对这一艰巨的挑战，绝大多数人知难而退了。

这就是一个想持异议并对争论有所贡献的人将要面对的世界。他或她正在阅读的论文已经把自己牢牢地留存在这个世界里了。为了被阅读、被相信，为了避免被误解、被摧毁、被肢解和被忽视，它必须做些什么呢？它怎么才能确保自己被别人使用，被当做理所当然的事实与后来的陈述结为一体，被引用、被记住并出现在别人的致谢辞里呢？这就是一篇新的技术论文的作者们必须探寻的事情。他们已经被激烈的争论引导着阅读了越来越多的文章。现在，他们必须写作一篇新的论文以便止息争论，而不管他们从哪一个题目（MX 事务，GHRH 谬误，燃料电池的惨败）开始。不用说，到现在为止，绝大多数持异议者将不得不放弃。向朋友求助，安置大量引证，对所有这些被引用了的文章采取行动，对这个战场进行显而易见的部署，这些已经足以迫使或者强制绝大多数人退出争论了。[②]

而这就是科学共同体通过修辞的艺术，孤立后来者所最终要达到的效果。

---

① 〔法〕布鲁诺·拉图尔：《科学在行动：怎样在社会中跟随科学家和工程师》，第 71—72 页。
② 〔法〕布鲁诺·拉图尔：《科学在行动：怎样在社会中跟随科学家和工程师》，第 72 页。

　　我并不是说，因为文献太技术化了，因此它才推开了人们；正相反，我们感到，从技术和科学上说，通过引入大量资源而使读者遭到孤立，这对于文献来说是极为必要的。……修辞的力量就在于使持异议者感到孤单。这的确是发生在我们这些"普通人"（或者普通女人）——我们阅读成堆的关于争论的报告，并如此单纯地将其作为我们的开端——身上的事情。[①]

第四节　无可遁逃的读者

　　在拉图尔看来，一篇成功的论文不仅应拥有大量被巧妙利用的引证，还应具有大量的技术性细节。科学家撰写论文时，堆积大量的技术性细节，是为了更好地保护自己、应对挑战。

　　　　而作为技术性细节出现的堆积过程并非毫无意义，因为正是它使得对手更加难以发起攻击。作者保护了他或她的文本以抵抗读者的力量。一篇科学文章变得更难阅读了，就像一个堡垒被隐蔽起来并被加固了一样——不是为了娱乐，而是为了免遭洗劫。[②]

这些技术性细节由多种形式组成，共同构成了论文的层积化现象，形成了一个复杂而深度的结构，从而组成一个迷宫，完全笼罩了读者。

---

① 〔法〕布鲁诺·拉图尔：《科学在行动：怎样在社会中跟随科学家和工程师》，第72—73页。
② 〔法〕布鲁诺·拉图尔：《科学在行动：怎样在社会中跟随科学家和工程师》，第76页。

461

　　　　一篇用散文写成的通常文本与一篇技术性文件之间的区别在于后者的层积化（stratification）。文本是被分层组织的。每一个断言都被文本以外或文本以内的引证打断而转向其他部分，转向图示、柱形物、表格、图例、曲线图，等等。……在这样一个层积化的文本里，曾经一度对阅读该文本兴味盎然的读者，自由得就像一头迷宫中的老鼠一般。①

　　　　通过层积化，这些文章给予读者一种视觉深度（depth of vision）；那么多层次相互支持，从而造成了一个丛林，某种你不费九牛二虎之力便不能突破的东西。甚至当文本后来被同行们变成了一个赝象的时候，这种感觉也会出现。②

如果没有实现层积化，那么论文将十分虚弱而容易遭受攻击。

　　　　直线式的散文转变为由一系列防线构成的交迭的阵列，这是一篇文本已经变得学术化的最确定的标志。我曾经说过，一篇没有引证的文本是赤裸裸的和易受攻击的。但是，即使有引证，只要文本没有被层积化，它也还是虚弱的。③

除了引证与技术性细节以外，论文为加强对自身的保护，还应充分观照到读者的立场，针对预设的读者或"理想读者"，采取语言修辞的方式，以确保能够吸引并促使读者获得正确的理解。"为了保护自己免受伤害，文本必须说明它应当被谁、被以怎样的

---

① 〔法〕布鲁诺·拉图尔：《科学在行动：怎样在社会中跟随科学家和工程师》，第79页。

② 〔法〕布鲁诺·拉图尔：《科学在行动：怎样在社会中跟随科学家和工程师》，第80页。

③ 〔法〕布鲁诺·拉图尔：《科学在行动：怎样在社会中跟随科学家和工程师》，第79页。

方式阅读。可以说，它是带着它自己的用户注意事项或图例一起来的。"[①] 而同时，科学家也应预想到所可能遭受的反对意见，从而在论文中竭力消除这种隐患。"由于这个步骤，文本被小心谨慎地校准了方向；它预先耗尽了所有潜在的反对意见，因而有可能成功地使读者哑口无言，因为除了把陈述当做事实接受下来以外，它什么也做不了。"[②] 通过语言修辞，科学家努力将自己从主观而生动的形象抽象化为纯粹的客观角色，"通过给文章增加更多的符号学角色和更多的'它的'，有血有肉的作者变成了纸上的作者"，[③] 从而使读者由于难以捉摸作者，进一步保护论文。"作者的形象非常重要，因为它提供了读者的假想的对手；它能够控制读者应当怎样阅读、怎样反应和怎样相信。"[④]

面对如此的机关算尽，尽管绝大多数人会被挑战科学陈述的艰巨性吓退，但仍有极少数人坚持孤独而顽强的抗争。

> 尽管绝大多数人将不得不被文本所调用的外在盟友赶走，伽利略仍然是正确的，因为仍然可能有极少数人并不甘心放弃。他们可能死守自己的立场而不被刊物的名称、作者的姓名或者被引证的数量压倒。他们将阅读文章并继续对它们进行争论。[⑤]

---

① 〔法〕布鲁诺·拉图尔：《科学在行动：怎样在社会中跟随科学家和工程师》，第85页。
② 〔法〕布鲁诺·拉图尔：《科学在行动：怎样在社会中跟随科学家和工程师》，第86页。
③ 〔法〕布鲁诺·拉图尔：《科学在行动：怎样在社会中跟随科学家和工程师》，第88页。
④ 〔法〕布鲁诺·拉图尔：《科学在行动：怎样在社会中跟随科学家和工程师》，第89页。
⑤ 〔法〕布鲁诺·拉图尔：《科学在行动：怎样在社会中跟随科学家和工程师》，第73页。

这源于读者是有血有肉的现实中的人，可能完全无视既有的科学规范。

> 不论作者能聚集到多少引证，不论它能把多少资源、多少仪器和多少图像调集到一个地方，不论它的队伍被部署和训练得多么好，不论它对读者的行为预期得多么精明、关于自己又表达得多么精妙，不论它多么机敏地选择了应当被坚持和应当被放弃的立场，尽管有着所有这些策略，真实的读者，即有着血肉之躯的读者，那些"他"或"她"，还是能够得出不同的结论。读者是一些不能对其施以信任的人，他们顽固且难以预料，即使是剩下的五六个打算把论文从头到尾读下来的读者也是一样。这些读者即使遭到了你所有盟友的孤立、包围和攻击，他们仍然能够死里逃生……①

为彻底消灭仅存的潜在反抗者，科学家应该对这一群体进行操控，即"精明的控制"。

> 如果读者被允许四处游荡，那么技术性文献堆积起来的全部数目都是不够的。因此，反对者的所有行动都应当被控制起来，从而使他们与规模巨大的数目遭遇并被击败。我把这种对反对者行动的精明的控制称为操控（captation）［或者用过去修辞学中的"抓住"（captation）这个词来表达］。②

为做到这一点，科学家应给予读者一定的自由，从而使其更为心

---

① 〔法〕布鲁诺·拉图尔：《科学在行动：怎样在社会中跟随科学家和工程师》，第93页。

② 〔法〕布鲁诺·拉图尔：《科学在行动：怎样在社会中跟随科学家和工程师》，第93—94页。

甘情愿地接受自己的主张。

> 要记住，作者需要读者积极主动地把他们的断言转变成事实。如果读者遇到搪塞，他们将不会把断言接受下来；但是如果他们被给予对断言进行讨论的自由，它（断言）就会被深深地改变。①

但这个自由是被科学家严格限定，引向自身主张的唯一缝隙。

> 那就是仔细堆叠更多的黑箱，堆叠更不容易被争论的论据。………你不得不做的事情就是保证读者总是能够自由地流动，然而却是在一条足够深的沟堑里！………降低困难的惟一办法是把所有其他可能的渠道都筑坝堵死。不管读者处在文本的什么地方，他或她都面临更难以争论的仪器、更难以怀疑的图示、更难以辩驳的引证，以及被堆叠起来的黑箱的阵列。就像流动在一条人造渠岸间的河流一样，他或她从引言一路流到了结论。②

通过这一步骤，科学家在消灭异议的道路上已经走到了极限。

> 写作者将设法把文章的命运与那些异常坚固的事实的命运联系在一起。当通常的持异议者面对的不再是作者的意见，而是千千万万的人已经思索和断定了的事情时，实践中的界限就达到了。争论终于有了一个终点。这并非一个自然的终

---

① 〔法〕布鲁诺·拉图尔：《科学在行动：怎样在社会中跟随科学家和工程师》，第94页。
② 〔法〕布鲁诺·拉图尔：《科学在行动：怎样在社会中跟随科学家和工程师》，第94—96页。

局，而是精心安排的结果……①

在回顾了科学陈述确立的完整过程之后，拉图尔再次重申科学陈述是科学并非凭借自身，而是由科学共同体主观认定的观点。"这条规则要求我们不要寻找任何给定陈述的内在性质，而要代之以寻找它在后来其他人手里所经历的全部转变。"②修辞学在科学陈述的形成过程中扮演了关键角色，而这是科学家所努力掩盖的事实。

> 当伽利略试图通过以众多的人数为一方，以一个"碰巧发现了真理"的"普通人"为另一方而把修辞学和科学对立起来的时候，他犯了一个极大的错误。我们自始至终所看到的都表明了恰恰相反的事情。任何从某个争论出发的普通人都以面对大量的资源而告终，不是2000，而是数万。这样，在遭到如此藐视的修辞学和受到如此尊敬的科学之间究竟有什么区别呢？修辞学之所以一直遭到藐视，是因为它为了维护一个论点而不惜调集诸如激情、风格、情绪、兴趣和律师的把戏等诸如此类的外在的盟友。自从亚里士多德的时代以来它就一直遭人厌恨，因为推理的一般途径总是被随便哪个擅用激情和风格的智者不正当地加以歪曲或颠倒。③

① 〔法〕布鲁诺·拉图尔：《科学在行动：怎样在社会中跟随科学家和工程师》，第97页。

② 〔法〕布鲁诺·拉图尔：《科学在行动：怎样在社会中跟随科学家和工程师》，第97页。

③ 〔法〕布鲁诺·拉图尔：《科学在行动：怎样在社会中跟随科学家和工程师》，第100页。

第五节　不平等的实验室

拉图尔指出当科学家无法通过文本说服读者时，他并不是将读者带到自然界，而是带到产生文本的实验室，进行亲自示范。

> 当我们怀疑一个科学文本的时候，我们并不是从文献世界走向自然本身（Nature as it is）。自然并非直接处于科学文章之下，它最多只是间接地在那儿。从论文来到实验室是从一组修辞学资源的阵列来到一组新的资源，这组资源被进行了这样的设计，从而能够向文献提供最强大的工具：可见显示（visual display）。从论文走向实验室，只不过是从文献走向获得这一文献（或者是它最有价值的部分）的盘旋的道路而已。①

但读者由于并不拥有科学家所拥有的庞大实验室资源，因此与科学家的关系并非平等的，如果反抗，将付出高昂代价。

> 如果你向怀疑前进一步，靠近了事实被制造的地方，仪器就变成了可见之物，而且，由于它们的缘故，继续讨论的代价也随之增长。看起来，争论的代价是高昂的。对事物拥有看法的公民们的平等世界变成了一个不平等的世界，在这里，如果没有能够使相关记录聚合在一起的大量资源积累，持有异议或者表示赞成都是不可能的。②

---

① 〔法〕布鲁诺·拉图尔：《科学在行动：怎样在社会中跟随科学家和工程师》，第112页。
② 〔法〕布鲁诺·拉图尔：《科学在行动：怎样在社会中跟随科学家和工程师》，第116页。

那就必须建立一个更好的实验室。

> 持异议者不能比作者做得更少。他们必须聚集更多力量，以便把代言人与其断言之间的联系拆开。这就是为什么所有的实验室都是反实验室（counter-laboratories）的原因，正如所有的技术性文章都是反文章（counter-articles）一样。因此，持异议者并不是简单地必须得到一个实验室，他们必须得到一个更好的实验室。这就使需要付出的代价更加高昂，需要面对的情形也更加非同寻常了。
>
> 获得一个更好的实验室，那就是说，获得一个生产更少争议的断言、允许持异议者（现在是这个实验室的头儿）持不同意见并能够得到信任的实验室。①

如果不能实现这一点，读者只能眼睁睁地看着科学家展示陈述的产生过程，而后者借此完全消除了所有的反抗，完成了对科学陈述的确定。"事物直接给我们留下了关于它自己的印记。毫无疑问，一旦这样的情形被确立起来（这又是一种极为罕见的情况），争论就被最终解决了。持异议者变成了一个信徒。"② 如果新的实验室无法装备更多的黑箱，那就与旧实验室处于长期的僵持状态，而无法形成突破，诞生新的陈述。

> 科学家……之间把其他人的断言转变成主观意见的竞争导致了昂贵的实验室，这些实验室装备着越来越多的被尽可能早地引入辩论的黑箱。然而，如果仅仅调动已经存在的黑

---

① 〔法〕布鲁诺·拉图尔：《科学在行动：怎样在社会中跟随科学家和工程师》，第133页。
② 〔法〕布鲁诺·拉图尔：《科学在行动：怎样在社会中跟随科学家和工程师》，第117页。

箱，这个游戏很快就会结束。用不了多久，持异议者和作者——所有的事情都保持对等——就会取得相同的装备，把他们的断言与同样更坚硬、更冰冷、更成熟的事实联系起来，从而谁也不能取得对另一方的优势。他们的断言因此将处于一种过渡状态，处于事实和赝象、客观和主观的中间阶段。[1]

突破点在于增加自身的黑箱或减少对方的黑箱，从而造成双方力量对比产生转变。"打破这种僵局的惟一办法是找到新的、意料之外的资源，或者更简单：迫使对手的盟友转换营地（change camp）。"[2] 并在此基础上，创造出"新客体"（new object），[3] 并进一步将之运用于随后的实验之中，使其转变为"老客体"，从而赋予客体一种普遍性，"他或她必须能够把新客体转化成所谓的老客体（old objects），并把它们反馈（feed back）到他或她的实验室里"，[4] 成为一种所谓客观的"实在"（reality），"如果在一种特定的情境中，没有任何持异议者有能力修改一个新客体的形象，那么这就是实在，这个新客体就是实在，至少在力量的考验没有改变以前，它就是实在"，[5] 最终成为所谓"自然"的一部分。

那么多资源被持异议者调集在最后两部分，以便支持其中的断言，以至我们必须承认抵制将是徒劳的：断言应当是

---

[1] 〔法〕布鲁诺·拉图尔：《科学在行动：怎样在社会中跟随科学家和工程师》，第138页。

[2] 〔法〕布鲁诺·拉图尔：《科学在行动：怎样在社会中跟随科学家和工程师》，第138—139页。

[3] 〔法〕布鲁诺·拉图尔：《科学在行动：怎样在社会中跟随科学家和工程师》，第145页。

[4] 〔法〕布鲁诺·拉图尔：《科学在行动：怎样在社会中跟随科学家和工程师》，第152页。

[5] 〔法〕布鲁诺·拉图尔：《科学在行动：怎样在社会中跟随科学家和工程师》，第156—157页。

真实的（true）。争论停止之日也就是我写下"真实"这个词语之时。一个新的、令人望而生畏的盟友突然出现在胜利者的营地上，这个盟友直到此刻才为人所见，但其举止就好像它从来都在这里一样，那就是自然（Nature）。①

这就是人们经常讨论的文本、实验背后的自然与客体。② 相应，自然是科学家们争论的最终结果，而非争论过程中支持某一方的证据。"由于一个争论的解决是自然的表征（Nature's representation）的原因而不是结果，因此，我们永远不能用产物，即自然，来解释一个争论是如何解决和为什么被解决的。"③

第六节　社会的整体转译

科学陈述获得确立之后，接下来所面临的任务就是长期发挥影响。为此，该科学家需要从正反两个方面，团结、控制其他的科学家，避免自身陈述沦于遗忘的命运。"为了摆脱这种困境，我们需要同时做两件事：吸收他人（enrol others）的参与，从而使他们加入事实的建构；控制他们的行为，以便使他们的行动可以预测。"④ 而其他科学家对于该科学陈述所发挥的作用，在于"转译"（translation）。"我用转译表示的意思是，它是由事实建构者给出的、关于他们自己的兴趣（interests）和他们所吸收的人的兴

① 〔法〕布鲁诺·拉图尔：《科学在行动：怎样在社会中跟随科学家和工程师》，第 157 页。
② 〔法〕布鲁诺·拉图尔：《科学在行动：怎样在社会中跟随科学家和工程师》，第 157 页。
③ 〔法〕布鲁诺·拉图尔：《科学在行动：怎样在社会中跟随科学家和工程师》，第 166 页。
④ 〔法〕布鲁诺·拉图尔：《科学在行动：怎样在社会中跟随科学家和工程师》，第 184 页。

趣的解释。"①

为了吸引转译者，可以采取以下五种途径：第一，投其所好。

转译一：我想要的正是你想要的。我们需要别人帮助我们把一个断言转变成事实。找到将立即相信某条陈述、马上为项目投资或购买模型机的人，第一个、也是最容易的办法就是以迎合这些人的明确的兴趣（explicit interests）的方式裁剪客体。②

第二，说服他人。

转译二：我想要它，你为什么不？要是那些被调动起来帮助我们建构断言的人跟着我们走，而不是选择周围其他的道路，那就太好了。这的确是一个好主意。但是，地球上好像并不存在这样的理由，能够解释为什么人们应当离开他们自己的道路而跟你走，特别是，当你又弱又小而他们却非常强大时。事实上，这样的理由只有一个，那就是：在他们通常的道路被切断或者被堵塞了的时候。③

第三，提供捷径。

转译三：如果你稍微迂回一下……由于第二条策略只有很小的可能性，因此需要设计一个更为有力的策略，它

---

① 〔法〕布鲁诺·拉图尔：《科学在行动：怎样在社会中跟随科学家和工程师》，第184页。
② 〔法〕布鲁诺·拉图尔：《科学在行动：怎样在社会中跟随科学家和工程师》，第185页。
③ 〔法〕布鲁诺·拉图尔：《科学在行动：怎样在社会中跟随科学家和工程师》，第189页。

就像蛇对夏娃的建议一样不可抗拒："你不可能直接达到你的目标，但是如果你按我说的做，你就会更迅速地达到你的目标，而这将是一条捷径。"在这个对他人兴趣的新的转译办法中，竞争者并不试图把人们从他们的目标上引开。他们只是试图给他们指出一条捷径。如果能够满足以下三个条件，那么这是很有吸引力的：主要的道路显然被切断了；新的迂回道路上布置着很好的路标；这段迂回看起来似乎并不长。①

第四，调整方向。

转译四：重组兴趣和目标。需要有第四个策略来克服第三个策略的缺陷：（a）迂回的长度应当不可能由那些被招募的人来评判；（b）即使别人的通常道路没有被明显切断，也应当有可能把他们吸收进来；（c）应当不可能作出这样的断定，即谁是被招募者，而谁是进行招募的人；（d）尽管如此，事实建构者应当仍然是惟一的驱动性力量。②

第五，变得不可或缺。

在罗列了转译的多种途径之后，拉图尔在此基础上，进一步解释了使用"转译"这一词语的含义，即引导他人改变方向，信奉自身的陈述。

现在，我为什么使用转译（translation）这个词，其原因

① 〔法〕布鲁诺·拉图尔：《科学在行动：怎样在社会中跟随科学家和工程师》，第189—190页。
② 〔法〕布鲁诺·拉图尔：《科学在行动：怎样在社会中跟随科学家和工程师》，第192—193页。

应当已经很清楚了。除了它的语言学含义……以外，它还有一种几何学的含义……转译兴趣意味着立即为这些兴趣提供新的解释，并把人们导入不同的方向。①

从而编织出一个网络，控制着追随者，"如果加以精心编织和谨慎抛掷，这个相当不错的网能够非常有用地把群体保持在它的圈套之中"，②从虚弱状态成长为强大力量的拥有者，

> 在"转译"这个词的几何学意义上，它意味着不论你做什么事情，不论你去什么地方，你都必须经过竞争者的位置，帮助他们推进他们的兴趣。在"转译"这个词的语言学意义上，它意味着一种说法翻译了其他所有的说法，获得了一种霸权：不论你想要的是什么东西，这一个东西也是你想要的。图解清楚地说明，从第一个转译到最后一个转译，竞争者已经从最极端的虚弱状态（这迫使他们去跟随别人）转移到了拥有最强大的力量（这迫使所有其他人都去跟随他们）。③

成为追随者不可或缺的信仰。

> 有了这五个战术，竞争者现在有了大量回旋余地，以便让人们对他们的断言的结果产生兴趣。佐以诡计和耐心，你很可能看到每一个人都在为某个断言在空间和时间上的扩散贡献力量，随后，它将变成每一个人手里的常规黑箱。如果

---

① 〔法〕布鲁诺·拉图尔：《科学在行动：怎样在社会中跟随科学家和工程师》，第198页。
② 〔法〕布鲁诺·拉图尔：《科学在行动：怎样在社会中跟随科学家和工程师》，第198页。
③ 〔法〕布鲁诺·拉图尔：《科学在行动：怎样在社会中跟随科学家和工程师》，第203页。

已经达到这一点，那么竞争者就不再需要进一步的策略了，他们已经自然而然变得不可或缺了。①

但在这样的繁花似锦中，拉图尔指出黑箱仍然存在着不可忽视的薄弱环节，应加以关注。"但是，如果你制造了一根长长的链条，那么不管其个别的因素可能多么宏伟，它的强度仍然只取决于最薄弱的那一环。"② 不过无论如何，转译的成功，促使黑箱成为无可争议的事实。

> 一连串断言借用者由于断言结合于其上的大量因素而在时间中发生着变化。如果人们想打开黑箱，想重新就事实进行协商，想挪用它们，那么层层排列的盟友就会蜂拥而至，前来救援断言，并迫使持异议者赞成断言。这些盟友甚至不会考虑就断言进行质疑，因为这违背了他们自己的兴趣，那就是：新客体已经被非常巧妙地转译了，异议已经变得不可思议。③

追随者开始推动黑箱无限地复制下去，形成一种惯性趋势。"就这一点而言，这些人不对客体做任何更多的事情，他们只是期望把它们传递下去，复制它们、购买它们并相信它们。这样一种平稳借用的结果是同样的客体仅仅有了更多的复制品。"④ 由此给人一

---

① 〔法〕布鲁诺·拉图尔：《科学在行动：怎样在社会中跟随科学家和工程师》，第202页。
② 〔法〕布鲁诺·拉图尔：《科学在行动：怎样在社会中跟随科学家和工程师》，第209页。
③ 〔法〕布鲁诺·拉图尔：《科学在行动：怎样在社会中跟随科学家和工程师》，第223页。
④ 〔法〕布鲁诺·拉图尔：《科学在行动：怎样在社会中跟随科学家和工程师》，第223页。

种科学不借助人力而自然扩散的幻觉，从而形成了一种被拉图尔称为"扩散模型"的描述方式。

> 现在，所有的工作好像也都结束了。从几个中心和实验室，新事物和新信念正在涌现出来，在头脑和头脑、手和手之间自由地流动，用它们自己的复制品开垦世界。我将把对运动的事实和机器的这样一种描述称为扩散模型（diffusion model）。[①]

扩散模型并不了解黑箱转译的曲折过程，而只看到了黑箱扩散的表面过程，从而发明出一种科学决定论，认为是客观的科学本身，而非主观的人的意志，构成了科学扩散的动力。在他们看来，科学发明者是推动科学发明扩散的伟人。"他们只需把发明者无限放大，以至他们现在有了推广所有这些事物的巨人般的力量！科学上的伟大男女现在完全不合情理地成了神话般的天才。"[②] 一切的起点源于创始人，对他的执着寻找成为扩散模型的核心事务。

> 伟大的创造者对于扩散模型来说已经变得如此重要，以至这种模型的倡导者——根据他们自己那种疯疯癫癫的逻辑——现在必须找出谁是真正的第一人。这个极其次要的问题在这里变成了至关重要的问题，因为胜利者赢得一切。如何在伟大的科学家之间分配影响力、优先权和独创性的问题被如此严肃地对待，就好像为一个帝国寻找合法继承人。作为一丝不苟的目标，如"先驱者"、"不为人知的天才"、"不重要的角色"、"催化剂"或"驱动力"这样的标签就像路易

---

① 〔法〕布鲁诺·拉图尔：《科学在行动：怎样在社会中跟随科学家和工程师》，第 223—224 页。
② 〔法〕布鲁诺·拉图尔：《科学在行动：怎样在社会中跟随科学家和工程师》，第 225 页。

十四时代凡尔赛宫的繁文缛节一样耀人眼目。历史学家冲上前去，为之提供谱系和族徽的图案。①

可见，扩散模型将众多的人推动黑箱不断转译的复杂过程，抽象化为少数天才推动的简单过程，完全是违背历史的虚幻构建。

> 他们越来越深地陷入他们的幻想，从而发明出完成了所有业绩但只是"抽象地"、"萌芽式地"、只是"在理论上"完成了它的天才。现在，他们把大量参与者一扫而光，而描绘出拥有思想的天才。其余的人，他们争辩说，仅仅是发展，仅仅是把真正有价值的"独创性原理"简单地加以展开而已。数以千计的人工作着，数以万计的新的行动者被调集到这些工作当中，但只有极少数人被指定为推动整个事情的马达。②

而为了解释黑箱传播遭遇抵制的情况，扩散模型毫无逻辑地认为是出现了愚蠢抵制者的缘故。"当一个事实未被相信，一种创新未被采用，一种理论被置于一种完全不同的用途时，扩散模型只需说：'一些群体在抵制。'"③ 而抵制者突然的不再愚蠢，构成了黑箱继续传播下去的原因。"构成该社会的'群体'并不总是阻断或者偏转思想的通常的、合乎逻辑的道路。它们有可能突然从电阻器或半导体变成导体。"④

---

① 〔法〕布鲁诺·拉图尔：《科学在行动：怎样在社会中跟随科学家和工程师》，第 226 页。
② 〔法〕布鲁诺·拉图尔：《科学在行动：怎样在社会中跟随科学家和工程师》，第 226 页。
③ 〔法〕布鲁诺·拉图尔：《科学在行动：怎样在社会中跟随科学家和工程师》，第 227 页。
④ 〔法〕布鲁诺·拉图尔：《科学在行动：怎样在社会中跟随科学家和工程师》，第 228 页。

在拉图尔看来，扩散模型中无论天才的发明家，还是愚蠢的抵制者，不过都是扩散模型的一种虚构。

> 扩散模型先是画出一条"思想"本来应该沿其发展的虚线，接着，由于思想发展得并不是太远太快，他们于是又虚构了抵抗的群体。有了这个最后的发明，惯性原理和在开端处触发它的神奇力量这两者便都得到了维持，给予整个事情以动力的伟大男女的巨大形象也被进一步放大了。扩散论者仅仅在画面上增加了一些消极的社会群体，这些群体由于它们的惯性便有可能延缓思想的步伐，或者吸收技术的冲击。[①]

在这种虚构的图景中，社会不再是黑箱转译的参与者，而只是最后的媒介。

> 换句话说，扩散模型现在发明了一个社会，从而说明思想和机器的不平坦的扩散。在这个模型里，社会仅仅是一种有着不同阻力的、思想和机器从中穿行而过的媒质。……社会或者"社会因素"将只在轨迹的末端，当某些事情出了差错时才出现。[②]

但在拉图尔所主张的转译模型下，社会的整体参与，构成了黑箱不断传播的动力。"我们都是多导体，可以终止、传递、偏转、修改、忽视、破坏或挪用断言——这些断言如果想要传播和维持，

---

① 〔法〕布鲁诺·拉图尔：《科学在行动：怎样在社会中跟随科学家和工程师》，第 228 页。

② 〔法〕布鲁诺·拉图尔：《科学在行动：怎样在社会中跟随科学家和工程师》，第 228 页。

就需要我们的帮助。"① 所以，黑箱传播的真实逻辑并非科技与社会的二元互动，而是人们的主观意志。"我们面对的从来不是科学、技术和社会，而是脆弱的联合和强大的联合的全部范围。"②

作为黑箱的科学陈述，既然需要人们的不断转译，那么如何说服他人，便是科学事业的一项根本工作。与一般的科学史研究致力于勾勒科学家在实验室的忙碌身影不同，拉图尔指出科学事业是一项"双重运动"（double move），科学家既需要投身于科研，同时也要从事于说服外界，从而获取尽可能多的社会支持。因此，在拉图尔看来，科学事业呈现出内、外的二元结构。"作为研究对象的科学被明确地划分为一个巨大的内在部分（各个实验室）和一个庞大的外在部分（把招徕支持者加入的推动性力量像编制管弦乐队那样组织起来）。"③ 二者之间不断互动，"外部世界和实验室之间的不断的来回往返"。④ 科学研究越是博大精深，说服工作就越是深入社会，二者从而构成一个反向关系，推动科学影响的扩大。

> 技术科学之所以有一个内部，是因为它有一个外部。在这个不起眼的定义当中存在着一个正反馈循环：科学的内部越大、越硬、越纯粹，其他科学家就必须处于（科学的）更远的外部。如果你处于实验室的内部，正是由于这种反馈作用，你看不到公共关系，看不到政治，看不到伦理问题，看

---

① 〔法〕布鲁诺·拉图尔：《科学在行动：怎样在社会中跟随科学家和工程师》，第 235—236 页。
② 〔法〕布鲁诺·拉图尔：《科学在行动：怎样在社会中跟随科学家和工程师》，第 236 页。
③ 〔法〕布鲁诺·拉图尔：《科学在行动：怎样在社会中跟随科学家和工程师》，第 264 页。
④ 〔法〕布鲁诺·拉图尔：《科学在行动：怎样在社会中跟随科学家和工程师》，第 267 页。

不到阶级斗争，看不到律师；你将看到科学孤立于社会之外。但是这种孤立状态只有在另外一些科学家坚持不懈地忙于招徕投资者、唤起人们的兴趣并说服他们的时候才能存在。纯粹的科学家犹如无助的雏鸟，而成鸟正忙于筑巢和喂养他们。[1]

而科学事业开展的关键，是外部而不是内部。

有两个特征是始终不变的：第一，在实验室里与全身心投入的同事们一道工作的能力取决于其他科学家在多大程度上成功地聚敛了资源；第二，这种成功又取决于科学家已经说服了多少人相信，为了推进他们自己的目标，必须有一个穿过实验室的迂回。[2]

因此，科学史研究不仅要关注实验室的科学家，还要关注对科学事业更为重要的外部人员。"我们不仅要考虑那些自称为科学家的人——他们是冰山的顶端，而且还要考虑那些尽管处于外部，却仍然参与科学的形成并形成冰山的人。"[3]

第七节　科学的网络

在拉图尔看来，黑箱的产生与转译，需要耗费巨大的资源，并非任何普通的个人所能够独自承担，

---

① 〔法〕布鲁诺·拉图尔：《科学在行动：怎样在社会中跟随科学家和工程师》，第263页。
② 〔法〕布鲁诺·拉图尔：《科学在行动：怎样在社会中跟随科学家和工程师》，第264页。
③ 〔法〕布鲁诺·拉图尔：《科学在行动：怎样在社会中跟随科学家和工程师》，第280页。

与某一主张相关联的大量因素之增加将会得到回报，而且可以使可信事实和有效赝象的生产成为成本不菲的事情。这种成本不仅由金钱来衡量，而且还由即将吸纳的人数、实验室和工具的规模、收集材料的研究机构的多寡、从"奇思妙想"到商业产品的过程中所耗用的时间、机制的复杂程度（彼此重叠的黑箱堆积在上面）来衡量。这意味着：以这种方式来塑造真实并非任何个人力所能及的事情……①

而是集中于少数拥有巨额资源的个人、机构或国家。

既然证据竞赛耗费如此巨大，以至于只有为数不多的人、国家、机构或职业才有能力担负，这就表明了事实和赝象不可能在任何地方都可以生产，也不可能免费生产，而是仅限于特定地点和特定时间。②

科学的发展，呈现出拥有巨额资源者彼此之间的呼应，相应具有网络的特征。

技术科学产生于相对新的、稀缺的、高昂的、脆弱的而又储存着与此不相称的大量资源的地方，这些地方也许会占据战略要地且彼此呼应。因此，技术科学可以描绘成一个开天辟地的事业——繁殖大量的盟友，同时也描绘成罕见而微弱的进展——仅当所有盟友出现时才能得知它的消息。如果技术科学可以描绘成如此强大又如此弱小，如此集中又如此

---

① 〔法〕布鲁诺·拉图尔：《科学在行动：怎样在社会中跟随科学家和工程师》，第297—298页。
② 〔法〕布鲁诺·拉图尔：《科学在行动：怎样在社会中跟随科学家和工程师》，第298页。

分散，这就意味着它具有网络的特征。[①]

拥有巨额资源者一方面联结、聚合各种分散的资源，另一方面将影响不断向外扩散。"'网络'这个词暗示了资源集中于某些地方——节点，它们彼此联接——链条和网眼：这些联结使分散的资源结成网络，并扩展到所有角落。"[②]拉图尔引入网络这一概念，就是要由此揭示少数科学家如何控制了全世界。在拉图尔看来，科学家与大众对于现象的认知存在很大的差别，哪一群体的意见占据上风、成为主流，取决于科学网络的覆盖面积。如果科学家能够将大众拉到网络之中，他就能把自己的意见灌输给大众。他以天气预报为例指出：

> 天平向此还是向彼倾斜，取决于我们是在网络之内还是在网络之外，而这个网络是由气象人员发展起来的。一小部分居高临下的科学人士可能会战胜亿万大众，但只在科学家们停留在他们自己的网络之内才会如此。……气象学家面临的问题是要扩展他们的网络，是捍卫他们预报的权威性，是使气象台的报道成为每个想知道天气情况的人必须知道的东西。如果他们成功，他们就会成为地球天气情况的惟一的正式声音，成为变化莫测的天气的惟一可信的代言人。[③]

令科学家十分迷惑的是，公众往往并不选择理性，而是选择非理性。

---

① 〔法〕布鲁诺·拉图尔：《科学在行动：怎样在社会中跟随科学家和工程师》，第298页。
② 〔法〕布鲁诺·拉图尔：《科学在行动：怎样在社会中跟随科学家和工程师》，第298页。
③ 〔法〕布鲁诺·拉图尔：《科学在行动：怎样在社会中跟随科学家和工程师》，第300—301页。

　　人们本应选择惟一正确的方向，选择惟一正确的真理。然而不幸的是，他们被某些东西引入迷津，正是这某些东西需要解释。他们本应沿袭的直线据说就是合乎理性的，而他们不幸采取的曲线据说就是不合理性的。①

对于这种暗淡景象，科学家注重从其科学之外的因素进行解释。

　　现在，科学家们描绘的关于非科学家的图景开始黯淡了，一小部分有头脑的人发现事实真相，而绝大多数人都抱着不合理的观念，或至少也是诸多社会、文化和心理因素的囚徒，正是这些因素，使他们固守陈腐的偏见。这个图景中惟一尚可挽救的一面是：只要祛除了这些把人们牢笼于偏见中的所有因素，人们全都会即刻而且不费吹灰之力地变得和科学家们一样心智健全，抓住现象。在我们每个人之内都有一个沉睡的科学家，只要把社会和文化的条件推到一边，他就会醒来。②

但在拉图尔看来，这种理性与非理性的划分并不正确，事实上对于"非理性"的批评，源自网络内科学家对网络外科学家或公众的一种批评。这种批评之所以产生，是由于黑箱在转译过程中采取了封闭式做法。正如上文所述，在拉图尔看来，黑箱在转译过程中，人们会留下相应的空间，从而赋予他人一定的自由，这样推动黑箱的接受与传播。

---

① 〔法〕布鲁诺·拉图尔：《科学在行动：怎样在社会中跟随科学家和工程师》，第303页。
② 〔法〕布鲁诺·拉图尔：《科学在行动：怎样在社会中跟随科学家和工程师》，第305页。

传播陈述的最便捷的方法是：给每个参与者留下商榷的余地（margin of negotiation），以便他或她因地制宜地加以改造，使之适宜于当地环境。那时，就更容易吸引更多的人对这种判断投以兴趣，因为人们对它施加了较少的控制。因此，陈述便不胫而走。①

但这样的做法也产生了弊端，那就是黑箱不断修改、变异与泛化，从而成为一种"软事实"。

……然而这种解决的方式是要付出代价的。陈述，由于每个人的修改、整合、商榷、适应和改写而经历了冒险的历程，最后产生了如下结果：

第一，陈述将会被每一个人修改，但这些修改却并不引人注目，因为商榷成功是否取决于和原始陈述的比较；

第二，陈述将没有作者，却拥有与这条修改链条上的成员一样多的作者；

第三，不会产生一个新的陈述，但不可避免地会显得陈旧，因为每一个人都会使之适应他们自己过去的经验、品味和背景；

第四，纵然整个链条都通过吸纳新的陈述——新，是对于外界观察者而言，他们按照其他底部规则（other regime below）——而不断地改变观点，但这个改变永远不会被注意到，因为将没有可衡量的底线与之相比较，从而让人注意到新旧陈述之间的不同。

最后，既然不管引入多少资源来强化这个看法，商榷还

---

① 〔法〕布鲁诺·拉图尔：《科学在行动：怎样在社会中跟随科学家和工程师》，第 341 页。

是要贯穿于链条的始终而对冲突视而不见，那么，这个陈述
就总是显得较软而不能打破常规的行为模式。①

这种做法扩展了网络，但促使挑战者一直无法发动有力反击，从
而长期处于网络之外。"在这样的规则之下，绝大多数判断或看法
在新的网络之外流布。这就相当合情合理地解决了事实建构者的
困境。但和第二种解决方案相比，它产生的仅仅是软事实。"②

与之不同，部分科学家采取了更为强硬的立场，主张维护黑
箱的原貌，虽然会在传播时遭遇更大的阻力，但会成为一种立场
更为鲜明的"硬事实"。

所谓的科学家和工程师选择了另外一种解脱困境的方法，
他们宁愿加强控制而减少商榷的余地。吸纳新成员时，他们试
图强迫他们按原样接受断言而不能稍加改动。但是，正如我们
已经看到的，这是必须要付出的代价：很可能几乎没有人对此
感兴趣，并且不得不引入大量更多的资料来强化事实，结果是：

首先，陈述在它没有被转换的时候可能会被更改——当
一切按计划进行时；

第二，原始判断的拥有者（the owner of the original claim）
是被指定的——如果他或她感觉受骗，就会因判断的最后归
属而引发激烈的争斗；

第三，判断是一个崭新的判断，它不适合每个人的以往
经验模式——这是"商榷的余地"日益缩小的因与果，也是
为归属权而激烈争斗的因与果；

---

① 〔法〕布鲁诺·拉图尔：《科学在行动：怎样在社会中跟随科学家和工程师》，
第341页。
② 〔法〕布鲁诺·拉图尔：《科学在行动：怎样在社会中跟随科学家和工程师》，
第341页。

第四，既然每一个判断都通过和前面的判断相比较而被衡量，那么每一个判断都和背景形成鲜明的对照，那么这个历史的进程看起来就是新的信念不断动摇旧的信念的过程；

最后，所有为了强迫人同意而引入的支持性资源被清楚地展示出来，使得判断成为一个更确定的事实，从而突破通常的较软的行为和信仰的方式。①

拉图尔认为，这两种做法的根本不同，是塑造了不同大小的网络。

在这个论辩中，我们没有就心智或者方法做任何假设。不是假设第一个解决方法提出了封闭的、永久的、不确切的、硬的、反复的信念，而第二个提供了确切的、强有力的、新的知识。我们只是确定：同一个矛盾可以用两种不同的方式来解决，一个拓展了长网络，而另一个却没有。②

第一种做法产生的黑箱，由于得到了普遍接受，因此对它的挑战，会受到更为普遍的指责，从而被视作"非理性"的做法。

如果选择了第一种方案，事实建构者就立即像是陌生人，违反那些顷刻显得老朽、稳定、传统的旧方式。"不合理性"就往往成为某些网络建构者的借口，他们企图以这种指责压倒另外一些以同样方式构建网络的人。所以，并不存在心智之间的分界，只有或长或短的网络。③

---

① 〔法〕布鲁诺·拉图尔：《科学在行动：怎样在社会中跟随科学家和工程师》，第 342 页。
② 〔法〕布鲁诺·拉图尔：《科学在行动：怎样在社会中跟随科学家和工程师》，第 343 页。
③ 〔法〕布鲁诺·拉图尔：《科学在行动：怎样在社会中跟随科学家和工程师》，第 343 页。

小　结

与其他的科学知识社会学学者一样，拉图尔也认为科学知识是一种社会建构。他指出科学规范虽然规约了科学家的主要倾向，但无法决定其主观选择，实验过程充满着无序与竞争。科学家为了获取权威地位与物质奖励，从而采取多种手段，客观的逻辑只是扮演了部分角色，与其他科学家采取竞争、协商等方式，以期赢得最终的胜利。而一旦科学陈述获得认可，便被视作完全客观的科学事实编入教材，具体的实验过程却就此被人们和未来的科学史研究遗忘，科学陈述由此被视为完全客观的产物。

为了还原科学陈述的产生过程，拉图尔将之比拟为"黑箱"，科学史研究的不是从"既成的科学"出发，事后诸葛亮地为其赋予宿命般的胜利，而是要打开黑箱，揭示"形成中的科学"的复杂面相。在他看来，科学陈述并非客观产物，而是科学共同体之间以多胜少的争论结果。为了在辩论中获胜，科学家会像开展政治斗争一样，在写作论文时，采取修辞学的方法，通过引用其他科学家的大量成果，并对其加以解释、限定，从而使之完全与自身立场一致，以此增强自身论文的说服力。通过这种方式，科学家实现以多胜少，最终击败其他科学家。

科学家虽然在与其他科学家的竞争中获得了胜利，但他并不能安枕无忧，还将面临后来者的挑战。一项科学陈述，必须获得后来论文的不断支持，才能完全转化为科学理论。如果遭到反对或遗忘，即使再成功一时的科学陈述，也会逐渐走向衰亡。可见科学理论的形成，并非自然内涵的真确，而是科学共同体主观认定的结果，而在这种集体互动中，充满着压力与胁迫。耐人寻味的是，科学理论受到的支持越多，越会被认为是普通的常识，而在未来的研究中处于不必引用的境地，反而同样会造成隐匿的结果。

不仅如此，在拉图尔看来，科学家为了增强自身论文的说服力，不仅会外向地大量引证相关论文，而且还会内向地堆砌技术性细节，形成层积化结构，从而增加挑战的难度。此外，为了吸引其他科学家或读者的支持，科学家会在写作论文时，通过多种方式，预先观照到读者的立场，并努力消除所可能出现的反对意见，从而推动科学理论不断复制下去，形成一种惯性，最终成为科学共同体的普遍信仰。可见，社会整体全程参与了科学理论的建构过程，是科学理论形成的具体因素，而非外在背景。

即使如此，由于读者是活生生的个人，完全可能无视既有的科学规范，从而对最权威的科学理论展开挑战。为杜绝这一现象，科学家要在论文中赋予读者一定的自由空间，使其可以将自己的观点加入理论之中，从而实现理论的不断转译，获得越来越广泛的支持。由于科学理论受到越来越多的支持，编织起空间越来越广的科学之网，坚持不进入这种科学之网的挑战者，往往被视为"非理性"的群体。而顽强坚持的挑战者，如果能够克服权威的压力，并拥有更好的实验室，从而制造出更多的科学理论，才能获取最终的胜利，推动科学的不断发展，并促使新的科学理论成为所谓自然的一部分。

无论守护者，还是挑战者，鉴于科学理论之间的斗争十分复杂而严峻，都不仅需要在实验室中从事科学研究，而且需要在社会中争取各种资源。相应，科学事业的开展，呈现一种"双重运动"，需要内部、外部共同协作，内部需要资源越多，外部的公关团队就越庞大，二者从而构成了一个反向关系，共同推动了科学理论的形成。而外部而非内部，构成了科学研究的基础与关键。

第十五章
跨越与境的科学研究

卡林·诺尔-塞蒂纳，1944 年出生于奥地利，1971 年获维也纳大学文化人类学博士学位，之后长期在奥地利、德国、美国任教，1996 年至 1997 年任科学社会研究会主席，出版专著十余部。与拉图尔相似，诺尔-塞蒂纳也曾经到加州伯克利一家大型研究所对科学家的实验工作进行近距离观察。在 1981 年出版的代表作《制造知识——建构主义与科学的与境性》中，诺尔-塞蒂纳指出科学成果是社会关系中一种偶然而具体的产物，因此具有鲜明的"与境性"。

第一节　科学家是资本家

从科学知识社会学的立场出发，诺尔-塞蒂纳反对一般将科学领域、科学共同体视作与普通的社会现象完全不同的纯粹的空间与团体的观点，认为二者是分别类似于市场、资本家的社会现象，内部运作逻辑也并非客观的功能性整合，而是竞争性斗争。

> 科学共同体早已变成了市场，在这样的市场中，生产者和顾客在某一专业或相关领域内同样都是同事。标准的功能

性整合已被科学领域中的竞争性争斗所代替，而这些市场被等同于这些科学领域。科学家实际上变成了资本家，然而他们仍被看做好像孤立于一个自给自足、准独立的系统中。①

诺尔-塞蒂纳指出，科学家在选择研究领域时，具有投资意识，属于一种经济行为，

> 科学家们谈论他们对某一研究领域或某一实验的"投资"。他们意识到与他们的努力相关的"风险"、"代价"和"赢利"，并且谈论把他们的成果"推销"给特定的期刊与基金会。看来他们了解哪些产品"需求量"大，也了解哪些领域将毫无所获。他们想尽快地把最新的"产品"投放"市场"以便为他们"赚回信用"。这种用语难道没有反映经济（更确切地说，资本主义）机制对本来非经济领域的一种侵犯吗？②

而科学家本人的社会地位，对于衡量科学价值，具有举足轻重的影响。

> 在这方面，对名字的关心显得尤为突出，关于与自身相联系的最佳名字所发生的争论弥漫整个实验室。一个著名的合作者的名字，一份有声望的杂志或一家受人欢迎的出版公司在价值的科学计算中举足轻重，一个令人尊敬的大学或系领导的名字也是如此。③

---

① 〔奥〕卡林·诺尔-塞蒂纳：《制造知识——建构主义与科学的与境性》，王善博等译，东方出版社，2001，第136页。
② 〔奥〕卡林·诺尔-塞蒂纳：《制造知识——建构主义与科学的与境性》，第139页。
③ 〔奥〕卡林·诺尔-塞蒂纳：《制造知识——建构主义与科学的与境性》，第144页。

而最终的科学计算，也是对科学家自身的价值而非科学价值的衡量与判断，在诺尔－塞蒂纳看来，这实质上反映的是一种市场逻辑。

> 在这些科学计算中，得失攸关的并不是某一成果的价值，而是科学家自身的价值，注意到这一点是很重要的。我们在履历中找到的成串的名字为某一位科学家，而不是某一成果，提供了一个最新的资产负债表。在选择一个实验、一种仪器或一个报告主题时，重要的才能是这位科学家本人的才能。并且科学家最经常提到的成功是他们自己的成功。如果我们想用经济隐喻的话，那么我们可以说科学家对他们自己的投资与赢利的关心，对某一研究思路的风险与生产力的关心，对机会或者是对成果的利益的关心，的确让我们想到了市场。但这是一个地位市场，其中，商品是科学家，而不是一个适于自由（或半自由）的企业家的产品市场。①

由此出发，诺尔－塞蒂纳认为科学实践的成功，虽与科学规律本身的发现有关，但更多地取决于科学家借助规律而开展的活动。

> 科学在实践上的成功，更少地依赖于规律本身，而多地取决于科学家分析整体境况的能力、同时在几个不同层次上思考的能力、识别线索的能力以及把完全不同比特的信息拼合在一起的能力。正如玩任何游戏，获胜更多地取决于人们在由这些规则所创造的空间中的作为，而不是取决于规则。②

---

① 〔奥〕卡林·诺尔－塞蒂纳：《制造知识——建构主义与科学的与境性》，第144页。
② 〔奥〕卡林·诺尔－塞蒂纳：《制造知识——建构主义与科学的与境性》，第4页。

在诺尔-塞蒂纳看来，不仅科学研究的对象在很大程度上是科学家主观建构的结果，"科学家所处理的大部分实体，即使不是完全人工的，也是在很大程度上被预先建构起来的"，[①] 而且科学成果也是科学共同体决定与商谈的结果。"我们已经把科学结果（包括经验数据）的特征首先描述为建构过程（a process of fabrication）的结果。建构过程包含了决定与商谈的链条，通过这一链条，得出了建构过程的结果。"[②] 科学知识的建构，是超越前期成果的渐进式过程。"科学知识是一种被渐进地重新建构起来的知识，并且以对早期成果的整合与消解为基础，这种重新建构是一种复杂化的过程。"[③]

第二节 具体而偶然的与境性

诺尔-塞蒂纳认为科学家开展实验，是为了消除其他的可能性，从而确立事实。"实验室的主要任务就是要消除可能性，控制选择的平衡致使一种选择比其他的选择更具有吸引力，并且增加或降低有关其他选择变量的重要性。"[④] 因此，所谓的实验活动，其实是科学家的一种实践推理。"因为我们已认为这种实践推理表明了做出决定的过程，通过这一过程知识才得以建构。"[⑤] 其具有偶然性和具体性，诺尔-塞蒂纳将之称为"与境性"。"这些实例涉及到知识建构在境况上的偶然的、取决于具体情况的这一性质——这一论据把实验室选择展现为与境性的并把科学实践展现为当地的。"[⑥]

----

① 〔奥〕卡林·诺尔-塞蒂纳：《制造知识——建构主义与科学的与境性》，第6页。
② 〔奥〕卡林·诺尔-塞蒂纳：《制造知识——建构主义与科学的与境性》，第9页。
③ 〔奥〕卡林·诺尔-塞蒂纳：《制造知识——建构主义与科学的与境性》，第20页。
④ 〔奥〕卡林·诺尔-塞蒂纳：《制造知识——建构主义与科学的与境性》，第38页。
⑤ 〔奥〕卡林·诺尔-塞蒂纳：《制造知识——建构主义与科学的与境性》，第48页。
⑥ 〔奥〕卡林·诺尔-塞蒂纳：《制造知识——建构主义与科学的与境性》，第48页。

这种与境性并不局限于实验室内，还受到实验室以外的社会关系的影响。"实验室的与境选择还处于社会关系的某种领域中，而科学家正是将自己置身于这种社会关系中的。"[1] 因此科学成果不仅反映着地方特征，而且蕴含着科学家的个人私利。

> 这种与境定位显示出，科学研究的成果是由特定的活动者在特定的时间和空间里构造和商谈出来的。这些成果是由这些活动者的特殊利益、由当地的而非普遍有效的解释来运载的；并且，科学活动者利用了对他们活动的境况定位的限制。简言之，科学活动的偶然性和与境性证实了科学成果是一种具有索引逻辑标志的混合物，这种索引逻辑表示了科学成果的特性。[2]

其并非科学与社会互动之下的合理产物，而是蕴含着主观意志的社会产物。

> 科学成果不是某种特殊的科学合理性在与社会互动的合理性对照之下的派生物。科学方法与社会方法要比我们一直倾向假定的情形更加相似，因而自然科学的成果与社会科学的成果更加相似。[3]

因此，实验结果其实是科学家的一种私人建构。而在科学理论体系的扩展中，科学家同样通过使用隐喻，搭建不同理论体系之间的内在关联。

---

[1] 〔奥〕卡林·诺尔-塞蒂纳:《制造知识——建构主义与科学的与境性》，第48页。
[2] 〔奥〕卡林·诺尔-塞蒂纳:《制造知识——建构主义与科学的与境性》，第64页。
[3] 〔奥〕卡林·诺尔-塞蒂纳:《制造知识——建构主义与科学的与境性》，第64页。

通过隐喻，通常互不关联的两种现象，突然被构想成具有某种一致性。在迄今为止不相关的思想之间所暗含的相似性，使与每个概念对象相联系的知识与信念体系，得以对另一个知识和信念体系产生影响，并且带来了知识的创造性扩展。①

但事实上，这种相似性只是暂时而脆弱的。

科学家瞬间认识的相似性，包括了决定与说服的要素，因而也包含变化的要素。在这种意义上，构成一种隐喻或类比基础的相似性是复杂的而非原始的，是脆弱的和暂时的，而非基本的和稳定的。②

隐喻旨在形成不同科学概念之间的互动，从而推动概念脱离其原有的问题和与境，"人们有规律地把概念性的对象转换为那些超越它们原初应用范围的实例，移植到与它们既定的境况不同的与境中去。而且，这些概念性的对象被延伸到了与以前用它们来解决的问题截然不同的问题上面"，③ 促进与境之间的跨越。"一种被觉察到的类比作为一种手段在起作用，通过这种手段就可以把一种科学对象从一种先前的（研究）与境传播到一种新的（研究）与境。"④

值得注意的是，通过隐喻方式促进与境之间的跨越，并不是终点，真正的终点，是走向一般性类比。诺尔-塞蒂纳认为暂时而脆弱的隐喻性相似，必须进一步扩展至一般性类比，才能取得受

---

① 〔奥〕卡林·诺尔-塞蒂纳：《制造知识——建构主义与科学的与境性》，第94页。
② 〔奥〕卡林·诺尔-塞蒂纳：《制造知识——建构主义与科学的与境性》，第97页。
③ 〔奥〕卡林·诺尔-塞蒂纳：《制造知识——建构主义与科学的与境性》，第97页。
④ 〔奥〕卡林·诺尔-塞蒂纳：《制造知识——建构主义与科学的与境性》，第98页。

到公认的"创新"。"社会科学家依据隐喻对创新的阐述必须扩展到一般性的类比推理，因为概念性互动（以及由它产生的知识扩展）不可能仅仅局限于比喻性的相似关系。"① 而科学家通过将一般性类比与相似性隐喻相关联，进一步推动后者的明确化，促使其受到更为广泛的认可。

我们早已注意到，该与境中类比推理的意义就在于这一事实：它使从熟悉的、众所周知、一清二楚的事例中得到的知识与不明确的、人们不甚熟悉的或然性境况相联系。因而，类比关系调动了创造成功机会的资源：因为由类比或暗喻动用的知识已经在一个相似与境中起作用了，似乎在新境况下，作些适当修改，就很可能使它起作用。②

因此，在诺尔-塞蒂纳看来，科学家开展科学研究，是从主观的观念或方案而非客观的问题入手。"科学家是从尚未实现的解决方案而不是尚未解决的问题着手的。"③ 而在方案的选择上，科学家为了充分利用隐喻与类比，更愿意选择具有基础的、可以开展隐喻与类比的方案，而非全新的方案。

他跟随最有希望取得成功的观念前进，而不是使自己面临风险和处于不确定的状态。一般说来，某一"创新观念"的重要性并不在于它是新的，而在于它是旧的——在它利用可用的知识作为生产知识的来源这一意义上说是如此。在这个过程中，先前的选择被传播到新的领域而不是被发明，并

---

① 〔奥〕卡林·诺尔-塞蒂纳：《制造知识——建构主义与科学的与境性》，第98页。
② 〔奥〕卡林·诺尔-塞蒂纳：《制造知识——建构主义与科学的与境性》，第108页。
③ 〔奥〕卡林·诺尔-塞蒂纳：《制造知识——建构主义与科学的与境性》，第113页。

由此被复制和转换。①

伴随与境的转换，科学研究在巩固的基础上进一步发展。

> 因而，只要基于类比的"发现"能代表先前的选择向新领域的空间扩展，它就是"一致性形成"和知识巩固的一部分。如果各自的重新与境化导致科学客体的转化，这种转化就是科学变化的一部分。在这两种情况中，被传播的客体进入某种新的研究与境的变换过程，并因此产生了新的科学客体。②

如果这一进程是一种实际的再产生，那么还会进一步突破概念性互动，推动资源的实际调用，从而实现选择转换。

> 如果这个进程是以实际的再生产为特征的，那么知识的一种类比扩展的特点就不仅仅是"概念性"互动，而是为使事物能在实验室生产的持续进程中行得通而对资源的调动，以及通过这个过程而形成的选择转换（transformation of selections）。③

第三节　被修饰的论文

科学研究虽然具有具体而偶然的与境性，但科学家通过运用修辞艺术，却可以将实验结果表述为科学论文，从而完成了向公

---

① 〔奥〕卡林·诺尔-塞蒂纳：《制造知识——建构主义与科学的与境性》，第113页。
② 〔奥〕卡林·诺尔-塞蒂纳：《制造知识——建构主义与科学的与境性》，第113页。
③ 〔奥〕卡林·诺尔-塞蒂纳：《制造知识——建构主义与科学的与境性》，第113页。

共成果的转化。

> 我们从实验室转向科学论文——惟一最受赞赏的研究成果，从而观察了研究的建构性运作的转化。换句话说，我们将对实验室的原始推理与顺服的（但仍受利益支配的）修辞艺术进行比较，通过这种修辞艺术，科学家把他们的私人实验室建构转变成公共成果。[1]

由此消除了与境性。"事实上，当科学家把这种偶然性和与境性选择转化成'发现成果'，并在科学论文中加以'报道'的时候，科学家自己实际上就把自己的研究成果非与境化了。"[2]

诺尔-塞蒂纳认为科学家在写作论文时，实现了对实验过程的重新建构，在这一过程中，不仅实验过程被有意遮蔽，而且采用了文学修辞。"首先，尽管它声称它提交了那项研究的'报告'，但却有意'忘记'了实验室里发生的许多事情。其次，该研究的书面成果运用了大量在很大程度上未被读者注意到的文学策略。"[3]论文通过重构，实现了对芜杂推理过程的清晰整理，

> 与我们在实验室中发现的推理的错综芜杂相比，科学论文以划分段落的形式把不同问题清晰地陈列出来。要了解某一科学家进行研究活动的理由，我们只需正确确认论文中的有关条目即可，而无须通过一段时间的观察收集他们零散的活动。我们所要做的一切只是倾听论文相关部分讲给我们的故事，而不必使自己的记录成为一篇有关科学理论基础的可

---

① 〔奥〕卡林·诺尔-塞蒂纳：《制造知识——建构主义与科学的与境性》，第48页。
② 〔奥〕卡林·诺尔-塞蒂纳：《制造知识——建构主义与科学的与境性》，第88页。
③ 〔奥〕卡林·诺尔-塞蒂纳：《制造知识——建构主义与科学的与境性》，第176页。

读性报道。[①]

将各种因素整齐有序地进行编辑处理。

> 这些另外的书面材料包括各种测量数据和实验室协议，经过研究所"艺术工作室"的加工，其数字、图表、照片在发表后的论文中显得整理利索、组织有序、编辑合理。通过利用实验室工作过程中产生的各种线索，科学家们早在写作原稿之前就在酝酿论文的写作了。[②]

这种修辞方式尤其鲜明地反映在论文的简介中，多维被取代为定式。"在关于简介的故事中，进行实验室（活动）的多重理由被缩减到仅仅一行论证。"[③] 在这一过程中，科学家的私利性与实验过程的偶然性被过滤掉了。"正是在简介中，摒弃了个人利益和环境偶然性的工作才被置于新的理性框架内，并且被十分严格地重新与境化。"[④] 在写作手法上，简介与文学作品十分相似。

> 简介完全具备一些文学结构的某些常规要素，例如张力及其解决、对好坏的鉴别、情节的有组织进展。后面各部分所起的作用，与其说是戏剧性结构的展开，倒不如说是这种文学结构的附录。[⑤]

而在论文的不断修改中，也呈现出作者主观隐匿的取向。

---

① 〔奥〕卡林·诺尔-塞蒂纳：《制造知识——建构主义与科学的与境性》，第184页。
② 〔奥〕卡林·诺尔-塞蒂纳：《制造知识——建构主义与科学的与境性》，第233页。
③ 〔奥〕卡林·诺尔-塞蒂纳：《制造知识——建构主义与科学的与境性》，第187页。
④ 〔奥〕卡林·诺尔-塞蒂纳：《制造知识——建构主义与科学的与境性》，第184页。
⑤ 〔奥〕卡林·诺尔-塞蒂纳：《制造知识——建构主义与科学的与境性》，第186页。

从终稿中我们得到的印象是，它隐匿了初稿中的戏剧性重点和直截了当的特点。如果我们再进一步考察，就会发现这种隐匿是由于终稿采取了一系列与原稿的修辞意义大相径庭的修改的缘故。文中有三种修改策略在起作用：删除原稿中做出的某些特殊陈述；改变某些论断的形式；改组最初的陈述。①

论文发表之后，便面临着来自社会舆论的批评，科学家据此不断修改。由此角度而言，论文并非作者自身观念的体现，而是与社会互动后所共同造就的主观产物。

而发表后的论文的特色，则必须被看做是作者们与批评者们商谈过程的结果，在这个过程中，技术方面的批评和社会支配性不可分割地交织在一起。这意味着发表后的论文是作者与这一论文所面向的读者的某些成员共同造就出来的多重混血儿；而且，发表的论文从最终一词的任何合理意义上来说，都不是最终的作品。一篇发表的论文通过印刷的形式稳定下来，但是在它所参与在内且维持着写作的论辩中，情况却并非如此。论文成稿后发表之前的商谈，记载着远在论文以印刷形式出现之前就已经开始的由社会领域所进行的重建工作。这种重建工作被论文的发表所打断，但并未因此停止。②

小　结

诺尔-塞蒂纳主张科学领域、科学共同体并非不同于一般社会

① 〔奥〕卡林·诺尔-塞蒂纳：《制造知识——建构主义与科学的与境性》，第189页。
② 〔奥〕卡林·诺尔-塞蒂纳：《制造知识——建构主义与科学的与境性》，第196页。

现象的纯粹空间与团体，而是类似于市场、资本家的社会现象，内部运作逻辑也并非客观的功能性整合，而是竞争性斗争。科学家在选择研究领域时，与商人类似，具有考虑利益的投资意识。相应，社会对科学价值的评价，也并非对科学本身，而是对拥有具体地位的科学家展开评价。而所谓的科学实践，也并非科学本身的实践，而是科学家的实践，具有强烈的主观建构色彩。

与其他科学知识社会学学者一样，诺尔-塞蒂纳也认为科学研究具有很强的主观性，所谓的实验活动，其实是一种实践推理，具有依托于实验室，又受到外在社会影响的具体而偶然的时空的特征，即所谓的"与境性"。相应科学成果并非纯粹的客观产物，而是反映地方色彩与科学家个人利益的社会产物。

在诺尔-塞蒂纳看来，所谓的科学研究，是科学家借助隐喻，在不同理论体系之间寻找暂时而脆弱的关联，实现不同科学概念之间的互动，推动与境之间的跨越。但由于隐喻本身是暂时而脆弱的，科学家必须将隐喻夯实为类比，真正实现概念性互动，推动理论获得更为广泛的认可。可见，科学家开展科学研究的起点，是观念而非问题。为了充分利用隐喻与类比，科学家在开展研究时，并非选择全新的观念或方案，而是选择具有基础的方案，推动与境的不断转换，调动各种资源，实现选择转换。

科学研究虽具有与境性，但科学家通过运用修辞艺术，却可以将实验结果表述为科学论文，由此消除具体而特殊的与境，从而完成了向普遍而一般的公共成果的转化。在这一过程中，不仅实验过程被遮蔽或隐匿，而且论文写作采取了修辞手段。实验过程中充斥偶然性与私利性的多维图景，被客观而理性的思维定式取代。但科学研究到此并未完全结束，伴随论文的发表，科学家与社会之间开始了持续的互动，推动科学成果最终成为二者共同的主观产物。

第四编

王朝科学的历史可能

伴随学术研究的逐渐发展，中外学界开始反思"李约瑟问题"是否为一个"伪问题"，甚至认为"李约瑟问题"是"无中生有"，这一问题逐渐处于被消解的命运。虽然"李约瑟问题"面临着众多挑战，但它从世界史的视角，从整体上审视中国古代科学成就的做法，仍然是值得敬佩的先驱伟绩。当前，借鉴科学史、科学社会学、科学哲学的众多成果，从世界史视角出发，站在中国本位的立场上，揭示中国古代王朝国家科学发展的独特道路与内在逻辑，是审视中国古代王朝国家的政治特征，深入理解世界科学整体图景的一把钥匙。

第十六章
超越李约瑟

20 世纪后期，随着科学史、科学哲学、科学社会学研究范式的转变，中外学界尤其西方学界，开始逐渐反思"李约瑟问题"是否为一个"伪问题"，于是主张跳出这一命题，对其立意、逻辑与结论的合理性，展开根本性乃至颠覆性的质疑甚至批判，探讨中国古代科学道路的独特性。超越李约瑟，于是就成为认知中国科学乃至世界科学的一把钥匙。而在这之中，西方学界率先开展了全面的质疑，中国学者在最初的欢迎后，也开始生发出越来越多的质疑，逐渐发出倡导中国本位的声音。

第一节　西方学界的多重质疑

美国学者沙尔·雷斯蒂沃（Sal Restivo）指出西方学者对"李约瑟问题"中的第一个问题，具有四种不同的态度。一是如本-大卫（Joseph Ben-David）认为中国产生科学革命，"从智力上看是可能的"，也即"李约瑟问题"是成立的。二是如美国科学史家席文（N. Sivin）的观点，"李约瑟问题"虽然成立，但在初步认知中国科学之前，无法对其开展充分研究。三是如美国汉学家芮沃寿的观点，"对中国文化必须按其自身的体系作整体理解，对其发展无须诉诸全球性世界科学和合作的民主世界的目的论观念"。四是一些西方科学史家认为"真正的"科学史基本上谈论的是西方的科学背景。对于第二个问题，席文的批驳最力，他认为李约瑟未将科学与技术进行系统区别，所援引证据的充分性也值得质疑。①

"李约瑟问题"因其问题之宏大、研究之精深，甚至吸引了20世纪最伟大的科学家爱因斯坦的注意。不过，在爱因斯坦看来，"李约瑟问题"根本就不成立。在1953年的一封书信中，爱因斯坦认为中国古代科学最终没有发展成近代科学，是根本不足为奇的，他认为形成近代科学的两大条件能够在欧洲出现，反而是值得惊奇的。

> 西方科学的发展是以两个伟大的成就为基础的：希腊哲学家发明形式逻辑体系（在欧几里得几何学中），以及（在文艺复兴时期）发现通过系统的实验可能找出因果关系。在我看来，中国的贤哲没有走上这两步，那是用不着惊奇的。作出这些发现是令人惊奇的。②

对于爱因斯坦的结论，许多学者表示赞同。比如吉利斯比（C. C. Gillispie）在《客观性的刀口》一书中指出：

> 爱因斯坦曾说过，我们不难了解何以中国或印度没有创造科学；问题应该是：何以欧洲竟能创造科学？因为科学是

---

① 〔美〕沙尔·雷斯蒂沃：《李约瑟与中国科学与近代科学的比较社会学》，收入刘钝、王扬宗编《中国科学与科学革命：李约瑟难题及其相关问题研究论著选》，第182页。

② 《西方科学的基础与中国古代无缘——1953年4月23日给 J. S. 斯威策的信》，许良英等编译《爱因斯坦文集》（增补本）第1卷，商务印书馆，2009，第772页。

最费力而未必能成功的事业。答案可在希腊找到。科学渊源于希腊哲学的遗产。不错，埃及人发展了测量技术，并以熟练的技巧动外科手术。巴比伦人在运用数字以预测行星运动方面，也极富于巧思。可是任何东方文明均无法越过技术或魔术的藩篱，去探索普遍的事物。在希腊人的一切思想成果中，最令人料不到、最新颖的观念，正是他们把宇宙当成一个受法则支配而有秩序的整体，这些法则可由思考来发现。①

伴随解构主义的兴起，李约瑟所主张的世界不同文明科学发展的百川归海，被视为一种线性主义发展史观而从根本上遭到颠覆。1978 年，英国技术史专家怀特指出，李约瑟所秉持的单线进步的思维方式已经僵化过时，众多交互作用的因素是必须要考虑的。②

第二节　席文的"无中生有"论

美国科学史家席文对"李约瑟问题"开展了最为系统的辩驳，并最受李约瑟看重。20 世纪 80 年代，席文发表了《为什么科学革命没有在中国发生——是否没有发生》一文，在这篇文章中，他用一个通俗的比喻表达了对"李约瑟问题"无中生有的嘲讽。

其实，提出这个问题，同提出为什么你的名字没有出现在今天报纸第三版上这样的问题是很相似的。它属于一组可以无休止地不断提下去的问题，因为得不到直接的答案，所

---

① 〔英〕李约瑟：《大滴定：东西方的科学与社会》，第 44 页。
② 陈方正：《继承与叛逆：现代科学为何出现于西方》，生活·读书·新知三联书店，2009，第 23 页。

以，历史学家是不会提这种问题的。它们会变成其他仍然是问题的问题。①

但同时，席文又认为"李约瑟问题"给人们带来了某种启发，有助于人们的探索。

> 人们既然深知不须浪费时间去解释为什么他们的名字没有出现在今天报纸的第三版，那末，为什么他们却要不断提出为什么科学革命没有在中国发生这个问题呢？这是因为这个问题鼓励人们去探讨一个颇具美丽的论题，并且为对它的思考提供了某些指令。换句话说，它是具有启发性的。启发式的问题在开始探索时是有用的。②

在席文看来，中国科学缺乏对客观、主观的区分，这与古希腊以来的西方科学截然不同。

> 中国科学的发展与西方不同，它没有把精神同肉体、客观同主观区分开来，甚至没有把波和粒子区分开来。精神同肉体之间的区别，客观同主观之间的区别，这两者在柏拉图时代就已经深深植根于西方的科学思想中。伽利略、笛卡儿以及其他人把它们带到现代，把自然科学从灵魂的王国中划分出来，使它们断然离开那些禁止他们这样的世俗革新家进入的领域。这种分疆而治，使得科学家可以以纯粹的自然科学不会与既定宗教的权威发生矛盾为理由，而要求取得对物

---

① 〔美〕席文：《为什么科学革命没有在中国发生——是否没有发生》，李国豪等主编《中国科技史探索》，第101页。
② 〔美〕席文：《为什么科学革命没有在中国发生——是否没有发生》，李国豪等主编《中国科技史探索》，第102页。

质世界的权力。①

但中国科学与伊斯兰科学一样，都对近代科学的产生发挥了历史作用。

> 在我看来，那种认为不带任何外在标志的现代科学不具有它的社会和历史的根源赋予它的特征的观点，只不过是一种不现实的如意想法而已。那种认为现代科学的每一重要方面都是欧洲的观念，就是这样一种想法。对于任何一个熟悉其他文化的科学的人来说，在对古代科学史作全面考察时，如果这一考察自身实质上局限于在欧亚大陆西端得到的发现以及那里对它们的理解；如果这一考察忽略了从新石器时代到现代的各种观念在各种文明之间往常的往返的运动；如果这一考察不能恰如其分地考虑到欧洲人在十七世纪以前从伊斯兰、印度和中国的科学那里所学到的东西，或者，如果这一考察无视于外来技术和资料对欧洲人经验所施加的影响，那么，这一考察就是片面的，并且会在最基本的问题上把人引入歧途。②

席文主张从整体上考察中国古代科学发展的道路：

> 我相信，要想在对中国科学的研究中有所突破，必须采用完全不同的研究方法。这样的方法必须深刻地综合地理解从事科技工作的人的各种事项：他们在科学技术方面的专门

---

① 〔美〕席文：《为什么科学革命没有在中国发生——是否没有发生》，李国豪等主编《中国科技史探索》，第102—103页。
② 〔美〕席文：《为什么科学革命没有在中国发生——是否没有发生》，李国豪等主编《中国科技史探索》，第103页。

观念是怎样同思想的其余部份结合在一起的；科学界是什么样的，也就是说，是谁控制了哪些现象需要研究、哪类答案是合理的这样的舆论；科学界同社会的其余部份是怎样相联系的；知识分子对科学界同行的责任怎样同社会的责任相协调；各门科学为之服务的更大目的是什么，这一目的使得它们的各项定律同中国绘画的规则和行为的基本道德原理保持一致。①

第三节　中西方的科学分途

1994 年，美国学者戴维·兰德斯（David Landes）对比了欧洲中世纪的机械钟与比其早数百年、远为精确的苏颂水钟，指出机械钟虽然起初并不准确，但后来证明极为灵活，而水钟则被证明并不适合进一步发展。可见，一项发明或发现可能拥有一定的潜力，将会随着时间的推移而变得明显。他据此指出中国古代科学走向了"一个辉煌的死胡同"，相应中国古代的科学并非持续发展的，而是间断性的。②

同年，荷兰科学史家弗洛里斯·科恩（H. Floris Cohen）指出，李约瑟的论证存在自相矛盾的一面，李约瑟一方面直言不讳地指出明代数学、天文学一定程度上陷于停滞，另一方面却并没有将之作为近代科学未在中国产生的原因，他之所以这样做，是因为如果强调停滞，就会违背自己所一直强调的中国科技始终如一地、

---

① 〔美〕席文：《为什么科学革命没有在中国发生——是否没有发生》，李国豪等主编《中国科技史探索》，第 112 页。

② 参见〔荷〕H. F. 科恩《为什么科学革命绕过了中国》，刘钝、王扬宗编《中国科学与科学革命：李约瑟难题及其相关问题研究论著选》，第 242 页；张卜天访谈整理《科学革命和李约瑟问题——科恩教授访谈录》，《科学文化评论》2012 年第 4 期。

稳定地、不间断地发展的观点。但在科恩看来，李约瑟所强调的后一观点，可能并不符合中国古代科学发展的事实，反而本－大卫所主张的传统社会的科学活动时而发展时而后退，但整体而言处于衰退状态，更为符合中国古代科学的真实历史。科恩并不同意李约瑟"百川归海"的比喻，认为技术可以相对容易地传播到各个地方，但只有在极少数的情况下，一种文明的见解才能被另一种文明采纳。希腊与中国研究自然的进路是理解整个自然界的两种截然不同但同样英勇的努力，故而应寻找它们的独特之处。希腊的自然认识著作曾经先后被移植到伊斯兰世界、中世纪的欧洲、文艺复兴时期的欧洲，在这种"文化移植"的过程中，这些著作被不断地创造性加工；而中国文明由于总是能成功地教化蛮夷，其著作却基本保持不变，缺乏彻底革新的机会，李约瑟所概括的中国古代的"有机唯物论"的发展潜力不大。①

在此基础上，科恩从内史的角度出发，指出中国与欧洲在思维方式上走向了不同的发展道路，古希腊以来的欧洲走上了一条"机械论的因果关系"之路，中国则走上了一条事物之间"相互关连"的思维道路。在科恩看来，李约瑟虽然内心不愿意，但也不得不承认有机论科学道路行不通，与他较少谈到的牛顿的阶段不可或缺相比，他更为强调的是中国的社会经济条件不适宜，尤其归结为商人精神无法在中国兴起。但是，"人们没有看到——甚至用李约瑟本人的术语来说，一个自主的商人阶级的缺乏，能够怎样抑制有机论的科学革命在中国发生"。②

---

① 〔荷〕H. F. 科恩：《为什么科学革命绕过了中国》，刘钝、王扬宗编《中国科学与科学革命：李约瑟难题及其相关问题研究论著选》，第 241 页；张卜天访谈整理《科学革命和李约瑟问题——科恩教授访谈录》，《科学文化评论》2012 年第 4 期。

② 〔荷〕H. F. 科恩：《为什么科学革命绕过了中国》，刘钝、王扬宗编《中国科学与科学革命：李约瑟难题及其相关问题研究论著选》，第 248—250、263 页。

2010 年，法国学者梅泰理（又译梅塔椰）《探析中国传统植物学知识》一文，也认为"李约瑟问题"是一个以西方概念来套中国思想的伪命题，中国与西方的植物学发展，走了两条完全不同的路。与近代植物学的解剖式角度不同，中国古代的植物学传统，是从哲学和人文的角度，对植物展开整体和个性的考量，因此科学与人文完全可以通过文化和历史统一起来。①

第四节　中国学者的质疑

与西方对"李约瑟问题"以批判为主不同的是，作为"李约瑟问题"关注对象的中国，却长期呈现出对"李约瑟问题"的执着追求，乃至形成一种"李约瑟情结"。但受到世界范围内寻求不同文明主体性潮流的影响，各国都在努力构建具有自主性的认知体系。在这种历史潮流下，各自文明的历史传统重新彰显，而日渐正面。在中国科学史研究中，寻求中国科学发展独特道路的声音逐渐出现。他们站在近代科学的立场上，反观"李约瑟问题"，开始了越来越多的反思、质疑乃至批判。

1972 年，张石角发表了《论科学思想的诞生与衰老》一文，反对李约瑟将科技置于经济、社会之下，从中寻找不同民族科学发展不同道路的根源，认为这样的思维，若进一步追溯，只能归结为李约瑟本人所批判的种族优越论。与之不同，他认为文艺复兴时期的欧洲局势，推动了科学的分途。"事实上，近代科学思想的萌芽，即是在开放的国际竞进环境下，触发了欧洲学界逻辑的批判精神，而促进对外在真实世界再认识的结果。"②

---

① 吕变庭：《中国传统科学技术思想通史》第 1 卷《导论》，科学出版社，2016，第 5 页。
② 张石角：《论科学思想的诞生与衰老》，孙如陵编《中副选集》第 7 辑，"中央日报"出版部，1972。

1991 年，何丙郁发表了《试从另一观点探讨中国传统科技的发展》一文，对李约瑟从现代科学的观点审视中国科技史的做法展开了反思，认为以现代的衡量为准则，评估中国的传统科技和成就，虽不能说跑错路线，但如果能从另外的角度进行审视，将会发现从前没有注意的地方。他尝试从中国传统文化出发，以中国古代的"数"为个案来进行解释。他指出在欧洲的科学革命时期，数学和数字已分途而行，天文学和占星术也分道扬镳，可是传统数学没法脱离术数，传统天文、律历、地理等也不能和术数背道而驰跑向现代科学的路线。①

1993 年，张秉伦、徐飞发表了《李约瑟难题的逻辑矛盾及科学价值》一文，认为李氏难题实际上是一个由"近代科学"与不同地方这两处关键词的联用，导致逻辑上不完备的设问。研究这一难题，不在于追求一个终极的解答，而在于每一位研究者都将在求解的过程中不断做出新的发现。因此，李氏难题实际上已成为中国科学史的一面旗帜，而不应再将其作为最后攻克的目标。② 1996 年，席泽宗发表了《关于"李约瑟难题"和近代科学源于希腊的对话》一文，认为历史上没有发生的事情，不是历史学家研究的对象，要研究，也很难得到一个公认的答案。因此，"李约瑟难题"可以研究，但不必大搞。不仅如此，近代科学没有在中国诞生和当今中国科学落后，这是两个问题，不能混为一谈。③ 同年，王宪昌发表了《李约瑟难题的数学诠释——数学文化史研究的一个尝试》一文，认为中国古代数学崇尚实用技艺，与古希腊为代表的西方数学存在差异，因此李约瑟用西方数学与自然科学

---

① 何丙郁：《试从另一观点探讨中国传统科技的发展》，《大自然探索》1991 年第 1 期。

② 张秉伦、徐飞：《李约瑟难题的逻辑矛盾及科学价值》，《自然辩证法通讯》1993 年第 6 期。

③ 席泽宗：《关于"李约瑟难题"和近代科学源于希腊的对话》，《科学》1996 年第 4 期。

相结合的模式，评价中国古代数学与中国古代科技发展，会带来认识上的误区。① 同年，吴国盛在《时间的观念》一书里，认为在中国古代思想中，既有循环时间观，又有线性时间观，相互之间和平共处，缺乏一个纯粹的测度时间，是中国未诞生近代科学的重要原因。②

2001 年，江晓原发表了《被中国人误读的李约瑟——纪念李约瑟诞辰 100 周年》一文，认为中西科学道路并不相同，所谓中国科技长期领先的结论并不存在，"李约瑟问题"并无意义。不过，他也认为即使是伪问题，也有启发意义。

　　我必须直言不讳地说，所谓的"李约瑟难题"，实际上是一个伪问题。因为那种认为中国科学技术在很长时间里"世界领先"的图景，相当大程度上是中国人自己虚构出来的——事实上西方人走着另一条路，而在后面并没有人跟着走的情况下，"领先"又如何定义呢？"领先"既无法定义，"李约瑟难题"的前提也就难以成立了。对一个伪问题倾注持久的热情，是不是有点自作多情？如果将问题转换为"现代中国为何落后"，这倒不是一个伪问题了（因为如今全世界几乎都在同一条路上走），但它显然已经超出科学技术的范围，也不是非要等到李约瑟才能问出来了。当然，伪问题也可以有启发意义。③

2004 年，张功耀发表《被误读为"先前阔"的中国古代科技

① 王宪昌：《李约瑟难题的数学诠释——数学文化史研究的一个尝试》，《自然辩证法通讯》1996 年第 6 期。
② 吴国盛：《时间的观念》，中国社会科学出版社，1996，第 56—57 页。
③ 江晓原：《被中国人误读的李约瑟——纪念李约瑟诞辰 100 周年》，《自然辩证法通讯》2001 年第 1 期。

史——兼论"李约瑟难题"的推理前提问题》一文，认可江晓原的观点，认为"李约瑟难题"的推理前提是中国古代科技史有过"先前阔"即祖先曾经阔过的历史，这种前提是虚幻的，因此对"李约瑟难题"的任何求解都毫无意义。[①]

2004 年，邢兆良发表《从爱因斯坦论断到李约瑟难题——从科学形态的角度进行的理论思考》一文，得出了以下结论：中国古代科学和作为近代科学形态基因的古希腊科学是两种完全不同的科学形态。不能因为中国古代科学未能产生出近代科学而否认中国古代科学无法作为实体存在的客观事实，也不能用近代科学的标准来衡量中国古代科学形态是否属于科学的范畴。不同科学形态的先进和落后应是可以比较的，比较的标准应是看它们的发育健康程度和发展前景。古希腊科学形态是发育健康的早期科学形态，它具有向近现代科学形态发育成长的健康基因。中国古代科学形态是早熟的科学形态，不可能发育、产生出近代意义的科学形态，从这个意义上可以说，15 世纪之前中国的科学技术长时期领先于同时代的欧洲的论断是不成立的。中国古代科学形态的有机自然观是中国古代科学形态发育不健康、早熟的主要内因。天人合一的有机自然观在中国古代科学形态中长期占据统治地位，抑制了实证分析方法的发展，使中国古代科学思维方法长期停留在经验知识和猜测性的玄学思辨相结合的水平上，理论思维缺乏逻辑结构。技术的发明和发展呈现出孤立、零碎的状况，与科学思维方法、理论形成相脱节，是中国古代科学形态的致命缺陷，使其不具备发育成近代科学形态的内在条件。从中西方不同文明的角度探讨近代科学产生的问题，必须结合中西方古代科学形态内在质的分析，才有其合理性，因此爱因斯坦的论断比李约瑟难

---

① 张功耀：《被误读为"先前阔"的中国古代科技史——兼论"李约瑟难题"的推理前提问题》，《自然辩证法通讯》2004 年第 5 期。

题在研究中国古代科学形态和近代科学形态的关系时更具有合理性，李约瑟难题不仅在表述中存在语义方面的逻辑矛盾，而且表述的内容也大部分是伪的，解的存在也是不确定的，因此求解也是没意义的。①

虽然李约瑟反对"欧洲中心论"，但无论是"李约瑟问题"的提出，还是他寻求解决的方式，都仍然是以欧洲科学为模板，相应仍然无法彻底跳脱"欧洲中心论"的窠臼，仍属于欧洲视角，而非中国本位。

伴随中国的日益崛起，越来越多的中国学者开始在李约瑟所画的轨道之外，寻找中国科学发展的独特路径，从而逐渐超脱于"李约瑟问题"，而呈现中国本位的思考，把"李约瑟问题"视为一个不应存在的伪命题。1998年，数学家吴文俊指出中国古代数学拥有独特的发展轨迹：

> 中国传统数学的发展，自有其与西方迥异的途径与体系。位值制是我国所独有的重大创造。奠基其上的各种算法化的计算方法，是我国传统数学的特点之一，通过天元的引进，并使一些几何问题也可有系统地化为方程问题进行算法化的处理。②

2008年，余英时指出李约瑟把现代科学看作大海，虽然一切民族和文化在古代和中古所发展出来的科学像众多河流，各自分途，但并不妨碍将来同归于现代科学，并且用"百川朝宗于海"来比喻此现象，因此，李约瑟心中的现代科学是普适性的，与民族或文化

① 邢兆良：《从爱因斯坦论断到李约瑟难题——从科学形态的角度进行的理论思考》，《上海交通大学学报》（哲学社会科学版）2004年第2期。
② 吴文俊：《纪念李俨钱宝琮诞辰100周年国际学术讨论会贺词（代序）》，《李俨钱宝琮科学史全集》第1卷，第2页。

的独特背景没有很大关系。但在余英时看来，中西对自然现象的探究自始就"道不同，不相为谋"，则所谓"李约瑟问题"只能是一个"假问题"（pseudo-question），失去了存在的依据。①

第五节　李约瑟的坚持

接收到学界的反馈之后，李约瑟并未屈服于这些挑战。"就我所知，李约瑟完全知道年轻一代的这些观点。他针对其中一些人的批评（特别是席文的观点）为自己的观点进行了辩护，对他们的观点并不在意，并愉快地继续进行自己的工作。"② 虽然他对批判意见有所留意，这从 1979 年美国学者沙尔·雷斯蒂沃的论述便可看出，

李约瑟在其《中国科学技术史》第五卷第二分册的引语中，承认席文的论点：必须把中国科学看作是从一种理论状态向另一种理论状态的发展阶段，而不应看成是通向近代科学路途中的一个早产儿。李约瑟承认不应把传统的中国科学简单地视为"近代科学的一个失败的原型"。这是他过去一直坚持的观点。为此，他说，道家思想保存着"孕育未生的、最充分意义上的科学"，并走在最终将导向近代科学的方向中。他还承认现代科学不是终极，不应用现代科学给过去的事物下判断，也不应把现代科学作为终审法院与过去的事物相比较。③

---

① 陈方正：《继承与叛逆：现代科学为何出现于西方》，余英时序，第 1—11 页。
② 〔荷〕H. F. 科恩：《为什么科学革命绕过了中国》，刘钝、王扬宗编《中国科学与科学革命：李约瑟难题及其相关问题研究论著选》，第 250 页。
③ 〔美〕沙尔·雷斯蒂沃：《李约瑟与中国科学与近代科学的比较社会学》，刘钝、王扬宗编《中国科学与科学革命：李约瑟难题及其相关问题研究论著选》，第 189 页。

但李约瑟一直坚持自己的基本判断，

　　然而，有某些迹象表明他并不充分信服他承认的论点。事实上，他虽然接受了别人的批评论点，但并没有领会这些论点。他的承认是有保留的。例如，他说，现代科学不是终极、我们必须牢记"它的暂时性质"，但它是一把"可靠的量度标尺"；今天的科学绝不是"永远不变的科学"，但我们不能否认"整个科学的基本延续性和普遍性"。实证主义批评使李约瑟相信他早期的特有贡献，结果使他在设想科学变革的潜力时，为中国科学在产生世界科学过程中安排了一种更加崇高的地位；他说，这不是当前的现实，而应当认为是未来的发展。[1]

而将批评意见视为欧洲科学优越论的片面结果。

　　由于学术的研究逐层揭露了亚洲文明对科学的贡献，就有一种反对的势力，企图不正当的提高希腊人的科学地位以维持欧洲人的优越感。他们还宣称，不仅是现代科学，就是科学本身也是欧洲的特色，而自始以来，只有欧洲才有科学。对这些思想家来说，当欧式演绎几何学被用来说明托勒密系统中的行星运动时，科学的骨髓就已经形成了，而文艺复兴不过加以发展而已。与他们的观念相当的，便是立意要证明非欧文明内的一切科学发展不过是技术而已。[2]

---

① 〔美〕沙尔·雷斯蒂沃：《李约瑟与中国科学与近代科学的比较社会学》，刘钝、王扬宗编《中国科学与科学革命：李约瑟难题及其相关问题研究论著选》，第189页。
② 〔英〕李约瑟：《大滴定：东西方的科学与社会》，第42页。

不仅如此，从寻找不同文明独特的科学道路的立场出发，李约瑟一直坚持近代科学的研究视角，不应局限于数学与天文学，而应着眼于更为广阔的空间。"现代严格的自然科学比欧式几何学及托勒密数理天文学更伟大，范围更广阔；注入现代科学大海的河流，不只几何学与天文学两条，其他还有许多条科学河流。"①

小　结

伴随科学史、科学社会学、科学哲学的不断发展，中外学界尤其西方学界，开始逐渐反思"李约瑟问题"，虽然仍有拥护李约瑟观点者，但出于各种原因，否定"李约瑟问题"，将之视为"伪问题"者越来越多。伴随解构主义的兴起，李约瑟所主张的世界不同文明科学发展的百川归海，被视为一种线性主义发展史观，从根本上遭到颠覆。

在对"李约瑟问题"的研究中，美国科学史家席文用力最深，他直截了当地指出"李约瑟问题"是追问在中国历史上没有发生的事情，是一种"无中生有"的做法。在他看来，单纯从技术内史的角度去审视"李约瑟问题"，似乎会认同长期领先的中国为什么没有产生近代科学的疑问，但事实上该问题是将内史的科学革命与外史的社会革命混为一谈。但即使如此，在他看来，"李约瑟问题"仍然能够带来一定启发。

荷兰科学史家科恩并不同意李约瑟"百川归海"的比喻，认为与技术可以相对容易地实现文明之间的传播不同，不同文明的观念传播非常困难。他从内史的角度出发，指出与古希腊以来的欧洲走上了一条"机械论的因果关系"之路不同，中国走上了一条事物之间"相互关连"的思维道路。

---

①　〔英〕李约瑟：《大滴定：东西方的科学与社会》，第51页。

　　伴随中国的日益崛起，越来越多的中国学者开始呈现中国本位的思考，从而逐渐超脱于"李约瑟问题"，把"李约瑟问题"视为一个不应存在的伪命题。

　　面对越来越多的质疑，李约瑟虽然对批判意见有所留意，但一直都未接受，仍将之视为欧洲科学优越论的片面结果。

第十七章
科学结构的前世今生

1984 年，刘青峰出版了《让科学的光芒照亮自己：近代科学为什么没有在中国产生》一书。该书指出中国古代科学一直缓慢而连续地发展，近代时期西方科学加速发展，超过了中国。因此，"李约瑟问题"并不符合真实的历史，问题应改为近代科学为什么出现于西方，而未发生于中国。由此问题出发，该书考察了从古至今科学结构形成的历史过程，在此基础上，指出近代时期，西欧才形成了"科学—实验—技术"的良性循环，从而实现了科学的加速发展。而中国古代并未形成原始科学结构，科学、实验、技术之间互相割裂，并未实现循环加速，科学发展虽然一直延续，但只是缓慢发展，乃至陷于停滞。

第一节 "科学—实验—技术"的循环

刘青峰对比了中西科学发展曲线，指出中国古代科学一直在缓慢而连续地发展，后期出现了饱和乃至停滞的现象，而西方科学不同时期存在剧烈变化，最终近代加速发展，在 17 世纪超过中国。因此，"李约瑟问题"并不能反映真实的中西历史，问题应该转换为科学革命为什么出现于西方，而未发生于中国。

在整个中古时代，中国科学技术水平远远高于西方，它的发展过程是缓慢的、连续的，到后期甚至有趋于饱和与停滞的倾向。西方在古希腊罗马时期，科学技术曾发展到了一个相当高的水平，中世纪出现了大跌宕，16世纪后科学技术出现了亘古未有的加速现象，整个科学技术水平呈指数曲线上升，17世纪后期科学技术水平超过中国。20世纪以来，科学技术仍然以一种惊人的加速度在发展着。……中国古代科学技术在两千余年间，一直处于缓慢的增长中，并没有出现过像西方那样中断性的大跌落。而西方科学技术发展曲线呈马鞍形，17世纪后又以指数函数的速度增长。所以，统计分析表明，历史上并不存在中国古代科学技术停滞倒退（具体学科可能存在停滞和倒退）的现象，17世纪后，中国科学技术之所以落后西方，实际上是因为西方科学技术出现了加速发展的结果。于是，近代中国科学技术落后于西方的原因这一问题，就巧妙地转化为：为什么17世纪科学技术革命会在西方出现、而没有在中国发生呢？[①]

为了探明近代西方科学技术发展机制，刘青峰对比了中西理论、实验、技术三条曲线的运行轨迹，指出中国三条线相互分离，技术线极高，而西方三条线相关性大，近代时期更是紧密结合，加速上升。

中国和西方的科学理论、实验、技术三条曲线的关系是大不相同的。图1.1.1显示中国的三条曲线相互分离，其中技术线与理论线、实验线间的分离尤为突出，技术线远远高于

---

① 刘青峰：《让科学的光芒照亮自己：近代科学为什么没有在中国产生》，新星出版社，2006，第6页。

理论线和实验线。这种相互分离的关系贯穿始终，三者似乎是各自独立地发展着。再从中国科学技术成果的总分中算一算，技术成果的积累计分高达 80%，理论成果积分占 13%，而实验成果积分仅占 7%。这表明，中国古代科学技术水平主要是以技术水平来体现的。这一特点在图 1.1.1 中表现为技术线与总分线极为接近而又平行。而西方的曲线组中，理论、实验和技术三条线相关性较大，尤其是在 16、17 世纪后，三条线呈现出你追我赶、紧密结合的现象，整个科技总分线呈指数曲线的加速上升。①

近代时期，中国技术仍占绝大比例，而西方则三项内容比例相当。

　　西方在 16、17 世纪以后，科学理论、实验和技术三者在总分中所占的比例日益趋于接近。尤其是在 18 世纪工业革命以后，三者的比例大致相当，没有严重失调的情况了。而中国则是技术比例一直非常高，常常占总分的 80% 以上，而实验分占的比例往往很低。这一状况一直没有得到根本转变。②

近代西方科技的加速发展，源于三者之间的合理配合、相互促进。

　　16、17 世纪后西方科学技术的加速发展，是和它内部理论、实验、技术三者间的合理结构有着联系的。也就是说，只要这三者之间形成了某种相互促进的关系，那么恩格斯所断言的科学发展同前一代人遗留下来的知识量成比例，就是完全可能的。因为理论、实验、技术都是前一代遗留下来的

---

① 刘青峰：《让科学的光芒照亮自己：近代科学为什么没有在中国产生》，第 8—10 页。

② 刘青峰：《让科学的光芒照亮自己：近代科学为什么没有在中国产生》，第 10 页。

知识，只有当它们作为一个有机整体时，才为发展提供了一个合理的基础。①

在刘青峰看来，科学进步拥有自身的内在节奏，"这就是实验—理论—实验反复循环"。② 理论与实验的分别积累，都只能推动科学的缓慢发展，只有二者循环起来，才能构成科学发展的强大动力。

> 在科学史上科学理论和实验的发展有两条线索，一条是它们各自内部的继承发展，即科学家在前人理论成果的基础上发展新理论，实验科学家继承和改造、创新实验仪器和方法。如果仅仅只有两条理论和实验分离的发展线索，整个科学发展速度必定是缓慢的。而在近代科学中，理论对实验起着指导和设计作用，实验则对理论起着鉴别作用。这两种效应使实验从盲目走向自觉、严格；也使理论从含混趋于清晰、严密。它们构成了一个强有力的循环。只有这种虚线和实线箭头组成的循环才是科学发展的动力。③

简而言之，近代科学就是在这种"理论—实验—理论"的反复循环中起飞。

> 我们认为，近代科学的加速发展从其内部原因来讲是因为形成了理论—实验—理论这一循环加速机制。有了这种机制，从事理论研究和实验研究的科学家们从各自的局限中摆

---

① 刘青峰：《让科学的光芒照亮自己：近代科学为什么没有在中国产生》，第10—11页。

② 刘青峰：《让科学的光芒照亮自己：近代科学为什么没有在中国产生》，第22页。

③ 刘青峰：《让科学的光芒照亮自己：近代科学为什么没有在中国产生》，第24—25页。

脱出来，结合为一体。科学家在继承前人理论成果的基础上提出新的学说，这种新理论为实验提供了设计方案和方向，新的实验结果对理论进行审定鉴别，否定其错误，强化和明确其正确的因素，使假说得以成长为理论，同时实验也由粗放简单趋于精密复杂。科学也就在理论—实验—理论的反复循环中开始起飞！①

但同时，在刘青峰看来，"仅仅用理论—实验—理论这一循环来解释科学技术加速的内在动力是远远不够的"，② 还需要另一种形式的循环，"这实际上是指技术本身也要在一种反馈中自我促进，这一循环就是'技术—科学—技术'"。③ 具体而言，便是新科学开辟了新技术的道路，促进新技术的开发；新技术向新科学提出新的要求，提供更完备的条件，从而形成加速发展机制。

> 总而言之，这一循环中，我们可以明显地看到科学研究为新技术开辟道路，新技术的兴起又向科学研究提出新课题（包括理论和实验）。同时，新技术所代表的生产水平和能力也为科学研究提供新的实验材料和仪器，促使更完备的理论和实验成果诞生。这些科学研究的新成果又反过来促进新技术的开发，新的实验产品和仪器也不断地社会化成为技术产品和工具。如此循环不已，相互促进，便形成了强大的加速发展机制。④

中国古代同样也未形成这种良性循环，与之相反，近代科学获得

---

① 刘青峰：《让科学的光芒照亮自己：近代科学为什么没有在中国产生》，第 26 页。
② 刘青峰：《让科学的光芒照亮自己：近代科学为什么没有在中国产生》，第 28 页。
③ 刘青峰：《让科学的光芒照亮自己：近代科学为什么没有在中国产生》，第 31 页。
④ 刘青峰：《让科学的光芒照亮自己：近代科学为什么没有在中国产生》，第 40 页。

了这种动力的支持。

> 中国古代技术虽然发达，发达的技术背景当然也在一定
> 程度上促进了科学，但并不存在这种循环关系。……技术、
> 科学理论、实验三条曲线互相割裂就表明了这一点。它们各
> 自孤立地发展，连续而缓慢。西方近代技术的加速正是依赖
> 了16世纪后出现的循环机制。[1]

可见，科学发展的内在动力，依赖于"理论—实验—理论"与
"技术—科学—技术"两个循环。两个循环不仅推动了科学的发
展，而且需要彼此配合，否则便无法持久，造成科学发展的
停滞。

> 实际上，理论—实验—理论和技术—科学—技术这两个
> 循环是互相关联的。如果缺少了一个，或者缺少了其中某一
> 环，甚至是两个循环配合得不好，那么科学技术的持久加速
> 就是不可能的。即使某一时刻、某一学科出现了加速，它或
> 迟或早会停滞下来。[2]

第二节　近代科学技术结构的形成

在刘青峰看来，两个循环的密切配合与良好运转，最终促进
了近代科学技术结构的形成。

---

[1]　刘青峰：《让科学的光芒照亮自己：近代科学为什么没有在中国产生》，第31页。
[2]　刘青峰：《让科学的光芒照亮自己：近代科学为什么没有在中国产生》，第43页。

我们只有接受一个结论，那就是出现了一种特殊的整体性结构！结构是一种组织，只有它才能把无数条件有机地结合在一起，使它们有序地、协同地发挥作用。西方16世纪后科学技术之所以出现循环加速，正是由于逐渐形成了近代科学技术结构。[①]

在这一结构中，首先形成了从事理论、实验、技术的三个社会共同体，推动三者之间的循环在广大社会中进行。

首先，它形成了从事科学理论、实验和技术的三个社会共同体，这些共同体依据某种共同的原则来搞科学技术，并且疏通了理论、实验和技术之间转化的渠道，这使得三者之间的循环加速能在整个社会相当大的范围进行。[②]

对于科学技术结构的讨论，可以从内部、外部两个维度开展。

一是讨论科学技术的内部结构，即为了保证循环加速机制，对理论、实验和技术有什么样的要求和限制。二是科学技术结构和社会结构的关系，也就是近代科学技术结构产生的社会条件。[③]

内部维度的讨论，可从理论、实验、技术三个层面着手。所谓理论结构，是指科学家开展研究所搭建的框架与遵循的规范。"理论结构并不是科学理论知识本身，它是指人们构造科学理论所依赖

①　刘青峰：《让科学的光芒照亮自己：近代科学为什么没有在中国产生》，第48—49页。

②　刘青峰：《让科学的光芒照亮自己：近代科学为什么没有在中国产生》，第49页。

③　刘青峰：《让科学的光芒照亮自己：近代科学为什么没有在中国产生》，第49页。

的框架，也就是科学家搞理论所遵循的规范。"① 近代科学家才开始自觉地遵循规范，从而推动了科学加速发展。

> 科学发展史表明，历史上提出过的许多科学理论都并没有自觉遵循这种原则。只有在近代科学逐步形成和兴起后，科学家们才找到了一种新的规范来搞理论。也只有在遵循一种新的原则来构造科学理论时，科学—实验—科学循环中的两种加速效应才显著起来。②

近代时期的科学规范，要求科学理论必须是具有内在逻辑的逻辑构造。

> 在建立科学理论时，可以先提出假设，由假设推出某些结论，如果结论与实验符合，则假设为真；反之，假设就要修改。这实际上是人类第一次用哲学语言说明科学理论体系必须是逻辑构造型的。这种理论构造和鉴别的基本原则，至今还为科学家们所遵循。③

刘青峰由此出发，将这种科学规范或理论结构称为"构造性自然观"。

> 总之，构造性自然观有两个明显的特点：第一，它具有可证伪性；第二，它具有预见性。这两个特点把它与实验紧密结合在一起，先由实验归纳出某些结论，科学家提出理论来解释它们，并预言其他结论，这些结论又可以由实验来鉴

---

① 刘青峰：《让科学的光芒照亮自己：近代科学为什么没有在中国产生》，第53页。
② 刘青峰：《让科学的光芒照亮自己：近代科学为什么没有在中国产生》，第53页。
③ 刘青峰：《让科学的光芒照亮自己：近代科学为什么没有在中国产生》，第68页。

别，这样就构成了我们上一章所讲的理论—实验—理论的反复循环。换言之，构造性自然观就是近代科学技术结构中的理论结构的最重要的特点。它是近代科学家从事科学实践、构造科学理论所共同遵循的规范；它是近代科学理论日新月异地加速发展所必需的认识论。[1]

刘青峰又将目光转向实验结构。在她看来，古代科学实验具有不可控性。"动手做实验，差不多每个古代科学家都会。但大多数实验都得不到确定的结果，原因是干扰不可排除。"[2] 近代时期的实验结构，却要求实验具有受控性。

> 所谓受控实验，是指实验应在严格控制条件下进行，而不是以在不可控的偶然因素起重要作用时的观察或测试结果为据。只要控制条件足够严格，任何人在任何地方用同样的条件和方法做同一实验，实验结果都能以稳定的几率再现。[3]

从而推动实验快速实现向理论、技术、物质的转化，推动"科学—技术—科学"的强力循环。

> 只有受控实验才能转化为技术，才能加入科学—技术—科学的循环中去。我们知道，技术是人类有目的的一种实践活动，它的过程是受控的，实验成果向技术的转化就意味着实验室操作的社会化过程。这样，人们要完成实验向技术的转化，实验过程应尽可能地使用仪器，以及将实验结果物化，变成规范性的新仪器。显然只有受控实验才做得到这一点。

---

[1] 刘青峰：《让科学的光芒照亮自己：近代科学为什么没有在中国产生》，第68页。
[2] 刘青峰：《让科学的光芒照亮自己：近代科学为什么没有在中国产生》，第74页。
[3] 刘青峰：《让科学的光芒照亮自己：近代科学为什么没有在中国产生》，第74页。

非受控实验是不可重复的，也是无法物化的。虽然历史上有些非受控实验并不全是虚妄的，但这种实验不能从个别实验者个人的认识活动中游离出来，也就更不可能转化为技术了。受控实验中实验条件和结果的物化不仅使实验各项指标客观化了，而且也为社会技术系统生产提供了条件，技术系统大多是以产品为其目的。实验过程的物化意味着为使实验装置转化为定型的技术设备提供条件。它是实现科学（包括理论和实验）—技术—科学循环的重要环节。①

为了达到这一点，实验结构还需要与构造性自然观相结合。"科学—技术—科学循环除了要求实验结构是受控的，并尽可能使用仪器外，还要求受控实验和构造性自然观相结合。"②

刘青峰指出构造性自然观与受控实验系统，在科学革命中就已经形成。

近代科学技术结构中的理论结构——构造性自然观以及实验结构——受控实验系统。它们大约在 16、17 世纪形成，当然在它们形成之前还有一个漫长的酝酿萌发过程。而构造性自然观和受控实验系统确立了自己在科学中的地位，这在科学史上常被称为科学革命。③

与之相比，技术发展的高峰却到 18 世纪才最终到来，这根源于技术社会化的条件还未成熟，即一方面理论结构和实验结构还未成熟，另一方面资本主义经济结构还未完全确立。

① 刘青峰：《让科学的光芒照亮自己：近代科学为什么没有在中国产生》，第 80—81 页。
② 刘青峰：《让科学的光芒照亮自己：近代科学为什么没有在中国产生》，第 81 页。
③ 刘青峰：《让科学的光芒照亮自己：近代科学为什么没有在中国产生》，第 86 页。

尽管 16、17 世纪科学水平的净增长出现了高峰，但是技术线却还没有达到相应的高度，没有真正起飞。这说明了什么问题呢？它表明，科学（理论和实验）—技术—科学的这第二个重要循环还没有完成。历史上，16、17 世纪仅仅确立了构造性自然观和受控实验系统，而技术发展的高峰并没有出现，直到 18 世纪，才爆发第一次工业革命。这表明，科学成果的社会化所必需的两个历史条件还没有成熟。一个历史条件是资本主义经济结构的确立还没有完成。这是社会因素。另一个因素是科学技术结构内部的，即适应构造性自然观和受控实验系统的近代技术结构还没有成熟。[①]

刘青峰指出，所谓技术结构，并非指水平高下，而是指封闭或者开放。

如果我们仅仅局限于技术本身来看，并不能判断其自身是开放的或是封闭的。人们从技术本身来讨论技术时，往往会陷于对技术、技艺水平是高超的或低下的评价。我们这里所说的技术的开放性和封闭性，是指技术的结构，而不是指其内容或水平。开放性技术体系只可能出现在开放性经济结构中，技术的转移来自于强大的经济动力。相反，在一种封闭的技术结构中，可能有非常高超的技艺和发达的水平，但它仍是封闭性的。[②]

古代社会的技术具有封闭性，近代时期技术才开始进入"科学—技术—科学"的循环之中，形成了以开放性技术体系为内容的技术结构。

---

① 刘青峰：《让科学的光芒照亮自己：近代科学为什么没有在中国产生》，第 87 页。
② 刘青峰：《让科学的光芒照亮自己：近代科学为什么没有在中国产生》，第 95 页。

打破封闭性技术首先要有社会经济动力。近代资本主义经济结构确立后所引发的第一次工业革命，正是打破古代封闭性技术系统，迫使它加入到科学（理论和实验）—技术—科学的循环中去的革命。[①]

技术不能仅依靠经济推动，还要实现内部解放，否则便有可能陷入停滞。

仅仅有经济的动力推动着技术往前走，技术还是被动的。当这种动力不那么强烈，或者需求满足到一定程度时，技术的进步就会放慢速度，甚至停下来。技术要参加循环加速，必须从内部获得解放。[②]

总之，在刘青峰看来，构造性自然观、受控实验系统、开放性技术体系共同构成了近代科学加速发展的内部机制。

现在，我们可以总结一下西方科学技术在 17 世纪后一系列循环加速过程出现的原因了，这是由于科学理论与实验以及技术之间形成了一种特定的联系。有一种结构保证着它们畅通无阻地进行。我们把它称为近代科学技术结构。它是由三个子系统组成的。其理论结构为构造性自然观，实验结构为受控实验系统，而开放性技术体系则是它的技术子结构。这三个子系统组成一个相互促进的有机整体。它们之间的相互适应性，则是近代科学技术循环加速发展的内部机制。[③]

---

① 刘青峰：《让科学的光芒照亮自己：近代科学为什么没有在中国产生》，第 93 页。
② 刘青峰：《让科学的光芒照亮自己：近代科学为什么没有在中国产生》，第 99 页。
③ 刘青峰：《让科学的光芒照亮自己：近代科学为什么没有在中国产生》，第 104 页。

而后者与前二者出现的时间并不一致，是后者本身成熟，以及与资本主义经济结构相结合的结果。

西方在 16、17 世纪开始建立起以构造性自然观为核心的科学理论结构，和以受控实验系统为基础的科学实验结构。在这种结构中，实验对理论的鉴别效应和理论对实验的指导作用大大加强了。科学理论和科学实验之间出现了相互促进的循环加速机制。它是西方 16、17 世纪科学革命出现的内部原因。18 世纪，在近代科学结构和资本主义经济结构形成后，西方又建立了开放性技术体系，出现了科学和技术之间互相促进的循环加速机制。近代科学技术结构的确立，使得西方科学技术发展日益加速并超过中国。①

第三节　古希腊的原始科学结构

在对近代科学技术结构开展系统分析的基础上，刘青峰进一步回溯历史，尝试讨论近代科学结构的古代基础。在她看来，古代世界存在一个不断发展，为近代科学结构打下基础的"原始科学结构"。之所以称之为"原始科学结构"，是由于它所遵循的规范尚具有很大的有限性。

我们将其称为原始科学结构。它之所以是原始的，因为和近代科学结构相似的规范虽然在这一学科中确定，但它没有上升到一般原则，并且和具体学科的内容还不曾分离，它

---

① 刘青峰：《让科学的光芒照亮自己：近代科学为什么没有在中国产生》，第104—105 页。

的影响只局限在很窄的一个领域以及与这一领域有直接关系
的学科。原始科学结构在合适的社会条件下不断成长，不断
扩张到越来越广阔的科学研究范围，最后形成科学结构，我
们将其称为原始科学结构的社会化过程。研究为什么西欧在
16 世纪后能确立近代科学结构，就是去剖析原始科学结构形
成及其社会化的条件。①

刘青峰认为建立构造性理论体系十分困难，在古代众多文明中，
只有古希腊大致实现了这一点，

> 在几何学的实验和技术结构中建立起类似于近代科学技
> 术结构的规范是比较容易的，古代巴比伦、埃及、印度和中
> 国都几乎独立地迈出了这一步。而建立构造性理论体系则比
> 较困难。只有古代希腊人大致达到了这一点。②

而欧几里得几何却为科学结构的建立提供了一种模板。

> 为什么古希腊以欧氏几何体系为代表的原始科学结构的
> 出现是这样重要呢？就人类整个科学知识内容来说，几何学
> 虽然是基础，但其意义并不在于人类在几何学中所掌握的知
> 识本身，而在于欧氏几何理论体系明确了一种建立科学理论
> 的模式。我们在后面将指出，它为近代科学结构（主要指构
> 造性自然观）的建立起到了某种模板的作用。而这种模板在

---

① 刘青峰：《让科学的光芒照亮自己：近代科学为什么没有在中国产生》，第 120 页。
② 刘青峰：《让科学的光芒照亮自己：近代科学为什么没有在中国产生》，第
128—129 页。

科学史上只能最先在几何中建立……①

在科学并不彰显的古代世界，原始科学结构隐藏在众多思想之中而难以被发现。

> 而在近代科学结构建立以前，社会上绝大多数人对科学了解甚少。科学的示范好像阳春白雪，它的声音在古代世界是如此微弱。特别是原始科学结构，它只是深藏在众多的思想体系、学派及专门知识贝类中的一颗珍珠，虽然它有极为珍贵的价值，但它外面包围着一个坚硬的难以被人理解的专业性外壳，只有极少数人才能识别它。②

古希腊虽然在一定程度上确立了原始科学结构的内在基础，但由于缺乏社会条件的支持而逐渐陷于停滞。

> 虽然几何学建立的原始科学结构在某种程度上包含了受控实验和开放性技术原则（它们是在成千上万年实践中积累起来的），但在奴隶社会结构中几乎不能发挥任何示范作用。古希腊原始科学结构的示范主要是欧几里得理论体系的示范。这样，到了罗马帝国时，这种示范作用必然很快就发展到它的极限，古希腊科学发展也必然渐渐陷于停滞状态。③

刘青峰认为包括原始科学结构在内的古代科学体系，面临着三大阻碍：一是上面所述的文化背景。二是古代社会对于科学的

---

① 刘青峰：《让科学的光芒照亮自己：近代科学为什么没有在中国产生》，第133—134 页。
② 刘青峰：《让科学的光芒照亮自己：近代科学为什么没有在中国产生》，第150 页。
③ 刘青峰：《让科学的光芒照亮自己：近代科学为什么没有在中国产生》，第152 页。

需求相对较小，相应对于社会的示范与引领作用就大受影响。"科学体系的示范作用所遇到第二个巨大障碍，是由科学体系本身的专门性和复杂性所带来的。技术虽然也是专门的、复杂的，但古代技术由于存在着相当的社会需求而社会化了。一般说来，古代社会对科学的需求比对技术的需求小得多，特别对于纯科学更小。"① 三是由于通信技术不发达，严重影响了科学的传播。"原始科学结构示范作用的第三个大障碍是通讯技术的不发达。思想的社会化需要通过出版和印刷，跨地域的科学交流需要发达的通讯渠道。"②

在刘青峰看来，不同的社会结构塑造不同的科学道路。中西科学的不同，便根源于平稳发展与急剧发展的历史脉络。

> 不同的社会结构所允许其相应的科学社会化规模是不同的。科学的成长必然随着社会结构的改变而变化。两千年来，中国社会结构和文化背景没有出现过从古希腊罗马到基督教文明这样大起大落的变化，所以科学的发展一直是连续的，没有大跌荡。古希腊罗马文明虽然结下了原始科学结构的种子，但这颗种子是不可能在古代西方社会长成大树的。历史注定科学的成长要走一条更为曲折的道路。③

但耐人寻味的是，中西科学遗产却共同塑造了近代科学结构。

> 近代科学结构是否能在一种孤立而单一的文化背景（或社会结构）中出现？回答是否定的。中国创造的通讯技术是和中国封建社会特殊的大一统形态相适应的，它只能产生在

---

① 刘青峰：《让科学的光芒照亮自己：近代科学为什么没有在中国产生》，第154页。
② 刘青峰：《让科学的光芒照亮自己：近代科学为什么没有在中国产生》，第156页。
③ 刘青峰：《让科学的光芒照亮自己：近代科学为什么没有在中国产生》，第159页。

中国这样的社会结构之中；而原始科学结构示范的扩大同时又需要与基督教文化相适应的封建社会结构。近代科学结构建立的内在条件几乎包含着本质上的二律背反：它既需要欧洲中世纪后期的那种社会结构，又需要中国封建社会那种完全不同于欧洲的封建社会结构所提供的技术。这一切无非表明：科学是属于全人类的……①

事实上，原始科学结构的出现，也是多种文明共同作用的结果。

> 原始科学结构本身的出现，也是古埃及文明和古希腊文明融合的结果。它的成长也是一样，必须集中融合全人类一切民族所创造的精华才能发展。因此，哪一个地区哪一个民族能够汇聚这些精华，它就会成为原始科学结构社会化的发源地；如果这些条件都消失了，那么科学就会夭折或者转移。②

第四节　中国近代科学落后之谜

刘青峰认为与古希腊不同，中国古代几何学不发达，导致中国走上了与古希腊完全不同的科学道路。"在几何学中形成原始科学结构方面，古代中国所走过的道路和古希腊是不同的。"③ 虽然中国最早的神祇伏羲与女娲手握规与矩，但《墨经》中的几何理论，伴随百家争鸣的结束，很快就消失了。此后中国的数学理论模式走向了计算数学与天文学，与古希腊的几何学形成历史分途，不利于建立起几何学构造性理论体系。

---

① 刘青峰：《让科学的光芒照亮自己：近代科学为什么没有在中国产生》，第169页。
② 刘青峰：《让科学的光芒照亮自己：近代科学为什么没有在中国产生》，第169页。
③ 刘青峰：《让科学的光芒照亮自己：近代科学为什么没有在中国产生》，第129页。

而几何学的知识被纳入到更为实用的天文学体系以及测量技术中去了，中国的数学理论模式几乎是以天文学和计算数学为中心而形成的。显而易见，就原始科学结构形成而言，天文学远比几何学不利，古代天文学中实验受控程度远低于几何，在几何理论结构本身不完备的条件下，由于天文历法的实用要求会促使整个数学（包括几何）朝着算术化的方向发展，其结果愈加不利于几何学中构造性理论体系的成熟。①

这便造成中国古代无法形成一个整体结构的学说。

科学是一个整体，没有与构造性自然观相结合，实验和技术再发达，也不能形成整体结构，即使在一个具体领域中也是这样。中国古代天文学家不可能把不同的结论结合起来构造一个简单明了的假说。②

而在社会结构方面，中国也发展出十分独特的封建社会结构。

我们曾经分析过中国封建社会的结构，它的经济结构是不同于欧洲封建领主经济的地主经济；它的政治结构是大一统的官僚政治；它的意识形态结构是儒道互补的文化体系。这三个子系统相互适应，相互调节，是中国封建社会在两千余年间赖以维系的基本构造框架。而中国古代科学技术结构正是在这一基本社会框架中形成，并与之相适应的。③

受此影响，中国古代科学理论结构是有机自然观，实验结构是经

---

① 刘青峰：《让科学的光芒照亮自己：近代科学为什么没有在中国产生》，第130页。
② 刘青峰：《让科学的光芒照亮自己：近代科学为什么没有在中国产生》，第133页。
③ 刘青峰：《让科学的光芒照亮自己：近代科学为什么没有在中国产生》，第257页。

验性的和非受控的，技术结构是大一统型。

> 中国封建社会大一统政治形态和商品经济相对发达的地
> 主经济决定了它的技术结构是"大一统型"的。理论和实验
> 结构则和以儒家为正统、道家为补充的文化结构相适应。儒
> 家直观合理外推的思想方法以及伦理中心主义的哲学观使得
> 中国古代科学理论是具有无神论与经验论倾向的有机自然观，
> 相比之下实验格外薄弱，它是经验性的和非受控的。[①]

三者之间互相割裂，无法形成循环加速机制，从而只能独立缓慢
发展，乃至逐渐趋于饱和，在近代时期落后于西方。

> 正是由于古代中国大一统技术发达，中国成为造纸、指
> 南针、火药和活字印刷技术的发源地，具有无神论、经验论
> 倾向的理论比起欧洲中世纪神学自然观更为切近自然，但是
> 科学实验、理论、技术都分别深深地和中国封建社会结构相
> 适应，三者基本上是互相割裂的，它们之间不能形成相互促
> 进的循环加速机制。这样它们只能各自独立地缓慢地进步着，
> 甚至有趋于饱和的倾向。……因此，自16世纪以后，由于西
> 方科学技术在循环加速中前进而中国日益落后于西方。[②]

在刘青峰看来，近代科学结构的形成，需要三个条件。

> 近代科学技术结构是一个有机的整体，它的产生和演化
> 是和一定的社会结构的演化相一致的。近代科学技术结构的

---

① 刘青峰：《让科学的光芒照亮自己：近代科学为什么没有在中国产生》，第257页。
② 刘青峰：《让科学的光芒照亮自己：近代科学为什么没有在中国产生》，第258页。

形成和发展有三个必要条件：其一是原始科学结构的种子；其二是大一统型的通讯技术；其三是社会结构的转化，特别是新的社会结构要比旧结构有更大的容量。①

而中国一直欠缺原始科学结构与社会结构转化，中国的通信技术则弥补了西方唯一的缺环。

> 我们知道，原始科学结构的种子在古希腊时形成。而中世纪后期欧洲由封建社会向资本主义社会转化，推动着原始科学结构成长为近代科学结构。在这一历史过程中，中国古代的大一统通讯技术起到了传播交流的强大工具的作用。在近代科学技术结构形成的三个必要条件中，有两个条件中国封建社会都不具备。②

近代科学结构的形成，需要两种动力，即原始科学结构的模板与社会结构的转化与容量，中国一直欠缺前者，而后者由于中国封建社会是一个超稳定系统，也一直未能出现。

> 近代科学技术结构形成需要两种动力，第一，原始科学结构的模板；第二，社会结构的转化和容量。中国在两千多年前就进入大一统封建帝国，而后墨家衰亡，使原始科学结构种子没有在中国成熟。更重要的是，在中国封建社会结构中，社会文化模式已经缔造了中国古代特殊的科学技术结构，这种结构在一定程度上抑制了原始科学结构种子的传入，并且闭关自守，又为此设置了重重壁垒。另一方面，也是主要

---

① 刘青峰：《让科学的光芒照亮自己：近代科学为什么没有在中国产生》，第258页。
② 刘青峰：《让科学的光芒照亮自己：近代科学为什么没有在中国产生》，第258页。

的，中国封建社会是一个超稳定系统，历史进程呈现出周期性振荡，没有出现向新的社会结构的转化，而近代科学技术结构只有在社会结构转化中才能社会化。也就是说，中国封建社会的长期延续使得与其相适应的科学技术结构也长期停滞了。①

小　结

刘青峰从科学技术结构或科学结构的概念出发，尝试对中西科学道路的历史分途、近代科学产生于西欧而非中国，开展长时段、整体性分析。在她看来，科学结构包含理论结构、实验结构、技术结构三个方面，由此分别形成理论、实验、技术三个社会共同体。近代时期，三方面相互配合，推动"理论—实验—理论""科学—技术—科学"两大循环不仅独立，而且相互配合，从而实现了循环价值机制，在广大社会中开展科学研究，推动科学的持续发展，最终形成近代科学结构。近代科学结构由符合逻辑的构造性自然观、受控实验系统、开放性技术体系共同构成，三者之间合理配合、互相促进，并与资本主义经济相结合，推动了近代科学加速发展。

近代科学结构源于古希腊的"原始科学结构"。之所以称其为"原始科学结构"，在于它所遵循的规范尚具有很大的有限性。构造性理论结构形成十分困难，在世界各文明中，只有古希腊发展出发达的几何学传统，从而推动了这一结构的大致形成，并由此发展出"原始科学结构"。但同时，原始科学结构隐藏于众多思想

---

① 刘青峰：《让科学的光芒照亮自己：近代科学为什么没有在中国产生》，第258—259页。

之中，科学的示范作用并不彰显，奴隶社会也无法提供相应的社会支持，古希腊科学逐渐陷于停滞。但近代时期，伴随中国通信技术的传入、资本主义经济结构的形成，古希腊原始科学结构转变为近代科学结构，推动了近代科学的形成。

与之相比，中国古代虽然很早就有几何学传统，但步入封建社会之后，却很快消失，导致中国古代无法形成完整的理论结构，中国古代科学理论结构是有机自然观，实验结构是经验性的和非受控的，技术结构属于大一统型。三者之间互相割裂，无法形成循环加速机制。不仅如此，中国古代封建社会是一个超稳定系统，无法完成社会结构转化。中国古代科学于是只能持续但缓慢地发展，乃至逐渐趋于饱和，导致中国在近代时期落后于西方。

相应，在刘青峰看来，"李约瑟问题"并不能反映真实的中西历史，问题应该转换为科学革命为什么出现于西方，而未发生于中国。

第十八章
科学发展的空间

相对于近代科学为什么没有产生于中国的"李约瑟问题",更多的西方学者关注的是近代科学为什么产生于欧洲的问题,而且在讨论中往往也会观照到中国历史,甚至针对"李约瑟问题"展开相关讨论。他们的视角与观点虽然存在差异,但基本都将根源归结为中西地缘政治的巨大差异与科学发展空间的不同。

第一节 文化移植的关键作用

2007 年,荷兰科学史家弗洛里斯·科恩出版了《世界的重新创造:现代科学是如何产生的》一书。在该书中,科恩并未沿用已是常识的"科学"概念,而是重新发明了两个概念:世界图景、自然哲学。科恩通过这种方式,有意突出与强调所谓的古代科学与近代科学所存在的巨大区别。

世界图景与自然哲学并非完全二元对等的概念,前者范围更大,包括后者,后者是前者之中更为进步的一种形式。所谓"世界图景",是对于自然的一种总体的、松散的认识,中国和文艺复兴时期的欧洲,就是这样一种相对粗糙的阶段。雅典一方面也呈现出这种特征,对于世界的认识呈现出一种整体性,也并未区分自然与社会。

> 但在自然哲学家看来，自然哲学并不是全部。对自然本质的沉思永远与哲学的其他关键问题密切相关，比如城邦应当如何组织，如何过一种有美德的生活，如何进行逻辑争论，等等。[1]

不仅如此，雅典也同样是以实在的眼光来审视世界。但另一方面，雅典在认知自然方面，具有更为明确的认识与实践，科恩由此称之为"自然哲学"。

> 每一个雅典学派不仅提出了自己的世界图景，而且还以一种非常具体的方式这样去做了，在本书中，我们把这一概念称为自然哲学。无论在中国还是在文艺复兴时期的欧洲，我们都会看到一些世界图景，但它们并不是这种特殊意义上的自然哲学，而是更为松散的思想构造。这里的"世界图景"总是表示一种对现象之间关联的总体想法，而"自然哲学"则用在一种更狭窄的意义上。于是，如果某种世界图景以那种特定的"雅典的"认识结构为标志，我们就只谈及自然哲学，即能够解释一切的、无可置疑的、关于整个世界的一套第一原则。[2]

值得注意的是，在科恩看来，雅典时期自然哲学的明确追求，并不意味着完全的确定。

---

[1] 〔荷〕H. 弗洛里斯·科恩：《世界的重新创造：现代科学是如何产生的》，张卜天译，商务印书馆，2020，第20页。

[2] 〔荷〕H. 弗洛里斯·科恩：《世界的重新创造：现代科学是如何产生的》，第14页。

然而，这些第一原则是否具有无可置疑的确定性是成问题的。倘若第一原则的体系只有一个，我们尚且可以轻松地说，世界能够根据这些第一原则简单地构建起来。但现在同时有四个这样的体系相互竞争，很难想象其中能有一个独占所有真理。第五个雅典学派的批评正是集中于这一弱点，它并未牵涉第五种哲学，而是试图建立一种反哲学。这便是怀疑论派。①

所以，在科恩看来，中国与雅典存在极大的相似性。"在中国和希腊这两种文明中，自然认识不仅意味着获得个别领域的专门知识，而且意味着解释整个自然界。"②

当希腊的历史进入亚历山大时期，自然哲学才完成了进一步的突破。亚历山大时期的科学家，运用数学方式认识自然，故而不仅完全专注于自然，而且还完成了从实在向抽象的跨越。

亚历山大的数学自然认识方式与实在几乎没有什么联系。这是它与雅典自然认识方式的一个非常重要的区别。后者着眼于实在——日常经验的实在，不过是从一种特殊的视角来看。③

也就是说，亚历山大时期的数学认识方式与雅典自然哲学呈现出个体性、抽象性与整体性、实在性的根本不同。

数学的自然认识仅仅代表自身，某一陈述的正确性并不

① 〔荷〕H. 弗洛里斯·科恩：《世界的重新创造：现代科学是如何产生的》，第14页。
② 〔荷〕H. 弗洛里斯·科恩：《世界的重新创造：现代科学是如何产生的》，第267页。
③ 〔荷〕H. 弗洛里斯·科恩：《世界的重新创造：现代科学是如何产生的》，第19页。

依赖于相邻领域的陈述是否为真。对于"雅典人"所认为的构成一切事物之核心的第一原则，"亚历山大人"并不感兴趣。"亚历山大人"不作解释，而是描述和证明，不是转弯抹角地用语词作确定性说明，而是运用可以作计算的数学单元——数和形。对"亚历山大人"而言，知觉到的现象不是充当说明，而是作为数学分析的出发点，除此以外几乎所有东西都是抽象的。[①]

与哲学辩论的低门槛相比，数学研究具有高度专业化的特征，亚历山大时期从而呈现出数学家不断聚合，推进数学发展至巅峰的时代图景，推动了第一次科学革命的完成。

任何有教养的人都可以参加哲学辩论，而数学的自然认识方法却是高度专业化的。满足这一要求的少数人并不限于某一个领域，而是同时致力于若干个领域。于是，欧几里得不仅将几乎所有希腊数学知识系统地整合在一起，而且写了一些关于谐音和光线的论著。阿基米德在描述两种平衡态方面取得了重要成果，而在其他三个领域，托勒密的工作则代表着"亚历山大"思想的顶峰。[②]

与之相比，中国一直都未完成这种跨越，从而被希腊甩在了后面，二者从而呈现出鲜明的世界图景与自然哲学的对立。

在中国，自然认识采取了一种"经验的-实践的"形式，

---

① 〔荷〕H. 弗洛里斯·科恩：《世界的重新创造：现代科学是如何产生的》，第20页。

② 〔荷〕H. 弗洛里斯·科恩：《世界的重新创造：现代科学是如何产生的》，第20—21页。

其背景是一种总体的世界图景。在希腊世界以两种不同形式发展出了一种理智主义的自然认识：以雅典为中心的四种自然哲学和以亚历山大为中心的"抽象的-数学的"自然认识。[1]

值得注意的是，公元前 2 世纪，希腊自然哲学突然衰落。科恩认为这并非一个奇怪现象，而是古代世界经常发生的普遍现象。

> 这恰恰是"旧世界"中自然认识兴衰模式的特征：首先是序幕，然后是繁荣，到一个黄金时代达到顶峰，最后是急剧衰落，这并不排除有时会有个别人作出一些重要的成就。历史永远不会完全重复，但我们在伊斯兰文明、中世纪的欧洲以及文艺复兴时期的欧洲那里都看到了本质上相同的模式。[2]

> 总体而言，自然认识在伊斯兰文明中的兴衰表现为和希腊一样的前现代模式。无论在伊斯兰文明还是在希腊文明中，黄金时代之后的衰落都是突然和急剧的，而且都产生了一些杰出的个人成就。[3]

古代世界之所以有如此特征，根源于现代科学所具有的知识驱动力与社会创造力，在古代时期并不存在。

> 在我们这个时代，科学的连续性得益于两个非常稳定的因素。现代科学研究由一种内在的动力所驱动，使我们的知

---

[1] 〔荷〕H. 弗洛里斯·科恩：《世界的重新创造：现代科学是如何产生的》，第 267 页。
[2] 〔荷〕H. 弗洛里斯·科恩：《世界的重新创造：现代科学是如何产生的》，第 27 页。
[3] 〔荷〕H. 弗洛里斯·科恩：《世界的重新创造：现代科学是如何产生的》，第 75 页。

识边界能够不断拓展下去。这种知识的许多要素都能通过与技术的持续互动而使我们变得更加繁荣富足，并且在许多方面改善我们的生活质量。而在"旧"世界，现代科学事业的这两大支柱的萌芽从未在任何时间和地点出现过，内在的连续性并不存在。[1]

因此，希腊自然哲学的突然衰落，并不影响它开辟了现代科学的道路。"中国和希腊这两种进路是把自然界分成各个方面来理解的、原则上等价的办法。但事后看来，作为发展的可能性，现代科学可能只存在于希腊的而非中国的自然认识之中。"[2]

与希腊自然哲学的未来生机相比，科恩认为中国的世界图景，长期保持了自我封闭，忠实于自身原理，核心一直未变，最终演变为一个"辉煌的死胡同"。[3] 中西之所以呈现如此区别，根源是希腊内部存在交流机制，而中国却一直缺乏。科恩十分推崇文明交流而产生的创新。

> 文明可以相互碰撞，也可以相互孕育。……异乡人的涌入以及对不同类型观念和传统的了解，使得旧有的思维方式和习惯更有可能得到更新。在历史上，这种交流是新思想最重要的来源之一。通过交流而实现创新绝不是自动进行的。大量事例表明，文明仅仅发生冲突，或者巨大的分歧使交流无果而终。但事实上，在前现代自然认识的历史中，通过文

---

① 〔荷〕H. 弗洛里斯·科恩：《世界的重新创造：现代科学是如何产生的》，第27—28页。

② 〔荷〕H. 弗洛里斯·科恩：《世界的重新创造：现代科学是如何产生的》，第267页。

③ 〔荷〕H. 弗洛里斯·科恩：《世界的重新创造：现代科学是如何产生的》，第50页。

明交流而实现创新成为了常态。①

他将之称为"文化移植"。在他看来，文化移植能够推动文化的革新甚至转变，在历史变迁中发挥着关键作用。

> 更确切地讲，当交流以某种形式进行时，就特别容易带来创新，我们在本书中称这种形式为"文化移植"（cultural transplantation）。所谓"文化移植"，我指的是某种特定的事件，它们促进了文化的革新甚至是转变：在一种文化中发展起来的一整套相互联系的看法、概念和做法被移植到另一种文化中，事实证明，它在后者的土壤中能够结出硕果。②

希腊地区由于长期存在众多政治实体，彼此之间不断战争，从而促成了三次文化移植。

> 在历史上，希腊的自然认识曾经发生过多次移植，而中国则没有发生过一次。这一点绝非偶然。每当出现这种自然认识的移植时，总会有军事事件产生了意想不到的推动作用。第一次文化移植把希腊的自然研究带到了巴格达，它是早期哈里发的征服运动和第一次伊斯兰内战（公元760年左右）的结果；第二次文化移植发生在12世纪的托莱多，它源于西班牙的收复失地运动；第三次文化移植发生在意大利，源于土耳其人攻占君士坦丁堡（1453年）。③

---

① 〔荷〕H. 弗洛里斯·科恩：《世界的重新创造：现代科学是如何产生的》，第42页。
② 〔荷〕H. 弗洛里斯·科恩：《世界的重新创造：现代科学是如何产生的》，第42—43页。
③ 〔荷〕H. 弗洛里斯·科恩：《世界的重新创造：现代科学是如何产生的》，第43页。

这三次文化移植均因军事征服而起。第一次是移植到伊斯兰文明中，它紧随着使阿拔斯王朝掌权的阿拉伯内战（8世纪）而来。新首都巴格达成为从希腊文译成阿拉伯文的翻译中心。第二次是移植到中世纪的欧洲，它源于收复失地运动，托莱多发展成为从阿拉伯文译成拉丁文的翻译中心（12世纪）。第三次是移植到文艺复兴时期的欧洲，起因是1453年君士坦丁堡的陷落。希腊原始文本传到了西方，在意大利以及后来在欧洲的其他地方被译成拉丁文。[①]

与之不同，相对于周边地区，中国一直保持着政治、军事与文化优势，长期维护了国家的统一，相应一直都未发生文化移植。

而中国本土的自然认识思想却从未与完全不同的文明有过富有成果的对抗。这是因为中华帝国始终是一个独立的统一体。中国的自然认识从未像希腊那样失去家园，必须在其他地方找到栖身之所。"蛮夷"通常会被长城挡在外面。倘若进入了中国腹地，特别是蒙古人建立元朝，以及后来满族人建立清朝，则在很短时间内，征服者就会采纳和吸收其新臣民的文明了。[②]

由于政治和军事的原因，中国的自然认识从未经历过这样一种文化移植。[③]

这最终造成中国在自然认识方面，一直都无法获得创新。"简言

---

① 〔荷〕H. 弗洛里斯·科恩：《世界的重新创造：现代科学是如何产生的》，第268页。

② 〔荷〕H. 弗洛里斯·科恩：《世界的重新创造：现代科学是如何产生的》，第43页。

③ 〔荷〕H. 弗洛里斯·科恩：《世界的重新创造：现代科学是如何产生的》，第268页。

之，中国自然认识的历史有其不间断的连续性，同样令人惊叹的是它长期不结果实。这种思想一直在原地打转，并且困在这个圈子里面，可能这个圈子太大了。"① 而现代科学则在相当程度上是对希腊自然哲学的复活与发展。

在欧洲，大约从 1600 年到 1640 年，主要是借助于验证性的实验，"抽象的-数学的" 自然认识第一次与实在密切关联了起来；在自然哲学中，通过把古代原子论的物质微粒与运动机制联系起来产生了新的解释模式；最后，在以实际应用为导向的自然研究中，出现了一种从自然条件下的观察到"探索的-实验的" 系统研究的转变。②

第二节　从地中海沿岸到大西洋海岸

1948 年，美国科学史家赫伯特·巴特菲尔德（Herbert Butterfield）著成《近代科学的起源（1300—1800 年）》一书。该书并未关注东方文明，带有明显的西方中心论色彩，指出地中海文明长期占据了世界的领导地位。

直到一个比较晚近的时期，就是说，直到 16 或 17 世纪，我们整个地球上的文明有数千年之久一直集中于地中海沿岸附近。在基督教时代，地球上的文明也大都是由古希腊—罗马和古代希伯莱人的文化构成。甚至在文艺复兴时期，意大

---

① 〔荷〕H. 弗洛里斯·科恩：《世界的重新创造：现代科学是如何产生的》，第 43 页。
② 〔荷〕H. 弗洛里斯·科恩：《世界的重新创造：现代科学是如何产生的》，第 270—271 页。

利仍然处于欧洲知识界的领导地位，就是在文艺复兴之后，也还是西班牙文化占着上风，西班牙历代国王统治了历史上最大的帝国之一，在反宗教改革中，西班牙曾占据支配地位。直到文艺复兴之前不久，在地球上的文明中，知识界的领导地位一直是由地中海东半部的那些国家，或者那些一直扩张到我们称为中东的帝国所占有。当我们盎格鲁-撒克逊人的祖先还是半野蛮人的时候，君士坦丁堡和巴格达已是极为富庶的城市了，根本瞧不起落后的基督教西方。①

在此基础上，巴特菲尔德提出"为什么西方竟逐渐占据了世界这个部分的领导地位"的问题。② 作为对这一问题的解答，巴特菲尔德认为欧洲长期面临来自亚洲腹地的游牧部落的侵袭，而 10 世纪以后，随着侵袭的逐渐减少，欧洲开始出现长足的进步，并在 17 世纪发生了科学革命。而科学革命在巴特菲尔德看来，是完全的西方产物。"我们必须把科学革命看作西方的创造性的产物——取决于只有在西欧才有的那些复杂的条件，或许也部分地取决于这半部分大陆的某种生活和历史的动力学特性。"③ 最终推动世界的中心从地中海沿岸向北转移到了大西洋海岸，西方文化也在大西洋海岸交织形成，而其中的重点便是英吉利海峡。

这场运动还是有地方性的，并且与可以说是从 1660 年以来，不仅在英国、荷兰和法国而且实际上在这些国家之间所发生的热火朝天的活动相关联。这些国家之间的活动相互交织构成一种不同性质的西方文化。可以说，被地中海地区占

① 〔美〕赫伯特·巴特菲尔德：《近代科学的起源（1300—1800 年）》，张丽萍等译，金吾伦校，华夏出版社，1988，第 155—156 页。
② 〔美〕赫伯特·巴特菲尔德：《近代科学的起源（1300—1800 年）》，第 156 页。
③ 〔美〕赫伯特·巴特菲尔德：《近代科学的起源（1300—1800 年）》，第 159 页。

据几千年之久的文明的领衔地位，这时已经以一种确定的方式明显地转移到更北的地区。……总之，地中海有时几乎已经成了穆罕默德的内湖，而地理上的发现使经济的优势经历好几代人一直在向大西洋海岸转移。这样，文明史很快就以英吉利海峡为重点了，那里的许多东西都在展示新貌，自此以后，地中海在现代人的眼里就成了一个落后的地区。①

第三节　法律革命推动科学革命

1993 年初版《近代科学为什么诞生在西方》是由美国科学史家托比·胡弗所著，顾名思义，探究的中心议题是："为什么近代科学仅诞生于'西方'，而非诞生于伊斯兰或中国文明之中。"②该书在充分吸收科学史、科学社会学、科学哲学众多研究成果的基础上，主张结合科学史研究的内、外视角，整体考察。在他看来，近代科学之所以产生于西方，是文化与制度组合的整体结果。

> 近代科学并没有在世界其他文明（印度、中国和伊斯兰）中诞生，尽管事实上其中的某些文明直到 13、14 世纪还拥有胜于西方的诸多文化及科学优势。这种认识会促使我们去考虑这种可能性，即近代科学在西方的诞生实际上是文化及制度因素的特殊组合所带来的结果，而且这些因素本质上是非科学的。换句话说，近代科学仅在西方文明中获得成功而在非西方文明中遭到失败的谜题，应当通过研究文化的非科学领域，如法律、宗教、哲学、神学等领域来解决。从这样一

① 〔美〕赫伯特·巴特菲尔德：《近代科学的起源（1300—1800 年）》，第 160 页。
② 〔美〕托比·胡弗：《近代科学为什么诞生在西方》（第 2 版），周程、于霞译，北京大学出版社，2010，第 2 版序言，第 1 页。

个观点来看，近代科学的兴起是基于某种文化基础的文明演
进的结果，这种文化在真正地包容、保护和促进那些同公认
的宗教和神学教义相悖的异端思想和革新思想方面具有独特
的人文主义气质。也可以反过来说，科学世界观的关键要素
原本就暗含在西欧的宗教和法律预设之中。①

在此基础上，胡弗批评了李约瑟过于偏重从外史角度审视中国科
学发展。

李约瑟在处理这些问题时显得极不情愿，这可能是因为
李约瑟本人的马克思主义倾向以及他担心对文化差异的考察
会导向种族主义的解释。然而如果不对有关人、意识、灵魂、
心智和良心的理论进行相应的分析，就可能无法完整地解释
近代科学的兴起，正是这些理论使得学者们在长达几个世纪
的时间里能够自由地谈论他们关于世界及其本体论的最深刻
的思想。②

他所倡导的，就是一方面充分关注不同文明的文化，另一方面揭
示阻碍文化发展的制度。

这些学者，比如李约瑟和本杰明·纳尔逊，也粗略地涉
及了其他文明，以期进一步认识近代科学的形成及西方世界
的独特性。他们发现，关注如自然科学、法律和自然法则的
概念，以及人及其理性概念之类的问题十分必要。我们对这
些问题和专门历史钻研得越深，对早期本土科学概念的力量、

---

① 〔美〕托比·胡弗：《近代科学为什么诞生在西方》（第2版），第9页。
② 〔美〕托比·胡弗：《近代科学为什么诞生在西方》（第2版），第36页。

独创性和生命力的感受就会越强烈。反之，我们越发赞叹世界上不同民族所取得的思想成就和理论成就，就会越深刻地认识到社会、制度和法律上的障碍，它们阻碍人们进入到"开放社会"，并阻碍交流领域的拓展和信息的自由流动。[①]

而从社会学的视角来看，文化或观念与制度其实是同一实体。

> 必须强调的是，从社会学观点来看，制度就是观念。社会制度是经由范例表达的观念，所以它适用于某一特定社会或文明中的每一个人。这些观念被转化成一套相互关联的角色和规范，它们因而成为指导社会行为的合法纲领。[②]

在他看来，近代科学之所以产生，就是因为走上了一条观念上自由与制度上开放的道路，而这也是他写作该书的主旨。"通向近代科学之路就是通向自由和开放交流之路，这是社会学研究要解决的主要问题，也是我们当前要探讨的主要问题。"[③] 值得注意的是，胡弗所定义的制度，是一种制度复合体，故而他所关注的科学发展的历史背景，是整体的社会转变。

胡弗延伸了罗伯特·默顿提出的"科学家角色丛"的概念，认为与"多重角色"概念的模糊性不同，"角色丛"概念彰显了某个特定的社会身份与所有全部对立极进行互动的事实。科学共同体内部的相互依赖、不断互动，构成了科学家角色丛既整体配合又各自独立的整体立体结构。

> 所谓的科学家角色丛实际上是一个角色丛，这一群相互

---

① 〔美〕托比·胡弗：《近代科学为什么诞生在西方》（第2版），第42页。
② 〔美〕托比·胡弗：《近代科学为什么诞生在西方》（第2版），第62页。
③ 〔美〕托比·胡弗：《近代科学为什么诞生在西方》（第2版），第43页。

关联的角色通常包括学院或大学的教授、讲师、科系成员、研究员、作家等，而且还很有可能是一位专门审阅其他科学家的知识见解的学术监督人。这些不同的角色相互依赖，最终塑造出了科学家的整体性和自主性。[①]

胡弗从这一概念出发，指出不论古今，所有的科学家都不能隔绝在实验室之中，而需要与外界多个角色伴侣进行文化互动。相应，没有文化和制度，就不会有科学家的角色。[②] 在他看来，近代科学产生于西方的首要因素，就是西方科学家依托知识分子气质与法律背景，而努力向教会抗争的角色丛作用的发挥。

我们有必要从上述角度来看待近代科学产生于西方而非其他地方这个问题。首先，它们是道德决策领域内的智识努力。正如西方文化史所展示给我们的那样，像伽利略这些人必须与已形成的教会权威作斗争，以证明他们有关科学知识的主张以及他们获取科学知识的能力。近代科学的兴起不仅仅是技术性推理的胜利，更是建立西方合法的指导结构的智识努力。科学是一种制度性结构，是植根于特殊的知识分子气质和法律背景土壤中的角色和角色丛的新体现。从智识上讲，近代科学代表了关于证明和证据的新准则；而从制度上讲，它代表了角色结构的新形式。[③]

胡弗认为中世纪欧洲的法律革命，为近代科学的兴起与发展奠定了基础。

---

① 〔美〕托比·胡弗：《近代科学为什么诞生在西方》（第2版），第334页。
② 〔美〕托比·胡弗：《近代科学为什么诞生在西方》（第2版），第15—21页。
③ 〔美〕托比·胡弗：《近代科学为什么诞生在西方》（第2版），第63页。

实际上，这次改革是包括所有法律领域和分支——封建法、庄园法、城市法、商法和王室法以及中世纪欧洲社会的革命性重建。正是这次伟大的法律变革，为近代科学的兴起和自主发展奠定了基础。[①]

这场法律革命的核心是将集体角色界定为单一实体，即社团法人，从而为公共社团的历史创造与突破奠定了制度基础，确立了相对于阿拉伯与中国法律的独有特征。而社团法人所蕴含的各项社会机制，进一步推动了新的社会秩序的创建。"12、13 世纪欧洲的法律体系经历了根本性的重建，而且它还通过得到扩展的代理、互惠、责任及代表等新概念创建了新的社会秩序。"[②] 由此从根本上确立了新的社会规则与政治规范。

将集体角色作为单一实体——社团法人——的法律原则和政治原则是这次革命的核心。……毫无疑问，社团法人角色的出现在法律理论方面引起了革新，从而使一系列社团新形式和新力量的创造成为可能，而所有这些在伊斯兰法和中国法律中完全不存在，因此它实际上为西方所特有。此外，社团法人这一法律理论还在宪政原则的轨道上确立了一系列政治理念，如立宪政府、政治决策一致、政治代表权和法律代表权、司法审判权，甚至自主立法权等。除科学革命本身以及宗教改革之外，没有其他任何一场革命像欧洲中世纪的法律革命这样，具有意义如此重大的新的社会内涵和政治内涵。它在法律思想中为新制度形式提供了概念基础，为其他两项革命做好了准备。[③]

---

① 〔美〕托比·胡弗：《近代科学为什么诞生在西方》（第 2 版），第 114 页。
② 〔美〕托比·胡弗：《近代科学为什么诞生在西方》（第 2 版），第 135 页。
③ 〔美〕托比·胡弗：《近代科学为什么诞生在西方》（第 2 版），第 115 页。

这标志着西方文明的华丽转身。

> 阿拉伯-伊斯兰文明无疑在中世纪盛期取得了非常丰富的
> 成就，但西方在这一时期末已经实现了根本性转变，这一转
> 变标志着西方决然背离了伊斯兰中东地区盛行的政治、法律、
> 社会以及制度形式。①

相对于阿拉伯法律一直建立在伊斯兰教基础之上，经历过法律革
命洗礼的欧洲法律，确立了理性和良心的原则，从而突破了宗教
的束缚与限制。

> 近代法律建立了理性权威和合法性高于不一致权威的原
> 则。这一创新全然确立了如下原则，即人们能够发现世界秩
> 序中的新和谐；人们可能发现并宣布新原则，而这可能将神
> 圣的《圣经》起源置于全新的地位。如果可以把理性和良心
> 应用到天性神圣的领域中，那么就可以破除神法领域只存在
> 一种解释的形而上学束缚。同样，理性和良心的应用也否定
> 了人类智识资源过于贫乏而不能改变其对人类、社会和《圣
> 经》的理解这一论证。如果理性和良心的自由地位在法律领
> 域中得以确立，那么在其他任何宗教权威基础将被削弱的领
> 域里，限制这种自由都会是非常困难的事情。②

这为近代科学的发展提供了土壤与基础，

> 同时，它也为近代科学的发展提供了肥沃的土壤。从象

---

① 〔美〕托比·胡弗：《近代科学为什么诞生在西方》（第2版），第116页。
② 〔美〕托比·胡弗：《近代科学为什么诞生在西方》（第2版），第124页。

征性层面上讲，新秩序创建了关于人的新哲学，它赋予普通
行为者新的认知能力，当然包括知识分子在内。而此种能力
使我们能够整理并重构几乎所有的社会存在领域。他们能够
运用理性的重构能力来衡量习惯的合法性、宗教权威的合法
性，甚至《圣经》本身的合法性。①

并为科学与理性的突破提供了机制保障，促使其免遭各种势力的
干涉与压制。

> 当我们说科学在某个时刻被制度化了（并因此获得了很
> 大程度上的自治）时，我们是指其得到了公众和官方的认可，
> 但官方的支持可以收回，因而一切都悬而未定。但是当社会
> 制度的法律基础步入舞台的时候，我们发现，如果不通过恰
> 当的法律程序，那么公众和官方对科学的支持就不能撤回，
> 而且西方社会制度（尤其是科学制度）的法律基础比人们目
> 前所普遍认同的更为深厚。这是西方的制度建设的特色，而
> 且自中世纪以来都是如此，尽管并不能说这种机制没有缺陷。
> 另一方面，这种法律保护并不能自动地永久地排除被误导的
> 宗教和政治力量，如同伽利略事件中所出现的那样。社会制
> 度的法律基础仅仅意味着公平的竞技环境，从而使理性力量
> 拥有几乎均等的获胜机会。②

哥白尼革命便对亚里士多德和基督教神学提出了巨大挑战，同时又
面临其他对手的质疑，但最终获得认可，这种历史突破，就根源于
法律革命带来的社会空间。"就必须回到中世纪欧洲的法律、社会和

---

① 〔美〕托比·胡弗：《近代科学为什么诞生在西方》（第2版），第135页。
② 〔美〕托比·胡弗：《近代科学为什么诞生在西方》（第2版），第334—335页。

制度革命。因为正是这些革命改变了学术的性质并推动大学成为宗教、形而上学和科学争论的中心，而且这一状况延续至今。"①

总之，在胡弗看来，科学革命是既在文化又在制度上实现突破，相应既是智识革命，又是社会革命，从而催生社会变革的整体运动。

> 近代科学革命既是一场制度变革也是一场智识革命，这场革命重组了自然知识图景，并提出了一套有关人及其认知能力的全新概念。古希腊哲学、罗马法，以及基督教神学三者融合的产物——理性和合理性形式——为形成人与自然在根本上合乎理性的信念奠定了基础。更为重要的是，中世纪社会的文化和法律机构为这种新形而上学综合提供了一个制度化的家园，也就是大学。它们一起为中立的制度空间的创立奠定了基础，在这个中立的制度空间里知识分子能够探究各种问题并追求智识理想。奠定这些基础之后，西方世界的大部分地区在文艺复兴后就能够伴随科学运动以及经济和政治发展大步前进。②

第四节　边缘的阿拉伯科学与中国科学

阿拉伯科学与中国科学之所以未能实现革命性突破，根源于科学变化未能带动社会变革。

> 严格社会学意义上的制度不单单是一个组织，而且是一

---

① 〔美〕托比·胡弗：《近代科学为什么诞生在西方》（第2版），第307—308页。
② 〔美〕托比·胡弗：《近代科学为什么诞生在西方》（第2版），第337页。

种"适用于整个社会的模式化行为"的制度复合体。在初期
发展阶段，一组新的价值观也许只能被一个组织所认同，如
果它们没有超越该组织并渗入到其他社会制度中去，这样的
行为模式就不能体现该社会的制度基础。这正是伊斯兰和中
国文明中出现的问题。①

胡弗指出5世纪伴随罗马帝国的瓦解，西方世界开始丢失希腊的科
学遗产，而阿拉伯人却在好奇心和宗教动机的推动下，从8世纪开
始，几乎全面接触到这一科学遗产，并在12—13世纪掀起大翻译
运动，有选择性地将希腊和其他文明的伟大著作，② 比如印度的数
字体系，翻译为阿拉伯语，从而在8世纪至14世纪末，发展出世
界上最先进的科学，远远超过西方和中国。中东地区主要使用阿
拉伯语的科学家，包括阿拉伯人、伊朗人、基督徒、犹太人等，
几乎在他们涉及的每个领域，如天文学、炼金术、数学、医学、
光学等，都处在科学发展的前沿，甚至在16世纪哥白尼革命之前，
阿拉伯科学家创造出来的天文学模型仍是世界上最先进的。不仅
如此，穆斯林的教育实践和阿拉伯语还为欧洲的学术论辩方法和
学术命题标题提供了借鉴，穆斯林学校成为欧洲学院的原型。阿
拉伯人还学习中国的造纸术，将之传递到欧洲，并建立起比中国
还多的公共图书馆。但耐人寻味的是，13世纪以后，阿拉伯科学

---

① 〔美〕托比·胡弗：《近代科学为什么诞生在西方》（第2版），第310页。
② 值得注意的是，伊斯兰世界之所以十分容易地就接受了古希腊科学，是由于阿
拉伯人将古希腊科学视为古波斯的文化遗产。"翻译运动得到了哈里发们（国
家和宗教的领袖，穆罕默德的继承者）的支持，他们认为，希腊著作最初是琐
罗亚斯德（波斯帝国的主要宗教）经典著作的一部分，后来希腊人认为这是亚
历山大大帝掠夺波斯（今天的伊朗）的一项成果。哈里发们赞助这些翻译是为
了恢复古代波斯的知识。哈里发们认为由此可以说服波斯人相信，他们建立的
新王朝是古代波斯帝国的合法继承者。"〔美〕玛格丽特·J. 奥斯勒：《重构世
界：从中世纪到近代早期欧洲的自然、上帝和人类认识》，张卜天译，商务印
书馆，2020，第5页。

却呈现出明显的衰退，最终并未孕育出近代科学。不过即使如此，阿拉伯为近代科学的知识系统仍然提供了大量的数学上、方法上和科学上的独创性知识。[①]

与以往将阿拉伯科学的衰退归因于 11 世纪西班牙的再征服运动、13 世纪蒙古人对伊斯兰世界的入侵不同，[②] 胡弗致力于寻找其内在因素。他指出了阿拉伯科学中一个令人深思的现象，那就是以上科学被穆斯林称为"外来科学"，他们心中的科学是致力于对《古兰经》、穆罕默德言行录、法理知识、诗歌和阿拉伯语等的研究。关于阿拉伯科学未能孕育出近代科学的原因，包括"种族因素、正统宗教的统治、政治专制、普通心理学问题、经济因素，以及阿拉伯自然哲学家未能充分发展和利用实验方法等。关于宗教力量消极地影响科学发展的研究普遍认为，在 12、13 世纪，神秘主义作为一种社会运动开始兴起，并引发了宗教不宽容，尤其是针对自然科学的不宽容，最终使得神秘科学研究替代了希腊科学研究"。[③]

胡弗认为在阿拉伯文明中，"不论是神学还是法律都明确地拒绝将理性力量归属于人"。[④] 中世纪伊斯兰知识界地位显赫者，是教法学家、伊斯兰神学家和哲学家，他们的地位依次降低。哲学家掌握着希腊哲学和理性科学或外来科学的实质和方法。辩证神学家能够运用源于希腊的理性论证方法阐述伊斯兰教的第一原理。但二者的这种做法，受到担任伊斯兰教智识统治者的教法学家的怀疑与批评，被视为堕落的事业。14 世纪，伊斯兰宗教哲学家开始崛起，逐渐打败哲学家，理性科学被视为被遗弃的学科，甚至

---

① 〔美〕托比·胡弗：《近代科学为什么诞生在西方》（第 2 版），第 44—45、49、59、69—73 页。

② 〔美〕托比·胡弗：《近代科学为什么诞生在西方》（第 2 版），第 201 页。

③ 〔美〕托比·胡弗：《近代科学为什么诞生在西方》（第 2 版），第 50 页。

④ 〔美〕托比·胡弗：《近代科学为什么诞生在西方》（第 2 版），第 111 页。

语法学家也开始不被信任，对于逻辑本身的学习常常遭到禁止。但宗教学者的敌意并没有扩展至所有科学分支，算术、几何和天文学由于在宗教上非常有用，从而总体上受到了肯定。因此，阿拉伯科学奉行一种宗教功利主义，限制了智识创新，阻滞了自由想象空间的扩展。①

不仅如此，在胡弗看来，科学革命是科学与社会互动而形成的整体变革，相应对于阿拉伯科学未能发展为近代科学，还应从社会机制方面进行考察，从而倡导"研究中世纪末期伊斯兰社会中可能阻碍'大规模科学事业'持续进行的文化价值"。② 胡弗指出，与中国由国家为学生颁布资格证书不同，伊斯兰世界是由学者个人来颁布。但这种个人化的教育体系，却不能将学者集中起来，既阻碍了知识的有效积累，也无法为与宗教政治权威观念不同的哲学家和科学家提供组织支持，在此情况下，各种科学团体或平台都无法建立，相应进一步导致普遍性的科学规范的建立与发展。③ 阿拉伯社会中一直缺乏保障科学共同体自主研究与交流的法律机制。"法律自主是科学共同体存在的先决条件，而这在伊斯兰世界和12、13世纪以前的西方世界都是不存在的。"④ 相应也未建立起自主的科学社团，更未产生独立的法人观念。

> 因此，任何形式的自主团体——行会、城市、大学、科学共同体、工商业法人和职业团体——都被伊斯兰宗教法规排除在外。这从而阻碍了拥有自身权利和特别待遇的自主教育机构的建立。⑤

① 〔美〕托比·胡弗：《近代科学为什么诞生在西方》（第2版），第64—69、83页。
② 〔美〕托比·胡弗：《近代科学为什么诞生在西方》（第2版），第49、62页。
③ 〔美〕托比·胡弗：《近代科学为什么诞生在西方》（第2版），第74—79页。
④ 〔美〕托比·胡弗：《近代科学为什么诞生在西方》（第2版），第214页。
⑤ 〔美〕托比·胡弗：《近代科学为什么诞生在西方》（第2版），第216页。

胡弗对阿拉伯科学的整体界定是一直处于边缘地带，缺乏制度化。

> 将哲学、医学、高等数学、光学、化学、天文学从穆斯林学校正式排除出去的行为表明，自然科学在中世纪伊斯兰的生活中处于制度的边缘地带。换句话说，科学探究一般来说是可以容忍存在的东西，有时甚至还受到统治者的短期鼓励，但它绝不会被政府制度化，也不会受到伊斯兰智识精英的支持。①

无法获得自主权，相应也无法完成向近代科学的转变。"即使我们接受这样的观点，即到 12、13 世纪时外来科学已被伊斯兰充分吸收或移植，我们也必须承认，自然科学没有获得任何制度上的自主权，而这是向近代科学转变的一个必要条件。"② 总之，在胡弗看来，伊斯兰教的禁锢，是阿拉伯科学无法突破为近代科学的根源。

> 在伊斯兰，虽然医学、哲学和科学领域中的知识分子熟知希腊的逻辑推理模式，但是这些模式一直受到极端思想的禁锢，以至于在很长一段时期里，保护和支持自由思想的社会制度一直没有建立起来，因而阻碍了近代科学的发展。③

探讨完阿拉伯科学之后，胡弗将目光转向了东方。他指出中国一直拥有自身独立的科学发展道路，虽然中国与印度、阿拉伯地区存在交流，但这并未引起中国科学的多大改变，中国人对于西方科学更是一无所知。中国古代技术十分发达，但思辨性科学

---

① 〔美〕托比·胡弗：《近代科学为什么诞生在西方》（第 2 版），第 80 页。
② 〔美〕托比·胡弗：《近代科学为什么诞生在西方》（第 2 版），第 80 页。
③ 〔美〕托比·胡弗：《近代科学为什么诞生在西方》（第 2 版），第 337 页。

却并非如此。[①]

> 中国自大约 11 世纪以来不仅落后于西方，而且落后于阿
> 拉伯。到 14 世纪末，中国在数学、天文学和光学领域已经出
> 现明显的滞后，尽管事实上中国人本来有许多机会从阿拉伯
> 天文学家那里获益，或者通过阿拉伯人和中国人之间的持久
> 交流来借鉴和吸收古希腊的哲学遗产。[②]

胡弗认为中国科学与其他文明的科学，尤其西方科学存在巨大的
不同。中国在形而上学观念上，与西方受自然规律支配的原子论、
阿拉伯受上帝意志支配的偶因论不同，是主张阴阳五行持续循环
变换的有机论，缺乏宇宙第一推动者的观念，相应并非一种因果
思维模式，而是强调自然与人类的和谐统一的关联思维模式，并
不遵循自然规律。[③]

胡弗从内、外两个角度，分析了制约中国科学发展的因素。
从内因而言，他认为中国一直缺乏欧几里得《几何原本》、托勒密
《至大论》和《行星假说》那样的实证逻辑。[④] 但在他看来，这并
非制约中国科学发展的主要因素，主要因素是中国文化和制度构
成的外因。

> 我想发掘深植于中国文化和制度基础的外在因素，这种
> 外因强有力地阻碍了原创思想和科学事业的发展。我们必须
> 从两个角度探讨这个问题：一个是中国智识生活的体制化角

---

① 〔美〕托比·胡弗：《近代科学为什么诞生在西方》（第 2 版），第 45、229 页。
② 〔美〕托比·胡弗：《近代科学为什么诞生在西方》（第 2 版），第 230 页。
③ 〔美〕托比·胡弗：《近代科学为什么诞生在西方》（第 2 版），第 238—239 页。
④ 〔美〕托比·胡弗：《近代科学为什么诞生在西方》（第 2 版），第 46、271—
　272 页。

色设置；一个是构建中华文明的文化独裁和表征技术的因素，即语言应用的典型风格、中国文化的典型思维方式。当这两个领域——文化和体制因素——结合在一起的时候，我们看到了阻碍近代科学兴起的强大力量。①

具体而言，便是汉语的模糊性、关联性思维、不加批判地继承与创新性的匮乏、辩证法的缺乏等内因虽然也制约了中国科学的发展，但外因却发挥着主要作用，这包括：政教不分和缺乏法律理论导致中国缺乏合法自治体、高级教育机构、专业团体和职业行会；科举制度要培训的是道德正直之人，而非专于行政事务，更非专于科学事业的世俗学者，从事科技研究的群体地位低下；天文学的国家秘密性质，阻碍了公有主义规范；中国官方致力于科学领域之中维护自身的权威，排斥士人开展自主思想。在内外因素的共同影响下，科学研究一直处于中国社会的边缘，从而导致中国科学思想和科学研究陷入长期的停滞。② 总之，在胡弗看来，中国科学发展的最大障碍，是中国古代的政治文化与官僚体制。

在中国，知识分子的形象首先而且最重要的是一个开明的并且在伦理道德方面遵循传统的人。学者们的典范是那些掌握了儒家经典并且通过长时间苦学领会了人在和谐宇宙中的地位的人。正是这样的学者能够在治国和道德事务方面向皇帝提供建议，并能够因其学识而走上一条可以不受天灾和社会动荡影响的仕途。于是，学者们以此为导向，将理解人与自然的盛衰消长，即人与自然的有机和谐，作为自己的追求目标。在此框架内，他们关注的焦点是人与社会秩序，即

---

① 〔美〕托比·胡弗：《近代科学为什么诞生在西方》（第 2 版），第 272 页。
② 〔美〕托比·胡弗：《近代科学为什么诞生在西方》（第 2 版），第 198、268—269、273—294 页。

小宇宙，而不是自然和大宇宙。其经典认知方式并非基于科学和逻辑，而是听从于第六感觉以及关于天人感应的推测。最重要的是，做学问就得掌握儒家经典。但这并不意味着中国没有为精密科学设备、行业匠人以及科学探求留出发展空间，只是这些目标必须接受正统价值观的支配：即要致力于成为一个德高望重的文化人。①

因此，在胡弗看来，如同"李约瑟问题"那样的"严格的东西方比较并无必要"，② 不过是一种没有实质意义的"道德责难"。"为何一个社会群体或另一个——一个社会、文明或其他——没有沿着一条特殊的文化和经济发展路线，尤其是通向更高水平的科学成就和经济成就的路线前进，无异于道德责难。"③

小　结

相对于近代科学为什么没有产生于中国的"李约瑟问题"，更多的西方学者关注的是近代科学为什么产生于欧洲的问题。他们的视角与观点虽然存在差异，但基本都将根源归结为中西地缘政治的巨大差异与科学发展空间的不同。

荷兰科学史家科恩为突出与强调古代科学、现代科学的巨大区别，发明了世界图景、自然哲学两个概念，用以替代"科学"的概念。世界图景是包含自然哲学的更大概念，所谓"世界图景"，是对自然的一种总体的、松散的认识，古代中国的科学认识便是如此。雅典一方面与中国相似，呈现出从整体上认知自然与社会，同样以实在的眼光来审视世界；另一方面在认识自然方

---

① 〔美〕托比·胡弗：《近代科学为什么诞生在西方》（第2版），第336页。
② 〔美〕托比·胡弗：《近代科学为什么诞生在西方》（第2版），第235页。
③ 〔美〕托比·胡弗：《近代科学为什么诞生在西方》（第2版），第236页。

面，具有更为明确的认知与实践，是一种自然哲学。随着从雅典时期进入亚历山大时期，希腊自然哲学进一步转向运用数学方式，从而实现了从整体性向个体性，从实在性向抽象性的过渡，推动了第一次科学革命的完成。

虽然此后希腊自然哲学突然衰落，但在科恩看来，这是古代世界缺乏现代科学所具有的知识驱动力与社会创造力所必然造成的普遍现象。希腊自然哲学的突然衰落，并不影响它开辟了现代科学的道路。现代科学在相当程度上是希腊自然哲学的复兴与发展。

与之不同，中国古代自然哲学陷于长期的停滞，走进了"辉煌的死胡同"。中西之间之所以形成如此区别，根源于希腊内部存在众多政治实体，彼此之间不断战争，从而促成了三次文化移植，促进了文化革新甚至转变。与之相比，中国由于长期保持着政治、军事、文化的优势，维护了国家的统一，从而一直都未发生文化移植，相应也就未实现自然哲学的创新。

与之相似，美国科学史家巴特菲尔德也主张科学革命的发生，所伴随的是西方乃至世界的中心，从地中海沿岸向北转移到了大西洋海岸，西方文化在大西洋海岸交织形成，而其中的重点便是英吉利海峡。

美国科学史家胡弗全方位对比了西方文明、伊斯兰文明、中国文明，在此基础上，从文化与制度的二元视角，尝试揭示近代科学产生于西方的历史根源。在他看来，从社会学的视角来看，文化与制度为同一实体。近代科学之所以产生，就是由于西方走上了一条观念上自由与制度上开放的历史道路。

胡弗认为近代时期西方发生的法律革命，保障了科学家依托知识分子气质与法律背景，反抗教会的历史角色，由此催生出代表集体角色的社团法人，确立了新的社会规则与政治规范，突破了宗教的束缚与限制，为近代科学的发展提供了土壤与基础，为科学与理性的突破提供了机制保障。与之相比，阿拉伯科学长期受到伊斯兰教的压制，中国科学长期受到中国古代政治文化与官僚体制的束缚。无论阿拉伯科学还是中国科学，一直处于社会的边缘，科学变化无法带动社会变革。在此基础上，胡弗指出"李约瑟问题"那样对中西方的严格比较，并无必要，不过是一种没有实质意义的"道德责难"。

第十九章
中西科学的历史分野

2009 年，陈方正出版了《继承与叛逆：现代科学为何出现于西方》一书。陈方正是毕业于哈佛大学物理系的职业科学家，对于波普尔、库恩以来的科学哲学，秉持十分不以为然的态度，故而该书对于现代科学为何出现于西方的揭秘，完全回到了最为原始的"欧洲中心论"立场，认为现代科学是西方科学的独特产物，中西科学在发展道路上判然有别，由此出发完全消解了"李约瑟问题"。

第一节　西方文明的独特产物

陈方正认为现代科学完全是西方文明长期积累而成的独特产物。"现代科学之出现于西方，绝非由于短短数百年间的突变，而是和整个西方文明的渊源、发展与精神息息相关，也就是说，它是西方文明酝酿、累积数千年之久的结果。"[①] 相应，陈方正虽然对"李约瑟问题"产生的前世今生进行了系统梳理，但认为这一问题是李约瑟通过割裂中西文明脉络，进行生硬比较的反历史产

---

① 陈方正：《继承与叛逆：现代科学为何出现于西方》，自序，第 12 页。

物，从而完全站在了"李约瑟问题"的对立面。

> 科学发展是个极其复杂的问题，它无疑涉及社会与经济因素，但是历史、文化因素也绝对不能够忽略，而且可能更为重要，所以现代科学为何出现于西方而非中国这一大问题的探究，不能够如李约瑟所坚持的那样，局限或者集中于16世纪以来的欧洲变革，而割裂于中西双方历史文化自古迄今的长期发展。也就是说，它必须通过中国与西方文化发展历程的整体与平衡比较才能够显露出真相。①

这不仅体现在其现代科学是欧洲独有产物的基本结论，还体现在其研究路径的内史视角，也就是把现代科学的源头，主要归因于西方的文化传统。

> 西方科学虽然历经转折、停滞、长期断裂和多次移植，但从方法、理念和内涵看来，它自古希腊以迄17世纪欧洲仍然形成一个前后相接续的大传统，而且，现代科学之出现虽然受外部因素（诸如社会、经济、技术等等）影响，但最主要动力仍然是内在的，即来自这个传统本身。换而言之，现代科学基本上是西方大传统的产物，忽视或者否定这一点，就没有可能了解现代科学的本质与由来。②

不仅如此，陈方正还将这两点进一步延伸为历史研究的基本观念。在他看来，在历史发展中，相对于集体因素，个人因素可能更为重要，二者彼此互动，构成了整体的历史图景。

---

① 陈方正：《继承与叛逆：现代科学为何出现于西方》，第7页。
② 陈方正：《继承与叛逆：现代科学为何出现于西方》，前言，第1页。

　　　　首先，在我们看来，历史发展是极其复杂的过程，它受众多因素决定，其中包括集体因素，即社会、技术与经济结构，但个人因素例如其思想、禀赋、能力、际遇，以及文化因素例如哲学、宗教等等，亦同样甚至更为重要。而且，如怀特所曾经举例详细论证的那样，这些因素交错影响，互为因果，其作用往往不可能简单预料。政治、军事、经济、宗教、文学的历史发展是如此，科学亦不例外。[①]

相应，相对于间接而不确定的"外史"因素，"内史"因素才是科学史的核心。

　　　　因此，新兴的科学"外史"固然是有价值的研究角度，但这绝不构成忽略乃至实际上否定传统"内史"的理由：科学发展的整体动力还得求之于两者之间。事实上，"内史"亦即科学家与他们思想、发现的研究毫无疑问仍然是科学史的核心，而"外史"所侧重的社会、经济、技术等因素对科学虽然可能有影响，但却是间接、不确定与辅助性的，因此绝不可能取代"内史"。个别学者的研究尽可由于个人兴趣、注意力不同而有所取舍、偏重，但这不应该影响对于两者相对比重的判断。[②]

历史发展虽然有突变的可能，但基本是连续的，相应科学史研究应致力于揭示革命与传统之间的关系。

　　　　其次，历史有可能出现突变，亦即发生所谓"革命"，但

---

① 陈方正：《继承与叛逆：现代科学为何出现于西方》，第27页。
② 陈方正：《继承与叛逆：现代科学为何出现于西方》，第27页。

基本上仍然是连续的，也就是说，即使在急速变化过程中，"传统"力量仍然有不可忽略的作用。所以科学发展的探讨需要顾及长期历史背景，而不能够局限于特定时期。这也就是说，科学前进的动力必须求之于"革命"与"传统"两者之间的张力与交互作用。①

历史不仅有连续性，而且还有整体相关性，即之前的全部历史会通过文化载体产生远距离影响，相应文化在科学研究中占据着中心地位，发挥着更大、更直接的作用。

> 历史不但有连续性，而且还有整体相关性（global connectivity）。那也就是说，对任何主要事件或者重大发现发生影响的，不仅仅是在其前一百数十年的"晚近"历史，还有在此之前的全部历史。……历史之所以有整体相关性，亦即历史上发生过的事情之可以影响到千百年后的世界，是通过"文化"这载体所产生的"远距离作用"。因此，就科学发展的探讨而言，哲学、宗教以及科学本身的传统等文化因素是具有中心地位的。我们认为，虽然科学的"外史"往往被赋予狭义解释，即局限于社会、经济制度，但相关文化领域，诸如哲学和宗教对科学这种智力活动的影响其实更大、更直接。因此，对这种影响的探讨其实同样构成"外史"的一部分——当然，这样一来，所谓"内史"、"外史"之分也就根本失去意义了。②

陈方正的"欧洲中心论"立场，鲜明体现在他从数学、物理学等学科入手，讨论西方科学史发展历程。

---

① 陈方正：《继承与叛逆：现代科学为何出现于西方》，第27页。
② 陈方正：《继承与叛逆：现代科学为何出现于西方》，第28页。

> 本书以数理科学即数学、天文学、物理学等可以量化的科学为主，实际上完全没有涉及化学、生物学、医学等领域，或者农业、建筑、运输、航海等应用技术。它在若干处顺带提到机械学、医学和炼金术，可以说是少数例外。[①]

他如此安排的根本原因是现代科学发动的引擎是数理科学，从而由此回溯历史。

> 至于更根本的原因也众所周知，那就是：现代科学的出现毫无疑问是通过数理科学，即开普勒、伽利略、牛顿等的工作获得突破，而且此后300年的发展显示，现代科学其他部分也莫不以数学和物理学为终极基础。例如，18—19世纪发展的化学，最终得用20世纪初发现的量子力学阐明，生物学则要通过19—20世纪发展的生物化学和20世纪中叶发现的生物分子结构才能够获得充分解释，等等。[②]

在他看来，这是梳理西方科学发展道路的合理途径。

> 现代科学在过去三百多年发展的途径，的确是以数学和物理学为先锋，然后扩展到化学，最后扩展到生物学，而且后来者总是踏在先行者奠定的基础上前进，而不能够另辟蹊径；至于物理天文学、地质学、气象学、宇宙学、环境科学等更高层次领域的发展，也同样不能够脱离此模式。[③]

陈方正笔下的"西方"，与一般所指的欧洲不同，他采取的是广义

[①] 陈方正：《继承与叛逆：现代科学为何出现于西方》，第28页。
[②] 陈方正：《继承与叛逆：现代科学为何出现于西方》，第28—29页。
[③] 陈方正：《继承与叛逆：现代科学为何出现于西方》，第29页。

定义，包含以地中海为核心的亚欧非的广大地区。这一地区呈现出多元异质的内部特征，对于西方科学发展发挥了关键作用。

> 我们认为就直至 17 世纪为止的科学发展而言，广义的，包括欧洲、埃及、北非、巴勒斯坦、两河流域，乃至伊朗、中亚等区域的"西方"观念才是最合理，也最有实用价值的。历史上，在上述广大地域始终有多种不同语言、文化、宗教和政体互相竞争，亦复长期共存，它们所构成的，是具有多元（pluralistic）和异质（heterogeneous）形态的文明共同体，其组成部分能够长期保持其个别性，但彼此之间又不断发生强烈互动和重要影响。我们将看到，西方文明的多元、异质、割裂形态对于其科学发展有决定性影响，故而也是了解其发展的关键。因此，本书采取最广义、最包容的"西方"观念，可以说是由其题材的特征所决定的。[1]

陈方正阐述了西方科学的历史内涵："西方科学是一个历时悠久，覆盖宽广，然而并无固定地域中心的大传统，现代科学则是它经过两次革命性巨变之后的产物。"[2] 具体而言，即呈现四大特征。第一，历史悠久。"它的历史极其漫长，其源头可以一直追溯到公元前 18 世纪，即现代科学出现之前 3500 年，而且在此期间它虽然曾经有转折、断裂，却仍然形成一个先后相承的传统。"[3] 第二，中心不固定。"它的发展中心并非固定于特定地域或者文化环境，而是缓慢但不停地在欧、亚、非三大洲许多不同地点之间转移。"[4] 第三，与宗教关系密切。

---

① 陈方正：《继承与叛逆：现代科学为何出现于西方》，第 32—33 页。
② 陈方正：《继承与叛逆：现代科学为何出现于西方》，第 33 页。
③ 陈方正：《继承与叛逆：现代科学为何出现于西方》，第 33 页。
④ 陈方正：《继承与叛逆：现代科学为何出现于西方》，第 33 页。

西方科学传统与宗教之间有着极为密切的关系：西方科学发端于希腊科学，那是在我们称为"新普罗米修斯"的毕达哥拉斯所创教派之孕育、鼓舞、推动下成长；而且，即使到了17世纪，宗教精神与向往仍然是诸如开普勒和牛顿那样主要科学家背后的基本动力。当然，科学与基督教的关系十分复杂，可以说是长期摆动于紧张与融洽之间，但两者形成鲜明对立乃至分道扬镳，则是现代科学出现之后半个世纪，即18世纪启蒙运动时期的事情了。①

第四，西方科学曾发生两次革命。

西方科学在观念和思维模式上曾经发生先后两次翻天覆地的巨变，亦即所谓革命：第一次是我们在下面提出来的"新普罗米修斯革命"，它开创了古希腊科学；第二次则是开创现代科学的17世纪牛顿革命。如下文所显示，牛顿科学在多个层次上都可以视为既是"新普罗米修斯"传统的继承，亦复是其叛逆。②

陈方正指出以上四个特征彼此关联，而最核心的催动力是地理环境影响下科学中心的不断游移。

需要强调的是，以上四个特征并非各自独立，而是密切相关的。特别是：其中心的不断转移正是西方科学传统一方面能够长期发展，另一方面却会出现革命性巨变的缘故，而其所以有此"中心转移"现象，则很可能是由特殊地理环境

---

① 陈方正：《继承与叛逆：现代科学为何出现于西方》，第33页。
② 陈方正：《继承与叛逆：现代科学为何出现于西方》，第33—34页。

造成。①

总之，在陈方正看来，以上四大特征，是西方科学"最终能够蜕变为现代科学的主要宏观原因"。②

第二节　西方科学的发展历程

陈方正指出中西社会在起源之初，文化精神就呈现了巨大分野，那便是希腊哲学"重智"，重视自然而忽略人事，重视理论而忽视技术，而中国哲学"重德"，讲究人伦，忽视自然。

希腊科学是从自然哲学开始的，早期科学家就是自然哲学家，从泰勒斯（Thales）、芝诺（Zeno）以至德谟克利特（Democritus）都是如此。希腊哲学从头就与科学相近：它致力探究大自然奥秘而忽略人事，喜好抽象理论而忽视实用技术，其所反映的，是所谓"重智"精神。这与中国讲究人伦、社会、实用的"重德"精神，分别代表两种完全不同的文化倾向。希腊哲学以柏拉图为宗师，他极端重视数学，认为它是完美与恒久理念的代表，也是培育"哲王"的理想教材；中国圣人孔夫子所看重的则是"克己复礼"和忠恕之道，而绝少谈论自然事物，"夫子之言性与天道，不可得而闻也。"这截然不同的两种观念、气质，虽然不能够涵盖西方与中国文明的整体——毕竟，希腊哲学家还有"重德"的苏格拉底和以实效为尚的"智者"，诸子百家之中讲论天道与阴阳五行的也大有人在，但两大文明基本分野所在也就昭然若揭了。③

①　陈方正：《继承与叛逆：现代科学为何出现于西方》，第34页。
②　陈方正：《继承与叛逆：现代科学为何出现于西方》，第34页。
③　陈方正：《继承与叛逆：现代科学为何出现于西方》，第73页。

中西文明的历史分野根源于不同的地缘政治。

> 为什么东西方文明的基本取向如此之南辕北辙呢？这很难回答，大概与历史、地理不无关系。孔夫子之看重社会与人伦并非个人原创，而是继承和发扬肇自远古的思想，亦即尧舜禹汤文武周公的悠久传统，其终极目标是在广大土地上维系农业社会的和谐稳定，以及延续家族和政权命运。希腊自然哲学家所处，却是分散于希腊本土、小亚细亚西海岸和南意大利，由移民集团所建立的众多细小城邦，彼此不相统属，背后更没有久远或者强大政治传统；从文化上来说，希腊并不"源远流长"：从泰勒斯等自然哲学家看来，塑造希腊意识的大诗人荷马只不过比他们早数百年而已。在这样的动态环境中，个人的好奇心与推理、幻想能力得以自由发挥，而并不拘泥于现实和群体问题，是很自然的事情。所以，要了解希腊的自然哲学，还需要从他们的历史与社会背景开始。①

公元前 6—前 5 世纪，处于雅思贝斯（Karl Jaspers）所谓的"轴心时代"。在这一时期，中西哲学的地理结构与思想便已呈现出截然相反的特征。在中国，诸子百家顺着三代讲究伦理和治道的大传统在发展，所讨论的仍然是实际政治、社会问题。与之不同，希腊的自然哲学却呈现出边缘影响中心，然后逐步渗透中心，成为主流的"周边现象"。具体而言，希腊哲学最早出现于海外殖民地，然后开始在雅典萌芽，其关心的并非主宰希腊人心灵的奥林匹克诸神或者现实的政治、军事问题，而是无关实际的宇宙和自然问题，与希腊主流文化截然不同，思维模式也几乎以思辨为

---

① 陈方正：《继承与叛逆：现代科学为何出现于西方》，第 73—74 页。

主。而到公元前5世纪末期，希腊哲学才开始关心生命、道德、政治等现实社会问题。①

公元前4世纪的雅典，毕达哥拉斯学派掀起了以数学革命、天文学革命为主要内容的第一次西方科学革命，被称为"希腊奇迹"，推动了亚历山大科学传统的形成。

> 公元前5世纪毕达哥拉斯教派兴起于南意大利，公元前3世纪希腊科学开花结果于亚历山大城，西方科学第一场革命，则在居间的公元前4世纪发生于雅典。这我们称之为"革命"的巨变表现为数学，特别是几何学的飞跃进步，进步关键则在于严格证明观念之萌生，以及严格证明方法之发现。正是因为有了这种观念与方法，数学才获得前所未有的稳固与宽广基础，才可以在此基础上不断发展与进步，并且顺理成章地应用到天文现象上去，掀起相同性质的天文学革命。这也就是亚历山大光辉灿烂科学传统的由来。②

之所以将"希腊奇迹"称为"亚历山大科学传统"，是由于战争的开展，科学中心逐渐从雅典转移到尼罗河口的亚历山大城。

> 希腊科学萌芽于雅典，开花结果却在亚历山大城，我们今日称颂为"希腊奇迹"者就是亚历山大科学，它是与欧几里德、阿基米德、阿里斯它喀斯、喜帕克斯等名字牢牢地联系在一起的。科学中心从雅典转移到亚历山大是由剧烈的政治变动所造成。在第一次科学革命发生之后不足半个世纪，马其顿的崛起结束了希腊城邦政治，亚历山大大帝的东征摧

---

① 陈方正：《继承与叛逆：现代科学为何出现于西方》，第79—80页。
② 陈方正：《继承与叛逆：现代科学为何出现于西方》，第140页。

毁了从东地中海沿岸以至波斯、阿富汗的民族藩篱，从而将希腊文明散播到一个比以前庞大不知多少倍的地区。他死后帝国分裂为三部分：部将中最有雄心与远见、文化意识也最强烈的是立足于埃及的托勒密。在他锐意经营和广事招揽人才的政策下，从公元前3世纪开始，希腊文化重心就逐步从雅典转移到尼罗河口的亚历山大城，托勒密王室所建立的学宫（Museum）也继学园与吕克昂学堂之后，成为西方世界的学术中心。[1]

公元前3世纪，伴随罗马帝国的建立，希腊科学由盛而衰，大一统帝国下的科学创新逐渐丧失，取而代之的是大众化宗教。

> 崇尚思辨的希腊文明正走向终结，坚强无情的罗马迟早将扫荡一切障碍，建立大一统帝国，在其中城邦和区域文化消失，为大众化宗教所取代。……科学再也无力引领风骚，倾动天下，囊括第一流人才，因而难免锐气消磨，日益丧失创新力量，最后逐渐沉沦为记诵诠释之学，这是公元5世纪的事情。[2]

在陈方正看来，导致希腊科学衰落的因素包括文化衰退、政治压制、基督教影响。[3] 6世纪以后，在蛮族的冲击之下，罗马帝国开始崩溃，科学在一度沉沦之后，开始被伊斯兰世界接纳，伴随"阿拉伯翻译运动"的开展，逐渐传播开来。

> 绝对令人意想不到的是，从8世纪中叶开始，在多位开明

---

[1] 陈方正：《继承与叛逆：现代科学为何出现于西方》，第183页。
[2] 陈方正：《继承与叛逆：现代科学为何出现于西方》，第222页。
[3] 陈方正：《继承与叛逆：现代科学为何出现于西方》，第304—305页。

君主鼓励与推动下，伊斯兰世界竟然张开双臂接受希腊哲学与科学，大量典籍从叙利亚文和希腊文翻译成阿拉伯文，许多阿拉伯与伊朗学者以巨大热情投入学术研究，他们由是接过火炬，促成伊斯兰科学的诞生。[①]

它虽然遭到了伊斯兰教的反对，但仍然生存下来，保持了长期的兴盛。

> 自翻译运动兴起以来科学和哲学是获得哈里发与大臣赞助、鼓励、推动的学问，所以在社会上层一直占据稳固地位。然而，西方哲学毕竟是外来思想，而且纯粹立足于理性，因此与本土的，以神示为至终基础的伊斯兰教始终有潜存冲突，这至终发展成立足于神示与先例的宗教"法理学"（fiqh），以及立足于理性的"神学"（kalam）和哲学（falsafah），这两方面之间的紧张、争论，那在9世纪中叶，甚至蜕变为官方意识形态与民间宗教理念之冲突，结果以官方退却告终。[②]

> 科学在伊斯兰文明中生根、发芽、滋长、壮大，结出丰硕果实，前后延绵七个世纪之久（750—1450），而且在此期间最后三个世纪与欧洲中古科学并驾齐驱，平行发展。因此，它在伊斯兰民族中所激发的热情与创造力是毋庸置疑的。[③]

但15世纪以后，伊斯兰科学却最终未能实现进一步突破，完成向现代科学的转型。陈方正认为最直接的因素，是保守教士长期攻击科学，使其无法真正在伊斯兰社会生根，成为社会意识与

[①]　陈方正：《继承与叛逆：现代科学为何出现于西方》，第309页。
[②]　陈方正：《继承与叛逆：现代科学为何出现于西方》，第342—343页。
[③]　陈方正：《继承与叛逆：现代科学为何出现于西方》，第364—365页。

体制的一部分，而始终是一种受到君主庇护的宫廷现象。伊斯兰学院的宗教性和保守精神根深蒂固，它是守旧法理学家的大本营，一直排斥、压制希腊哲学与科学。[1]

12世纪，十字军东征以后，欧洲开始接触到阿拉伯文，并重新了解希腊文典籍，被其精深奥妙折服，从而开启了欧洲翻译运动，推动科学的复兴与发展。而在这一过程中，大学扮演了重要角色。大学本来是教会体制的一部分，后来逐渐独立、培育，成为传播哲学与科学的大本营。欧洲的大学与伊斯兰学院之所以不同，根源于两种文明哲学与宗教起源先后的差异。欧洲希腊哲学早于外来的基督教而产生，而在伊斯兰世界则恰恰相反，从而对于各自社会的影响程度判然有别。故而，欧洲大学的活力，"还是要回到西方文化源头，即希腊哲学与科学传统、罗马法律传统，以及这两者对于后起的基督教之深刻影响，甚至可以说是无形中的塑造琢磨之功，才能够得到了解"。[2]

在系统梳理了西方科学发展历程之后，陈方正对"现代科学为何出现于西方"进行了作答，那就是它起源于希腊，在许多地区转移，经历长期发展与积累，最终实现革命与突破。

> "现代科学为何出现于西方"的问题表面上千头万绪，但一言以蔽之，当可用"它是西方科学传统经历革命后的产物"作答。说准确一点，这传统当初是通过毕达哥拉斯教派与柏拉图学园的融合而形成；此后两千年间它吸引了无数第一流心智为之焚膏继晷，殚精竭虑，由是得以在不断转移的中心——克罗顿、雅典、亚历山大、巴格达、伊朗与中亚、开罗、科尔多瓦、托莱多、巴黎、牛津、北意大利、剑桥等许

---

[1]　陈方正：《继承与叛逆：现代科学为何出现于西方》，第365—369页。
[2]　陈方正：《继承与叛逆：现代科学为何出现于西方》，第366—370、418页。

多不同城市、区域长期发展和累积，至终导致 17 世纪的革命与突破，现代科学于焉诞生。因此它是拜一个传统，前后两次革命所赐，亦即是一方面继承，另一方面叛逆"新普罗米修斯"传统的结果。[1]

在陈方正看来，众多因素共同造成了这一结果，因此将科学革命界定为"混沌中出现的革命"较为恰当。

> 导致现代科学革命的直接或曰近期因素，既来自文化传承者，也有属于宗教、社会、经济和技术范畴的，整体而言，真可谓错综复杂，不一而足，倘若要单独突出或者排斥任何一个乃至一类因素，恐怕都不大可能成立或者令人信服。说到底，十六七世纪间欧洲文明经历了如此空前的动荡和变化，它的每一个层面都强烈地相互交错影响，因此很可能它们全部都是与现代科学革命有不可分割的关系。我们称之为"混沌中出现的革命"就是此意，因为我们知道，倘若系统是处于混沌状态之中，那么它的每一部分都会和所有其他部分强烈互动：而这正是混沌现象的特征。[2]

第三节　西方科学的大传统

在陈方正看来，西方科学大传统的最大特征便是整体性，这表现为两个方面：一是体系性，即并非孤立的学说，而是整套的理论；二是延续性，即使一时中断，仍能最终复兴与发展。

---

[1]　陈方正：《继承与叛逆：现代科学为何出现于西方》，第 599 页。
[2]　陈方正：《继承与叛逆：现代科学为何出现于西方》，第 619—620 页。

那就是西方科学传统的整体性。这表现于两个方面：首先，这传统并非一堆孤立观念、学说、发明、技术、人物的集合，而是从某些共同问题和观念所衍生出来的一整套理论、观察、论证、方法，它们互相结合，成为具有发展潜力与方向的有机体系，在此体系下又产生不同流派。其次，这传统有强大的延续性：它不但在某些时期内蓬勃发展，而且经过移植或者长期中断之后，仍然能够凭借其前的观念、理论，而重新萌芽、滋长。①

陈方正从整体上勾勒近代科学得以产生的历史铺垫与线索。

公元前 6 世纪至 3 世纪是这大传统的诞生时期，在其间古希腊宗教、神话以及埃及、巴比伦远古科学传统通过融合、蜕变而产生了多个相互关联、影响的不同流派，包括自然哲学、毕达哥拉斯教派、柏拉图哲学、严格证明的数学、亚里士多德科学，以及本书未曾论及的医学等等。它们的目标、观念、取向各异，但都以理性探究为基础，形式上着重论证、问难和竞争，而且从柏拉图开始都留下了相当详细的典籍。需要强调的是，这大传统所产生的思想、方法、发现、价值取向，构成了西方文明最早、也最根本的内核部分，其影响一直延续到两千年后的哥白尼、第谷、伽利略、开普勒与牛顿——《几何原本》就是这大传统的延续性之最佳、最明显象征。在这个宽广、活跃、激动人心的基础上，亚历山大科学家进一步在数学、静力学、天文学乃至机械学等各方面将古希腊科学发展至极致。在罗马帝国时代希腊科学的创新能力衰减了：这是新毕达哥拉斯学派和新柏拉图学派兴起、发

---

① 陈方正：《继承与叛逆：现代科学为何出现于西方》，第 599 页。

展的时期，也是灵智学派、炼金术、魔法等"小传统"形成的阶段，它们在 16 世纪发生微妙而不可忽视的作用。也许更重要的是，帝国晚期编纂家虽然不能深究希腊科学、哲学的精义，却保存了它的大体观念与向往，并且将之广为传播，这成为欧洲度过五百年大混乱时期之后科学能够迅速复兴的契机。

在西罗马帝国覆灭之后三百年，希腊科学与哲学传统就为伊斯兰世界所移植和继承，并且迅即蓬勃发展。伊斯兰科学曾经被认为仅有传承之功，但时至今日，它的多方面创新已经被广泛认识和承认——我们只要想到代数学、三角学、位置记数法、光学、炼金术上的大量发明，还有图西和沙提尔对哥白尼的影响，就不可能再有任何疑惑了。……现在我们知道，中古科学绝非没有观念和方法创新：格罗斯泰特的实验科学观念、费邦那奇的数学、西奥多里克的光学，还有邓布顿、布里丹、奥雷姆等的动力学都是强有力例证。它们说明，从抽象理论转向观测与实验证据，以及通过数学来寻求地上现象的规律这两个趋向现代观念的根本转变，都是从中古开始的。从中世纪踏入近代的转折点则是 15 世纪：其时由于奥图曼帝国进逼所间接造成的希腊热潮对欧洲学术产生刺激，数理科学的研究因而重新获得强大动力，这是导致现代科学革命最直接也最重要的因素。当然，除此之外，东方传入的火药、印刷术、磁针等新事物导致了王室集权、民族国家兴起、宗教革命、远航探险、知识广泛传播等无数影响深远的变化，整个欧洲的政治、社会结构亦随之发生巨变，这大环境的根本改变对于现代科学革命之出现也是有密切关系的。[①]

---

① 陈方正：《继承与叛逆：现代科学为何出现于西方》，第 600—601 页。

　　为进一步深入分析西方科学历程，陈方正对不同阶段的科学特征再次进行了讨论。在他看来，希腊支离分隔的地理特征，造就了希腊推理论辩式科学；这与大河文明的崇尚实用技术形成了明显差异。

> 希腊城邦政治是由其支离分隔的滨海地理环境造成，这环境一方面限制城邦规模，使得个人相对于城邦整体有更高地位、更大自主空间，另一方面则令依赖个人主动性的航海与贸易成为谋生的自然途径。……在此环境中个人心智与推理、幻想能力得以自由发挥，这可能是其发展出推理和论辩式科学的原因。因此，政治与科学之间未必有直接因果关系，但这不排除它们有共同根源，甚且是互为因果，互相促进。……另一方面，科学在诸大河流域文明中虽然有更为悠久的历史，却始终不能够脱离实用技术形态，那可能是在这些文明的绝对王权体制之下，个人心智难以自由发挥使然。因此，无论对于希腊或者其他古老文明，地理环境都可能是塑造政治、哲学、科学发展形态的重要乃至决定性因素。①

而其中论证式数学又与实用型计算形成了鲜明区别。

> 但希腊科学独特和重要之处其实并不仅仅在自然哲学，而更在于"新普罗米修斯革命"，即以严谨论证为特征的数学，它与所有古代文明中的实用型计算都迥然相异，而这既是现代科学的最终基础，也是其起点。……这种数学起源于无理数的发现，而根源则在毕达哥拉斯神秘教派。因此，西方科学的真正核心问题其实是：为什么公元前6世纪的毕达哥

---

① 陈方正：《继承与叛逆：现代科学为何出现于西方》，第602—603页。

拉斯能够糅合地中海东岸那许多完全不相同的文明传统，而创造出结合宇宙奥秘探索与永生追求的这么一个特殊教派，在教派覆灭之后其精神又仍然能够通过柏拉图学园传之久远和发扬光大？①

第四节　"李约瑟问题"的消解

在陈方正的笔下，不同文明的科学历程，都曾发生过不同程度停滞的现象。他指出希腊科学在一度兴盛之后，便陷入了长期的停滞。"它的结束，亦即它为何停滞，而没有继续往前发展，在当时就完成两千年之后才珊珊〔姗姗〕来迟的现代科学之突破。"② 与之相似，伊斯兰科学在一度繁盛之后，也并未产生科学革命。鉴于直到16世纪，伊斯兰科学开始衰落，陈方正认为这一疑问比"李约瑟问题"更为迫切而有意义。

> 究竟是什么原因使得伊斯兰科学未能出现自发性现代科学革命，反而从16世纪开始衰落的问题就更显突出了——显然，这比之"李约瑟问题"更迫切、更重要和有意义得多，因为直至15世纪之初即卡西的时代，伊斯兰科学最少在天文学和数学方面仍然遥遥领先于欧洲是无可置疑的。③

在讨论了西方科学、伊斯兰科学之后，陈方正将目光转向东方，完成了对"李约瑟问题"的最终消解。在他看来，明清之际西方传教士进入中国，"无疑为中国科学带来了一些新方法、新观

---

① 陈方正：《继承与叛逆：现代科学为何出现于西方》，第603页。
② 陈方正：《继承与叛逆：现代科学为何出现于西方》，第601页。
③ 陈方正：《继承与叛逆：现代科学为何出现于西方》，第606页。

念，却没有足够力量推翻原有思维与论证模式"，① 因此并未给中国带来科学革命。这就挑战了李约瑟所持"中国科技长期优胜说"和"科学发展平等观"。

> 因为倘若各个文明对于现代科学的贡献都大致同等，或者中国科学在公元前 1 世纪至公元 15 世纪的确比西方远为优胜，而现代科学革命出现于西方只不过是在文艺复兴刺激下的短暂现象，那么就绝对无法解释，为何耶稣会教士所传入的西方科学没有触发中国科学更剧烈、更根本的巨变，也就是使得它在 17 或者至迟 18 世纪就全面赶上西方科学前缘，并且确实地完全融入世界科学主流。②

陈方正由此回到对于中国古代科学最为主流的评价，即技术发达，而科学不足。

> 磁针、火药、印刷术和许多其他中国发明传入欧洲之后，的确对于社会、经济产生了巨大和深远的影响，因此，它们也无疑间接地促成了现代科学之出现。然而，这些发明都属于应用技术范畴，它们虽然也往往牵涉某些抽象观念或者宗教、哲学传统，但这和科学亦即自然现象背后规律之系统与深入探究，仍然有基本分别。除非我们在原则上拒绝承认科学与技术之间有基本分别，否则恐怕就难以从古代中国在多项技术领域的领先来论证中国科学的"优胜"。③

这就从根本上导致了"李约瑟问题"的消解。

---

① 陈方正：《继承与叛逆：现代科学为何出现于西方》，第 621 页。
② 陈方正：《继承与叛逆：现代科学为何出现于西方》，第 622 页。
③ 陈方正：《继承与叛逆：现代科学为何出现于西方》，第 626 页。

这样，"中国科学长期优胜说"就必须放弃了。放弃此说的最重要后果是：现代科学出现于西方这个基本事实不复是悖论，它不再意味在十六七世纪间中西科学的相对水平发生了大逆转。但这么一来，李约瑟论题就难免失去根据，李约瑟问题也连带丧失力量乃至意义……事实上，这就意味"李约瑟问题"之消解。[①]

在此基础上，陈方正进一步追问为何中国古代科学传统并不发达，在他看来，这是由于中国古代欠缺数理科学传统。虽然第一部天文学典籍《周髀算经》是结合数学和天文模型的科学著作，但未能继续发展，此后竟成绝响。

公元前3世纪的亚历山大数理科学已经决定性地将西方与中国科学分别开来；从此再往前追溯，则可以见到，西方与中国科学的分野其实早在毕达哥拉斯—柏拉图的数学和哲学传统形成之际就已经决定。那也就是说，公元前5至4世纪间的新普罗米修斯革命是西方与中国科学的真正分水岭。自此以往，西方科学发展出以探索宇宙奥秘为目标，以追求严格证明的数学为基础的大传统，也就是"四艺"的传统，而中国科学则始终没有发展出这样的传统，故而两者渐行渐远，差别越来越大，以至南辕北辙，乃至成为不可比较。[②]

第五节　中西科学的分野

陈方正由此进一步对中西科学之间的巨大差异，尝试开展讨

---

① 陈方正：《继承与叛逆：现代科学为何出现于西方》，第626—627页。
② 陈方正：《继承与叛逆：现代科学为何出现于西方》，第628页。

论。在他看来，西方超出中国 1500 年的悠久数学传统是一个重要因素。

　　也许，西方科学史最瞩目、最令人感到震惊的，就是它的数学传统之悠久。《九章算术》是相当圆熟的实用型算术，它成形于西汉，但从内容和用语判断，一般认为起源于周秦之间，也就是不早于公元前三四世纪之间，与《几何原本》大体同时。然而，在此之前大约一千五百年，亦即中国最古老的文字甲骨文出现之前五百年，巴比伦就已经出现陶泥数学板，稍后埃及也出现林德数学手卷了。而且，这些远古数学文献所显示的数学运算能力与《九章算术》相比，最少是各擅胜场，说不上有巨大差别。因此，西方数学的起点并非在古希腊，而是在埃及的中皇朝和巴比伦的旧皇朝即汉谟拉比时期，也就是比中国要早足足一千五百年。这个观点是基于《几何原本》与巴比伦数学传统之间有明显继承痕迹，古希腊记载中不止一次提到泰勒斯、毕达哥拉斯从这两个远古文明学习数学和其他知识，以及最近有关伊斯兰代数学源头的研究。所以埃及、巴比伦远古数学与希腊数学是一脉相承的：后者并非从公元前 5 世纪凭空开始，而是继承了前者，然后再经历新普罗米修斯革命而出现的结果——否则，没有其前的远古传统，何来翻天覆地的革命呢？从此观点看，中西方数学传统之迥然不同，便极有可能是与这一千五百年的起点差距密切相关。①

不过陈方正认为这只是因素之一，并不能够完全解释中西科学的分野。事实上，巴比伦数学也与中国一样，陷入了长期的停滞。

------

　　① 陈方正：《继承与叛逆：现代科学为何出现于西方》，第 630 页。

　　但是，时间差距虽然可能是因素之一，完全以此来解释西方与中国科学的基本差异还不足够。最明显的反例就是：苏美尔-巴比伦数学可以说是与其文明同步发展的，然而在汉谟拉比时期的短暂开花之后它就停滞不前，再也没有令人瞩目的变化了。[①]

在陈方正看来，西方科学中心的不断转移，构成了另一因素。

　　西方科学传统另外一个令人瞩目的特点，那可以称为"中心转移"现象，它表现为西方科学发展往往集中于一个中心区域，而这中心是不断移动、游走，并非长期固定的。在远古时期这中心从巴比伦或者埃及转移到希腊的过程已经湮没不可考，但在希腊时期我们知道它曾经先后在爱奥尼亚、南意大利、雅典、亚历山大等四个中心区之间转移；然后它移植于伊斯兰世界，在此时期它也先后经历了巴格达、伊朗和中亚多个城市，以及开罗、科尔多瓦、托莱多等许多中心区；在转回西欧之后，它又先后经历了巴黎、牛津以至博洛尼亚、帕多瓦、佛罗伦萨等北意大利城市，最后才在十六七世纪间回转到法国、荷兰和英国。因此，西方科学传统虽然悠久，但科学发展中心却不断地在亚、欧、非等三大洲之间回环游走，它停留在任何城市或者地区的时间都颇为短暂，一般只有一两百年而已。与此密切相关的则是西方科学的文化和语言背景也因此不断转变：它最早的文献使用巴比伦楔形文字或者埃及行书体文字，其后则依次使用希腊文、阿拉伯文、拉丁文乃至多种欧洲近代语文，包括意大利文、法文、

[①]　陈方正：《继承与叛逆：现代科学为何出现于西方》，第630页。

德文、英文，等等。[1]

这反映出西方科学具有非常特殊的形态与内在逻辑，相应需要在不同地区寻找合适的土壤。

> 科学发展的这种"中心转移"和"多文化、多言语"现象所意味、所反映的是什么？那很可能是：具有非常特殊形态和内在逻辑的西方科学，必须有非常特殊的社会、环境、文化氛围和人才的结合才能够发展，但这样的结合显然是极其稀有和不稳定的，因此科学发展中心需要经常转移，以在适合其继续生长、发展的地区立足。由于广义的"西方世界"是具有复杂地理环境和包含多种民族、文化与文明的广大地区，它从来未曾真正统一于任何单独政权，因此在其中适合科学立足、发展的地区总是存在的。[2]

与之相比，大河文明长期处于强大王朝的控制之下，科学发展受到限制，最终保留下来的是适合于王朝或社会的实用技术。

> 倘若这猜想并非无理，那么也许它还可以说明科学在诸如埃及、巴比伦、中国等大河农业文明之内发展的问题。这些文明的共同点是：幅员宽广、时间连续性强，在强大王朝的控制下地区差异性相对细小。因此，在其中具有特殊形态与目标的科学，即类似于西方传统的科学，可能无法通过转移来寻求最佳立足点，并且会由于发展受窒碍而逐渐为社会淘汰。在此"社会过滤机制"作用之下，能够长期生存、发

---

① 陈方正：《继承与叛逆：现代科学为何出现于西方》，第631页。
② 陈方正：《继承与叛逆：现代科学为何出现于西方》，第631页。

展的，主要限于适合王朝或者社会实用目标的科技，或者能够为社会大众所认识、认同的那些观念。[①]

可见，地理环境的不同是造成中西科学分野的根源。"中西科学发展模式的巨大分别，最终可能是由地理环境所决定的文明结构差异所产生。"[②]

此外，中西宗教分别重点关注医药、化学与数理、天文，也是一个值得关注的因素。

虽然在现代观念中科学与宗教严重对立，但那只不过是17世纪以来的新发展而已。在此之前，无论在西方抑或中国，科学与宗教都有密切关系，甚至可以说是共生的。毕达哥拉斯—柏拉图传统对西方科学的孕育之功，以及这个思潮在文艺复兴时代对于现代科学革命所产生的推动作用，还有基督教与科学的密切关系（诸如显示于阿尔伯图和牛顿者）我们已经言之再三，不必在此重复了。值得注意的是，西方这个将"追求永生"与"探索宇宙奥秘"紧密结合的大传统，也同样出现于中国。中国传统科学中最强大和独特的两支是中医药和炼丹术。如所周知，这两者的发展和道教都有不可分割乃至本质上的密切关系：医药是为养生全命，炼丹所求，便是白日飞升。所以毫不奇怪，葛洪、陆修静、陶弘景、孙思邈等著名道教人物同时也是杰出的炼丹师、医药家。不但如此，而且道士也同样有研习数学、天文学的传统：例如创立新天师道的北魏寇谦之与佛教人物颇多来往，因此也与印度数学、天文学之传入中国有关，并且很可能还对著名数学

---

① 陈方正：《继承与叛逆：现代科学为何出现于西方》，第631—632页。
② 陈方正：《继承与叛逆：现代科学为何出现于西方》，第632页。

家祖冲之父子有影响；金元之际的刘秉忠基本上是全真道长，他曾经长期在河北邢台紫金山讲论术数、天文，培养出像郭守敬、王恂那样的历法专家。不过，道教的科学传统还是以医药、化学为主，它涉及数理天文只是后起和附带现象，说不上是其核心关注点，这是它与宣扬"万物皆数"的毕达哥拉斯学派之基本分歧所在。这巨大分歧到底如何形成颇不容易解答，但在中西科学分野成因的探索中，这恐怕也是不可忽略的一条重要线索吧。①

最后，中西科学分野，乃至西方与其他文明的科学分野，还与西方科学爆发了两次革命有关。

最后，西方科学传统最特殊而迥然有异于中国、印度或者伊斯兰科学之处，是在于它先后发生了两次"突变"（transmutation），即"新普罗米修斯"革命和牛顿革命。这两次革命无论在探究方法、问题意识或者思维方式上，都相当彻底地推翻了其前的传统，也因此开创了崭新的传统。没有这两次翻天覆地的突变，那么希腊科学或者现代科学都是不可能出现的。②

小　结

作为一名职业科学家，陈方正对于波普尔以来的科学哲学颇不以为然，从而回到了最为原始的"欧洲中心论"立场，主张现

---

① 陈方正：《继承与叛逆：现代科学为何出现于西方》，第632—633页。
② 陈方正：《继承与叛逆：现代科学为何出现于西方》，第633页。

代科学是以地中海为核心的广大亚欧非地区的西方科学长期积累而成的独特产物。由此立场出发，陈方正一反主流的外史路径，沿着内史路径，指出相对于集体因素，个人因素可能更为重要；相应，相对于"外史"因素，"内史"因素才是科学史的核心。历史虽有突变的可能，但基本是连续的；不仅如此，历史还有整体相关性，全部历史会通过文化载体产生远距离影响，相应文化在科学研究中占据着中心地位，发挥着更大、更直接的作用。

陈方正指出中西科学存在巨大的历史分野。与其他大河文明一样，中国古代政权的王朝统治，限制了科学的发展，促使在文明特征形成的轴心时代，哲学便呈现出"重德"、讲究人伦、忽视自然的特征。在科学方面，重视与王朝、社会具有更为密切关系的医药学、化学的研究，与实用技术的研发和推广。与之不同，西方拥有面积广阔、内部多元的地理空间，从而为西方科学躲避政治压力提供了自由空间。在轴心时代，希腊哲学便呈现"重智"，重视自然而忽略人事，重视理论而忽视技术的特征。从古希腊开始，西方科学不断呈现中心游移的现象，借助多元的内部空间，西方科学长期延续，并逐渐发展，建立起一套具有自身体系的理论体系。这套理论体系呈现出论辩式科学的取向，数学、物理学十分悠久而发达。经历长期发展、积累，乃至突变，西方科学最终推动了科学革命的发生与现代科学的诞生。

在陈方正看来，不同文明的科学，都曾在一定程度上陷入停滞，包括巴比伦科学、希腊科学、伊斯兰科学、中国科学都是如此。明清之际西方传教士的到来，并未能推动中国产生科学革命，这就意味着李约瑟所主张的"中国科技长期优胜说"和"科学发展平等观"的破产。事实上，正如上文所述，中西科学在发展道路上判然有别。由此出发，陈方正完全消解了"李约瑟问题"。

第二十章
王朝国家的科学道路

中国古代的王朝国家，无论科学观念、社会特征还是历史观念，都呈现出与西方世界的明显不同，从而开辟出与西方世界完全不同的科学道路。对于中国古代科学道路的整体审视，有助于揭示中国古代科学发展的内在逻辑，理解中国古代科学的最终命运，并有助于丰富世界科学发展的丰富图景，并进一步思考其潜在的历史可能。

第一节　机械论与有机论的近代分途

在近代科学研究中，机械论哲学一直占据着主流。所谓"机械论"，是指近代欧洲的科学家，复兴了古希腊唯物主义哲学家德谟克利特所主张的世界由原子构成的观念，主张物质由原子构成，物质的主要属性是机械性，其他属性由机械性衍生而来，宇宙可以通过对物质的分解而了解。

在这种流行观念影响下，用于阐述机械论组织模型的数学，被赋予了至高无上的地位。哥白尼以来，欧洲科学家复兴了古希腊数学家毕达哥拉斯倡导的数学传统，并努力推进，开普勒、伽利略不断阐述数学的重要性。① 近代哲学的创始人之一勒内·笛卡

---

① 〔英〕迈克尔·波兰尼：《个人知识：迈向后批判哲学》，第8—11页。

尔继而指出：

> 我考虑到古今一切寻求科学真理的学者当中只有数学家
> 能够找到一些证明，也就是一些确切明了的推理，于是毫不
> 迟疑地决定就从他们所研讨的这些东西开始，虽然我并不希
> 望由此得到什么别的好处，只希望我的心灵得到熏陶，养成
> 热爱真理、厌恶虚妄的习惯。①

牛顿在《自然哲学的数学原理》一书的"致读者"中指出，近代
科学旨在寻求自然现象从属于数学的定律。"由于古代人（正如帕
普斯所说）在自然事物的研究中极重视力学；而现代人，抛开实
体的形式和隐藏的性质（qualitates occultae），努力使自然现象从
属于数学的定律：因此这一专著的目的是发展数学，直到它关系
到哲学时为止。"② 空想社会主义思想家圣西门接受了这个观念。
"唯一的科学是数的科学这一观念，要在实证体系成立以后很久才
能出现。如果人类的理性可以达到这种高度，这个观念将会成为
精密体系的基础。"③ 德国数学家高斯（C. F. Gauss，1777－1855）
把数学称为"科学之皇后"。社会学的创始人孔德由此将数学视作
科学的第一学科。

> ……科学出发点不可能直接是天文学。但是为了使基本
> 公式完整起见，在这庞大体系的开头，首先要放上数学科学；
> 数学是唯理实证论的必然的唯一摇篮，对个体和群体来说都
> 是如此。如果人们更专门地运用我们的百科全书式原则，把

---

① 〔法〕笛卡尔：《谈谈方法》，王太庆译，商务印书馆，2009，第16页。
② 〔英〕牛顿：《自然哲学的数学原理》，赵振江译，商务印书馆，2006，致读者，第6页。
③ 《论万有引力》，《圣西门选集》第1卷，第121页。

这门发端的科学分解为三大支，即算数、几何和力学，那么最终就能以最高的哲学准确性确定整个科学体系的真正本源；事实上这一体系首先来自于纯数字的思辨，这些思辨是一切思辨中最普遍、最单纯、最抽象的，而且也是最独立的，在一般的有识之士那里，它们几乎与实证精神的自发冲动融会在一起……①

而在此之前，科学假说都呈现一种模糊的状态。

原始型或中古型假说与近代型假说之间是有明显不同的。古代假说的主要的和内在的含糊总是使其本身不可能得到证明或反证，它们倾向于结合在神秘的相互关系的体系中。就其中的数字研究而论，许多数字被弄成事先建立起来的数字神秘主义形式，而不用作事后比较出来的定量计量的素材。②

近代科学却借此建立起精确的模型。"应用对自然界的数学假说；充分掌握和应用实验方法；区分主要特性和次要特性；应用空间几何学原理并接受现实的力学模型。"③

对于隶属有机论哲学的化学，西方众多思想家甚至并不将之视为科学。比如康德就有所谓"科学"与"学识"的区分。康德主张按照原则组织起来的整体知识体系都是科学。"任何一种学说，如果它是一个体系，亦即是一个按照原则来整理的知识整体

---

① 〔法〕奥古斯特·孔德：《论实证精神》，第70页。
② 《中国与西方的科学与社会》，潘吉星主编《李约瑟文集》，第66页。
③ 《中国与西方的科学与社会》，潘吉星主编《李约瑟文集》，第66页。

的话，那就叫科学。"① 但按照原则所遵循的是经验性的，还是理性的，又可以进一步区分为"历史的自然科学"与"理性的自然科学"。

> 而既然那些原则要么可以是知识在一个整体中的经验性联结的原理，要么是其理性联结的原理，所以，如果不是理性从自然的联系中得来的一种知识要配得上自然科学这一称号，自然这个词就要使它成为必然的，则自然科学，无论是物体学说还是灵魂学说，本来会必须划分成为历史的自然科学和理性的自然科学。②

在康德看来，前者由于只是经验性的汇聚，因此更应准确地称为"历史的自然学说"，而后者可以径称为"自然科学"。"因此，自然学说可以更好地划分为历史的自然学说和自然科学，前者所包括的无非是自然事物经系统整理的事实。"③ 对于二者，康德又分别用"本真的""非本真的"加以区分。"于是，自然科学又会要么是本真地如此称谓的自然科学，要么是非本真地如此称谓的自然科学，其中前者完全按照先天原则来对待自己的对象，后者则按照经验规律对待自己的对象。"④ 康德认为化学就是一种经验性学说，因此准确来讲，化学不属于科学，而属于"系统的技艺"。

---

① 《自然科学的形而上学初始根据》，李秋零主编《康德著作全集》第 4 卷，中国人民大学出版社，2010，第 476 页。
② 《自然科学的形而上学初始根据》，李秋零主编《康德著作全集》第 4 卷，第 476—477 页。
③ 《自然科学的形而上学初始根据》，李秋零主编《康德著作全集》第 4 卷，第 477 页。
④ 《自然科学的形而上学初始根据》，李秋零主编《康德著作全集》第 4 卷，第 477 页。

但如果在科学中，例如在化学中，这些根据或者原则归根结底只不过是经验性的，而理性说明被给予的事实由以出发的规律只不过是经验规律，那么，它们就不带有对自己的必然性的意识（就不是无可置疑地确定的），而在这种情况下，这个整体在严格的意义上就不配一门科学的称号，因而化学与其叫做科学，倒不如叫做系统的技艺。①

康德主张自然科学包含着纯粹理论，而自然学说或系统技艺只是一种社会应用。"人们把前一种自然知识称为纯粹的；而后一种自然知识则被称为应用的自然知识。"② 后者是向前者发展中的不完备阶段。"按照理性的要求，任何自然学说归根结底都必须通向自然科学并在其中完成自身，因为规律的那种必然性与自然的概念是不可分割地相联系的，因而是绝对要了解的。"③ 相应解释力也存在不足。"所以，从化学原则出发对某些显象所作的完备解释总还是留下一种缺憾，因为人们从这些仅仅由经验所教导的偶然规律的原则中不能先天地引证任何证据。"④

在康德看来，自然科学中最值得珍视的，就是纯粹理论的那一部分，科学研究应该把这一部分抽离出来，专门考察，由此可以获得纯粹理性知识或形而上学，从而获取确定性知识。

一切本真的自然科学都需要一个纯粹的部分，在它上面

---

① 《自然科学的形而上学初始根据》，李秋零主编《康德著作全集》第 4 卷，第 477 页。
② 《自然科学的形而上学初始根据》，李秋零主编《康德著作全集》第 4 卷，第 477 页。
③ 《自然科学的形而上学初始根据》，李秋零主编《康德著作全集》第 4 卷，第 477—478 页。
④ 《自然科学的形而上学初始根据》，李秋零主编《康德著作全集》第 4 卷，第 478 页。

可以建立起理性在它里面所寻找的那种无可置疑的确定性。而由于这个部分就其原则而言与仅仅是经验性的那些部分相比是完全不同类的，所以就方法而言，把那个部分分离出来，完全不与别的部分混杂，尽可能在其全部完备性中加以阐明，以便能够精确地规定理性可以为自己提供什么，以及它的能力在什么地方开始需要经验原则的帮助，是极为有益的，而且就事实的本性而言甚至是不可推卸的义务。仅仅出自概念的纯粹理性知识叫做纯粹哲学或者形而上学。[1]

而其他的理性知识则被康德称为"数学"。"与此相反，凭借在一种先天直观中展现对象而把自己的知识仅仅建立在概念的构想之上的理性知识，则被称为数学。"[2] 康德认为化学只有确立了概念和规律，才算走上了科学之路。

> 对于物质相互之间的化学作用来说，只要还没有找出可以构想的概念，亦即只要还不能给出各部分相互接近和分离的规律，按照这规律，可以在其密度以及诸如此类的东西的关系中，在空间中先天地使其运动及其结果直观化并予以展示（这是一个很难每次都被满足的要求），那么，化学就只能成为系统的技艺或者实验学说，但绝不能成为本真的科学，因为化学的原则仅仅是经验性的，不允许在直观中的先天展示，因而一点也不能使人就其可能性而言来理解化学现象的原理，因为它们不能作数学的应用。[3]

---

[1] 《自然科学的形而上学初始根据》，李秋零主编《康德著作全集》第4卷，第478页。

[2] 《自然科学的形而上学初始根据》，李秋零主编《康德著作全集》第4卷，第478页。

[3] 《自然科学的形而上学初始根据》，李秋零主编《康德著作全集》第4卷，第479—480页。

但对于机械论哲学的垄断地位，也并非没有质疑的声音。关于近代科学的产生，一般认为是机械论哲学取代古希腊"有机论"哲学的过程。美国化学史家狄博斯将之概括为天文学、物理学秉持的机械论哲学取代古希腊有机论哲学的转变。

> 科学革命的传统诠释为我们提供了一幅比较直截了当的画面。在这个画面中，近代科学的兴起通常被描绘成"古人"与"今人"的冲突，即那些仍然忠于亚里士多德自然哲学和盖伦医学的人与那些拥护某些以新的观察和实验为根据的"新哲学"或"新科学"的人的抗争，而正是后者，通常与17世纪的机械论哲学有联系。这个故事的主要线索通过哥白尼、第谷·布拉赫、开普勒、伽利略以及艾萨克·牛顿爵士的工作，把我们从一幅图景引向另一幅图景。当然，还有威廉·哈维，因为他发现了血液循环。但是一般说来，相对于重述托勒密宇宙学理论以及解决与地球运转相关的运动物理学的新问题而言，生物学的发展是次要的。通常也讨论了培根和笛卡儿，但一般表明二者的科学方法论都不适宜于我们今天所指导的科学。简言之，给学生提供的是一个导致哥白尼体系和经典力学基础得以确立的科学进步的故事。[①]

德国哲人科学家弗里德里希·威廉·奥斯特瓦尔德（Friedrich Wilhelm Ostwald，1853-1932），是物理化学的奠基人，1909年获得诺贝尔化学奖。奥斯特瓦尔德著有多部科学史著作，其中《自然哲学概论》（1908）、《能量》（1908）、《能量革命》（1912）等著作，集中阐述了能量而非物质，在物质世界乃至整体的人类世界中

---

① 〔美〕艾伦·G.狄博斯：《科学革命新史观讲演录》，任定成、周雁翎译，北京大学出版社，2011，第123页。

发挥着更为根本的作用。他指出机械论之所以受到关注，源于在物理学中，力学先于其他分支开始了进化，并最为适宜于数学开展综合处理，从而提出了理想的机械论假说，在概括和预言天体运动中，取得了异乎寻常的成功，而这尤以哥白尼、开普勒、牛顿的研究最具代表性。力学的这一成功促使其广泛成为其他分支借鉴的组织模型，建立在此基础上的机械论假说垄断了对于自然的解释权。但在奥斯特瓦尔德看来，能量而非由最小固体粒子原子所组成的物质，才是真正构成世界的基本元素，能量不断转化，构成了我们所看到的一切"实物"，故而科学更应该从能量而非物质的视角，去认知自然世界，乃至人类社会中包括心灵、情感、思维、行动、社会、语言、交往、文明等所有现象。从能量论出发，奥斯特瓦尔德一方面对战争摧毁能量、减少文化价值总和的现象表达了批判，但另一方面，又对人们尤其科学家群体，共同推动包括科学在内的交流、协作与进步充满了期望。①

与奥斯特瓦尔德相似，狄博斯也从化学的角度，对机械论提出了挑战。在他看来，在科学革命发生之初，化学这种有机论哲学所产生的影响比天文学、物理学机械自然哲学产生的影响更大。

> 对新自然哲学感兴趣的作者们所关心的问题远远超出了天文学和运动物理学的范围。我认为，没有什么疑问，最热烈争论的问题与医学和化学有关——它们也许不太能用我们的术语，而要用化学论自然哲学术语来定义，这种化学论哲学曾被建议用来适当地取代一直在大学里讲授的亚里士多德和盖伦的著作。②

① 〔德〕F. W. 奥斯特瓦尔德：《自然哲学概论》，李醒民译，商务印书馆，2012，第 97—140 页。
② 〔美〕艾伦·G. 狄博斯：《科学革命新史观讲演录》，第 124 页。

与机械论哲学相比，化学论哲学秉持更为彻底的革命立场，造成了经院体系的毁灭。

> 对于这种进步，我们也许要从这种新科学、这种化学论科学研究起，这恰恰是经院体系似乎必然毁灭的原因。当塞思·沃德和约翰·威尔金斯起来直接对韦伯斯特支持的新课题提出非难时，他们发现他们自己的建立在机械论原理基础上的新科学梦想，与"实验"化学论者相比，和盘踞在大学里的亚里士多德学派有更多的相同之处。无疑，这些化学论者是以对自然进行观察研究和实验研究的纲领为基础的教育改革的最畅言无忌的支持者。①

但在近代科学话语权的争夺中，化学论哲学的支持者被排斥在边缘地带。

> 获胜的是机械论者的"新哲学"而不是化学论者们的"新哲学"。这也许是由于他们的科学有优越性——或者是由于——至少部分地是——因为雅各布对英国的建议，那些把化学论哲学与宗教狂以及导致国内战争的激进政治相联系的信仰自由的教徒拒斥化学论哲学。我们的确知道，很少有炼金术士或者赫尔蒙特派化学论哲学家在1662年伦敦的皇家学会建立时成为其会员。我们也没有见到他们被大量地吸收进17世纪后期或18世纪的其他国家的科学团体。我们从他们的许多出版物中知道，他们仍然在活动，但是他们没有被吸收进学会清楚地表明他们并不是新的科学大家庭中的成员。②

---

① 〔美〕艾伦·G. 狄博斯：《科学革命新史观讲演录》，第140页。
② 〔美〕艾伦·G. 狄博斯：《科学革命新史观讲演录》，第140—141页。

不过事实上化学论哲学在科学革命中发挥了极为关键的作用，参与塑造了观察、实验、推理等近代科学核心规范。

> 由化学论者们的出版物完全可以知道，这些人中有伊拉斯都、开普勒、李巴尤斯、默森、伽桑狄以及许多次要的人，他们与化学论者们的争论涉及与新科学建立有关的许多关键问题：古代哲学家的价值，新的观察和实验的作用，涉及推理、运动研究和实验室时数学在诠释自然中的用途。[①]

未来的科学革命研究应该回到具体的历史情境之中做出新的研判。

> 如果我们要充当负责的历史学家，我们就必须努力在历史事件发生的来龙去脉中评价它们。如果我们对于科学革命这样做，我们就会发现一场主要争论集中在化学论哲学的接受与拒斥上。由于这个原因，这场争论在我们今后的科学史及医学史中必定起到十分重要的作用。[②]

以上都是科学史家对欧洲有机论哲学的分析与论述。值得注意的是，李约瑟通过研究，指出中国古代一直流行有机论哲学。李约瑟对于中国古代有机论哲学的关注，不仅可以看作中国古代独特科学道路的明确定位，也可以视作对欧洲机械论哲学的异域挑战。但值得注意的是，李约瑟虽然高度关注中国古代的有机论哲学，但他只是将之视为欧洲机械论哲学促成科学革命之外的一种现象与可能。相应，他对数学在科学革命中所扮演的关键角色同样予以认可。1963 年，李约瑟在《中国与西方的科学与社会》

---

① 〔美〕艾伦·G. 狄博斯：《科学革命新史观讲演录》，第 141 页。
② 〔美〕艾伦·G. 狄博斯：《科学革命新史观讲演录》，第 143 页。

一文中指出："到了自然科学与数学的结合成为普遍情况时，自然科学才成为全人类的共同财富。"① 他指出中西之所以呈现科学革命爆发与否的历史分途，从内史的角度讲，就是有没有实现科学与数学的结合。1964 年，李约瑟在《中国科学对世界的影响》一文中也指出："在结束土生土长期之前，中国人的科学理论仍旧是中古型的，因为文艺复兴及随之而起的假说之数学化，并没有在中国发生。"② 1981 年，李约瑟在与日本学者的对谈中又指出："是什么河流使 17 世纪产生了近代科学，我想欧几里得的几何学是一把开门的钥匙。几何学和天文学是非常重要的，这一点是不可否认的。"③ 即使李约瑟两说并存，仍然高度认可机械论哲学，但中西学术界对"李约瑟问题"的批判，其中一个焦点便是这个问题。

第二节　脱离社会的科学革命

不仅众多的科学史家，即使如对中国古代科学给予了高度评价的李约瑟，也仍然认为中国并未发生过科学革命。但与这种一般观念不同，受到库恩影响的席文，却认为中国在明清之际，与同一时期的欧洲，共同发生了科学革命，只不过中国的科学革命是一种脱离社会的科学革命。

20 世纪 80 年代，席文发表了《为什么科学革命没有在中国发生——是否没有发生》一文，指出明末西方的数学和数理天文学开始传入中国，一些中国学者很快做出反应，彻底改变了天体运

---

① 《中国与西方的科学与社会》，潘吉星主编《李约瑟文集》，第 66 页。
② 《中国科学对世界的影响》，〔英〕李约瑟：《大滴定：东西方的科学与社会》，第 63 页。
③ 〔英〕李约瑟、〔日〕伊东俊太郎、〔日〕村上阳一郎：《超越近代西欧科学》，刘钝、王扬宗编《中国科学与科学革命：李约瑟难题及其相关问题研究论著选》，第 105 页。

行的观念，掀起了天文学的一场革命。

> 西方的数学和数理天文学被引进中国，开始于 1630 年左右，其形式不久后在欧洲那些容许人们接触新知识的地方（伽利略时代之后的意大利则不是这样）就变得过时了。一些中国学者，包括梅文鼎（1633—1721）、薛凤祚（约 1620—1680）和王锡阐（1628—1682），很快对此作出反应，并开始重新规定在中国研究天文学的方法。他们彻底地永久地改变了人们关于怎样着手去把握天体运行的意念。他们改变了人们对什么概念、工具和方法应居于首要地位的见识，从而使几何学和三角学大量取代了传统的计算方法和代数程式。行星自转的绝对方向和它与地球的相对距离这类问题，破天荒变得重要起来。中国的天文学家逐渐相信：数学模型能够解释并预测天象。这些变化等于是天文学中的一场概念的革命。①

但另一方面，这场革命却并没有推动明人对自然界的看法发生根本改变，传统观念仍然存在。

> 这场革命没有产生同时期欧洲的科学革命所产生的那种牵引力。它没有导致人们对整个自然界的看法发生根本的改变。在关于什么东西构成了一个天文问题以及天文预测对于最终理解自然界和人与自然界的关系具有什么重要意义等方面，它没有使得人们去怀疑所有的传统观念。②

---

① 〔美〕席文：《为什么科学革命没有在中国发生——是否没有发生》，李国豪等主编《中国科技史探索》，第 109 页。

② 〔美〕席文：《为什么科学革命没有在中国发生——是否没有发生》，李国豪等主编《中国科技史探索》，第 109 页。

其只相当于西方天文学变革的前期阶段。

> 最重要的是，在它统摄现世每一种现象以前（耶稣会传
> 教士不得不向中国人隐瞒欧洲在这方面的发展），它没有扩大
> 数和度在天文学中的统治。从这种意义上来说，把在中国发
> 生的事件同哥白尼保守的革命相比，要比同伽利略促成的把
> 对自然界的种种假设加以数理化的激进作法相比，更为合适
> 一些。[1]

这根源于中国缺乏如同西方那样的理论基础。

> 就某种意义而言，在中国，没有任何东西可供伽利略的
> 突破去突破，因为没有亚里斯多德来判定数学的精确性不能
> 应用于尘世间每日发生的事件，因而它可以随意应用。况且，
> 伽利略断定，必须在把主体对物理现实的反应隔离开来的情
> 况下对物理现实加以测量，就像在实验中所做的那样，从而
> 使事物的真理可以通过数量关系展现出来，而在中国，我们
> 还没有发现任何与这种论断相一致的思想。[2]

这次革命所带来的最大成果，其实是复活了中国传统的天文学。

> 中国同欧洲科学接触后产生的最令人瞩目的长远成果，
> 是传统天文学的复活，是对已被忘掉的方法的重新发现，它
> 们被结合于新的观念而再一次加以研究，而且为可以被称之

---

[1] 〔美〕席文：《为什么科学革命没有在中国发生——是否没有发生》，李国豪等
主编《中国科技史探索》，第109页。

[2] 〔美〕席文：《为什么科学革命没有在中国发生——是否没有发生》，李国豪等
主编《中国科技史探索》，第109—110页。

为新古典主义的东西提供了论据。外来天文学著作的新价值，与其说是用来取代传统的价值，倒不如说是用来使传统的价值长存下去。①

即使掀起这场革命的人，也仍然认为中国文化的价值高于任何其他的文化，从而从根本上就不具备抛弃传统价值观念的历史可能。

科学革命同政治革命一样，发生于新旧社会交替之际，但十七世纪在中国掀起一场科学革命的人，却坚信他们自己的文化所具有的价值高于其他的文化。即使他们的社会已经崩溃，在那时，任何天文学的学者都还不可能具有抛弃传统价值的动机和辨别各种思想各自把他们引向何处去的意愿。②

2009 年，席文在北京举行了系列讲演，再次提到了"李约瑟问题"。他重申"李约瑟问题"是一种"无用的假定"，③ 因为中国事实上发生了科学革命。他指出与一般的科学史家想象的不同，意大利将科学革命向外输出，"科学革命大约同时进入中国与法国，比进入欧洲其他国家都要早"。④ 这体现在明清之际中国最优秀的天文学家王锡阐、薛凤祚等的研究。虽然这并未催生广泛的社会后果，但并不能因此而否定中国曾产生了科学革命。

他们迅速地批判性地回应了他们从耶稣会传教士的作品

---

① 〔美〕席文：《为什么科学革命没有在中国发生——是否没有发生》，李国豪等主编《中国科技史探索》，第 110 页。

② 〔美〕席文：《为什么科学革命没有在中国发生——是否没有发生》，李国豪等主编《中国科技史探索》，第 110 页。

③ 〔美〕席文：《科学史方法论讲演录》，任安波译，任定成校，北京大学出版社，2011，第 84 页。

④ 〔美〕席文：《科学史方法论讲演录》，第 83 页。

中读到的关于数学和天文学技术的信息。许多史学家并没有认识到这一点，因为他们假定科学革命所导致的社会后果必须与它们在欧洲的社会后果相同。显然，新的科学思想在中国并没有导致广泛的社会后果。因此许多史学家认为，中国科学家不能对革命性的科学思想做出回应。这是由于他们没有阅读王锡阐（1628—1682）、薛凤祚（1620—1680）等创新型天文学家的作品所致。如果阅读了他们的作品，明显的结论就是，革命性的科学变化可以在不造成社会变化的情况下发生。如果中国的真实情况如此，那么别处的情况也是如此。①

事实上，科学革命并非必须伴随社会革命，科学思想对于社会的作用是复杂的，甚至会造成相反的影响，像欧洲那样科学革命催生社会革命反而是一种反常的现象。"社会革命在科学革命以后最终席卷欧洲是反常的。事实上，许多专家已经说明，一些欧洲人用新的科学思想鼓励社会转型，而另一些人则用科学思想阻碍社会转型。"② 单纯从技术内史的角度去审视"李约瑟问题"，似乎会认同长期领先的中国为什么没有产生近代科学的疑问，但事实上该问题是将内史的科学革命与外史的社会革命混为一谈。"'李约瑟问题'的声望是由于狭隘的技术观点。这就是把没有科学革命与没有社会革命长期混为一谈的原因。"③

如果循着席文的思路，可以发现在汉代、宋代，中国科学都呈现出大发展的态势，不妨泛泛地将之视为一种古代的科学革命。但这两次科学革命和明清之际的科学革命一样，都未能带动社会革命，而呈现出脱离社会的态势。之所以如此，应源于中国古代

①　〔美〕席文：《科学史方法论讲演录》，第83页。
②　〔美〕席文：《科学史方法论讲演录》，第83—84页。
③　〔美〕席文：《科学史方法论讲演录》，第84页。

王朝国家对所有思想领域都呈现一种强控制的态势，独立的科学思想体系相应无法产生，只有支撑王朝国家经济发展的技术不断获得推进。

第三节　"模糊世界"与非进步的历史观念

在科学史的研究中，俄裔法国哲学家、科学史家亚历山大·柯瓦雷最早提出了"模糊世界"的概念，用之指代科学革命以前，不同文明长期处于缺乏精确诉求的历史氛围，经历了科学革命的洗礼，欧洲进入了"精确世界"。李约瑟在相关论述中，继承了这一概念。

> 我们已经看到李约瑟是如何将柯瓦雷的"模糊世界"这一概念进行扩展，用于包括那些按柯瓦雷的有点狭窄的观点来说完全缺乏科学的文明。在 17 世纪欧洲的"精确世界"到来之前，不只是中世纪欧洲的科学，而且每一个其他传统文明中的先进科学都共享着模糊世界。用柯瓦雷的话说，这是这样一个世界，其中"没有人曾经试图超越不精确的日常生活中对数量、重量和测量方法"，或用李约瑟的话说，是"原始的和中世纪式的假设的内在的和本质的模糊性，［使］其终归是不能证明或反驳"的世界。[1]

但在荷兰科学史家弗洛里斯·科恩看来，整个学界甚至包括倡导这一概念的柯瓦雷与李约瑟，对于这一概念的重视程度，仍存在很大局限，这是因为他们都将"精确"概念限定在几何学上，而

---

① 〔荷〕H. F. 科恩：《为什么科学革命绕过了中国》，刘钝、王扬宗编《中国科学与科学革命：李约瑟难题及其相关问题研究论著选》，第 267 页。

未扩展至更为广阔的生活领域。①

值得注意的是，中国古代科学领域长期处于"模糊世界"，而未呈现向"精确世界"的转变，也符合中国古代社会长期稳定，甚至由此而言缺乏变革的历史特征。可以佐证于此的，是中国古代长期流行非进步的历史观念。

马克思虽然认为古代中国是一种亚细亚生产方式，与西欧截然不同，但部分马克思主义史学家认为，古代中国经历了与西欧同样的历史进程。日本学者也多持同样的观点。京都学派的代表人物之一宫崎市定，在历史观念上，受到了榊亮三郎的影响，后者在1931年京都大学的学术讲座上，提出世界文化的根源在西亚，将之集大成的是古代波斯帝国。在波斯帝国强大势力的影响下，西亚文化向东西两方传播，在西方促成了罗马帝国的形成，在东方促成了印度孔雀王朝的出现，更促成了中国秦汉帝国的诞生。②受到他的影响，宫崎市定认为："以都市国家为出发点，其间经过领土国家阶段，最终跨入古代帝国，如果将这一历程视为古代史所特有的发展道路，那么我觉得东洋和西洋的古代史几乎是平行向前发展的。"③

但大多数观点认为欧洲与中国呈现出截然不同的历史模式。欧洲由于地形破碎、邻近西亚，不断陷入内斗及与伊斯兰文明的宗教战争之中，欧洲社会相应在不断的挑战与刺激中，呈现出阶段性变化的历史特征。在这一历史经验的基础之上，欧洲历史学形成线性发展史观，并被推广至整个世界历史研究中，从而成为当前世界历史叙述的基本模式。

---

① 〔荷〕H. F. 科恩：《为什么科学革命绕过了中国》，刘钝、王扬宗编《中国科学与科学革命：李约瑟难题及其相关问题研究论著选》，第267—268页。
② 〔日〕宫崎市定著，〔日〕砺波护编《东洋的古代：从都市国家到秦汉帝国》，马云超、张学锋、石洋译，中信出版社，2018，第265页。
③ 〔日〕宫崎市定著，〔日〕砺波护编《东洋的古代：从都市国家到秦汉帝国》，第263页。

　　而中国历史发展道路与欧洲有所不同。一方面，中国古代经济方式、制度体系、文化艺术等都在不断发展，中国古人也认为社会在不断变化。孟子认为社会在不断变化的过程中会产生众多问题，每五百年便有圣王对长期的积弊进行整体改革，这便是所谓的"五百年必有王者兴"。① 西汉时期成书的《礼记》，也指出国家典章制度应随时而变。"礼，时为大。"② 作为法家的代表，商鞅指出圣明君主在创设制度时，不会局限于模仿他人，而是因时而定。"圣人不法古，不修今。法古则后于时，修今者塞于势。周不法商，夏不法虞。三代异势而皆可以王。故兴王有道，而持之异理。"③ 相应，国家制度会顺应时代，不断变化。

> 　　三代不同礼而王，五霸不同法而霸。故知者作法，而愚者制焉；贤者更礼，而不肖者拘焉。拘礼之人，不足与言事；制法之人，不足与论变。……治世不一道，便国不必法古。汤、武之王也，不修古而兴；殷、夏之灭也，不易礼而亡。然则反古者未必可非，循礼者未足多是也。④

韩非子也力主君主应因应时势，不断变革，否则便如守株待兔，无法适应变化的社会。

> 　　是以圣人不期修古，不法常可，论世之事，因为之备。宋有人耕田者，田中有株，兔走触株，折颈而死，因释其耒而守株，冀复得兔，兔不可复得，而身为宋国笑。今欲以先

①　杨伯峻译注《孟子译注》卷四《公孙丑章句下》，中华书局，1960，第109页。
②　（汉）郑玄注，（唐）孔颖达疏《礼记正义》卷二三《礼器十》，第838页。
③　蒋礼鸿：《商君书锥指》卷二《开塞第七》，中华书局，1986，第53—54页。
④　蒋礼鸿：《商君书锥指》卷一《更法第一》，第4—5页。

王之政，治当世之民，皆守株之类也。①

同样在战国时期出现的著名的"五德终始"论，也主张一个政权会逐渐产生问题，为解决此问题，需要新生力量，推动历史变革。而这在中国古代政权禅代中，尤被作为政治标榜，而集中体现于南朝政权的不断更代之中。南齐高帝萧道成诏曰："五德更绍，帝迹所以代昌，三正迭隆，王度所以改耀。世有质文，时或因革，其资元膺历，经道振民，固以异术同揆，殊流共贯者矣。"② 南齐萧宝融禅位于萧衍的诏书曰："夫五德更始，三正迭兴，驭物资贤，登庸启圣，故帝迹所以代昌，王度所以改耀。革晦以明，由来尚矣。"③ 梁敬帝禅位于陈霸先的诏书曰："五运更始，三正迭代，司牧黎庶，是属圣贤，用能经纬乾坤，弥纶区宇，大庇黔首，阐扬鸿烈。革晦以明，积代同轨，百王踵武，咸由此则。"④ 陈霸先登基之后，诏曰："五德更运，帝王所以御天，三正相因，夏、殷所以宰世，虽色分辞翰，时异文质，揖让征伐，迄用参差，而育德振民，义归一揆。"⑤ 后又诏曰："夫四王革代，商、周所以应天，五胜相推，轩、羲所以当运。"⑥

　　除此之外，中国古人观念中，也有广泛的变化观念。十六国前秦皇帝苻生时，征东将军苻柳派参军阎负、梁殊出使通好凉州，西凉以氐人曾与后赵和战无常加以质疑，二人应对曰"三王异政，五帝殊风"，指出一个政权应因应时势，随机应

---

① 陈奇猷校注《韩非子集释》卷一九《五蠹第四十九》，上海人民出版社，1974，第 1040 页。

② 《南齐书》卷二《高帝纪下》，点校本二十四史修订本，中华书局，2017，第 34 页。

③ 《梁书》卷一《武帝纪上》，中华书局，1973，第 25 页。

④ 《陈书》卷一《高祖纪上》，中华书局，1972，第 21 页。

⑤ 《陈书》卷二《高祖纪下》，第 32 页。

⑥ 《陈书》卷二《高祖纪下》，第 33 页。

变。① 十六国后秦皇帝姚兴母去世，围绕葬礼问题，朝臣存在争议，尚书郎李嵩上疏曰："三王异制，五帝殊礼。"② 北魏太宗拓跋嗣时期，白马侯崔玄伯指出古代圣王治天下，以民为本，从民众利益出发，不断对制度加以改良。"王者治天下，以安民为本，何能顾小曲直也。譬琴瑟不调，必改而更张；法度不平，亦须荡而更制。"③ 北魏献文帝拓跋弘即位，安乐侯高闾上表称颂，指出古代圣君对制度不断加以改良，才得以成功治理天下；反之因循守旧者，最终沦为庸主。"臣闻创制改物者，应天之圣君；龌龊顺常者，守文之庸主。"④ 五帝三王便是制度改良的代表。"故五帝异规而化兴，三王殊礼而致治，用能宪章万祀，垂范百王，历叶所以挹其遗风，后君所以酌其轨度。"⑤ 北魏孝文帝在诏书中指出，治理国家的根本宗旨虽是一致的，但途径与方法却可以变化多样。"至德虽一，树功多途。三圣殊文，五帝异律，或张或弛，岂必相因。"⑥ 北魏时期，行台侯景曾与人辩论服制当左衽还是右衽，王纮认为与圣王不断变革制度相比，服制变革属于小事，甚至不足以辩论。

> 年十五，随父在北豫州，行台侯景与人论掩衣法为当左，为当右。尚书敬显儁曰："孔子云：'微管仲，吾其被发左衽矣。'以此言之，右衽为是。"纮进曰："国家龙飞朔野，雄步中原，五帝异仪，三王殊制，掩衣左右，何足是非。"景奇其

① 《晋书》卷一一二《载记十二·苻生》，第 2874 页。
② 《晋书》卷一一七《载记十七·姚兴上》，第 2977 页。
③ 《魏书》卷二四《崔玄伯传》，点校本二十四史修订本，中华书局，2017，第697 页。
④ 《魏书》卷五四《高闾传》，第 1311 页。
⑤ 《魏书》卷五四《高闾传》，第 1311 页。
⑥ 《魏书》卷四七《卢玄传》，第 1156 页。

早慧，赐以名马。[①]

隋开皇十七年（597），隋文帝杨坚颁布诏书，指出五帝三王不断因应时势而变革制度。"五帝异乐，三王殊礼，皆随事而有损益，因情而立节文。"[②] 南陈中庶子虞世基作《讲武赋》，指出治国之难，在于顺应时势，不断变革。"是知文德武功，盖因时而并用，经邦创制，固与俗而推移。所以树鸿名，垂大训，拱揖百灵，包举六合，其唯圣人乎！"[③] 古人多有将时势变化的根源归结为"气数"者。"阴阳五行，动静循环，本无一定，故世道反复，相寻亦无一定。试观历代帝王创制立法，未有久远可行而无弊者，气数使然也。若曰自我立法，万世无弊，圣人不能矣。"[④]

但另一方面，由于古代中国一直在东亚保持独大态势，在缺乏根本性、实质性外部挑战的历史环境下，历史变化明显地体现在王朝有机体周期性盛衰的内部循环，而非外部挑战所带来的文明质变。对此，中国古人将之概括为一治一乱，并从阴阳二元背反的哲学观念出发，将之上升为一种自然规律。仁寿四年（604）十一月，隋炀帝即位后，颁布诏书，指出天道流变，为自然之理，《周易》便秉持这一主张，为政也应顺天而变，从而获致事功。

> 乾道变化，阴阳所以消息，沿创不同，生灵所以顺叙。若使天意不变，施化何以成四时，人事不易，为政何以厘万姓！《易》不云乎："通其变，使民不倦"；"变则通，通则久。""有德则可久，有功则可大。"朕又闻之，安安而能

---

① 《北齐书》卷二五《王纮传》，中华书局，1973，第365页。
② 《隋书》卷二《高祖纪下》，中华书局，1973，第42页。
③ 《隋书》卷六七《虞世基传》，第1569—1570页。
④ （明）王琼：《双溪杂记》，《丛书集成初编》，商务印书馆，1936，第2页。

迁，民用丕变。是故姬邑两周，如武王之意，殷人五徙，成汤后之业。若不因人顺天，功业见乎变，爱人治国者可不谓欤![1]

明宋应星也说："《语》曰：'治极思乱，乱极思治。'此天地乘除之数也。"[2] 不同王朝之所以会有治乱兴衰，根源于政权作为一种有机体，与任何生物一样，存在自然的生老病死的过程。古人将之概括为"势"或"运"。明王琼曰：

> 古昔圣帝明王创立制度，令子孙世守，不许变更。然终不能使其必不变者，非帝王智虑有所不及也，势之所使，不能不变耳。亦犹造化阴阳、昼夜寒暑，不能一定，非人力之所能为者也。[3]

《汉书·天文志》便已提出："夫天运三十岁一小变，百年中变，五百年大变，三大变一纪，三纪而大备，此其大数也。"[4] 后代士人在这一说法基础上不断推衍，元末明初胡翰提出了"十二运"的历史诠释体系。[5]

中国古代士人对"运"的阐述，有一定的神秘主义色彩，但与基督教文明所倡神主宰历史的宗教史观不同，"运"的观念仍浸透于中国古代发达的人文主义传统之中，认为"运"虽天所注

---

① 《隋书》卷三《炀帝纪上》，第60—61页。
② 《野议·世运议》，《宋应星见存著作五种》，江西省图书馆馆藏古籍珍本丛书之一，西泠印社出版社，2010，无页码。
③ （明）王琼：《双溪杂记》，《丛书集成初编》，第4页。
④ 《汉书》卷二六《天文志》，第1300页。
⑤ （明）胡翰：《胡仲子集》卷一《衡运》，《景印文渊阁四库全书》第1229册，台湾商务印书馆，1983，第4—5页。

定，却借由人事而完成。"治乱天运所为，然必人事召致。"① "天运"史观准确地概括了古代中国在缺乏外部挑战的情况下，内部不断呈现量变，却无法实现根本质变的历史循环，是一种"循环史观"。

此外，中国古代还形成了一种感情、道德色彩更为浓厚的"道德史观"。这不仅表现于古人认为修德与否，会直接决定王朝的命运，"自古兴国之时，皆由勤俭而得之；衰弱之季，皆由奢纵而败之"，② 而且还拥有一种长期的"回溯"即"向后看"的历史传统。这不仅表现于对帝制中国政治观念、政治运作具有长期、实质影响的儒家三代"盛世""王道"思想之中，而且表现于儒家兴盛之后便逐渐式微的墨家的政治学说之中；而道家为了压制儒、墨二家，甚至进一步假托三皇五帝，构建出"皇道""帝道"更盛之世。在这些政治哲学中，三代甚至以前的远古之世，在简单的经济基础上，建立了符合天道的理想政治秩序；后世由于争权夺利，反而道德败坏，江河日下，一代不如一代。因此，王朝政治合法性的来源，不是向前发展，而是向后追溯。

在这种政治思想之下，中国古代众多王朝在建立之初，或中期改革之时，都以追慕三代盛世作为标榜，进行政治变革。虽然这种做法在绝大多数时期只是一种表面上的"托古改制"，为自身冲破政治桎梏而提供政治工具，但也确实在一定程度上，甚至相当程度上具有复古取向，这也是中国古代政治呈现长期延续的内在因素之一。在这种政治环境之下，中国古代甚至形成了一种"倒退史观"。比如儒士刘秉忠，曾致书尚是藩王的忽必烈曰："典章、礼乐、法度、三纲五常之教，备于尧舜，三王因之，五霸败之。汉兴以来，至于五代，一千三百余年，由此道者，汉文、景、

---

① 《野议·乱萌议》，《宋应星见存著作五种》，无页码。
② （明）朱棣：《明太祖实录·序》，《明太祖实录》，中研院历史语言研究所，1962年校印本，第2页。

光武，唐太宗、玄宗五君，而玄宗不无疵也。"① 再如明末清初的一部历史小说《梼杌闲评》，开篇便说道："盖闻三皇治世，五帝分轮，君明臣良，都俞成治，故成地天之泰。后世君暗臣骄，上蒙下蔽，遂成天地不交之否。"② 而这种"倒退史观"，认为"民本"观念的逐渐淡漠乃至失去，是导致政治衰败的根本因素。唐房玄龄等撰《晋书》在评价司马懿一代功过时云："夫天地之大，黎元为本；邦国之贵，元首为先。治乱无常，兴亡有运。是故五帝之上，居万乘以为忧；三王已来，处其忧而为乐。竞智力，争利害，大小相吞，强弱相袭。"③

事实上，这种史观并非中国所独有，在古希腊神话中，也把人类社会的演变描述为黄金时代—白银时代—青铜时代—英雄时代—黑铁时代的倒退轨迹；古罗马神话与之仿佛，仅去掉了英雄时代。

小　结

在近代科学研究中，主张近代科学复兴了世界由原子构成，物质的主要属性是机械性的"机械论"哲学一直占据着主流。在这种观念影响下，用于阐述机械论组织模型的数学，被赋予了至高无上的地位。但越来越多的科学史家，却主张以化学为代表的"有机论"哲学，在科学革命中发挥了更大的作用，参与塑造了观察、实验、推理等近代科学核心规范，只是后来在诠释近代科学的话语权争夺中被逐渐边缘化，从而隐而不显。值得注意的是，李约瑟主张中国古代一直流行有机论哲学，他的这一观点，不仅是对中国古代科学道路的明确定位，也是对欧洲机械论哲学的异

---

① 《元史》卷一五七《刘秉忠传》，中华书局，1976，第3688页。
② （清）轶名：《梼杌闲评》，刘文忠校点，人民文学出版社，1999，总论，第2页。
③ 《晋书》卷一《宣帝纪》，第20页。

域挑战。

关于中国是否曾经发生过科学革命，中外学界几乎一致地发出否定的声音。但值得注意的是，美国科学史家席文却认为中国在明清之际，与同一时期的欧洲共同发生了科学革命，只不过中国的科学革命是一种脱离社会的科学革命。他指出明末西方的数学和数理天文学传入中国后，一些中国学者很快做出反应，彻底改变了天体运行的观念，掀起了天文学的一场革命。但这场革命却并没有推动明人对自然界的看法发生根本改变，只相当于西方天文学变革的前期阶段。之所以出现这一现象，根源于中国缺乏如同西方那样的理论基础。科学革命并非必须伴随社会革命，科学思想对于社会的作用是复杂的，甚至会造成相反的影响，像欧洲那样科学革命催生社会革命反而是一种反常的现象。

在科学史研究中，法国哲学家柯瓦雷提出了"模糊世界"的概念。他指出科学革命以前，不同文明长期处于缺乏精确诉求的历史氛围，经历了科学革命的洗礼，欧洲进入了"精确世界"。事实上，中国古代科学领域长期处于"模糊世界"，而未呈现向"精确世界"的转变。而中国古代的历史观念，甚至一直流行一种"倒退史观"。

结　论
回到历史的王朝科学

在漫长的历史长河中，世界各文明很早就开展起密切的交往，推动世界历史的整体发展。在这之中，人类为了追求更好的生活，不断改进技术，阐发思想，推动了科学的不断发展与相互交流，虽然由于地理环境、经济方式、社会结构、思想文化的不同，而发展出具有不同内在逻辑与历史道路的科学模式，但一直开展着或者已经受到关注，或者仍然并不彰显的密切交流，彼此促进，共同编织与构建起世界科学的整体图景。

在这之中，中国作为古代世界长期领先的重要文明体系，所从事的长期而规模庞大的科学实践，构成了世界科学的重要内涵，并参与塑造了世界科学的发展轨迹。由此角度而言，李约瑟对于近代科学为何没有产生于中国的历史疑问，无疑拥有着坚实的依托，并非一种无中生有的无意义之问。事实上，"李约瑟问题"的缺陷，在于李约瑟其实仍是站在欧洲中心论的立场之上，依托西方科学概念体系，挖掘中国科学遗产，将之与欧洲科学开展比较甚至比附，并在此基础上追问类似于近代科学那样的科学革命为何没有在中国产生。其实不同文明在科学的发展道路与内在逻辑上，存在着很大的不同，故而不应将欧洲的近代科学成果，视为中国科学发展的未来归途。

因此，对于"李约瑟问题"，既不应从民族主义出发，一方面为中国古代长期保持了科学领先而自豪，另一方面又为近代时期科学的落后充满惋惜，殊不知这种态度本身蕴含着内在的矛盾，并未真正了解中国科学的内在逻辑；更不应再次回到"欧洲中心论"的原始论点，认为这是一种无中生有的"伪命题"，只有西方才有真正的科学，从而对中国科学的评价，再次回到近代以来西方思想界的负面氛围之中。真正应该采取的做法，是站在中国本位，揭示中国古代科学的发展道路与内在逻辑，审视其对于中国历史与世界科学产生的整体影响，并在此基础上，探讨其所存在的弊端与问题，何以未能实现根本突破。这是理解中国历史与世界科学的关键视角。

因此，在审视中国古代科学时，不应从起源于西方的现代科学概念出发，寻找相应的现象进行简单的比较甚至比附，以此来论证中国科学的辉煌或者落后，这其实是一种"欧洲中心论"的做法，所获得的只能是对中国古代科学的肢解与错绘。真正应该采取的做法，是把中国科学重新放回到中国历史中，从中国古代的整体历史情境出发，揭示中国古代科学独特的概念体系、制度规范、实践操作与历史影响。

在人类历史的写作与研究中，很早并长期流行英雄史观。这是马克思主义经济史观产生以前，人们对于世界孤立认知的片面结果。鉴于工业革命所产生的巨大威力，马克思主义开始揭示广大民众在经济发展中所扮演的主体角色，从而推动了整体史观的形成。自此，英雄史观在历史研究的众多领域中，已经成为一个历史名词。

但耐人寻味的是，由于科学本身的特殊性，在科学史研究中，却仍长期流行英雄科学史观，也就是把科学的发展与成功，归结为一个个伟大科学家个人心智的突破。这种研究模式既忽略了社会因素对于科学发展的外在影响，也忽视了科学传播中科学共同体的共同作用。自萨顿创立科学史学科以来，包括库恩、布鲁诺·拉图尔等在内的众多科学史家，都主张把科学放回到历史情景之中，揭示科学与整体社会之间的关系，只有这样做，才能既彰显科学与社会之间的互动，又有助于揭示科学理论嬗变的内在逻辑。对于科学史研究中的英雄史观，美国科学史家席文批判甚力。他指出以往受到科学而非历史学训练的科学史家，站在由今溯古的立场，拣选地研究与现代科学相似的思想。如此做法的结果之一，是仅选择与近代科学相似的个别科学家，进行英雄史观的研究，这种研究过于狭窄，并不能有效地揭示科学的整体背景与历史变化。①

事实上，近代以前，所有文明的科学，都并未发展出完全独立的学科领域，而是包裹于思想、宗教、文化、艺术之中。只是在中国古代王朝国家之中，科学受到政治管控更为持久而强大的影响，从而呈现更为碎片化的布局。相应，对于中国古代王朝国家的科学研究，简称为"王朝科学"的研究，就不应像以往众多的研究那样，局限于系统阐发科学思想、专门从事技术研究的群体。这是一种脱离历史情景，孤立式、反历史的研究方式。对于王朝科学的研究，应回到整体的历史情景，捡拾分散于众多领域的科学碎片，拼合而成完整的王朝科学图景，并在此基础上，揭示中国古代王朝科学的独特道路与内在逻辑。

欧洲的地理环境、经济方式、社会结构、思想文化，一直都与中国存在巨大的差别。近代时期，欧洲国家通过开启全球扩张，将反映自身一隅的价值观念与学术体系传播至全世界，并借助其国力优势，确立为国际话语体系，从而压制乃至消除了其他文明本身固有的价值观念与学术体系。近代以来欧美国家的强势地位，在相当程度上促使其历史经验成为衡量其他文明得失的模板与标杆。无论是支持欧洲中心论，还是批评欧洲中心论，往往都会落入比附欧洲的窠臼与陷阱。当前，我们在开展学术研究时，既应充分继承、吸收现代学术体系中为全人类普遍共有的价值观念，

① 〔美〕席文：《科学史方法论讲演录》，第10—12页。

也应从更长的历史视角出发，将欧美的崛起定位为一个历史阶段，而非历史终点，从而钩沉与揭示其他文明的传统韧性与未来可能。在此基础上，对仅仅反映欧美乃至西欧文明特征的价值观念，认真地鉴别、扬弃，廓清笼罩在知识体系之上的迷雾，接续中国传统的学术体系，构建反映中国历史与现实的真实面貌，符合中国历史与现实的内在逻辑，从而建立起中国本位的学术体系。

具体至中国古代王朝科学而言，一方面，在王朝国家管理广阔疆域、众多族群、多元文化的内在驱动下，王朝科学拥有着源源不断的发展动力。王朝国家在广阔的疆域内，通过发展水陆交通，建立起古代世界长期稳定、空间巨大的国内市场；通过融合众多族群，从而培育出古代世界最为庞大的人口规模；通过交流多元文化，产生出内涵复杂、多姿多彩的文化形态。作为长期稳定、不断发展、规模庞大的文明体系，中华文明推动众多科学思想与实践技术涌现出来，后者伴随经济、社会的发展而尤其发达。

但另一方面，在王朝国家的强力管控下，王朝科学无论在思想观念上，还是社会实践上，抑或从业人员上，都呈现出依附性、分散性的历史特征，无法实现思想的独立思考、技术的系统应用、从业人员的交流融合，从而无法构建起独立系统的科学思想体系与行业组织，无法推动科学研究尤其思想的密切交流、系统积累、有效传播。即使外来思想与科技传入中国，也只能吸收与既有理念相契合之处，而无法实现观念的根本变革。[1] 中国古代科学相应

---

[1] 比如晋唐时期便已从天竺传入中国、注重立体效果的所谓"凹凸画"，在一度风行之后，销声匿迹，直到晚明时期，耶稣会士利玛窦来到中国，再次传入这一绘法，才又引起中国士人的关注。"欧逻巴国人利玛窦者，言画有凹凸之法，今世无解此者。《建康实录》言：一乘寺寺门遍画凹凸花，代称张僧繇手迹，其花乃天竺遗法，朱及青绿所成，远望眼晕如凹凸，就视即平，世咸异之，名凹凸寺。乃知古来西域自有此画法，而僧繇已先得之，故知读书不可不博也。"（明）顾起元：《客座赘语》卷五《凹凸画》，陈稼禾点校，元明史料笔记丛刊，中华书局，1987，第153页。

最终一直都未实现重大突破，甚至在许多领域由于缺乏国家的长期支持而逐渐陷于停滞，乃至历史倒退。这是中国古代科学可以长期发展，并在许多方面领先世界，但无法实现突破的历史根源。

王朝科学的这一历史局限，尤其体现在技术发达、理论欠缺的二元背离之上。古代欧洲的科学，虽然同样被包裹于其他思想体系之中，理论的更代与超越并不明晰，但其在相对自由的空间中，保持了对于理论精确性的不懈追求，从而推动理论自身的内在积累与嬗变，形成一套十分深厚而具有长期影响的科学思想体系。与之不同，中国古代科学由于一直在王朝国家管控之下，虽然众多士人开展了相当的科学理论思考，但受到王朝国家意识形态的影响，无法轻装上阵，推动理论的精确性发展，而是一直与意识形态混合在一起，甚至就其主流而言一直契合于意识形态，从而无法推动科学思想体系的形成。相应，随着时间的流逝，欧洲科学思想体系从伊斯兰世界再次被发现，而中国科学思想一直处于混沌的状态，缺乏明确指向的理论启示，相对地保留下更多对王朝国家更为有用的具体技术。

在王朝国家无处不在的影响之下，无论是从社会外在背景的角度而言，还是从科学内在发展的角度而言，包括皇帝、士人、工匠等社会各阶层，都曾经广泛地参与到科学技术的管理、讨论与实践之中，共同构成了王朝科学的内外动力。其实越来越多的研究证明，即使在科学已经高度专业化的今天，科学研究仍然并非完全局限于实验室的封闭性工作，而是从开始到结束，都具有强烈的社会指向与诉求，受到社会长期而巨大的影响。故而，对于包括王朝科学在内的所有科学的研究，都应站在"大科学"的视角，揭示科学的政治管理、思想交流与社会实践。而在这之中，与以往我们将焦点都聚集于从事科学思想与技术实践的科学家不同，不同等级的权力拥有者，也扮演了更为重要的角色。

不仅如此，众多研究已经揭示出科学研究并非完全客观、理性的活动，而是受到了国家、社会乃至科学家个人观念、利益的影响。中国古代的王朝科学，无论在学理层面还是实践层面，都长期统属于王朝国家的政治体系，受到王朝意识形态与思想体系、政治体制与实践运作的深刻影响。相应，对于中国古代王朝科学的研究，应将之与中国古代历史充分结合，既努力揭示王朝科学所处的历史背景，又竭力阐释历史影响下的王朝科学，从而全面勾勒中国古代王朝科学的发展道路。

由此出发，应对王朝科学的阶段特征给予更为全面而鲜明的概括。以往对于王朝科学的研究，已经对不同领域的发展脉络与阶段变化进行了大体的梳理，部分研究还尝试结合具体的王朝背景进行更为全面而深入的讨论。但整体而言，以往的研究仍聚焦于科学本身，而对于王朝的地理环境、政治体制、意识形态、社会经济、区域特征、文化背景，欠缺全面而深入的讨论，致使王朝科学的讨论一直停留在表面，缺乏较为深入的论述。相应，王朝科学的整体图景与阶段特征，一直都并不全面与清晰。当前应从世界史的整体视角出发，揭示在不同时代背景下，王朝科学的内部发展与对外交流，在中国科学发展中的阶段地位与在世界科学发展中的历史地位，这样才真正实现了科学与历史的全面互动。

而在史料上，王朝科学的研究相应也不再局限于专门系统的科学技术著作，而是广泛搜集中国古代正史、政书、简牍、文集、方志、笔记、小说、碑刻等史料，钩沉隐含在王朝国家政治、思想与生活之中的关于科学的管理、讨论与实践活动，展示完整而丰富的科学图景。

参考文献

黄寿祺、张善文：《周易》，上海古籍出版社，1989。

顾颉刚、刘起釪：《尚书校释译论》，中华书局，2005。

杨伯峻译注《孟子译注》，中华书局，1960。

佚名：《世本》，周渭卿点校，《二十五别史》第 1 册，齐鲁书社，2000。

（汉）郑玄注，（唐）贾公彦疏《周礼注疏》，赵伯雄整理，王文锦审定，十三经注疏整理本，北京大学出版社，2000。

（汉）郑玄注，（唐）贾公彦疏《仪礼注疏》，彭林整理，王文锦审定，十三经注疏整理本，北京大学出版社，2000。

（汉）郑玄注，（唐）孔颖达疏《礼记正义》，龚抗云整理，王文锦审定，十三经注疏整理本，北京大学出版社，1999。

蒋礼鸿：《商君书锥指》，中华书局，1986。

许维遹：《吕氏春秋集释》，梁运华整理，中华书局，2009。

陈奇猷校注《韩非子集释》，上海人民出版社，1974。

《史记》，中华书局，1959。

《汉书》，中华书局，1962。

（汉）徐岳撰，（北周）甄鸾注《数术记遗》，《景印文渊阁四库全书》第 797 册，台湾商务印书馆，1986。

（晋）夏侯阳撰，（北周）甄鸾注《夏侯阳算经》，《景印文渊阁四库全书》第 798 册，台湾商务印书馆，1986。

《晋书》，中华书局，1974。

《魏书》，点校本二十四史修订本，中华书局，2017。

《南齐书》，点校本二十四史修订本，中华书局，2017。

《北齐书》，中华书局，1973。

《梁书》，中华书局，1973。

《陈书》，中华书局，1972。

《隋书》，中华书局，1973。

《元史》，中华书局，1976。

（明）胡翰：《胡仲子集》，《景印文渊阁四库全书》第 1229 册，台湾商务印书馆，1983。

《明太祖实录》，中研院历史语言研究所，1962 年校印本。

（明）王琼：《双溪杂记》，《丛书集成初编》，商务印书馆，1936。

《宋应星见存著作五种》，江西省图书馆馆藏古籍珍本丛书之一，西泠印社出版社，2010。

李天纲编《徐光启诗文集》，朱维铮、李天纲主编《徐光启全集》，上海古籍出版社，2010。

任鸿隽：《说中国无科学之原因》，《科学》第 1 卷第 1 期，1915 年。

张海晏主编《中国哲学的精神：冯友兰文选》，国际文化出版公司，1998。

梁启超：《清代学术概论》，上海古籍出版社，2005。

王珽：《中国之科学思想》，《科学》第 7 卷第 10 期，1923 年。

《顾颉刚古史论文集》，中华书局，2011。

张东荪：《知识与文化》，岳麓书社，2011。

《梁漱溟全集》（第 2 版），山东人民出版社，2005。

梁漱溟：《中国文化要义》，学林出版社，1987。

梁漱溟：《东西文化及其哲学》，中华书局，2018。

竺可桢：《中国实验科学不发达的原因》，《国风半月刊》第 7 卷第 4 期，1935 年。

徐模：《中国与现代科学》，林英编《现代中国与科学》，言行社，1944。

陈立：《我国科学不发达之心理分析》，《科学与技术》第 1 卷第 4 期，1944 年。

钱宝琮：《吾国自然科学不发达的原因》，《浙大湄潭夏令讲习会日刊》第 78 号，1945 年。

竺可桢：《为什么中国古代没有产生自然科学?》，《科学》第 28 卷第 3 期，1946 年。

张石角：《论科学思想的诞生与衰老》，孙如陵编《中副选集》第 7 辑，"中央日报"出版部，1972。

杜石然等编著《中国科学技术史稿》，科学出版社，1982。

中国科学院《自然辩证法通讯》杂志社编《科学传统与文化——中国近代科学落后的原因》，陕西科学技术出版社，1983。

毕剑横：《中国科学技术史概述》，四川省社会科学院出版社，1985。

潘吉星主编《李约瑟文集》，辽宁科学技术出版社，1986。

李国豪等主编《中国科技史探索》，上海古籍出版社，1986。

查有梁：《从耗散结构理论看中国近代科学技术落后的原因》，《社会科学研究》1986 年第 2 期。

仓孝和：《自然科学史简编——科学在历史上的作用及历史对科学的影响》，北京出版社，1988。

宋子良主编《理论科技史》，湖北科学技术出版社，1989。

吾敬东：《影响古代中国发生期科学技术的若干因素》，《中国社会科学》1990 年第 4 期。

王国忠：《"李约瑟难题"面面观》，《中国史研究动态》1991

年第 1 期。

何丙郁：《试从另一观点探讨中国传统科技的发展》，《大自然探索》1991 年第 1 期。

何丙郁：《民国以来中国科技史研究的回顾与展望：李约瑟与中国科技史》，台湾大学历史学系编《民国以来国史研究的回顾与展望研讨会论文集》，台湾大学历史学系，1992。

张秉伦、徐飞：《李约瑟难题的逻辑矛盾及科学价值》，《自然辩证法通讯》1993 年第 6 期。

席泽宗：《关于"李约瑟难题"和近代科学源于希腊的对话》，《科学》1996 年第 4 期。

王宪昌：《李约瑟难题的数学诠释——数学文化史研究的一个尝试》，《自然辩证法通讯》1996 年第 6 期。

吴国盛：《时间的观念》，中国社会科学出版社，1996。

吴彤：《从自组织观看"李约瑟问题"》，《自然辩证法通讯》1997 年第 3 期。

李俨、钱宝琮：《李俨钱宝琮科学史全集》，辽宁教育出版社，1998。

洪谦：《论逻辑经验主义》，商务印书馆，1999。

韩琦：《中国科学技术的西传及其影响》，河北人民出版社，1999。

王钱国忠编《李约瑟文献 50 年（1942—1992）》，贵州人民出版社，1999。

侯样祥编著《传统与超越——科学与中国传统文化的对话》，江苏人民出版社，2000。

江晓原：《被中国人误读的李约瑟——纪念李约瑟诞辰 100 周年》，《自然辩证法通讯》2001 年第 1 期。

刘钝、王扬宗编《中国科学与科学革命：李约瑟难题及其相关问题研究论著选》，辽宁教育出版社，2002。

邢兆良：《从爱因斯坦论断到李约瑟难题——从科学形态的角度进行的理论思考》，《上海交通大学学报》（哲学社会科学版）2004 年第 2 期。

张功耀：《被误读为"先前阔"的中国古代科技史——兼论"李约瑟难题"的推理前提问题》，《自然辩证法通讯》2004 年第 5 期。

洪谦：《维也纳学派哲学》，韩林合编《洪谦选集》，吉林人民出版社，2005。

刘青峰：《让科学的光芒照亮自己：近代科学为什么没有在中国产生》，新星出版社，2006。

李鸿宾：《中国传统王朝国家（观念）在近代社会的变化》，中央民族大学历史系主编《民族史研究》第 6 辑，民族出版社，2005。

张铠：《庞迪我与中国》，大象出版社，2009。

陈方正：《继承与叛逆：现代科学为何出现于西方》，生活·读书·新知三联书店，2009。

张卜天访谈整理《科学革命和李约瑟问题——科恩教授访谈录》，《科学文化评论》2012 年第 4 期。

李鸿宾：《唐朝胡汉关系研究中若干概（观）念问题》，《北方民族大学学报》（哲学社会科学版）2013 年第 1 期。

吕变庭：《中国传统科学技术思想通史》第 1 卷《导论》，科学出版社，2016。

李文靖：《翁贝格：站在炼金术与现代化学交界处的化学家》，《自然辩证法通讯》2020 年第 7 期。

〔意〕利玛窦、〔比〕金尼阁：《利玛窦中国札记》，何高济、王遵仲、李申译，中华书局，1983。

〔英〕培根：《新工具》，许宝骙译，商务印书馆，2005。

〔法〕笛卡尔：《谈谈方法》，王太庆译，商务印书馆，2009。

〔英〕牛顿：《自然哲学的数学原理》，赵振江译，商务印书馆，2006。

《休谟政治论文选》，张若衡译，商务印书馆，2010。

〔德〕G. G. 莱布尼茨：《中国近事——为了照亮我们这个时代的历史》，〔法〕梅谦立、杨保筠译，大象出版社，2005。

《论科学与艺术的复兴是否有助于使风俗日趋纯朴》，《卢梭全集》第4卷，李平沤译，商务印书馆，2012。

〔法〕伏尔泰：《哲学辞典》，王燕生译，商务印书馆，1997。

《康德著作全集》，中国人民大学出版社，2010。

〔法〕孔多塞：《人类精神进步史表纲要》，何兆武、何冰译，北京大学出版社，2013。

《圣西门选集》，商务印书馆，2011。

《马克思恩格斯全集》，人民出版社，1965。

〔德〕马克斯·韦伯：《新教伦理与资本主义精神》，于晓等译，生活·读书·新知三联书店，1987。

〔德〕马克斯·韦伯：《社会科学方法论》，韩水法、莫茜译，中央编译出版社，2002。

〔德〕马克斯·韦伯等著，李猛编《科学作为天职：韦伯与我们时代的命运》，生活·读书·新知三联书店，2018。

〔英〕罗素：《中国问题：哲学家对80年前的中国印象》，秦悦译，经济科学出版社，2012。

〔英〕A. N. 怀特海：《科学与近代世界》，何钦译，商务印书馆，2009。

〔英〕艾尔弗雷德·诺思·怀特海：《观念的历险》，洪伟译，上海译文出版社，2013。

〔奥〕马赫：《感觉的分析》，洪谦、唐钺、梁志学译，商务印书馆，2009。

〔奥〕恩斯特·马赫：《认识与谬误》，洪佩郁译，译林出版社，2011。

〔法〕E. 迪尔凯姆:《社会学方法的准则》,狄玉明译,商务印书馆,2009。

〔法〕爱弥尔·涂尔干:《实用主义与社会学》,渠东译,梅非校,上海人民出版社,2005。

〔法〕昂利·彭加勒:《科学与假设》,李醒民译,商务印书馆,2009。

〔法〕昂利·彭加勒:《科学的价值》,李醒民译,商务印书馆,2007。

〔法〕昂利·彭加勒:《科学与方法》,李醒民译,商务印书馆,2010。

〔德〕F. W. 奥斯特瓦尔德:《自然哲学概论》,李醒民译,商务印书馆,2012。

〔美〕乔治·萨顿:《科学的生命——文明史论集》,刘珺珺译,商务印书馆,1987。

〔美〕乔治·萨顿:《科学史和新人文主义》,陈恒六、刘兵、仲维光译,华夏出版社,1989。

〔美〕乔治·萨顿:《科学的历史研究》,陈恒六、刘兵、仲维光编译,上海交通大学出版社,2007。

〔美〕萨顿:《文艺复兴时期的科学观》,郑诚、郑方磊、袁媛译,杨惠玉校,上海交通大学出版社,2007。

〔美〕乔治·萨顿:《希腊黄金时代的古代科学》,鲁旭东译,大象出版社,2010。

〔美〕乔治·萨顿:《希腊化时代的科学与文化》,鲁旭东译,大象出版社,2012。

〔美〕乔治·萨顿:《科学史导论》,上海三联书店,2021。

〔德〕卡尔·曼海姆:《意识形态与乌托邦》,黎鸣、李书崇译,周纪荣、周琪校,商务印书馆,2005。

〔德〕卡尔·曼海姆:《思维的结构》,霍桂桓译,中国人民大学出版社，2013。

〔法〕柯瓦雷：《伽利略研究》，刘胜利译，北京大学出版社，2008。

〔法〕亚历山大·柯瓦雷：《牛顿研究》，张卜天译，商务印书馆，2016。

〔法〕亚历山大·柯瓦雷：《从封闭世界到无限宇宙》，张卜天译，商务印书馆，2016。

〔日〕宫崎市定著，〔日〕砺波护编《东洋的古代：从都市国家到秦汉帝国》，马云超、张学锋、石洋译，中信出版社，2018。

〔法〕艾田蒲（René Etiemble）：《中国之欧洲：西方对中国的仰慕到排斥》（修订全译本），许钧、钱林森译，广西师范大学出版社，2008。

〔苏〕B. 赫森：《牛顿〈原理〉的社会经济根源（一）》，池田译，《山东科技大学学报》（社会科学版）2008 年第 1 期。

〔苏〕B. 赫森：《牛顿〈原理〉的社会经济根源（三）》，王彦雨译，《山东科技大学学报》（社会科学版）2008 年第 3 期。

〔德〕M. 石里克：《普通认识论》，李步楼译，商务印书馆，2009。

〔德〕莫里茨·石里克：《自然哲学》，陈维杭译，商务印书馆，2009。

〔德〕鲁道夫·卡尔纳普：《世界的逻辑构造》，陈启伟译，上海译文出版社，2008。

〔德〕鲁·卡尔纳普：《哲学和逻辑句法》，傅季重译，上海人民出版社，1962。

〔美〕鲁道夫·卡尔纳普：《卡尔纳普思想自述》，陈晓山、涂敏译，上海译文出版社，1985。

〔美〕R. 卡尔纳普：《科学哲学导论》，张华夏等译，中山大学出版社，1987。

〔英〕艾耶尔等：《哲学中的革命》，李步楼译，黎锐校，商务印书馆，1986。

〔美〕罗伯特·K. 默顿：《科学社会学散忆》，鲁旭东译，商务印书馆，2004。

〔美〕罗伯特·K. 默顿：《社会理论和社会结构》，唐少杰、齐心等译，译林出版社，2006。

〔美〕罗伯特·金·默顿：《十七世纪英格兰的科学、技术与社会》，范岱年等译，商务印书馆，2009。

〔美〕R. K. 默顿：《科学社会学——理论与经验研究》，鲁旭东、林聚任译，商务印书馆，2009。

〔英〕卡尔·波普尔：《科学发现的逻辑》，查汝强、邱仁宗、万木春译，中国美术学院出版社，2008。

〔英〕卡尔·波普尔：《历史决定论的贫困》，杜汝楫、邱仁宗译，上海人民出版社，2009。

〔英〕卡尔·波普尔：《猜想与反驳：科学知识的增长》，傅季重等译，上海译文出版社，2001。

〔英〕卡尔·波普尔：《客观知识：一个进化论的研究》，舒炜光等译，上海译文出版社，2005。

纪树立编译《科学知识进化论——波普尔科学哲学选集》，生活·读书·新知三联书店，1987。

《波普尔自传：无尽的探索》，赵月瑟译，中央编译出版社，2009。

〔英〕贝尔纳：《历史上的科学》，伍况甫等译，科学出版社，1959。

〔英〕李约瑟：《中国之科学与文化》，《科学》第 28 卷第 1 期，1945 年。

〔英〕李约瑟：《大滴定：东西方的科学与社会》，范庭育译，帕米尔书店，1984。

《李约瑟中国科学技术史》第 1 卷《导论》，袁翰青等译，科学出版社、上海古籍出版社，2018。

〔美〕费正清：《美国与中国》（第 4 版），张理京译，世界知识出版社，2006。

〔美〕赫伯特·巴特菲尔德：《近代科学的起源（1300—1800年）》，张丽萍等译，金吾伦校，华夏出版社，1988。

〔德〕H. 赖欣巴哈：《科学哲学的兴起》，伯尼译，商务印书馆，2009。

许良英等编译《爱因斯坦文集》（增补本），商务印书馆，2009。

〔奥〕奥托·纽拉特：《社会科学基础》，杨富斌译，华夏出版社，1999。

〔英〕A. J. 艾耶尔：《语言、真理与逻辑》，尹大贻译，上海译文出版社，2015。

〔英〕艾耶尔：《二十世纪哲学》，李步楼等译，上海译文出版社，1987。

〔英〕迈克尔·波兰尼：《科学、信仰与社会》，王靖华译，南京大学出版社，2004。

〔英〕迈克尔·博兰尼：《自由的逻辑》，冯银江、李雪茹译，吉林人民出版社，2011。

〔英〕迈克尔·波兰尼：《个人知识——迈向后批判哲学》，许泽民译，陈维政校，贵州人民出版社，2000。

〔美〕托马斯·库恩：《科学革命的结构》（第 4 版），伊安·哈金（Ian Haking）导读，金吾伦、胡新和译，北京大学出版社，2012。

〔美〕托马斯·库恩：《必要的张力——科学的传统和变革论文选》，范岱年等译，北京大学出版社，2004。

〔美〕黛安娜·克兰：《无形学院——知识在科学共同体的扩

散》，刘珺珺、顾昕、王德禄译，华夏出版社，1988。

〔奥〕克拉夫特：《维也纳学派——新实证主义的起源》，李步楼、陈维杭译，商务印书馆，1998。

〔奥〕鲁道夫·哈勒：《新实证主义——维也纳学圈哲学史导论》，韩林合译，商务印书馆，1998。

〔匈〕拉卡托斯：《科学研究纲领方法论》，欧阳绛、范建年译，范岱年、吴忠校，商务印书馆，1992。

〔英〕伊姆雷·拉卡托斯著，〔英〕约翰·沃勒尔、〔英〕伊利·扎哈尔编《证明与反驳——数学发现的逻辑》，康宏逵译，上海译文出版社，1987。

〔美〕保罗·法伊尔阿本德：《自由社会中的科学》，兰征译，上海译文出版社，2005。

〔美〕保罗·法伊尔阿本德：《反对方法——无政府主义知识论纲要》，周昌忠译，上海译文出版社，1992。

〔美〕保罗·费耶阿本德：《知识、科学与相对主义》，陈健等译，江苏人民出版社，2006。

〔美〕拉里·劳丹：《进步及其问题——科学增长理论刍议》，方在庆译，上海译文出版社，1991。

〔英〕巴里·巴恩斯：《科学知识与社会学理论》，鲁旭东译，东方出版社，2001。

〔英〕巴里·巴恩斯：《局外人看科学》，鲁旭东译，东方出版社，2001。

〔英〕大卫·布鲁尔：《知识和社会意象》，霍桂桓译，中国人民大学出版社，2014。

〔法〕布鲁诺·拉图尔、〔英〕史蒂夫·伍尔加：《实验室生活：科学事实的建构过程》，张伯霖、刁小英译，东方出版社，2004。

〔法〕布鲁诺·拉图尔：《科学在行动：怎样在社会中跟随科

学家和工程师》，刘文旋、郑开译，东方出版社，2005。

〔奥〕卡林·诺尔−塞蒂纳：《制造知识——建构主义与科学的与境性》，王善博等译，东方出版社，2001。

〔美〕史蒂文·夏平、〔美〕西蒙·谢弗：《利维坦与空气泵——霍布斯、玻意耳与实验生活》，蔡佩君译，上海人民出版社，2008。

〔英〕迈克尔·马尔凯：《科学与知识社会学》，林聚任等译，东方出版社，2001。

〔美〕艾伦·G. 狄博斯：《科学革命新史观讲演录》，任定成、周雁翎译，北京大学出版社，2011。

〔美〕伯纳德·巴伯：《科学与社会秩序》，顾昕、郏斌祥、赵雷进译，生活·读书·新知三联书店，1991。

〔美〕I. 伯纳德·科恩：《科学中的革命》（新译本），鲁旭东、赵培杰译，商务印书馆，2017。

〔美〕托比·胡弗：《近代科学为什么诞生在西方》（第2版），周程、于霞译，北京大学出版社，2010。

〔美〕席文：《科学史方法论讲演录》，任安波译，任定成校，北京大学出版社，2011。

〔荷〕H. 弗洛里斯·科恩：《世界的重新创造：现代科学是如何产生的》，张卜天译，商务印书馆，2020。

〔美〕玛格丽特·J. 奥斯勒：《重构世界：从中世纪到近代早期欧洲的自然、上帝和人类认识》，张卜天译，商务印书馆，2020。

图书在版编目（CIP）数据

王朝科学的叩问之路 / 赵现海著 . --北京：社会
科学文献出版社，2024.5（2025.9重印）
　中国社会科学院创新工程学术出版资助项目
　ISBN 978-7-5228-3492-4

　Ⅰ.①王…　Ⅱ.①赵…　Ⅲ.①科学史-研究-中国-
古代　Ⅳ.①G322.9

　中国国家版本馆 CIP 数据核字（2024）第 072873 号

· 中国社会科学院创新工程学术出版资助项目 ·

王朝科学的叩问之路

著　　　者 / 赵现海

出 版 人 / 冀祥德
责任编辑 / 陈肖寒
文稿编辑 / 李蓉蓉
责任印制 / 岳　阳

出　　　版 / 社会科学文献出版社·历史学分社（010）59367256
　　　　　　地址：北京市北三环中路甲 29 号院华龙大厦　邮编：100029
　　　　　　网址：www.ssap.com.cn
发　　　行 / 社会科学文献出版社（010）59367028
印　　　装 / 唐山玺诚印务有限公司

规　　　格 / 开　本：787mm×1092mm　1/16
　　　　　　印　张：40.5　字　数：522 千字
版　　　次 / 2024 年 5 月第 1 版　2025 年 9 月第 2 次印刷
书　　　号 / ISBN 978-7-5228-3492-4
定　　　价 / 138.00 元

读者服务电话：4008918866

▲ 版权所有 翻印必究